JN038589

2023年版

技術士

第一次試験

基礎・適性科目

完全解答

オーム社[編]

Ohmsha

## 執筆者 (五十音順)

奥村　貞雄 (技術士・金属部門, 総合技術監理部門)

河相　雅史 (技術士・機械部門)

桐野　文良 (技術士・金属部門, 応用理学部門, 工博)

功刀　能文 (技術士・機械部門, 工博)

滝沢　正明 (技術士・電気電子部門)

辰巳　　敏 (技術士・金属部門, 総合技術監理部門)

濱里　史明 (技術士・生物工学部門, 医博)

樋口　和彦 (技術士・電気電子部門, 総合技術監理部門)

槇　　眞一 (技術士・情報工学部門, 電気電子部門, 総合技術監理部門)

南野　　猛 (技術士・情報工学部門, 総合技術監理部門, 工博)

諸岡　泰男 (技術士・電気電子部門, 工博)

安田　冨郎 (技術士・金属部門)

# 受験者の皆さんへ

　技術士第一次試験は，基礎科目，適性科目および専門科目の3科目で実施されます．すべて**五肢択一の設問形式**で出題され，各々で**50%以上の正解率で合格**となります．この試験に合格後，必要な実務経験があれば，第二次試験に挑戦できます．令和元年度の第一次試験は，台風上陸のため一部受験地で，再試験が実施されました．本書では，この再試験を含む，平成29年度から令和4年度までの7回の試験に出題された基礎科目210問，適性科目105問の出題傾向を分析し，**受験対策を記述**しています．

　**基礎科目**は，「科学技術全般にわたる基礎知識」を問う問題が30問出題されます．試験時間は1時間です．30問は5群に分かれており，各群6問から3問，計15問を選んで解答します．受験者は，試験に臨んでから解く問題に迷っていると時間をロスしてしまうので，あらかじめ取捨選択方針を立てることをおすすめします．本書では，その参考になるよう5群をさらに16分野に分けて分析し，解説しています．

　**適性科目**は，「技術士法第4章の規定の遵守に関する適性」を問う問題が15問出題され，すべてを解答します．同法には，技術士の「3義務2責務」が示されています．試験時間は1時間です．本書では，この出題傾向を理解しやすくするために，16分野に分けて分析し，解説しています．

　適性科目の問題は，ホームページ（HP）やマスメディア等で，誰でも知りうる出典（日本技術士会HP，電子政府（e-Gov）HP，図書館で閲覧可能な情報等）から多くが出題されます．中でも過去に数多く出題されている技術士法，個人情報保護法，公益通報者保護法等の関連法規や，日本技術士会の技術士倫理綱領，技術士に求められる資質能力（コンピテンシー）等を，本書の巻末に収録しています．

　**専門科目**は，全20科目（部門）から1部門を選んで受験します．選択した技術部門の基礎知識および専門知識を問う35問から25問を選んで解答します．受験者のみなさんの中で，「中小企業診断士」，「情報処理技術者試験の高度試験等（9種類）」に合格している人は，この試験が免除されます．

　令和4年度の試験問題分析では，基礎科目の70%，適性科目の93%の類似問題が，過去に出題されていました．受験者が，過去問を解いてみて，50%以上正解できれば，合格の可能性が高いことになります．不正解だった問題は，本書の「模範解答・解説」や巻末の「付録：参考資料」等を大いに学んで「強み」に変えてください．本書が，受験者の技術士栄冠獲得をより確実にすることを期待します．

オーム社

# CONTENTS

## 受験の手引き

## 出題傾向と分析・対策

## 令和4年度 基礎・適性科目の問題と模範解答

## 令和3年度 基礎・適性科目の問題と模範解答

# 受験の手引き

## 1 技術士制度

### （1） 技術士制度について >>>

　　技術士制度は，「科学技術に関する技術的専門知識と高等の応用能力及び豊富な実務経験を有し，公益を確保するため，高い技術者倫理を備えた，優れた技術者の育成」を図るための国による資格認定制度（文部科学省所管）である．そして，「有能な技術者に技術士の資格を与え，有資格者のみに技術士の名称の使用を認めることにより，技術士に対する社会の認識と関心を高め，科学技術の発展を図ること」としている．

　　さらに，「技術士」は，「技術士法」により，継続的な資質向上に努めることが責務となっている．

### （2） 技術士の定義 >>>

　　技術士とは，「技術士法第32条第1項の登録を受け，技術士の名称を用いて，科学技術に関する高等の専門的応用能力を必要とする事項についての計画，研究，設計，分析，試験，評価又はこれらに関する指導の業務を行う者」のことである（技術士法第2条第1項）．

　　技術士は，次の要件を備え持っている．

---

① 技術士第二次試験に合格し，法定の登録を受けていること．
② 業務を行う際に技術士の名称を用いること．
③ 業務の内容は，自然科学に関する高度の技術上のものであること．（他の法律によって規制されている業務，例えば建築の設計や医療などは除かれる．）
④ 業務を行うこと，即ち継続反復して仕事に従事すること．

---

　　簡単にいうと，技術士とは，「豊富な実務経験，科学技術に関する高度な応用能力と高い技術者倫理を備えている，最も権威のある国家資格を有する技術者」ということになる．

### （3） 技術部門 >>>

　　「技術士」は，産業経済，社会生活の科学技術に関する，ほぼすべての分野（表1-1に示す21の技術部門）をカバーし，先進的な分野から身近な生活までにかかわっている．

### （4） 技術士試験の仕組み >>>

　　技術士資格取得までの流れは，図1-1に示すとおりである．

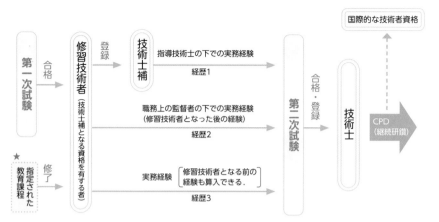

図1-1　技術士試験の仕組み

## （5）技術士第二次試験の受験資格（実務経験）について >>>

　技術士になるためには，技術士第二次試験に合格し，技術士登録をする必要がある．この技術士第二次試験を受験するには，申込み時点で修習技術者であり，かつ所定の実務経験（経歴1から経歴3のいずれか）を積んでいる必要がある．

　第二次試験受験者の大部分が，経歴2，もしくは経歴3を経て受験しており，技術士補に登録して経歴1を経る受験者は，少ないのが現状である．

| | |
|---|---|
| 経歴1 | 技術士補に登録した後，指導技術士の下で，4年（総合技術監理部門は7年）を超える期間の実務経験を積む． |
| 経歴2 | 技術士補となる資格を得た後，職務上の監督者の指導の下で，4年（総合技術監理部門は7年）を超える期間の実務経験を積む． |
| 経歴3 | 7年を超える期間（総合技術監理部門は10年）の実務経験を積む． |

　経歴2に示された「職務上の監督者」については，技術士法施行規則第10条の2（監督の要件）に，次のように定められている．

　①　科学技術に関する専門的応用能力を必要とする事項についての計画，研究，設計，分析，試験，評価又はこれらに関する指導の業務に従事した期間が7年を超え，かつ，第二次試験を受けようとする者を適切に監督することができる職務上の地位にある者によるものであること．

　②　第二次試験を受けようとする者が技術士となるのに必要な技能を修習することができるよう，前号に規定する業務について，指導，助言その他の適切な手段により行われるものであること．

アドバイス 「職務上の監督者」の要件は，読み方によっては厳しく感じられる
かもしれないが，計画から評価までの，いずれかの業務を指導していれば要件
を満たす．また，経歴1から3の，どのルートで第二次試験を受験すべきかに
迷ったら，近くの先輩技術士に聞いてみることをおすすめする．

### （6）修習技術者とは >>>

　図1-1の左側に示されている修習技術者とは，技術士第一次試験に合格した
者，もしくは指定された教育課程の修了者のことである．この「指定された教育
課程の修了者」とは，日本技術者教育認定機構（JABEE）が認定した大学院，大学，
高等専門学校の学部・学科・専攻に対して，文部科学大臣によって指定された教
育課程の修了者のことである．

アドバイス　受験生が，「指定された教育課程の修了者」であるかどうか不明の
場合は，修了した大学院，大学，高等専門学校に問い合わせることをおすすめ
する．もしくは，インターネットで「JABEE」を検索し，JABEEのホームペー
ジにある「JABEE認定プログラム教育機関名別一覧」に受験生が修了した教
育課程が認定されているか否かを調べてほしい．これに該当すれば，第一次試
験を受験する必要はない．

### （7）技術士補とは >>>

　図1-1の左上に示されている技術士補は，技術士法に，「技術士となるのに必
要な技能を修習するため，技術士法第32条第2項の登録を受け，技術士補の名
称を用いて，技術士の業務について技術士を補助する者」と定められている．ま
た，同法に，「技術士補となる資格を有する者が技術士補となるには，その補助
しようとする技術士（合格した第一次試験の技術部門と同一の技術部門の登録を
受けている技術士に限る）を定め，文部科学省令で定める事項の登録を受けなけ
ればならない」と定められている．

アドバイス　技術士補に登録し，図1-1の経路1を経由して技術士第二次試験
に挑戦する受験者の割合は多くない．実務経験を積む環境（指導者や監督者等）
を考慮して，経路を選択してほしい．

### （8）継続研鑽（CPD：Continuing Professional Development）>>>

　図1-1の右端に，CPD（継続研鑽）が示されている．技術士は，技術士法により，
資質向上を図るため，資格取得後の研鑽が責務として明文化されている．

　日本技術士会が定めた「技術士倫理綱領」の10（継続研鑽）には，「技術士は，
常に専門技術の力量並びに技術と社会が接する領域の知識を高めるとともに，人

材育成に努める.」と記述されている. CPDは,継続研鑽,継続学習,継続教育,自己研鑽等を意味するが,日本技術士会では「継続研鑽」を用いている.

　社会の急激な変化に伴い,技術士自らが継続して社会のニーズに合致した研鑽を実施することがますます重要となってきている. 技術士は,専門職技術者として,次のような視点を重視して,継続研鑽に努めることが求められる.

① 技術者倫理の徹底

　現代の高度技術社会においては,技術者の職業倫理は重要な要素である. 技術士は倫理に照らして行動し,その関与する技術の利用が公益を害することのないように努めなければならない.

② 科学技術の進歩への関与

　技術士は,絶え間なく進歩する科学技術に常に関心をもち,新しい技術の習得,応用を通じ,社会経済の発展,安全・福祉の向上に貢献できるよう,その能力の維持向上に努めなければならない.

③ 社会環境変化への対応

　技術士は,社会の環境変化,国際的な動向,並びにそれらによる技術者に対する要請の変化に目を配り,柔軟に対応できるようにしなければならない.

④ 技術者としての判断力の向上

　技術士は,経験の蓄積に応じ視野を広げ,業務の遂行にあたり的確な判断ができるよう判断力,マネジメント力,コミュニケーション力の向上に努めなければならない.

　技術士が目標とすべきCPD時間(重み係数があるので,実時間はこれより短くてよい場合もある)は,年平均50CPD時間である. この目標をクリアしていれば,以下に記載する国際的な技術者資格申請その他に必要なCPD時間条件を満たすことができる. 継続研鑽の対象は,各種講演会参加,企業内研修受講,論文執筆,技術研修の講師や自己学習等多岐にわたる. 具体的なCPD研鑽内容については,日本技術士会のホームページ等を参照してほしい.

　日本技術士会では,CPD支援委員会開催の技術士CPD中央講座や各地域本部・県支部・部会開催の講演会・見学会等,CPD の場の提供に努めると共に,CPD実施者には,その実績を登録するようにすすめ,当会のホームページから,登録者が直接入力することにより,いつでも簡単に登録できるWeb登録システムの活用を奨励している.

## （9）国際的な技術者資格 >>>

　技術士になってから，CPD（継続研鑽）により「資質向上」に努めた技術士は，図1-1右上に示されている国際的な技術者資格（APECエンジニア，IPEA国際エンジニア）に登録することで，活躍の場を世界に広げることができる．

## 2　技術士第一次試験

　ここでは，技術士第一次試験の受験生のために，当試験の内容を，より具体的に記述する．

## （1）第一次試験の技術部門 >>>

　表1-1に技術士第二次試験の総合技術監理部門を含む21の技術部門と専門科目の範囲を示す．このうち総合技術監理部門の第一次試験は実施されていないため，残る20技術部門から選んで受験することになる．

　第一次試験で合格した部門にかかわらず，第二次試験では21のすべての部門を選択・受験することができる．

　アドバイス　第一次試験の技術部門選択では，「受験を予定している第二次試験の部門」や「現在，実務経験を積んでいる部門」にこだわることなく，専門科目で合格点の取れる部門を選んでほしい．例えば，学窓を離れてからの期間が短い人は，教育機関で学んだ専門科目の方が，合格点が取りやすい場合もあるだろう．ここでは，第一次試験の合格を第一に考えて選択してほしい．

## （2）試験科目 >>>

　第一次試験は，技術士となるために必要な科学技術全般にわたる基礎知識，および技術士法第4章の規定の遵守に関する適性，ならびに修習技術者になるために必要な技術部門についての専門知識を有するかどうかを判定することを目的に，次の3科目について実施される（技術士法第5条）．

（a）基礎科目：科学技術全般にわたる基礎知識

（b）適性科目：技術士法第4章（技術士等の義務）の規定の遵守に関する適性

（c）専門科目：機械部門から原子力・放射線部門までの20技術部門のうち，あらかじめ選択する1技術部門に係る基礎知識及び専門知識

　なお，「平成14年以前に受験して，第一次試験の合格を経ずに第二次試験に合格している者」，「中小企業診断士に登録している者」や「情報処理技術者試験の高度試験合格者又は情報処理安全確保支援士試験合格者」が，第一次試験を受験

表1-1 第一次試験の20技術部門と専門科目の範囲

| | 技術部門 | 専門科目（選択科目）の範囲 |
|---|---|---|
| 1 | 機械 | 材料力学，機械力学・制御，熱工学，流体工学 |
| 2 | 船舶・海洋 | 材料・構造力学，浮体の力学，計測・制御，機械及びシステム |
| 3 | 航空・宇宙 | 機体システム，航行援助施設，宇宙環境利用 |
| 4 | 電気電子 | 発送配変電，電気応用，電子応用，情報通信，電気設備 |
| 5 | 化学 | セラミックス及び無機化学製品，有機化学製品，燃料及び潤滑油，高分子製品，化学装置及び設備 |
| 6 | 繊維 | 繊維製品の製造及び評価 |
| 7 | 金属 | 鉄鋼生産システム，非鉄生産システム，金属材料，表面技術，金属加工 |
| 8 | 資源工学 | 資源の開発及び生産，資源循環及び環境 |
| 9 | 建設 | 土質及び基礎，鋼構造及びコンクリート，都市及び地方計画，河川，砂防及び海岸・海洋，港湾及び空港，電力土木，道路，鉄道，トンネル，施工計画，施工設備及び積算，建設環境 |
| 10 | 上下水道 | 上水道及び工業用水道，下水道，水道環境 |
| 11 | 衛生工学 | 大気管理，水質管理，環境衛生工学（廃棄物管理を含む），建築衛生工学（空気調和施設及び建築環境施設を含む） |
| 12 | 農業 | 畜産，農芸化学，農業土木，農業及び蚕糸，農業地域計画，農村環境，植物保護 |
| 13 | 森林 | 林業，森林土木，林産，森林環境 |
| 14 | 水産 | 漁業及び増養殖，水産加工，水産土木，水産水域環境 |
| 15 | 経営工学 | 経営管理，数理・情報 |
| 16 | 情報工学 | コンピュータ科学，コンピュータ工学，ソフトウェア工学，情報システム・データ工学，情報ネットワーク |
| 17 | 応用理学 | 物理及び化学，地球物理及び地球化学，地質 |
| 18 | 生物工学 | 細胞遺伝子工学，生物化学工学，生物環境工学 |
| 19 | 環境 | 大気，水，土壌等の環境の保全，地球環境の保全，廃棄物等の物質循環の管理，環境の状況の測定分析及び監視，自然生態系及び風景の保全，自然環境の再生・修復及び自然とのふれあい推進 |
| 20 | 原子力・放射線 | 原子力，放射線，エネルギー |
| (21) | 総合技術監理 | 上記1～20の全技術部門の全専門科目（第一次試験の対象外） |

する場合は，表1-2に示すように，受験する技術部門によっては受験する科目の一部が免除されるので，詳細を確認してほしい.

**アドバイス** 表1-2の免除要件を併せて受験することができるので，詳細は受験申込み案内等で確認すること.

## （3）受験資格 >>>

（a）年齢，学歴，国籍，業務経歴などによる制限はなく，すべての者が受験できる.

（b）過去に第一次試験に合格した者は，図1-1に示す所定の実務経験により第二次試験を受験できるが，平成14年以前に第一次試験の合格を経ず第二次

試験に合格している者が，他の技術部門の第二次試験を受験する場合には，免除科目を除く第一次試験を受験して合格する必要がある（表1-2）．

## （4）試験の方法 >>>

第一次試験の試験科目は，基礎科目，適性科目および専門科目の3科目となっている．3科目ともに，五肢択一のマークシート方式によって行われる（技術士法施行規則第3条，第5条第1項）．試験内容（概要），解答すべき問題数，試験時間や配点などは，表1-3に示すとおりである．

## （5）試験科目と出題内容 >>>

基礎科目，適性科目および専門科目の出題内容は，表1-3に示すとおりである．難易度のレベルは，基礎科目および専門科目については4年制大学の自然科学系

### 表1-2　技術士第一次試験の一部免除（技術士法施行規則第6条）

| 免除を受けることができる者 | 受験する技術部門 | 受験する科目 | | |
|---|---|---|---|---|
| | | 基礎 | 適性 | 専門 |
| 平成14年以前に受験して，第一次試験の合格を経ずに第二次試験に合格している者が，第一次試験を受験する場合 | 同一の技術部門 | 免除 | | 免除 |
| | 別の技術部門 | 免除 | | |
| 中小企業診断士に登録している者（養成課程又は登録養成課程を修了した者であって当該修了日から3年以内の者，中小企業診断士第2次試験に合格した者であって当該合格日から3年以内の者を含む） | 経営工学部門 | | | 免除 |
| 情報処理技術者試験の高度試験合格者（ITストラテジスト試験，システムアーキテクト試験，プロジェクトマネージャ試験，ネットワークスペシャリスト試験，データベーススペシャリスト試験，エンベデッドシステムスペシャリスト試験，ITサービスマネージャ試験，システム監査技術者試験）又は情報処理安全確保支援士試験合格者 | 情報工学部門 | | | 免除 |

### 表1-3　第一次試験の試験内容と試験方法等

| 試験科目 | 試験内容（概要） | 解答すべき問題数 | 試験時間 | 配点 |
|---|---|---|---|---|
| 基礎科目 | 科学技術全般にわたる基礎知識 | 五肢択一式，5つの問題群分野から，それぞれ6問計30問出題　各問題群の中から3問を選択，計15問解答する | 1時間 | 15点 |
| 適性科目 | 技術士法第4章（技術士等の義務）の規定の遵守に関する適性 | 五肢択一式，15問出題，全問解答する | 1時間 | 15点 |
| 専門科目 | あらかじめ選択する1技術部門に係る基礎知識及び専門知識 | 五肢択一式，35問出題，25問を選択し解答する | 2時間 | 50点 |

学部の専門教育課程修了程度である．以下に各試験科目の出題内容について，より詳細に記述する．

（a）基礎科目

　　科学技術全般にわたる基礎知識を問うもので，次の①〜⑤の問題群から五肢択一式で出題される．

　　①　設計・計画に関するもの

　　　　• 設計理論，システム設計，品質管理等

　　②　情報・論理に関するもの

　　　　• アルゴリズム，情報ネットワーク等

　　③　解析に関するもの

　　　　• 力学，電磁気学等

　　④　材料・化学・バイオに関するもの

　　　　• 材料特性，バイオテクノロジー等

　　⑤　環境・エネルギー・技術に関するもの

　　　　• 環境，エネルギー，技術史等

以上の①〜⑤の問題群からそれぞれ６問，計30問が出題され，各問題群からそれぞれ３問を選択し，計15問を解答する．

アドバイス　５群すべてから，まんべんなく得点できる受験者もいると思うが，５群の中に不得意分野がある受験者もいると思う．例年，50％以上の得点で合格となるので，15問選択して８問正解すればよいことになる．極端な例としては，得意な３つの群の９問中，８問に正解すれば合格できる．その場合，残りの不得意な２群も直感でマークしてほしい．また，この受験を機に不得意分野（群）を勉強する機会にすることをおすすめする．

（b）適性科目

　　技術士法第４章（技術士等の義務）の規定の遵守に関する適性を問う問題が，五肢択一式の形式で15問出題され，全問を解答する．

アドバイス　技術士としての適性を問う常識レベルの問題が多く出題される．その判断基準としての「技術士法第４章」および「技術士倫理綱領」を確実に理解しておいてほしい．それぞれ，Ａ４用紙１枚程度にプリントできるので，机の前に貼るなどして覚えてほしい．また，気候変動対策，SDGsや公衆（市民）の安全や権利を守る法律等，時の関心事をもとに技術者としての判断力を問う問題も多く出題されているので，書籍，新聞，テレビ，ネット等から，知

識を得ておいてほしい.

(c) 専門科目

　　表1-1に示す20技術部門の中から,あらかじめ選択する1技術部門に係る基礎知識及び専門知識を問う問題が,五肢択一式で35問が出題され,25問を選択して解答する.

　アドバイス　専門科目は,技術部門間の難易度のレベルを揃えるために,基礎的な出題に重点化していると思われる.また,当該技術部門の広い範囲から出題されるので,専門科目の基礎知識を中心に,広く勉強しておくことが望まれる.

## （6）令和5（2023）年度の試験スケジュール >>>

(a) 試験実施の公告

　　第一次試験の実施については,試験の日時,場所,その他試験の施行に関して必要な事項を文部科学大臣があらかじめ官報で公告する（技術士法施行規則第1条）.なお,官報公告日は10月下旬である.その後,公益社団法人日本技術士会ホームページ（https://www.engineer.or.jp/）に「技術士第一次試験実施案内」が掲載されるので,最新情報を確認できる.

(b) 受験申込書の配布

　　令和5（2023）年6月9日（金）〜28日（水）,指定試験機関である公益社団法人日本技術士会および同会地域本部等で,受験申込書および受験申込み案内が配布される.受験申込書等の請求先は,表1-4に示すとおりである.

(c) 受験申込みの受付期間と受付場所

　　令和5年6月14日（水）から6月28日（水）まで受付が行われる.受験申込書類は,公益社団法人日本技術士会宛てに,書留郵便（6月28日（水）までの消印は有効）で提出すること.

　　　申込書類提出先

　　　指定試験機関　公益社団法人日本技術士会

　　　〒105-0011　東京都港区芝公園3丁目5番8号 機械振興会館4階

　　　電話番号　03-6432-4585

　　受験申込書類の様式は,公益社団法人日本技術士会のホームページ（https://www.engineer.or.jp）からダウンロードできる.詳細については,日本技術士会ホームページで確認すること.

表1-4　公益社団法人日本技術士会および各地域本部・関係機関

| 名　称 | 住　所 | | 電　話 |
|---|---|---|---|
| 公益社団法人日本技術士会技術士試験センター | 〒105-0011 | 東京都港区芝公園3丁目5番8号機械振興会館4階 | (03)6432-4585 |
| 北海道本部 | 〒060-0002 | 札幌市中央区北2条西3-1敷島ビル9階 | (011)801-1617 |
| 東北本部 | 〒980-0012 | 宮城県仙台市青葉区錦町1-6-25宮酪ビル2階 | (022)723-3755 |
| 北陸本部 | 〒950-0965 | 新潟県新潟市中央区新光町10-3技術士センタービルⅡ7階 | (025)281-2009 |
| 北陸本部石川事務局 | 〒921-8042 | 石川県金沢市泉本町2-126（株）日本海コンサルタント内 | (076)243-8258 |
| 中部本部 | 〒450-0002 | 愛知県名古屋市中村区名駅5-4-14花車ビル北館6階 | (052)571-7801 |
| 近畿本部 | 〒550-0004 | 大阪府大阪市西区靱本町1-9-15近畿富山会館ビル2階 | (06)6444-3722 |
| 中国本部 | 〒730-0017 | 広島県広島市中区鉄砲町1-20第3ウエノヤビル6階 | (082)511-0305 |
| 四国本部 | 〒760-0067 | 香川県高松市松福町2-15-24香川県土木建設会館3階 | (087)887-5557 |
| 九州本部 | 〒812-0011 | 福岡県福岡市博多区博多駅前3-19-5博多石川ビル6階D2号室 | (092)432-4441 |
| 沖縄県技術士会 | 〒901-0021 | 沖縄県那覇市泉崎1-7-19（一社）沖縄県測量建設コンサルタンツ協会内 | (098)988-4166 |

（d）受験申込みに必要な書類

① 技術士第一次試験受験申込書

技術士第一次試験受験申込書，写真，受験手数料払込受付証明書

② 基礎科目，専門科目の全部または一部の免除を希望する者は，技術士登録証（コピー），第二次試験合格証（コピー），過去の第一次試験受験票〔原本〕（当該試験の一部免除により受験したもの）のいずれか1つを添付する．

（e）試験日

令和5（2023）年11月26日（日）

（f）試験地

北海道，宮城県，東京都，神奈川県，新潟県，石川県，愛知県，大阪府，広島県，香川県，福岡県および沖縄県の全国12都道府県．

受験申込みが受理された者には，9月上旬に本人宛に受験票が送付され，試験会場が通知される．

（g）合格発表および成績の通知

　　令和6（2024）年2月に発表される．合格者の受験番号，氏名を官報で公告するとともに，文部科学省，公益社団法人日本技術士会のホームページに掲載し，合格者には文部科学大臣から合格証が送付される．また，受験者には合否を問わず成績が郵便で通知される．

（h）正答の公表

　　試験終了後，速やかに試験問題の正答が公益社団法人日本技術士会のホームページで公表される．

## 3　過去の技術士第一次試験の結果

### （1）合否決定基準 >>>

　　技術士第一次試験の合格適格者は，適性科目，基礎科目および専門科目（免除される試験科目を除く）について，次に掲げるすべての要件を満たす者である（令和4年1月　文部科学省公表）．

　　（a）基礎科目…50％以上の得点

　　（b）適性科目…50％以上の得点

　　（c）専門科目…50％以上の得点

### （2）技術士第一次試験結果（昭和59年度～令和4年度）>>>

　　技術士第一次試験は，表1-5に示すように昭和59年度の第1回から数えて令和4年度の試験は39回目となる．この間，222,944名が合格し，受験者数に対する合格率は38.9％となっている．

### （3）令和4年度技術士第一次試験の技術部門別試験結果 >>>

　　表1-6に示す．

表1-5　技術士第一次試験の結果（昭和59年度～令和4年度）

| 年度 | | 申込者数 | 受験者数 | 合格者数 | 合格率<br>（対受験者） |
|---|---|---|---|---|---|
| 和暦 | 西暦 | | | | |
| 昭和59年度～平成23年度 | 1984～2011年度 | 514,523 | 394,091 | 138,648 | 35.2% |
| 平成24年度 | 2012年度 | 22,178 | 17,188 | 10,882 | 63.3% |
| 平成25年度 | 2013年度 | 19,317 | 14,952 | 5,547 | 37.1% |
| 平成26年度 | 2014年度 | 21,514 | 16,091 | 9,851 | 61.2% |
| 平成27年度 | 2015年度 | 21,780 | 17,170 | 8,693 | 50.6% |
| 平成28年度 | 2016年度 | 22,371 | 17,561 | 8,600 | 49.0% |
| 平成29年度 | 2017年度 | 22,425 | 17,739 | 8,658 | 48.8% |
| 平成30年度 | 2018年度 | 21,228 | 16,676 | 6,302 | 37.8% |
| 令和元年度 | 2019年度 | 22,073 | 13,266 | 6,819 | 51.4% |
| 令和2年度 | 2020年度 | 19,008 | 14,594 | 6,380 | 43.7% |
| 令和3年度 | 2021年度 | 22,753 | 16,977 | 5,313 | 31.3% |
| 令和4年度 | 2022年度 | 23,476 | 17,225 | 7,251 | 42.1% |
| 合　計 | | 752,646 | 573,530 | 222,944 | 38.9% |

※令和元年度の数値には，再試験分を含む.

表1-6　令和4年度技術士第一次試験の技術部門別試験結果

| 技術部門 | 申込者数 | 受験者数 | 合格者数 | 合格率<br>（対受験者） |
|---|---|---|---|---|
| 機　　械 | 2,402 | 1,710 | 710 | 41.5 |
| 船舶・海洋 | 34 | 19 | 9 | 47.4 |
| 航空・宇宙 | 60 | 39 | 22 | 56.4 |
| 電気電子 | 2,059 | 1,430 | 522 | 36.5 |
| 化　　学 | 256 | 194 | 107 | 55.2 |
| 繊　　維 | 49 | 41 | 22 | 53.7 |
| 金　　属 | 152 | 115 | 41 | 35.7 |
| 資源工学 | 25 | 17 | 14 | 82.4 |
| 建　　設 | 12,111 | 8,888 | 3,661 | 41.2 |
| 上下水道 | 1,540 | 1,150 | 471 | 41.0 |
| 衛生工学 | 438 | 296 | 150 | 50.7 |
| 農　　業 | 906 | 707 | 304 | 43.0 |
| 森　　林 | 343 | 241 | 91 | 37.8 |
| 水　　産 | 124 | 93 | 30 | 32.3 |
| 経営工学 | 296 | 236 | 138 | 58.5 |
| 情報工学 | 776 | 599 | 383 | 63.9 |
| 応用理学 | 445 | 336 | 135 | 40.2 |
| 生物工学 | 182 | 139 | 48 | 34.5 |
| 環　　境 | 1,184 | 905 | 356 | 39.3 |
| 原子力・放射線 | 94 | 70 | 37 | 52.9 |
| 合　計 | 23,476 | 17,225 | 7,251 | 42.1 |

受験の手引き

# MEMO

# 出題傾向と
# 分析・対策

<h2>1 基礎科目の出題傾向と分析・対策</h2>

### （1） 基礎科目の出題分野 >>>

　　基礎科目は，科学技術全般にわたる基礎知識を問う問題が表2-1に示す5つの分野（5群）から出題される．

　　**アドバイス** 受験者は，5つの出題分野を見て，どう考えればよいのだろう．決して「自分の不得意な分野があるから無理だ」と考えてほしくない．例えば「比較的得意な分野が2つ，少し勉強すれば正解できそうな分野が1つあるから，大丈夫！」と考えてほしい．なぜそのように考えられるかを以下に示す．

### （2） 試験問題の構成と解答要領 >>>

　　基礎科目の試験問題は，表2-1に示すように1～5群の各群6問，合計30問が出題され，それぞれの群から3問を選択し，合計15問を五肢択一式で解答する．

　　**アドバイス** 30問から15問を選び，8問に正解すれば，この基礎科目は合格ライン（正解率50％以上）を超える．つまり，受験者は，比較的得意な3つの出題分野（群）の9問中8問に正解すれば，合格するということだ．残った2つの分野についても，解答（マーク）してほしい．運が良ければ，6問中1～2問正解できる確率がある．ただし，技術士としては専門性の高さと，視野の広さが求められるので，第一次試験受験を機に，不得意分野の学習にも挑戦してほしい．

表2-1　基礎科目の出題分野と出題数，解答数

| 出 題 分 野 | 出題数 | 解答数 |
|---|---|---|
| 1群：設計・計画に関するもの<br>　　　設計理論，システム設計，品質管理等 | 6問 | 3問 |
| 2群：情報・論理に関するもの<br>　　　アルゴリズム，情報ネットワーク等 | 6問 | 3問 |
| 3群：解析に関するもの<br>　　　力学，電磁気学等 | 6問 | 3問 |
| 4群：材料・化学・バイオに関するもの<br>　　　材料特性，バイオテクノロジー等 | 6問 | 3問 |
| 5群：環境・エネルギー・技術に関するもの<br>　　　環境，エネルギー，技術史等 | 6問 | 3問 |
| 計 | 30問 | 15問 |

### （3） 設問の方法 >>>

　　これまでの基礎科目の設問の方法を大別すると，表2-2に示すように3つに区分できる．

表2-2　設問の方法

> **1．「肯定的な問い方」の事例**
> ・正しいもの，最も適切なものを選択する
> ・適切なものの数を選択する
> **2．「否定的な問い方」の事例**
> ・誤っているもの，最も不適切なものを選択する
> ・不適切なものの数を選択する
> **3．「組合せを問うもの」の事例**
> ・最も適切な語句の組合せを選択する
> ・最も適切な組合せ（○×や正誤）を選択する

**アドバイス**　「肯定的な問い方」については，正しいもの，最も適切なものを1つ選定すればよいのだが，他の選択肢が誤っている，もしくは不適切であることを確認すべきである．適切なものの数を選択する場合も同様である．そういう意味では，すべての選択肢を熟読しなければならない．

「否定的な問い方」については，誤っているもの，不適切なものを，比較的に探しやすい場合がある．この場合，解答時間を節約ができる可能性がある．

「組合せを問うもの」については，正解の確信のある部分（語句，○×，正誤等）を選択肢に当てはめて，正答候補を絞りこむことをおすすめする．組合せの全部がわからなくても，正解に至れる場合があるので，諦めないで取り組んでほしい．

## （4）　平成29年度～令和4年度基礎科目の出題分析 >>>

平成29年度～令和4年度の基礎科目の出題分析を，問題群ごとに表2-3に示す．

（a）設計・計画に関するもの

設計理論，システム設計，品質管理の分野から出題されている．

①　設計理論では，ユニバーサルデザイン，バリアフリー，製造物責任法（PL法），材料強度，安全にかかわる問題，製作図に関する問題等が出題されている．

②　システム設計では，直列・並列の信頼度，待ち行列モデル，アローダイヤグラム，PERT図，線形計画法，PDCAサイクル，確率分布に関する問題が出題されている．

③　品質管理では，稼働率，設備・機械の保全（JIS），費用最小検査回数に関する問題が出題されている．

表 2 - 3　平成29 〜令和 4 年度試験

| 出題群・分野 | | 2017年度（平成29年度） | 2018年度（平成30年度） | 2019年度（令和元年度） |
|---|---|---|---|---|
| **1**<br>**設計・計画** | 1) 設計理論 | 1-2　安全係数 | 1-3　バリアフリー | 1-2　在庫管理 |
| | | 1-4　材料の機械的特性 | 1-6　製造物責任法（PL法） | 1-3　製図法 |
| | | 1-5　製作図の基本事項 | | 1-4　材料強度 |
| | 2) システム設計 | 1-1　待ち行列モデル | 1-1　直列・並列の信頼度 | 1-1　線形計画法 |
| | | 1-3　デシジョンツリー（決定木） | 1-2　アローダイアグラム | 1-5　待ち行列モデル |
| | | 1-6　構造物の破壊確率 | 1-4　線形計画法 | 1-6　解析学（数学） |
| | 3) 品質管理等 | | 1-5　費用最小検査回数 | |
| **2**<br>**情報・論理** | 1) アルゴリズム | 2-3　素数判定の流れ図 | | 2-6　スタック |
| | 2) 情報理論等 | 2-2　単精度浮動小数表現 | 2-2　状態遷移図 | 2-1　10進数・2進数変換 |
| | | 2-4　決定表 | 2-3　補数計算 | 2-2　二分木 |
| | | 2-5　数値列 | 2-4　等価論理式 | 2-3　文書特性（ベクトル） |
| | | 2-6　CPU実行時間 | 2-5　後置記法 | 2-4　数値列 |
| | | | 2-6　補集合の個数 | |
| | 3) 情報ネットワーク等 | 2-1　情報セキュリティ | 2-1　情報セキュリティ | 2-5　通信のハミング距離 |
| **3**<br>**解　析** | 1) 解析 | 3-1　導関数の差分表現 | 3-1　定積分の計算 | 3-1　ベクトルの発散 |
| | | 3-2　ベクトル計算 | 3-2　ベクトルの発散，回転 | 3-2　ヤコビアン |
| | | 3-3　有限要素法の特性 | 3-3　逆行列 | |
| | | | 3-4　ニュートン法 | |
| | 2) 力学 | 3-5　棒部材の軸方向の伸び | 3-5　ばね系のポテンシャルエネルギー | 3-4　弾性体のひずみ |
| | | 3-6　はりの固有振動数 | 3-6　弾性体の伸び | 3-5　棒のひずみエネルギー |
| | | | | 3-6　剛体振り子の微小振動 |
| | 3) 熱流体力学 | | | 3-3　粘性流体中の落下運動 |
| | 4) 電磁気学 | 3-4　回路網の合成抵抗 | | |
| **4**<br>**材料・化学・バイオ** | 1) 化学 | 4-1　金属イオン種 | 4-1　物質量 | 4-1　ハロゲン |
| | | 4-2　水溶液の沸点 | 4-2　酸と塩基，酸塩基反応 | 4-2　同位体の性質と応用 |
| | 2) 材料特性 | 4-3　材料の結晶構造 | 4-3　金属材料の腐食 | 4-3　合金組成の物質量分率 |
| | | 4-4　材料に含まれる元素 | 4-4　金属の変形 | 4-4　有用無機材料知識 |
| | 3) バイオテクノロジー等 | 4-5　タンパク質とアミノ酸 | 4-5　生物の元素組成 | 4-5　DNAの変性 |
| | | 4-6　遺伝子組換え技術 | 4-6　タンパク質とアミノ酸 | 4-6　タンパク質とアミノ酸 |
| **5**<br>**環境・エネルギー・技術** | 1) 環境 | 5-1　環境管理 | 5-1　SDGs | 5-1　大気汚染対策 |
| | | 5-2　パリ協定【COP21】 | 5-2　事業者の環境関連活動 | 5-2　環境保全，環境管理 |
| | 2) エネルギー | 5-3　LNGの体積計算 | 5-3　石油輸入情勢【白書】 | 5-3　エネルギー需給見通し |
| | | 5-4　家庭のエネルギー消費 | 5-4　スマートエネルギー利用 | 5-4　エネルギー起源CO$_2$ |
| | 3) 関連技術<br>（技術史等） | 5-5　工業社会と新技術 | 5-5　科学史・技術史 | 5-5　科学と技術の関わり |
| | | 5-6　科学史・技術史 | 5-6　技術者倫理と責任 | 5-6　知的財産関連法 |
| 類似問出題数／全問 | | 15問／30問 | 14問／30問 | 19問／30問 |

※　四角囲み は，過去に類似問のある設問．【　】内は，設問の出典となった規格等の略称

## 基礎科目の出題分析（問題タイトル一覧）

| 2019年度（令和元年度）再試験 | 2020年度（令和2年度） | 2021年度（令和3年度） | 2022年度（令和4年度） |
| --- | --- | --- | --- |
| 1-3 故障木解析（FTA） | 1-1 バリアフリー | 1-1 ユニバーサルデザイン | 1-1 金属材料の疲労強度 |
| 1-5 工業製品の安全率 | 1-3 材料強度 | 1-5 構造設計 | 1-3 棒部材の合力 |
|  | 1-5 製作図の基本事項 | 1-6 製図法 | 1-5 材料力学 |
| 1-1 解析学（数学） | 1-2 材料の機械的特性 | 1-2 直列・並列の信頼度 | 1-2 確率分布 |
| 1-2 線形計画法 | 1-4 線形計画法 | 1-3 PDCAサイクル | 1-4 線形計画法 |
| 1-4 PERT図 | 1-6 直列・並列の信頼度 |  | 1-6 線形計画法 |
| 1-6 設備・機械の保全【JIS】 |  | 1-4 稼働率 |  |
| 2-2 ユークリッドの互除法 | 2-5 2進数・10進数変換 | 2-6 漸近的記法 | 2-5 2進数・10進数変換 |
| 2-3 基数変換 | 2-1 情報の圧縮方法 | 2-2 等価論理式 | 2-2 集合内要素の個数 |
| 2-4 単精度浮動小数表現 | 2-2 真理値表の演算結果 | 2-4 決定表 | 2-3 実効アクセス時間 |
| 2-5 データ件数（ベン図） | 2-4 補数計算 | 2-5 逆ポーランド表記法 |  |
| 2-6 集合と写像 | 2-6 実効アクセス時間 |  |  |
| 2-1 情報セキュリティ | 2-3 情報セキュリティ | 2-1 情報セキュリティ | 2-1 テレワークの情報セキュリティ |
|  |  | 2-3 通信回線伝送時間 | 2-4 通信のハミング距離 |
|  |  |  | 2-6 IPV6アドレス |
| 3-1 関数の高次導関数 | 3-1 ベクトルの発散 | 3-1 三次元ベクトルの回転 | 3-1 導関数の差分表現 |
| 3-2 三次元直交座標系の面と垂線 | 3-2 関数の最急勾配 | 3-2 三次関数の定積分公式 | 3-2 ベクトルの内積と外積 |
| 3-3 有限要素法の精度向上法 | 3-3 数値解析の精度 | 3-3 有限要素解析の要素内容 | 3-3 有限要素解析の精度向上法 |
| 3-4 シンプソンの積分公式 | 3-4 有限要素法の面積座標 | 3-4 両端固定棒の圧縮熱応力 | 3-4 棒部材に作用する軸方向力 |
| 3-5 固有振動数とモード | 3-5 ばね質点系の固有振動数 | 3-5 ばねの運動エネルギー | 3-5 モータの加速トルク |
| 3-6 無限平板の楕円孔縁の応力 |  | 3-6 四分円の重心 | 3-6 2本接続した糸の固有周波数 |
|  | 3-6 円管中の流速 |  |  |
| 4-1 化合物の極性 | 4-1 燃焼による$CO_2$生成量 | 4-1 同位体の性質と応用 | 4-1 酸と塩基、酸塩基反応 |
| 4-2 酸の強さ | 4-2 有機反応機構 | 4-2 酸化還元反応の特徴 | 4-2 酸化数（価数） |
| 4-3 系のエネルギー | 4-3 鉄、銅、アルミの特性 | 4-3 金属の変形 | 4-3 Niメッキの質量百分率 |
| 4-4 材料に含まれる元素 | 4-4 面心立方結晶の構造 | 4-4 鉄の製錬 | 4-4 公称応力と真応力 |
| 4-5 遺伝子コドン | 4-5 好気呼吸とエタノール発酵 | 4-5 タンパク質とアミノ酸 | 4-5 酵素 |
| 4-6 遺伝子組換え技術 | 4-6 PCR（ポリメラーゼ連鎖反応） | 4-6 遺伝子突然変異 | 4-6 DNAの塩基組成 |
| 5-1 気候変動対策【白書】 | 5-1 プラスチックごみ対策 | 5-1 気候変動への施策 | 5-1 気候変動対策【IPCC】 |
| 5-2 廃棄物の処理 | 5-2 生物多様性の保全 | 5-2 環境保全，環境管理 | 5-2 廃棄物の処理 |
| 5-3 燃料と標準発熱量 | 5-3 エネルギー消費 | 5-3 エネルギー情勢 | 5-3 石油輸入情勢【白書】 |
| 5-4 エネルギーミックス【統計】 | 5-4 エネルギー情勢 | 5-4 エネルギー供給量【IEA】 | 5-4 水素エネルギー利用 |
| 5-5 科学史・技術史 | 5-5 国内産業技術史 | 5-5 科学史・技術史 | 5-5 科学技術とリスク対応 |
| 5-6 科学技術とリスク対応 | 5-6 科学史・技術史 | 5-6 科学技術基本計画 | 5-6 科学史・技術史 |
| 19問／30問 | 22問／30問 | 20問／30問 | 21問／30問 |

出題傾向と分析・対策

(b) 情報・論理に関するもの

アルゴリズムや情報理論，情報ネットワーク等が出題されている．

① アルゴリズムでは２進数を10進数に変換するアルゴリズム，素数判定の流れ図，スタック処理等の問題が出題されている．

② 情報理論では，基数変換，決定表，遷移行列，実効アクセス時間，後置記法，文書特性，論理式の計算，補数計算，逆ポーランド表記法，真理値表の演算結果等の問題が出題されている．

③ 情報ネットワークでは，テレワークの情報セキュリティ，情報セキュリティ，IPv6アドレス，通信回線伝送時間，通信のハミング距離等の基礎知識を問う問題が出題されている．

(c) 解析に関するもの

解析や力学（古典力学以外に熱流体力学，電磁気学を含む）等が対象となっている．

① 解析では，導関数の差分表現，三次関数の定積分公式，ベクトル計算のほかに，有限要素法，逆行列，ヤコビ行列等の数学的な基礎を問う難問が出題されている．

② 力学では，モータの加速トルク，ひずみと変位の関係，支持点に作用する反力，固有振動数，ばね定数，四分円の重心等が出題されている．

③ 熱流体力学では，熱の移動と流体の運動に関する問題として，平均熱伝導率，粘性流体中の落下速度が出題され，令和２年度は円管中の流速が出題された．

④ 電磁気学では，平成29年度に回路網の合成抵抗が出題され，今後もこの分野の問題が出題される可能性がある．

(d) 材料・化学・バイオに関するもの

化学，材料特性やバイオテクノロジーが対象になっている．

① 化学では，酸塩基反応，酸と塩基の強さ，ハロゲン，燃焼による$CO_2$の生成量，金属イオン種，有機反応機構，酸化還元反応の特徴，同位体等が出題されている．

② 材料特性では，公称応力と真応力，メッキ，鉄の製錬，金属の変形，金属材料の腐食・変形，材料の結晶構造，合金の組成，有用無機材料の知識等が出題されている．

③ バイオテクノロジーでは，酵素，タンパク質とアミノ酸，DNAの変性，遺伝子コドン，遺伝子突然変異，好気呼吸とエタノール発酵等が出題され，令和２年度には，新型コロナ禍にあってPCR（ポリメラーゼ連鎖反応）が

出題されている.

(e) 環境・エネルギー・技術に関するもの

環境，エネルギー，関連技術に関する出題がされている.

① 環境では，気候変動対策【IPCC】，大気汚染対策，パリ協定，環境保全・環境管理，生物多様性の保全，廃棄物の処理，プラスチックごみ対策，SDGs関連の問題等広範囲だが常識的な問題が出題されている.

② エネルギーでは，水素エネルギー利用，石油輸入情勢【白書】，エネルギー情勢，スマートエネルギー利用，LNGの体積計算等が出題されている.

③ 関連技術では，科学技術とリスク対応，技術者の倫理と責任，科学史・技術史，知的財産関連法，科学技術基本計画等に関する出題がされている.

## （5） 令和4年度の出題傾向 >>>

(a) 表2-4に令和4年度試験の基礎科目問題の過去問題との関係をまとめた.

過去問題との関係は，「新規問題」，「同一問題」，「一部変更問題」，「類似問題」に分類した．ここで，同一問題には，正解選択肢以外の選択肢の表現を変えたものを含んでいる．また，一部変更問題は，「過去問題の語句，数値，数式，表現等を一部変更した問題」として分類している.

令和4年度試験においては，新規問題は，30問中9問（30％）であり，過去問題の類似問題が出題された割合が高いことに注目できる.

アドバイス 基礎科目の試験時間は，60分であり，30問すべての問題文を読んでいるだけで，時間を使い切ってしまうおそれもある．繰返しになるが，過去問題を解いてみる勉強は，短時間で15問を選択し，60分以内で解答することにも役立つ．また，試験中に「この問題と類似した問題を解いたことがあるぞ」と思えれば，自信をもって解答できると考える.

(b) 表2-5に令和4年度試験の基礎科目問題の過去類似問題が，何年度に出題されているか，10回分をさかのぼって調べた結果をまとめた．9回くらい前までの各年度に0〜3問出題されていることがわかる.

アドバイス 本書には，7回分の過去問題と模範解答を掲載しているので，最新のものから全問を解く挑戦をしてほしい．その際，タイマーをセットして，解答時間を計測し，1問を4分弱で解けるように訓練してほしい．4分弱というのは，60分で15問を解答する前に，氏名，フリガナ，受験する技術部門と受験番号を記入し，受験番号をマークする時間，そして30問から自分が解答する15問を選択する時間が必要だからである.

表2-4　令和4年度試験基礎科目問題の過去問題との関係一覧

| 出題分野 | 出題内容 | | 新 規 | 過去問題との関係 | | |
|---|---|---|---|---|---|---|
| | | | | 同 一 | 一部変更 | 類 似 |
| (1)<br>設計・<br>計画 | I-1-1 | 金属材料の疲労強度 | ○ | | | |
| | I-1-2 | 確率分布 | ○ | | | |
| | I-1-3 | 棒部材の合力 | | | | R2 I-1-2 |
| | I-1-4 | 線形計画法 | | | R1再 I-1-5 | |
| | I-1-5 | 材料力学 | ○ | | | |
| | I-1-6 | 線形計画法 | | | | R1 I-1-2 |
| (2)<br>情報・<br>論理 | I-2-1 | テレワークの情報セキュリティ | ○ | | | |
| | I-2-2 | 集合内要素の個数 | | | | H30 I-2-6 |
| | I-2-3 | 実効アクセス時間 | | | | R2 I-2-6 |
| | I-2-4 | 通信のハミング距離 | | R1 I-2-5 | | |
| | I-2-5 | 2進数・10進数変換 | | R2 I-2-5 | | |
| | I-2-6 | IPv6アドレス | | H28 I-2-6 | | |
| (3)<br>解析 | I-3-1 | 導関数の差分表現 | | | H26 I-3-3 | |
| | I-3-2 | ベクトルの内積と外積 | ○ | | | |
| | I-3-3 | 有限要素解析の精度向上法 | | R1再 I-3-3 | | |
| | I-3-4 | 棒部材に作用する軸方向力 | | | H29 I-3-5 | |
| | I-3-5 | モータの加速トルク | ○ | | | |
| | I-3-6 | 2本接続した糸の固有周波数 | | | | R1 I-3-6 |
| (4)<br>材料・<br>化学・<br>バイオ | I-4-1 | 酸と塩基、酸塩基反応 | | H30 I-4-2 | | |
| | I-4-2 | 酸化数（価数） | | | | H27 I-4-2 |
| | I-4-3 | Niメッキの質量百分率 | ○ | | | |
| | I-4-4 | 公称応力と真応力 | | H28 I-4-4 | | |
| | I-4-5 | 酵素 | ○ | | | |
| | I-4-6 | DNAの塩基組成 | | | H27 I-4-6 | |
| (5)<br>環境・<br>エネルギー・<br>技術 | I-5-1 | 気候変動対策【IPCC】 | | | | H23 I-5-1 |
| | I-5-2 | 廃棄物の処理 | | | H27 I-5-1 | |
| | I-5-3 | 石油輸入情勢【白書】 | | H30 I-5-3 | | |
| | I-5-4 | 水素エネルギー利用 | ○ | | | |
| | I-5-5 | 科学技術とリスク対応 | | | R1再 I-5-6 | |
| | I-5-6 | 科学史・技術史 | | | | H26 I-5-6 |
| 合計 | 30問（15問解答） | | 9/30問 | 7/30問 | 6/30問 | 8/30問 |
| | | | (30%) | (23%) | (20%) | (27%) |
| | | | | 計　21/30問（70%） | | |

表2-5　令和4年度試験　基礎科目の過去問題等の年度別出題状況分析

| 試験年度 | 過去問題との関係 | | | 計 |
|---|---|---|---|---|
| | 同一問題 | 一部変更問題 | 類似問題 | |
| 平成24年度（2012年度）以前 | | | 1 | 1 |
| 平成25年度（2013年度） | | | | 0 |
| 平成26年度（2014年度） | | 1 | 1 | 2 |
| 平成27年度（2015年度） | | 2 | 1 | 3 |
| 平成28年度（2016年度） | 2 | | | 2 |
| 平成29年度（2017年度） | | 1 | | 1 |
| 平成30年度（2018年度） | 2 | | 1 | 3 |
| 令和元年度　（2019年度） | 1 | | 2 | 3 |
| 令和元年度再試験（2019年度再） | 1 | 2 | | 3 |
| 令和2年度　（2020年度） | 1 | | 2 | 3 |
| 令和3年度　（2021年度） | | | | 0 |
| 合計 | 7問/30問 | 6問/30問 | 8問/30問 | 21問/30問 |
| | 23% | 20% | 27% | 70% |

（注）令和4年度試験は，過去問題との類似問題が，21問（70%）出題されている．

## （6）　傾向と対策―学習のポイントと受験勉強に関するアドバイス― >>>

　以下，平成29～令和4年度の出題傾向分析から今後，出題の可能性のある「学習のポイント」を列挙する．

（a）設計・計画に関するもの

①　設計理論

　設計の意義，内容，手法，設計の基本的な表現法である製作図（第三角法等）等の出題が引き続き予想される．品質設計，材料強度，安全率・安全係数，故障木解析，バリアフリー，ユニバーサルデザイン，ノーマライゼーション等ユーザーやエンドユーザーの安心・安全・快適のための設計姿勢を考えさせる出題も予想され，令和4年度は，新規問題として材料力学が出題された．また，製造物責任法（PL法）等，設計者として公衆を守るための関係法令も学んでおくことが望まれる．

②　システム設計

　システムの信頼度を高めるための直列・並列の信頼度計算，構造物や材料の機械的特性等の出題が引き続き予想される．技術者が設計したものを，構造物や製品等として実現する工程管理のためのアローダイヤグラム，PERT図やデシジョンツリーの出題も予想される．また，システム設計・計画の基本手法（分析，計画，評価）およびORの基礎的計算，最適化手法，線形計画法，ユーザーを待たせないシステムにするための待ち行列モデル等も学んでおくことが望ま

れる．令和４年度は，新規問題として確率分布が出題された．

③　品質管理

　　品質保証のための抜取検査，最適な検査回数や品質を維持するための設備・機械の保全に関する出題や稼働率の計算問題が引き続き予想される．また，統計的品質管理手法や品質保証体制の改善等を学んでおくことが望まれる．

(b) 情報・論理に関するもの

①　アルゴリズム

　　コンピュータプログラムに落とし込める手続き，流れ図（フローチャート）が出題されている．また，プログラムの実行結果の数値や出力データを問う問題も出題されている．令和４年度にはアルゴリズムの流れ図から，ループによって２進数を10進数に変換する過程のデータを問う出題がされている．特に，プログラミング経験のある受験者は，選択してほしい分野である．

②　情報理論

　　ここでは，情報理論の基礎知識として，基数変換（２進数⇔10進数），論理式の計算，二分木，補数計算，数値列，真理値表の演算結果，集合や単精度浮動小数点表現が出題されている．また，情報の圧縮（JPEG，MPEGを含む）方法や実効メモリアクセス時間の計算問題が出題されている．情報処理の基本的セオリーを復習し，短時間で解く準備が望まれる．

③　情報ネットワーク

　　伝送誤り検出，IPv6アドレスや通信のハミング距離，通信回線の伝送時間等，情報通信に関する出題がされている．また，暗号化，コンピュータウィルス対策，不正アクセス対策等，情報セキュリティの問題が，ほぼ毎年出題されている．令和４年度には，テレワークの情報セキュリティが出題された．情報ネットワーク技術は目覚ましい発達をしているので，最新技術にも関心をもって学んでほしい．

(c) 解析に関するもの

①　解　析

　　偏微分，導関数，積分，二次補間多項式，ベクトル，数値解析，ニュートン法，シンプソン法，行列，ヤコビアンおよび有限要素法の各種の解析手法について，高校・大学での教育レベルの出題がされている．学窓を離れて社会に出てから，これらの解析手法に接していない受験者は，復習をして試験に臨むことが必要である．

② 力 学

技術士第一次試験では，物体や機械の運動や，それらに働く力や相互作用に関する出題が大部分である．これまでは，ばね，梁，棒，平板，振り子等の剛体や弾性体の変位に関する問題等が出題されている．また，剛体の固有振動数等の問題も出題され，令和4年度には，新規問題としてモータの加速トルクに関する出題がされている．力学は，量子力学や天体力学まで幅広い分野があるが，受験者は過去問をみて，よく出題されている分野を中心に準備をしてほしい．

③ 熱流体力学

熱流体力学も力学の一分野である．出題頻度は低いが，この分野の問題が出題されている．令和2年度には，円管中の流速を表す式を問う出題がされている．

④ 電磁気学

電気力学，電磁気学も力学の一分野である．出題頻度は低いが，平成29年度には，回路網の合成抵抗を問う出題がされている．

(d) 材料・化学・バイオに関するもの

① 化 学

原子，同位体，ハロゲンに関する問題，金属イオン種，水溶液の沸点に関する問題，酸・塩基の強さに関する問題，有機反応機構，化学反応に関する問題等が出題されている．気候変動対策に注目が集まるなか，令和2年度には燃焼による$CO_2$生成量を問う出題がされている．令和4年度には，酸と塩基，酸塩基反応が出題されている．

② 材料特性

材料に関しては，製造技術，合金の組成，金属の特性，変形・腐食・破壊，力学特性試験，金属の結晶構造，材料に含まれる元素，有用無機材料の知識を問う出題がされている．令和4年度には，ニッケルによるメッキが出題されている．材料と呼べるものは数多く存在するが，過去問の出題傾向を参考に重点的な学習が望まれる．

③ バイオテクノロジー

DNAに関しては，その塩基組成やDNAの変性にかかわる出題がされている．コロナ禍にあった令和2年度には，少量のDNAサンプルの特定領域を増幅させる反応であるPCR（Polymerase Chain Reaction：ポリメラーゼ連鎖反応）

が出題されている．遺伝子に関しては，遺伝子組換え技術や遺伝子コドンが出題され，令和４年度には，新規問題として酵素が出題されている．

そのほか，タンパク質とアミノ酸が直近の７回中４回出題され，クローン作製技術等も出題されたことがある．この分野は，技術発展のスピードが速いので，最新の技術動向にもアンテナを張っていてほしい．

（e）環境・エネルギー・技術に関するもの

① 環 境

地球規模の環境問題対策に関して，気候変動対策，マイクロプラスチックごみ問題対策，パリ協定，SDGs（17のゴールを表2-6に示す），廃棄物処理，生物多様性の保全等，国内外での取組みに関する出題がされている．また，国内での取組みとして，環境保全，環境管理，事業者の環境関連活動等が出題されている．環境問題に，一市民として取り組んでいる受験者もおられると思う．全人類の課題でもあり，日ごろから関心をもって学んでいただきたい．

表2-6 SDGs（持続可能な開発目標） 17のゴール一覧

| SDGs 17のゴール | |
|---|---|
| 1．貧困をなくそう | 9．産業と技術革新の基盤をつくろう |
| 2．飢餓をゼロ | 10．人や国の不平等をなくそう |
| 3．すべての人に健康と福祉を | 11．住み続けられるまちづくりを |
| 4．質の高い教育をみんなに | 12．つくる責任 つかう責任 |
| 5．ジェンダー平等を実現しよう | 13．気候変動に具体的な対策を |
| 6．安全な水とトイレを世界中に | 14．海の豊かさを守ろう |
| 7．エネルギーをみんなに そしてクリーンに | 15．陸の豊かさも守ろう |
| 8．働きがいも経済成長も | 16．平和と公正をすべての人に |
| | 17．パートナーシップで目標を達成しよう |

② エネルギー

エネルギーは，国内外の経済，産業，環境，人類の文化的で快適な生活等と深いつながりをもっている．エネルギーの分野では，水素エネルギー利用，エネルギーの需給見通し，エネルギー消費，エネルギー情勢等が出題されている．また，エネルギーの$CO_2$の排出量や発熱量に関する出題，石油の輸入情勢，電気エネルギーの貯蔵，家庭でのエネルギー消費，スマートエネルギー利用等も出題されている．これからは，地球規模の環境を意識したエネルギー政策や再生可能エネルギーにも関心をもって学んでいただきたい．

③ 関連技術

ここでは，知的財産関連法，技術者倫理と責任，科学技術コミュニケーショ

ン，科学技術とリスク，科学と技術のかかわり等が出題されている．また，科学史・技術史上の著名な人物と業績を，時系列を意識して解答する問題が令和4年度を含めて毎回のように出題されている．これについては，過去問を参照しながら，年表を作成してみることをおすすめする．年表作成例を表2-7に示す．平成23（2011）年以来の出題累計数で最も多いのは「1769年ジェームズ・ワットによる蒸気機関の改良」の5回である．

表2-7　科学史・技術史の出題業績一覧（平成23（2011）年〜）

| 業績年 | 科学史・技術史の業績 | 出題累計 | 直近出題年 | |
|---|---|---|---|---|
| 1608 | オランダでの世界初の望遠鏡作成 | 1 | R01 | 2019 |
| 1609 | ガリレイが天体望遠鏡を製作し観測に利用 | 4 | R01 | 2019 |
| 1656 | ホイヘンスが振り子時計を発明 | 2 | H27 | 2015 |
| 1705 | 周期彗星（ハレー彗星）の発見 | 2 | R01再 | 2019 |
| 1712 | トーマス・ニューコメンによる大気圧機関の発明 | 1 | H26 | 2014 |
| 1752 | フランクリンによる雷の電気的性質の証明 | 1 | H28 | 2016 |
| 1769 | ジェームズ・ワットによる蒸気機関の改良 | 5 | R03 | 2021 |
| 1771 | アークライトが水力紡績機を発明 | 2 | H27 | 2015 |
| 1796 | ジェンナーによる種痘法の開発 | 2 | R02 | 2020 |
| 1828 | フリードリヒ・ヴェーラーによる尿素の人工的合成 | 1 | R04 | 2022 |
| 1837 | バベジが「階差機関」と「解析機関」を記述 | 1 | H23 | 2011 |
| 1855 | ヘンリー・ベッセマーによる転炉法の開発 | 1 | R04 | 2022 |
| 1859 | ダーウィンほかによる進化の自然選択説の発表 | 2 | R01再 | 2019 |
| 1864 | マクスウェルが電磁場の4つの基礎方程式発表 | 1 | H23 | 2011 |
| 1869 | メンデレーエフによる元素の周期律の発表 | 3 | R02 | 2020 |
| 1876 | アレクサンダー・グラハム・ベルによる電話の発明 | 2 | R03 | 2021 |
| 1877 | イーストマンが写真用フィルム乾板を発明 | 2 | H27 | 2015 |
| 1888 | ハインリッヒ・R・ヘルツによる電磁波の存在確認 | 3 | R03 | 2021 |
| 1892 | イワノフスキーほかによるウイルスの発見 | 1 | R01 | 2019 |
| 1896 | ベクレルがウラン放出の放射線を発見 | 2 | H27 | 2015 |
| 1897 | チャールズ・ウィルソンによる霧箱の発明 | 1 | H26 | 2014 |
| 1898 | キュリー夫妻によるラジウム、ポロニウムの発見 | 1 | H28 | 2016 |
| 1898 | 志賀潔による赤痢菌の発見 | 1 | R04 | 2022 |
| 1903 | ライト兄弟が人類初の動力飛行に成功 | 1 | H23 | 2011 |
| 1907 | ド・フォレストによる三極真空管の発明 | 3 | H29 | 2017 |
| 1912 | ハーバーによるアンモニアの工業的合成法の確立 | 2 | R03 | 2021 |
| 1916 | アインシュタインによる一般相対性理論の発表 | 2 | R01再 | 2019 |
| 1917 | 本多光太郎による強力磁石鋼KS鋼の開発 | 1 | R04 | 2022 |
| 1920 | 量子力学の誕生 | 1 | R01 | 2019 |
| 1930 | ドイツとイギリスでレーダーの実用化 | 1 | R01 | 2019 |
| 1935 | カロザースがナイロンを発明 | 3 | R04 | 2022 |
| 1938 | オットー・ハーンによる原子核分裂の発見 | 3 | R03 | 2021 |
| 1942 | フェルミが実験用原子炉を完成 | 1 | H23 | 2011 |
| 1948 | ベル研究所でのトランジスター発明 | 4 | R02 | 2020 |
| 1951 | アメリカでの史上初の原子力発電 | 1 | R01 | 2019 |
| 1952 | 福井謙一によるフロンティア軌道理論の発表 | 2 | R01再 | 2019 |

## （7）　参考書と参考資料 >>>

（a）参考書

　　基礎科目の範囲は広いので，全体を俯瞰し，学習のポイントを把握するために参考になるのが，「技術士第一次試験　基礎・適性科目　完全制覇」（オーム社　編）である．この「第3章　基礎科目の研究」を通読していただきたい．

（b）参考資料

　　知的財産関連法等の法律，エネルギー白書，エネルギーミックス等の統計，COP26（グラスゴー気候合意）等の国際的な取決め，SDGs等の国連の成果文書等は，Webから検索できるので参考にしてほしい．これらは，改正・改訂されることがあるので，常に最新情報にアクセスしてほしい．

## 2　適性科目の出題傾向と分析・対策

## （1）　適性科目の出題分野 >>>

　　適性科目は，技術士法第4章（技術士等の義務）の規定の遵守に関する，技術士としての適性を問う問題が出題される．技術士法第4章には，信用失墜行為の禁止（義務），秘密保持義務，公益確保の責務，名称表示の場合の義務，技術士補の業務の制限等，資質向上の責務が4条6項にわたって示されている．

## （2）　試験問題の構成と解答要領 >>>

　　試験問題は，表2-8に示すように全15問から構成され，五肢択一式により全問題の解答が求められている．出題内容は，大別すると表2-8に示すように，①技術士法第4章全般，②信用失墜行為の禁止（義務），③秘密保持義務，④公益確保の責務，⑤名称表示の場合の義務，⑥技術士補の業務の制限等，⑦資質向上の責務の7つに区分できる．難易度は，技術士を目指す技術者としての判断を求める常識的な問題といえるが，中には，受験生個々の見方，考え方により判断の差異が生じる可能性がある出題もされている．

## （3）　設問の方法 >>>

　　平成29年度〜令和4年度の適性科目の出題状況から，設問の方法を大別すると「肯定的な問い方」，「否定的な問い方」および「組合せを問うもの」に区分され，基礎科目の場合とほぼ同様であり，表2-2を参照されたい．

表2-8　平成29年度～令和４年度試験　適性科目の出題分野と出題数

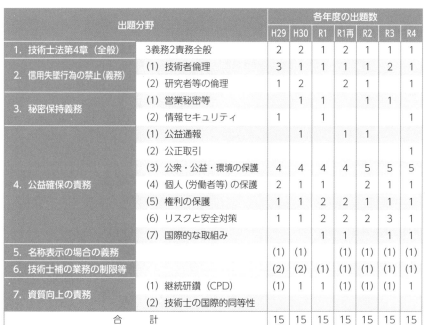

| 出題分野 | | 各年度の出題数 | | | | | | |
|---|---|---|---|---|---|---|---|---|
| | | H29 | H30 | R1 | R1再 | R2 | R3 | R4 |
| 1. 技術士法第4章（全般） | 3義務2責務全般 | 2 | 2 | 1 | 2 | 1 | 1 | 1 |
| 2. 信用失墜行為の禁止（義務） | (1) 技術者倫理 | 3 | 1 | 1 | 1 | 1 | 2 | 1 |
| | (2) 研究者等の倫理 | 1 | 2 | | 2 | 1 | | 1 |
| 3. 秘密保持義務 | (1) 営業秘密等 | | 1 | 1 | | 1 | 1 | |
| | (2) 情報セキュリティ | 1 | | 1 | | | | 1 |
| 4. 公益確保の責務 | (1) 公益通報 | | 1 | | 1 | 1 | | |
| | (2) 公正取引 | | | | | | | 1 |
| | (3) 公衆・公益・環境の保護 | 4 | 4 | 4 | 4 | 5 | 5 | 5 |
| | (4) 個人（労働者等）の保護 | 2 | 1 | | | 2 | 1 | |
| | (5) 権利の保護 | 1 | 1 | 2 | 2 | 1 | 1 | |
| | (6) リスクと安全対策 | 1 | 1 | 2 | 2 | 2 | 3 | 1 |
| | (7) 国際的な取組み | | | 1 | 1 | | 1 | 1 |
| 5. 名称表示の場合の義務 | | (1) | (1) | | (1) | (1) | (1) | (1) |
| 6. 技術士補の業務の制限等 | | (2) | (2) | (1) | (1) | (1) | (1) | (1) |
| 7. 資質向上の責務 | (1) 継続研鑽（CPD） | (1) | 1 | 1 | (1) | (1) | (1) | (1) |
| | (2) 技術士の国際的同等性 | | | | | | | |
| 合　　計 | | 15 | 15 | 15 | 15 | 15 | 15 | 15 |

※出題数の（カッコ内）数字は，他の問題の一部として問われていることを示す．

## （4）　平成29年度～令和４年度の適性科目の出題分析 >>>

　　平成29年度～令和４年度までの７回の問題をみると，表２-９に示すように出題傾向，分野ごとの出題数に変化がみられる．以下に，出題分野ごとの出題分析結果を示す．

（a）技術士法第４章（技術士等の３義務２責務）全般

　　技術士法第４章（第44条～第47条の２）の条文について，技術士および技術士補として遵守すべき「３つの義務（第44条，第45条，第46条）」，「２つの責務（第45条の２，第47条の２）」および技術士補に対する「１つの制限（第47条）」に関する理解を問う問題が，毎回出題されている．

　　令和元年再試験においては，「適性科目試験の目的」が出題された．受験生は，ややもすると合格を目的としてしまうかもしれないが，何のために適性試験が行われるかを確認するためにも，ぜひともこの過去問を解いてほしい．技術士になることは，目標ではあっても，目的ではないかもしれない．それを考えさ

29

表2-9　平成29〜令和4年度試験

| 出題群（出題分野） | 2017年度（平成29年度） | 2018年度（平成30年度） | 2019年度（令和元年度） |
|---|---|---|---|
| **1. 技術士法第4章（全般）** | | | |
| 3義務2責務全般 | Ⅱ-1 技術士の3義務2責務 | Ⅱ-1 技術士の3義務2責務 | Ⅱ-1 技術士の3義務2責務 |
| | Ⅱ-2 技術士の3義務2責務 | Ⅱ-2 技術士の3義務2責務 | |
| **2. 信用失墜行為の禁止（義務）** | | | |
| (1) 技術者倫理 | Ⅱ-7 技術者倫理違反対応 | Ⅱ-4 倫理綱領, 倫理規程 | Ⅱ-7 品質不正対策 |
| | Ⅱ-15 倫理的意思決定要因 | Ⅱ-5 工学系学会行動規範 | |
| | Ⅱ-13 功利主義と個人尊重 | | |
| (2) 研究者等の倫理 | Ⅱ-14 研究者倫理 | Ⅱ-15 公務員倫理 | |
| **3. 秘密保持義務** | | | |
| (1) 営業秘密等 | | Ⅱ-7 営業秘密漏洩対策 | Ⅱ-10 技術者の情報管理 |
| (2) 情報セキュリティ | Ⅱ-6 情報セキュリティ | | Ⅱ-9 情報セキュリティ |
| **4. 公益確保の責務** | | | |
| (1) 公益通報 | | Ⅱ-8 公益通報者保護法 | |
| (2) 公正取引 | | | |
| (3) 公衆・公益・環境の保護 | Ⅱ-3 材料発注の優先順位 | Ⅱ-9 製造物責任法（PL法） | Ⅱ-3 製造物責任法（PL法） |
| | Ⅱ-8 製造物責任法（PL法） | Ⅱ-13 環境保全 | Ⅱ-4 個人情報保護法 |
| | Ⅱ-9 消費生活用製品安全法 | Ⅱ-10 消費生活用製品安全法 | Ⅱ-6 安全の認識と対応 |
| | Ⅱ-11 社会的責任原則【ISO】 | Ⅱ-14 事故の責任と判決 | Ⅱ-8 インフラ長寿命化計画 |
| | | | Ⅱ-14 組織の社会的責任【ISO】 |
| (4) 個人（労働者等）の保護 | Ⅱ-4 職場のハラスメント | Ⅱ-12 ワーク・ライフ・バランス | Ⅱ-12 セクハラ・育休制度 |
| | Ⅱ-5 働き方改革 | | |
| (5) 権利の保護 | Ⅱ-10 知的財産権制度 | Ⅱ-6 知的財産権制度 | Ⅱ-5 知的財産権制度 |
| (6) リスクと安全対策 | Ⅱ-12 国際安全規格【ISO】 | Ⅱ-11 労働安全衛生法 | Ⅱ-13 事業継続計画（BCP） |
| | | | Ⅱ-11 労働安全衛生法 |
| (7) 国際的な取り組み | | | Ⅱ-15 SDGs |
| **5. 名称表示の場合の義務** | | | |
| | （Ⅱ-1の設問中に記述あり） | （Ⅱ-1の設問中に記述あり） | |
| **6. 技術士補の業務の制限等** | | | |
| | （Ⅱ-1の設問中に記述あり） | （Ⅱ-1の設問中に記述あり） | （Ⅱ-1の設問中に記述あり） |
| | （Ⅱ-2の設問中に記述あり） | （Ⅱ-2の設問中に記述あり） | |
| **7. 資質向上の責務** | | | |
| (1) 継続研鑽（CPD） | （Ⅱ-1の設問中に記述あり） | Ⅱ-3 継続研鑽（CPD） | Ⅱ-2 求められる資質能力 |
| (2) 技術士の国際的同等性 | | | |
| 過去に類似問がある設問数 | 8問／15問 | 9問／15問 | 6問／15問 |

※ 四角囲み は，過去に類似問のある設問．【　】内は，設問の出典となった規格等の略称

30

## 適性科目の出題分析（問題タイトル一覧）

| 2019年度（令和元年度）再試験 | 2020年度（令和2年度） | 2021年度（令和3年度） | 2022年度（令和4年度） |
|---|---|---|---|
| Ⅱ-1　適性科目試験の目的<br>Ⅱ-2　技術士の3義務2責務 | Ⅱ-1　技術士の3義務2責務 | Ⅱ-1　技術士の3義務2責務 | Ⅱ-1　技術士の3義務2責務 |
| Ⅱ-3　倫理綱領，倫理規程 | Ⅱ-2　工学系学会倫理規定 | Ⅱ-2　倫理綱領，倫理規程<br>Ⅱ-3　技術者の説明責任 | Ⅱ-7　功利主義と個人尊重 |
| Ⅱ-6　科学者の行動規範<br>Ⅱ-10　研究活動の不正対応 | Ⅱ-3　利益相反（COI）対応 |  | Ⅱ-2　研究開発評価指針（PDCA） |
|  | Ⅱ-4　営業秘密漏洩対策 | Ⅱ-7　営業秘密漏洩対策 | Ⅱ-13　情報セキュリティ |
| Ⅱ-5　公益通報者保護法 | Ⅱ-15　公益通報 |  | Ⅱ-12　独占禁止法 |
| Ⅱ-4　公共の安全・環境保全<br>Ⅱ-7　製造物責任法（PL法）<br>Ⅱ-11　温室効果ガス【IPCC】<br>Ⅱ-15　AIと人間社会の関係 | Ⅱ-6　製造物責任法（PL法）<br>Ⅱ-10　地球環境とエネルギー<br>Ⅱ-11　ユニバーサルデザイン<br>Ⅱ-12　製品の社会的責任【ISO】<br>Ⅱ-14　遺伝子組換え技術 | Ⅱ-4　安全保障貿易管理<br>Ⅱ-6　AIと人間社会の関係<br>Ⅱ-8　製造物責任法（PL法）<br>Ⅱ-11　地球環境とエネルギー<br>Ⅱ-14　個人情報保護法 | Ⅱ-3　社会的責任原則【ISO】<br>Ⅱ-4　Society5.0<br>Ⅱ-8　安全保障貿易管理<br>Ⅱ-10　環境保護制度<br>Ⅱ-11　製造物責任法（PL法） |
|  | Ⅱ-8　労災（ヒューマンエラー）<br>Ⅱ-13　働き方改革（テレワーク） | Ⅱ-9　ダイバーシティ経営 | Ⅱ-5　職場のハラスメント |
| Ⅱ-8　特許法<br>Ⅱ-9　著作権法 | Ⅱ-5　知的財産権制度 | Ⅱ-13　知的財産権制度 | Ⅱ-9　知的財産権制度 |
| Ⅱ-12　国際安全規格【ISO】<br>Ⅱ-13　水害時の避難行動 | Ⅱ-7　国際安全規格【ISO】<br>Ⅱ-9　事業継続計画（BCP） | Ⅱ-10　国際安全規格【ISO】<br>Ⅱ-12　労働安全衛生法<br>Ⅱ-15　職場のリスクアセスメント | Ⅱ-6　国際安全規格【ISO】 |
| Ⅱ-14　SDGs |  | Ⅱ-5　SDGs | Ⅱ-14　SDGs |
| （Ⅱ-2の設問中に記述あり） | （Ⅱ-1の設問中に記述あり） | （Ⅱ-1の設問中に記述あり） | （Ⅱ-1の設問中に記述あり） |
| （Ⅱ-2の設問中に記述あり） | （Ⅱ-1の設問中に記述あり） | （Ⅱ-1の設問中に記述あり） | （Ⅱ-1の設問中に記述あり） |
| （Ⅱ-2の設問中に記述あり） | （Ⅱ-1の設問中に記述あり） | （Ⅱ-1の設問中に記述あり） | Ⅱ-15　継続研鑽（CPD） |
| 12問／15問 | 12問／15問 | 12問／15問 | 14問／15問 |

せられる出題である.

（b）信用失墜行為の禁止（義務）

　技術士第一次試験結果の統計には受験者の職種はないが，勤務先種別は発表されている．それは，多い順から，一般企業，建設コンサルタント業，官庁・自治体，公益法人・独立行政法人等，教育機関の順となっている．つまり受験者は，技術者，研究開発者，研究者，教育者，学生等が多いと思われる.

　ここでは，「技術者倫理」と「研究者の倫理」の2つの区分で，出題結果を分析する.

　①　技術者倫理

　ここでは，各企業・団体，工学系学会にある倫理綱領や倫理規定に関する設問が出題されている．また，一技術者の顧客対応と技術者倫理のジレンマに関する具体例，工事不正対策や品質不正対策から，正誤の判断をする出題もされている．また，技術者の説明責任が出題されている.

　②　研究者等の倫理

　ここでは，公務員倫理，研究者倫理，科学者の行動規範，研究開発評価指針等が出題され，研究活動の不正対応，利益相反（COI）対応等の具体例を通しての出題もされている.

（c）秘密保持義務

　①　営業秘密等では，営業秘密漏洩対策，技術者の情報管理が出題されている.

　②　情報セキュリティでは，情報セキュリティマネジメントや情報セキュリティの具体例の問題が出題されている.

（d）公益確保の責務

　受験者は，公益に関係する「公衆」を，どのような広さで意識するだろうか．ここでは，公衆を労働者，国民，そして世界市民等として出題している．SDGs（持続可能な開発目標）は，「誰も置き去りにしない（no one will be left behind）」を基本理念としている．そういう意味では，80億人に到達しようとしている人類すべてが公衆であり，もしかすると人類と共生する多様な生命も，広い意味では公衆なのかもしれない.

　ここでは，公益の対象別に7つの区分に分類して出題分析を行う.

　①　公益通報

　国内の公益通報者保護法に関する出題が主であるが，海外書籍の邦訳からも出題されている.

② 公正取引

独占禁止法に関する出題がされている.

③ 公衆・公益・環境の保護

消費者の保護，個人情報の保護，製造物責任法（PL法），公共の安全，インフラ長寿命化，地球環境保全，気候変動対策，ユニバーサルデザイン，安全保障貿易管理等が出題されている．令和4年度は，持続可能性や国民の安全・安心の確保等を目的とするSociety5.0が新規問題として出題された．

④ 個人（労働者等）の保護

ハラスメント対策，労災対策，ワーク・ライフ・バランス，働き方改革，ダイバーシティ経営等が出題されている．

⑤ 権利の保護

著作権法，特許法，知的財産権制度等が出題されている．

⑥ リスクと安全対策

ISO（国際標準化機構）の国際安全規格，国内の労働安全衛生法やBCP（事業継続計画）に関する出題がされている．

⑦ 国際的な取組み

SDGs（持続可能な開発目標）に関する出題がされている．

(e) 名称表示の場合の義務

この区分の問題は単独で出題されたことはなく，(a) 項の技術士法第4章（技術士等の3義務2責務）全般の，設問の一部として出題されている．

(f) 技術士補の業務の制限等

この区分も，(a) 項の技術士法第4章（技術士等の3義務2責務）全般の，設問の一部として出題されている．

(g) 資質向上の責務

① 継続研鑽

ここでは，技術士の継続研鑽（CPD：Continuing Professional Development）や求められる資質能力（コンピテンシー）に関して出題されている．

② 技術者の国際的同等性

ここでは，JABEE（日本技術者教育認定機構），国際的な技術者資格であるAPEC・IPEA等について出題されている．JABEE，APEC・IPEAについては，本書の「受験の手引き」の「修習技術者とは」と「国際的な技術者資格」に説明がある．

## （5） 令和4年度出題の特徴 >>>

　表2-10に，令和4年度適性科目の過去の類似問題等の出題状況分析を示す．令和4年度の適性科目には，過去問題と同一の問題が4問（27％）が出題された．過去問題が一部変更されて出題されている問題が6問（40％），類似問題が4問（27％），合わせて14問94％の類似問題等が出題されており，新規問題として，Society5.0が出題されている．

　表2-11に，令和4年度適性科目の類似問題の年度別出題状況分析を示しているが，直近の8回に14問の類似問題が出題されている．

　**アドバイス**　令和4年度試験の特徴としては，過去の類似問題が高い割合で出題されていることである．本書には7回分の過去問題と模範解答を掲載しているので最新のものから全問を解く挑戦をしてほしい．その際，タイマーをセットして，解答時間を計測し，1問を平均4分弱で解く訓練をしてほしい．4分弱というのは，60分で15問を解答する前に，氏名，フリガナ，受験する技術部門と受験番号を記入し，受験番号をマークする時間が必要だからである．

## （6） 傾向と対策—学習のポイントと受験勉強に関するアドバイス— >>>

　平成29年度〜令和4年度の出題分析に基づき，今後の傾向と対策面から，出題の可能性が高い「学習のポイント」を列挙すると，次のとおりとなる．

表2-10　令和4年度試験　適性科目の過去の類似問題等の出題状況分析

| 出題内容 | 新 規 | 過去問題との関係 | | |
|---|---|---|---|---|
| | | 同 一 | 一部変更 | 類 似 |
| II-1　技術士の3義務2責務 | | | R3 II-1 | |
| II-2　研究開発評価指針 (PDCA) | | | | R3 I-1-3 |
| II-3　社会的責任原則【ISO】 | | | H29 II-11 | |
| II-4　Society5.0 | ○ | | | |
| II-5　職場のハラスメント | | H29 II-4 | | |
| II-6　国際安全規格【ISO】 | | R1再 II-12 | | |
| II-7　功利主義と個人尊重 | | | H29 II-13 | |
| II-8　安全保障貿易管理 | | | | R3 II-4 |
| II-9　知的財産権制度 | | H29 II-10 | | |
| II-10　環境保護制度 | | | H28 II-14 | |
| II-11　製造物責任法 (PL法) | | | R1 II-3 | |
| II-12　独占禁止法 | | | | H27 II-10 |
| II-13　情報セキュリティ | | H28 II-13 | | |
| II-14　SDGs | | | | R1 II-15 |
| II-15　継続研鑽 (CPD) | | | H28 II-2 | |
| 15問 | 1/15問<br>(6%) | 4/15問<br>(27%) | 6/15問<br>(40%) | 4/15問<br>(27%) |

表2-11　令和4年度試験　適性科目の類似問題の年度別出題状況分析

| 試験実施年度 | 過去問題との関係 | | | 計 |
| --- | --- | --- | --- | --- |
| | 同一問題 | 一部変更問題 | 類似問題 | |
| 平成27年度（2015年度） | | | 1 | 1 |
| 平成28年度（2016年度） | 1 | 2 | | 3 |
| 平成29年度（2017年度） | 2 | 2 | | 4 |
| 平成30年度（2018年度） | | | | 0 |
| 令和元年度　（2019年度） | | 1 | 1 | 2 |
| 令和元年度　（2019年度）再試験 | 1 | | | 1 |
| 令和2年度　（2020年度） | | | | 0 |
| 令和3年度　（2021年度） | | 1 | 2 | 3 |
| 合計 | 4問/15問 | 6問/15問 | 4問/15問 | 14問/15問 |
| | 27％ | 40％ | 27％ | 94％ |

（注）令和4年度試験は，過去問題との類似問題が14問（94％）が出題されている。

（a）技術士法第4章（技術士等の3義務2責務）全般（本書付録に収録）

　　毎回出題されている技術士および技術士補として遵守すべき「3つの義務，2つの責務」は暗記するくらい読み込んでほしい．信秘公名資（義義責義責）と順番に覚えることもおすすめである．この3義務2責務は，第二次試験合格後の口頭試験の質問内容になることもあり，技術士になっても自らの規範にもなるので，身につけることを重ねておすすめする．これまでは，同法第4章全文中の穴埋め問題や，各条文と3義務2責務との対応を問う問題が多く出題されていたが，令和4年度は7つの記述全ての適・不適を解答する形式であった．

（b）信用失墜行為の禁止（義務）

①　技術者倫理

　　毎回1～3問出題されていた分野であり，これからも必ず出題される分野である．令和4年度は，「19世紀のイギリスの哲学者であるベンザムやミルらが主張した倫理学説」から「功利主義と個人の尊重」を問う問題が出題された．学習のポイントとしては，技術士倫理綱領の内容を把握しておくことと，受験者の専門に近い工学会（日本建築学会，電気学会，日本機械学会，情報処理学会等）の倫理綱領や倫理規定を一読しておくことをおすすめする．

②　研究者等の倫理

　　研究者等の倫理は，ほぼ毎年出題されている．研究者の倫理が中心であるが．平成30年度には公務員倫理が出題されている．令和4年度には，文部科学省の研究及び開発に関する評価指針（最終改定平成29年4月）の、PDCAサイクルを確実かつ継続的に回すことによって、プロセスのレベルアップを図ること

に関する問題が出題された．技術者や学生の受験者も，比較的容易に解ける問題である．機会があれば研究者倫理についても理解を深めてほしい．

（c）秘密保持義務

① 営業秘密等

デジタル時代の営業秘密漏洩は，その態様や対策が多様化している．これまでの出題は，設問の情報が営業秘密に当たるか否かを問う問題である．比較的容易に解ける問題なので，過去問等から，理解を深めてほしい．令和3年度には，4つの情報等が営業秘密に該当するか否かを問う設問が出題されている．

② 情報セキュリティ

受験者がいかなる組織・団体や教育機関に所属していようが，ネットワークや情報システムと無関係ではいられない．情報セキュリティ問題は，幅広く出題されており，受験者は基礎的なことを幅広く学んでおいてほしい．令和4年度は，情報セキュリティマネジメントに関する問題が出題された．

（d）公益確保の責務

① 公益通報

これまでは，国内の公益通報者保護法（本書付録に収録）からの出題が多い．国内法は，令和2年に改正されており，一読をおすすめする．

② 公正取引

令和4年度には，談合，相場操縦取引，カルテル，インサイダー取引の具体例の正誤を問う問題が出題されている．独占禁止法に関する出題頻度は高くないが，関心をもっていてほしい．また，不正取引の結果，適性価格よりも高い取引が行われ，不当な利益を得る人間がいる反面，納税者，消費者，公衆などがその代償も負わされている構図を常に理解すべきである．

③ 公衆・公益・環境の保護

適性科目の15問の中で，大きなウェイトを占める分野である．直近は7回連続で4問以上が出題されている．技術士倫理綱領（本書付録に収録）の基本綱領10項目の最初に掲げられているのが「公衆の利益の優先」である．公衆・公益・環境を保護するために種々の行政の施策，国内法，国際規格やIPCC（政府間パネル）がある．これらすべてを学習することは困難であるが，過去問に登場した法律等は，一読していただきたい．

令和4年度にも出題された製造物責任法（PL法，本書付録に収録）は，直近の7回すべてで出題されており，必ず一読しておいてほしい．

令和3年度には，個人情報保護法（本書付録に収録）が出題された．令和4年度には，前年に引き続き安全保障貿易管理が出題されている．世界で紛争や侵略戦争が起きる中，ドローンやロボットだけでなく，多くの技術がテロや軍事に転用可能であり，科学者・技術者は，所属する組織の輸出管理手続きや法令を学び，遵守することが求められている．安全保障貿易管理には，複数の関連法令がある．経済産業省のWebサイトに「安全保障貿易管理の概要」などが掲載されているので，読者に関係の深い部分や概要の一読をおすすめする．

④　個人（労働者等）の保護

直近の7回で，職場のハラスメント対策が3回，働き方改革が2回，ワーク・ライフ・バランスが1回出題されており，過去の類似問題の割合が高い．

令和3年度は，経済産業省のホームページに掲げられている「ダイバーシティ経営の定義」から「多様な人材」に関する新規問題として出題されている．令和4年度の職場のハラスメント対策は，平成29年度とほぼ同一の内容の出題であった．

⑤　権利の保護

直近の7回では，著作権法，特許法（本書付録に収録），知的財産権制度が6問出題されている．令和4年度の知的財産権制度は，平成29年度とほぼ同一内容の出題であった．日常の業務でも権利の保護は重要であり，学んでいただきたい．

⑥　リスクと安全対策

直近の7回でISO（国際標準化機構）の国際安全規格やリスク対策に関する問題が5問出題されている．また，労働安全衛生法が3問，事業継続計画（BCP）が2問出題されている．令和4年度のISO（国際標準化機構）のリスク対策は，令和元年度再試験とほぼ同一であった．ニュースや過去問を学ぶことが重要である．

⑦　国際的な取組み

令和4年度には，ここ数年出題頻度の高いSDGs（持続可能な開発目標）が出題されている．SDGsは，2030年達成を目指す国際目標であり，これからも出題が予想される．国連の2030 アジェンダと17の持続可能な開発目標を理解しておいてほしい．

（e）名称表示の場合の義務

令和4年度は，問題Ⅱ-1の問題文の一部として技術士法第46条（技術士の名称表示の場合の義務）が示されている．このように問題の一部として毎年出

題されているが，単独で出題されたことはない．

(f) 技術士補の業務の制限等

令和4年度は，問題II-1の問題文の一部として技術士法第47条（技術士補の業務の制限等）が示されている．(e)項と同様に単独で出題されたことはない．

(g) 資質向上の責務

① 継続研鑽

直近の7回に，技術士の継続研鑽（CPD：Continuing Professional Development）や求められる資質能力（コンピテンシー，本書付録に収録）に関して毎回出題されている．本書の「受験の手引き」や日本技術士会のホームページ「技術士CPD（継続研鑽）ガイドライン（第3版）」に記載があるので，理解を深めておいてほしい．令和4年度のCPDに関する問題は，平成28年度と類似内容の出題であった．技術士法第47条の2（技術士の資質向上の責務）を一読してほしい．

② 技術士の国際的同等性

ここでは，JABEE（日本技術者教育認定機構），国際的な技術者資格であるAPEC・IPEA等についての出題がされている．平成27年度を最後に最近の出題はないが，JABEE，APEC・IPEAについては，本書の「受験の手引き」の「修習技術者とは」と「国際的な技術者資格」に説明があるので，一読しておいてしてほしい．技術士に合格したら，国際エンジニアへの登録に挑戦してほしい．

**（7） 参考書と参考資料 >>>**

(a) 参考書

適性科目の範囲は広いので，全体を俯瞰し，学習のポイントを把握するために参考になるのが，「技術士第一次試験　基礎・適性科目　完全制覇」（オーム社　編）である．この「第4章　適性科目の研究」を通読していただきたい．

(b) 参考資料

技術士法，PL法（製造物責任法），個人情報保護法，公益通報者保護法，特許法，技術士倫理綱領や技術士に求められる資質能力は，本書付録に収録している．労働安全衛生法，知的財産権関連法，景品表示法，消費生活用製品安全法等の法律，SDGsの2030アジェンダ，IPCC（気候変動に関する政府間パネル）の報告書等は，Webから検索できるので参考にしてほしい．これらは，改正・改訂されることがあるので，常に最新情報にアクセスしてほしい．例えば，個人情報保護法は令和4年に改正されている．

# 令和 4 年度

# 基礎・適性科目 の問題と模範解答

**Ⅰ** 次の１群～５群の全ての問題群からそれぞれ３問題，計15問題を選び
解答せよ．（解答欄に１つだけマークすること．）

# 基礎科目
## 1群 設計・計画に関するもの

（全６問題から３問題を選択解答）

基礎科目
**Ⅰ-1-1**

金属材料の一般的性質に関する次の（Ａ）～（Ｄ）の記述
の，□ に入る語句の組合せとして，適切なものはどれか．

（Ａ） 疲労限度線図では，規則的な繰り返し応力における平均応力
を ア 方向に変更すれば，少ない繰り返し回数で疲労破壊する傾向が
示されている．

（Ｂ） 材料に長時間一定荷重を加えるとひずみが時間とともに増加する．これ
をクリープという． イ ではこのクリープが顕著になる傾向がある．

（Ｃ） 弾性変形下では，縦弾性係数の値が ウ と少しの荷重でも変形しや
すい．

（Ｄ） 部材の形状が急に変化する部分では，局所的に von Mises 相当応力（相
当応力）が エ なる．

| | ア | イ | ウ | エ |
|---|---|---|---|---|
| ① | 引張 | 材料の温度が高い状態 | 小さい | 大きく |
| ② | 引張 | 材料の温度が高い状態 | 大きい | 小さく |
| ③ | 圧縮 | 材料の温度が高い状態 | 小さい | 小さく |
| ④ | 圧縮 | 引張強さが大きい材料 | 小さい | 大きく |
| ⑤ | 引張 | 引張強さが大きい材料 | 大きい | 大きく |

━━━━━━━━━━━━━━━ **解　説** ━━━━━━━━━━━━━━━

金属材料に関する基礎的な内容である．用語になじみが薄いとやや戸惑うかも
しれないが，４つの穴埋めのうち，３つがわかれば正答に至れる選択肢になって
いるので挑戦してほしい．

（ア）　引張．疲労破壊とは「部品が繰り返し応力（引張）を受けることで，引張強度以下の応力負荷状態で生じる破壊現象」である．ここで，機械材料に加わる一定振幅で負荷される外力の繰返し数と，それに耐える応力の上限値との応力と破断までの関係を示す曲線を $S$-$N$ 曲線という．一般的な金属材料は引張荷重を増加させると，破壊現象が生じるまでの外力の繰返し数が減少する挙動を示す傾向がある．

（イ）　材料の温度が高い状態．クリープ（creep）とは，物体に持続的に応力がかかると，時間経過とともにひずみが増大する現象．クリープによる変形は時間が経つほど変位量が増え，材料の温度が高いほどクリープ速度は速くなる．高温環境下における材料の変形を論じるために用いる．

（ウ）　小さい．問題の縦弾性係数（modulus of longitudinal elasticity），ヤング率と称し，フックの法則では弾性変形の領域で材料が振る舞う場合，以下の式が成り立つ．

$$\varepsilon = \frac{\sigma}{E} \qquad\qquad (1)$$

ただし，$\varepsilon$：ひずみ，$\sigma$：応力，$E$：縦弾性係数

この式から，題意の「変形」をひずみと考えると，応力が同じなら縦弾性係数が小さいほど変形量が増加するといえる．

（エ）　大きく．材料強度は，１軸方向に引っ張ったときの降伏および破断状況で試験評価する．しかし，実際の材料ではさまざまな方向に力が発生し，複雑なモードになる．ミーゼス応力（von Mises stress）は，金属で塑性変形を起こす「延性材料」の破損に対し，「最大せん断応力説」および「せん断ひずみエネルギー説」で評価する．なお，「ミーゼス」とは提唱した工学者のリヒャルト・フォン・ミーゼスに由来する．題意のように，孔や溝，段などの一様な形状が変化する部分では内部応力の分布が乱れ，形状変化部の前後に比べて局所的に応力が増大する．これを応力集中と称す．

以上のとおり，順に 引張 材料の温度が高い状態 小さい 大きく となり，該当する組合せは①である．

答 ①

**基礎科目**

**I -1-2**

確率分布に関する次の記述のうち，不適切なものはどれか．

① 1個のサイコロを振ったときに，1から6までのそれぞれの目が出る確率は，一様分布に従う．

② 大量生産される工業製品のなかで，不良品が発生する個数は，ポアソン分布に従うと近似できる．

③ 災害が起こってから次に起こるまでの期間は，指数分布に従うと近似できる．

④ ある交差点における5年間の交通事故発生回数は，正規分布に従うと近似できる．

⑤ 1枚のコインを5回投げたときに，表が出る回数は，二項分布に従う．

**解　説**

確率に関する基礎的な内容ではあるが，正確な用語知識を漏れなく求められ，やや難易度の高い問題である．

① ○．一様分布とは，すべての事象の起こる確率が等しい現象のモデルで，離散型あるいは連続型の確率分布である．正しいサイコロを振ったときの，それぞれの目の出る確率がこれにあたる．

② ○．ポアソン分布とは，ある時間間隔で発生する事象の回数を表す離散確率分布である．散発的に生じる不良品の発生は，まさに，この統計的ばらつきの議論に合致する．

③ ○．指数分布とは連続型確率分布の一つである．次に何かが起こるまでの期間が従う分布形態であり，例として，機械が故障してから次に故障するまでの期間や，災害発生後，次に災害が発生するまでの期間に用いる．

④ ×．正規分布とは連続型確率分布の一つで，データが平均値付近に集積する分布形態を表す．平均値と最頻値，中央値が一致することや，平均値を中心に左右対称である特性をもつ．しかし，交通事故は頻発する事象ではなく，もし頻発する交差点が存在するなら，恒久的な改修が先に行われる性格のものである．また，交通事故の発生は「結果が成功ないしは失敗である」事象になり，その現象解析をデータとして数値処理する評価手法がなじまず，正規分布の活用は困難である．

⑤ ○．二項分布とは，結果が成功ないし失敗である確率が一定な試行を，独

立に $n$ 回行ったときの成功回数を確率変数とする離散確率分布である．コインを 5 回投げる行為は独立な事象になる．

以上の内容から，不適切なものは④である．

 **答** ④

**基礎科目 I-1-3**

次の記述の，□□□に入る語句として，適切なものはどれか．

ある棒部材に，互いに独立な引張力 $F_a$ と圧縮力 $F_b$ が同時に作用する．引張力 $F_a$ は平均300N，標準偏差30N の正規分布に従い，圧縮力 $F_b$ は平均200N，標準偏差40N の正規分布に従う．棒部材の合力が200N 以上の引張力となる確率は□□□となる．ただし，平均 0，標準偏差 1 の正規分布で値が $z$ 以上となる確率は以下の表により表される．

表　標準正規分布に従う確率変数 $z$ と上側確率

| $z$ | 1.0 | 1.5 | 2.0 | 2.5 | 3.0 |
|---|---|---|---|---|---|
| 確率〔%〕 | 15.9 | 6.68 | 2.28 | 0.62 | 0.13 |

①　0.2%未満　　②　0.2%以上 1 %未満　　③　1 %以上 5 %未満
④　5 %以上10%未満　　⑤　10%以上

**解　説**

題意が文章だけではわかりにくく，試験時間中に落ち着いて文章を読み解く必要がある．分析業務経験の乏しい受験者においては，一見では難易度が高く，戸惑う可能性もある出題である．

ここで求められる棒部材の引張力および圧縮力を模式的に示すと，例えば，図 1-3-1 に示すものになる．

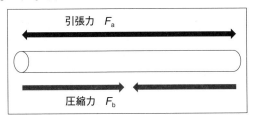

図 1-3-1　棒部材にかかる荷重形態の模式図

　また，引張力 $F_a$ の正規分布の形状を図1-3-2に，圧縮力 $F_b$ の正規分布の形状を図1-3-3に示す．引張力 $F_a$ の正規分布に比べて，標準偏差が大きい圧縮力 $F_b$ の正規分布が「山が低く，なだらか」である．

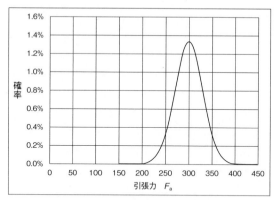

図1-3-2　引張力 $F_a$ の正規分布図

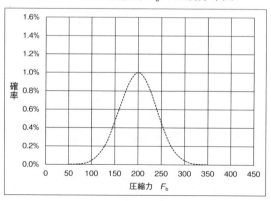

図1-3-3　圧縮力 $F_b$ の正規分布図

　棒部材の合力を $F_{ab}$ とし，題意のとおり合力が200N以上の引張力となる条件は
$$F_{ab} = F_a - F_b \geq 200\text{N} \tag{1}$$
となる．

　このように，題意に従ったものは相関がない．すなわち「独立2変量正規分布」になる．

　題意に従うために，分布も含めて荷重の計算を行った場合の引張力 $F_a$ と圧縮力 $F_b$ を表1-3-1に記載した．なお，（1）式に従うものを表内の白抜きとして示した．このエリアの確率の積算値の総和が棒部材の合力の総和になる．

表 1 - 3 - 1　　$F_{ab} \geq 200N$ となる負荷条件の選定

| σ | $F_b$[N] | 確率[%] | | 3 | 2.5 | 2 | 1.5 | 1 | 0 | 1 | 1.5 | 2 | 2.5 | 3 |
|---|---|---|---|---|---|---|---|---|---|---|---|---|---|---|
| | | | σ | 3 | 2.5 | 2 | 1.5 | 1 | 0 | 1 | 1.5 | 2 | 2.5 | 3 |
| | | | $F_a$[N] | 210 | 225 | 240 | 255 | 270 | 300 | 330 | 345 | 360 | 375 | 390 |
| | | | 確率[%] | 0.13% | 0.62% | 2.28% | 6.68% | 15.90% | 50% | 15.90% | 6.68% | 2.28% | 0.62% | 0.13% |
| | | | | 以下 | | | | | | 以上 | | | | |
| 3 | 80 | 0.13% | | 130 | 145 | 160 | 175 | 190 | 220 | 250 | 265 | 280 | 295 | 310 |
| 2.5 | 100 | 0.62% | | 110 | 125 | 140 | 155 | 170 | 200 | 230 | 245 | 260 | 275 | 290 |
| 2 | 120 | 2.28% | 以下 | 90 | 105 | 120 | 135 | 150 | 180 | 210 | 225 | 240 | 255 | 270 |
| 1.5 | 140 | 6.68% | | 70 | 85 | 100 | 115 | 130 | 160 | 190 | 205 | 220 | 235 | 250 |
| 1 | 160 | 15.90% | | 50 | 65 | 80 | 95 | 110 | 140 | 170 | 185 | 200 | 215 | 230 |
| 0 | 200 | | | 10 | 25 | 40 | 55 | 70 | 100 | 130 | 145 | 160 | 175 | 190 |
| 1 | 240 | 15.90% | | -30 | -15 | 0 | 15 | 30 | 60 | 90 | 105 | 120 | 135 | 150 |
| 1.5 | 280 | 6.68% | | -70 | -55 | -40 | -25 | -10 | 20 | 50 | 65 | 80 | 95 | 110 |
| 2 | 280 | 2.28% | 以上 | -70 | -55 | -40 | -25 | -10 | 20 | 50 | 65 | 80 | 95 | 110 |
| 2.5 | 300 | 0.62% | | -90 | -75 | -60 | -45 | -30 | 0 | 30 | 45 | 60 | 75 | 90 |
| 3 | 320 | 0.13% | | -110 | -95 | -80 | -65 | -50 | -20 | 10 | 25 | 40 | 55 | 70 |

（左端縦：圧縮力 $F_b$）

　問題の表に「上側確率」という記載がある．確率変数が，ある値より大きくなる確率のことを上側確率と称する．例えば，標準正規分布に従う確率変数 $z = 1$ の値の場合，上側確率は15.9％となる．また，確率変数 $z = 1.5$ の値の場合，上側確率は6.68％となる．ただし，$Z = 1$ のときの15.9％のなかには $Z = 1.5$ の値を包含する．

　以上の経緯と問題文の記載から，表 1 - 3 - 2 のように合成力の発生確率の分布が求まる．

表 1 - 3 - 2　　$F_{ab} \geq 200N$ となる負荷条件を満たす確率の乗算評価

| σ | $F_b$[N] | 確率[%] | | 3 | 2.5 | 2 | 1.5 | 1 | 0 | 1 | 1.5 | 2 | 2.5 | 3 |
|---|---|---|---|---|---|---|---|---|---|---|---|---|---|---|---|
| | | | σ | 3 | 2.5 | 2 | 1.5 | 1 | 0 | 1 | 1.5 | 2 | 2.5 | 3 |
| | | | $F_a$[N] | 210 | 225 | 240 | 255 | 270 | 300 | 330 | 345 | 360 | 375 | 390 |
| | | | 確率[%] | 0.13% | 0.62% | 2.28% | 6.68% | 15.90% | 50% | 15.90% | 6.68% | 2.28% | 0.62% | 0.13% |
| | | | | 以下 | | | | | | 以上 | | | | |
| 3 | 80 | 0.13% | | | | | | | 0.07 | 0.02 | 0.01 | 0.00 | 0.00 | 0.00 |
| 2.5 | 100 | 0.62% | | | | | | | 0.31 | 0.10 | 0.04 | 0.01 | 0.00 | 0.00 |
| 2 | 120 | 2.28% | 以下 | | | | | | | 0.36 | 0.15 | 0.05 | 0.01 | 0.00 |
| 1.5 | 140 | 6.68% | | | | | | | | | 0.45 | 0.15 | 0.04 | 0.01 |
| 1 | 160 | 15.90% | | | | | | | | | | 0.36 | 0.10 | 0.02 |
| 0 | 200 | 50% | | | | | | | | | | | | |
| 1 | 240 | 15.90% | | | | | | | | | | | | |
| 1.5 | 280 | 6.68% | | | | | | | | | | | | |
| 2 | 280 | 2.28% | 以上 | | | | | | | | | | | |
| 2.5 | 300 | 0.62% | | | | | | | | | | | | |
| 3 | 320 | 0.13% | | | | | | | | | | | | |

（左端縦：圧縮力 $F_b$）

この数値を積算すると2.28％となる.

以上の内容から，適切なものは 1 ％以上 5 ％以内，すなわち③である.

（注）類似問題　R2 I -1-2

**答 ③**

注記：

- 詳細な数値解析によると，$F_{ab} \geq 200N$ となる確率は，本条件では2.3％程度と試算できる.
- 計算式の立て方で多少は値が変わるが，厳密な計算の値を行わなくても概算できる. しかし，何通りかの概算によっても 1 ％以上 5 ％以内に収まる.

**基礎科目 I -1-4**

　　ある工業製品の安全率を$x$とする（$x > 1$）. この製品の期待損失額は，製品に損傷が生じる確率とその際の経済的な損失額の積として求められ，損傷が生じる確率は$1/(1+x)$，経済的な損失額は 9 億円である. 一方，この製品を造るための材料費やその調達を含む製造コストが$x$億円であるとした場合に，製造にかかる総コスト（期待損失額と製造コストの合計）を最小にする安全率$x$の値はどれか.

① 2.0　② 2.5　③ 3.0　④ 3.5　⑤ 4.0

**解　説**

　線形計画法の一類型である. 一瞥すると戸惑うが，落ち着いて出題内容を確認し，冷静に指示に従って解することで解答を導くことができる.

　期待損失額なる用語は経営上のリスクマネジメント評価や，保険商品設計・リスク評価に活用する，数理科学の一分野である「保険数理学」にて用いる用語でもある.

　安全率を$x$（ただし，$x > 1$）とした場合，題意より以下の式が成り立つ.

期待損失額 $EL = \dfrac{1}{1+x} \times 9$ ［億円］　　　　　（1）

製造コスト $x$［億円］　　　　　（2）

製造総コスト $T = x + EL$［億円］　　　　　（3）

これらを計算すると，以下の結果を得る（表 1 - 4 - 1 ）.

表1-4-1 安全率から導出した製造コストの比較

| | 安全率 $x$ | 期待投資額<br>$EL$［億円］ | 製造コスト<br>$x$［億円］ | 製造総コスト<br>$T$［億円］ |
|---|---|---|---|---|
| ① | 2.0 | 3.00 | 2.00 | 5.00 |
| ② | 2.5 | 2.57 | 2.50 | 5.07 |
| ③ | 3.0 | 2.25 | 3.00 | 5.25 |
| ④ | 3.5 | 2.00 | 3.50 | 5.50 |
| ⑤ | 4.0 | 1.80 | 4.00 | 5.80 |

　本比較による最も製造総コストが小さくなる計画案は，安全率 $x=2.0$ である．
よって，適切なものは①である．
　（注）類似問題　R1再 I -1-5

答 ①

基礎科目
I -1-5

　　　　次の記述の，□□□に入る語句の組合せとして，適切なものは
どれか．

　断面が円形の等分布荷重を受ける片持ばりにおいて，最大曲げ応力は断面の円
の直径の ア に イ し，最大たわみは断面の円の直径の ウ に イ
する．また，この断面を円から長方形に変更すると，最大曲げ応力は断面の長方
形の高さの エ に イ する．ただし，断面形状ははりの長さ方向に対して
一様である．また，はりの長方形断面の高さ方向は荷重方向に一致する．

| | ア | イ | ウ | エ |
|---|---|---|---|---|
| ① | 3乗 | 比例 | 4乗 | 3乗 |
| ② | 4乗 | 比例 | 3乗 | 2乗 |
| ③ | 3乗 | 反比例 | 4乗 | 2乗 |
| ④ | 4乗 | 反比例 | 3乗 | 3乗 |
| ⑤ | 3乗 | 反比例 | 4乗 | 3乗 |

**解　説**

　水泳場の飛び込み台の先端をイメージする形状で，記載のとおり断面形状は梁
の長さ方向において一様である．
　曲げ応力とは荷重が発生することによって起こる力を称し，圧縮応力と引張応
力の総和によって求める．

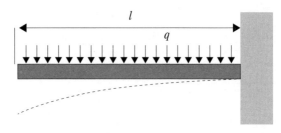

図 1 - 5 - 1　棒部材にかかる荷重形態の模式図

曲げ応力 $\sigma = \dfrac{M}{Z}$ (1)

ただし，$M$：曲げモーメント，$Z$：断面係数

最大曲げ応力：$\sigma_{max} = \dfrac{M_{max}}{Z}$ (2)

このような荷重形態の場合，最も大きな曲げモーメントがかかるのは固定端の根元である．したがって，$M_{max}$ が生じるのは固定端との接合部で

最大曲げモーメント $M_{max} = (q \times l) \cdot \dfrac{l}{2}$ (3)

ただし，$q$：単位長あたりの荷重
である．よって，この場合の最大曲げ応力は

最大曲げ応力 $\sigma_{max} = \dfrac{q \cdot l^2}{2 \times Z}$ (4)

一方，最大たわみは固定側と反対の先端に発生する．

最大たわみ量 $\delta_{max} = \dfrac{ql}{8\,EI}$ (5)

ただし，$E$：材料のヤング率，$I$：断面二次モーメント
以下，断面形状による差異を示す．
断面が中実円形の場合，以下の式が成り立つ．

断面二次モーメント $I = \dfrac{\pi}{64}\,d^4$ (6)

断面係数 $Z = \dfrac{\pi}{32}\,d^3$ (7)

ただし，$d$：断面の円の直径
断面が長方形である場合，以下の式が成り立つ．

断面二次モーメント $I = \dfrac{1}{12}bh^3$ （8）

断面係数 $Z = \dfrac{1}{6}bh^2$ （9）

ただし，$b$：長方形断面の荷重と直交した方向の長さ，$h$：長方形断面の荷重方向の長さ（題意に従うと高さ）

以上の基本的な計算式を用いて演算すると

$$断面円形の最大曲げ応力 \sigma_{max} = \frac{q \times l^2}{2(\pi/32)d^3}$$

$$= \frac{32 \times q \times l^2}{2\pi d^3} \qquad (10)$$

$$断面円形の最大たわみ量 \delta_{max} = \frac{q \times l}{8E(\pi/64)d^4}$$

$$= \frac{64q \times l}{8E\pi d^4} \qquad (11)$$

となり，このことから「最大曲げ応力は断面の円の直径の $\boxed{3乗}$ に $\boxed{反比例}$ し，最大たわみは断面の円の直径の $\boxed{4乗}$ に $\boxed{反比例}$ する」となる．

同様に，以上の基本的な計算式を用いて考えると

$$断面が長方形の最大曲げ応力 \sigma_{max} = \frac{q \times l^2}{2 \times \dfrac{1}{6} \times bh^2}$$

$$= \frac{6q \times l^2}{bh^2} \qquad (12)$$

$$断面円形の最大たわみ量 \delta_{max} = \frac{q \times l}{8E(\dfrac{1}{12} \times bh^3)}$$

$$= \frac{12q \times l}{8E \times bh^3} \qquad (13)$$

となり，このことから「最大曲げ応力は断面の長方形の高さの $\boxed{2乗}$ に $\boxed{反比例}$ する」となる．

これらの結果から，ア：$\boxed{3乗}$　イ：$\boxed{反比例}$　ウ：$\boxed{4乗}$　エ：$\boxed{2乗}$となり，適切なものは③である．

🔓 答 ③

**基礎科目 I-1-6**

ある施設の計画案（ア）〜（オ）がある．これらの計画案による施設の建設によって得られる便益が，将来の社会条件 a，b，c により表1のように変化するものとする．また，それぞれの計画案に要する建設費用が表2に示されるとおりとする．将来の社会条件の発生確率が，それぞれ a =70％，b =20％，c =10％と予測される場合，期待される価値（＝便益－費用）が最も大きくなる計画案はどれか．

表1　社会条件によって変化する便益（単位：億円）

| 社会条件 ＼ 計画案 | ア | イ | ウ | エ | オ |
|---|---|---|---|---|---|
| a | 5 | 5 | 3 | 6 | 7 |
| b | 4 | 4 | 6 | 5 | 4 |
| c | 4 | 7 | 7 | 3 | 5 |

表2　計画案に要する建設費用（単位：億円）

| 計画案 | ア | イ | ウ | エ | オ |
|---|---|---|---|---|---|
| 建設費用 | 3 | 3 | 3 | 4 | 6 |

① ア　② イ　③ ウ　④ エ　⑤ オ

**解　説**

問題文を落ち着いて読み込み，それに従って「期待される価値」を算出して比較を行う．

便益から建設費用を引いたものが「期待される価値」という定義から，題意の発生確率を代入した式および計算結果を下記する．

表1-6-1　各案による期待される価値の比較

| 計画案 | 便益 [億円] | 建設費用 [億円] | 価値 [億円] |
|---|---|---|---|
| ア | $5 \times a + 4 \times b + 4 \times c = 4.7$ | 3.0 | 1.7 |
| イ | $5 \times a + 4 \times b + 7 \times c = 5.0$ | 3.0 | 2.0 |
| ウ | $3 \times a + 6 \times b + 7 \times c = 4.0$ | 3.0 | 1.0 |
| エ | $6 \times a + 5 \times b + 3 \times c = 5.5$ | 4.0 | 1.5 |
| オ | $7 \times a + 4 \times b + 5 \times c = 6.2$ | 6.0 | 0.2 |

この結果から，最も大きくなる計画案はイとなり，適切なものは②である．

（注）類似問題　R1 I-1-2

答 ②

# 基礎科目
## 2群 情報・論理に関するもの

（全6問題から3問題を選択解答）

**基礎科目 I -2-1**　テレワーク環境における問題に関する次の記述のうち，最も不適切なものはどれか．

① Web会議サービスを利用する場合，意図しない参加者を会議へ参加させないためには，会議参加用のURLを参加者に対し安全な通信路を用いて送付すればよい．

② 各組織のネットワーク管理者は，テレワークで用いるVPN製品等の通信機器の脆弱性について，常に情報を収集することが求められている．

③ テレワーク環境では，オフィス勤務の場合と比較してフィッシング等の被害が発生する危険性が高まっている．

④ ソーシャルハッキングへの対策のため，第三者の出入りが多いカフェやレストラン等でのテレワーク業務は避ける．

⑤ テレワーク業務におけるインシデント発生時において，適切な連絡先が確認できない場合，被害の拡大につながるリスクがある．

---

### 解　説

① 不適切．事前にWeb会議サービスに参加した人は，参加時に会議参加用URLを取得している．それ以降に開催されるすべての会議に参加可能であり，参加を制限できない．

② 適切．悪意あるハッカーは常に新しいウイルスを開発し，第三者のネットワークへの侵入を試みている．それに対抗するためには常に情報を収集し，対策を行う必要がある．

③ 適切．テレワーク環境下では在宅勤務となる場合が多く，公衆ネットワーク経由での通信となるため，フィッシングなどの悪意あるメールをブロックする機能が弱い．

④ 適切．カフェやレストラン等では悪意あるハッカーによる無線通信（Wi-Fi

等）の盗聴，パスワードののぞき見などがあり，これらの情報を悪用して，のちにネットワークへ侵入されるおそれがある．

⑤　適切．インシデント発生時には，同僚や顧客などの関係者のパスワード等も漏えいしたおそれがある．そこで，関係者のパスワードの変更といった緊急対策が必須である．しかし，連絡先がわからなければ緊急対策を実行できないので，関係者のパスワード悪用により，さらにネットワークに侵入されて被害が拡大する．

以上より，不適切なのは①のみであり，正答は①である．

---

**基礎科目 I -2-2**　4つの集合 A，B，C，D が以下の4つの条件を満たしているとき，集合 A，B，C，D すべての積集合の要素数の値はどれか．

条件1　A，B，C，D の要素数はそれぞれ11である．

条件2　A，B，C，D の任意の2つの集合の積集合の要素数はいずれも7である．

条件3　A，B，C，D の任意の3つの集合の積集合の要素数はいずれも4である．

条件4　A，B，C，D すべての和集合の要素数は16である．

①　8　　②　4　　③　2　　④　1　　⑤　0

---

**解　説**

集合 A，B，C，D から，以下の16個の積集合を生成できる．ここで，A，B，C，D は互いに対称なので，下記の5行の積集合の要素数も各々同一となる．各行の右端に要素数を P，Q，R，S と記載する．

ただし，$\overline{A}$ は，全体集合のなかで集合 A に含まれない補集合を表す．

ABCD ⇒ P　（補集合がなし）

$\overline{A}$BCD，A$\overline{B}$CD，AB$\overline{C}$D，ABC$\overline{D}$ ⇒ Q　（補集合が1つ）

$\overline{A}\overline{B}$CD，$\overline{A}$B$\overline{C}$D，$\overline{A}$BC$\overline{D}$，A$\overline{B}\overline{C}$D，A$\overline{B}$C$\overline{D}$，AB$\overline{C}\overline{D}$ ⇒ R　（補集合が2つ）

$\overline{A}\overline{B}\overline{C}$D，$\overline{A}\overline{B}$C$\overline{D}$，$\overline{A}$B$\overline{C}\overline{D}$，A$\overline{B}\overline{C}\overline{D}$ ⇒ S　（補集合が3つ）

$\overline{A}\overline{B}\overline{C}\overline{D}$　（補集合が4つ）

題意より，A⇒11なので

A $(BCD + (\overline{B}CD + B\overline{C}D + BC\overline{D}) + (\overline{B}\,\overline{C}D + \overline{B}C\overline{D} + B\overline{C}\,\overline{D}) + \overline{B}\,\overline{C}\,\overline{D})$

$\Rightarrow P + 3Q + 3R + S = 11$        (1)

題意より，AB $\Rightarrow$ 7 なので

AB $(CD + (\overline{C}D + C\overline{D}) + \overline{C}\,\overline{D}) \Rightarrow P + 2Q + R = 7$    (2)

題意より，ABC $\Rightarrow$ 4 なので

$ABC(D + \overline{D}) \Rightarrow P + Q = 4$         (3)

題意より，A + B + C + D $\Rightarrow$ 16 なので

$ABCD + (\overline{A}BCD + A\overline{B}CD + AB\overline{C}D + ABC\overline{D})$

$+ (\overline{A}\,\overline{B}CD + \overline{A}B\overline{C}D + AB\overline{C}\,\overline{D} + \overline{A}BC\overline{D} + A\overline{B}C\overline{D}$

$+ A\overline{B}C\overline{D}) + (\overline{A}\,\overline{B}\,\overline{C}D + A\overline{B}\,\overline{C}\,\overline{D} + \overline{A}B\overline{C}\,\overline{D} + \overline{A}\,\overline{B}C\overline{D})$

$\Rightarrow P + 4Q + 6R + 4S = 16$       (4)

上記の（1）〜（4）式の連立方程式を解くと，P = 2，Q = 2，R = 1，S = 0 となり，A，B，C，D の積集合 ABCD $\Rightarrow$ P = 2 となる.

よって，正答は③である.

（注）類似問題　H30 I -2-6, R1再 I -2-6

 ③

---

**基礎科目 I -2-3**

仮想記憶のページ置換手法として LRU（Least Recently Used）が使われており，主記憶に格納できるページ数が 3，ページの主記憶からのアクセス時間が H［秒］，外部記憶からのアクセス時間が M［秒］であるとする（H は M よりはるかに小さいものとする）. ここで LRU とは最も長くアクセスされなかったページを置換対象とする方式である. 仮想記憶にページが何も格納されていない状態から開始し，プログラムが次の順番でページ番号を参照する場合の総アクセス時間として，適切なものはどれか.

$$2 \Rightarrow 1 \Rightarrow 1 \Rightarrow 2 \Rightarrow 3 \Rightarrow 4 \Rightarrow 1 \Rightarrow 3 \Rightarrow 4$$

なお，主記憶のページ数が 1 であり，2 $\Rightarrow$ 2 $\Rightarrow$ 1 $\Rightarrow$ 2 の順番でページ番号を参照する場合，最初のページ 2 へのアクセスは外部記憶からのアクセスとなり，同時に主記憶にページ 2 が格納される. 以降のページ 2，ページ 1，ページ 2 への参照はそれぞれ主記憶，外部記憶，外部記憶からのアクセスとなるので，総アクセス時間は 3M + 1H［秒］となる.

① 7M＋2H［秒］　　② 6M＋3H［秒］　　③ 5M＋4H［秒］

④ 4M＋5H［秒］　　⑤ 3M＋6H［秒］

## 解　説

参照するページ番号，外部／主記憶からの読出しと主記憶への格納処理，主記憶の格納内容，アクセス時間を下表に示す.

| 参照する<br>ページ番号 | 外部／主記憶からの読出しと主記憶への格納処理 | 左記処理後の<br>主記憶の<br>格納内容 | アクセス時間 |
|:---:|:---|:---:|:---:|
| 2 | 外部記憶からページ2を読み出し，2を主記憶に格納 | 2 | M |
| 1 | 外部記憶からページ1を読み出し，1を主記憶に格納 | 21 | M |
| 1 | 主記憶からページ1を読み出す | 21 | H |
| 2 | 主記憶からページ2を読み出す | 21 | H |
| 3 | 外部記憶からページ3を読み出し，3を主記憶に格納 | 213 | M |
| 4 | 主記憶からページ1を削除し，外部記憶からページ4を読み出し，4を主記憶に格納 | 243 | M |
| 1 | 主記憶からページ2を削除し，外部記憶からページ1を読み出し，1を主記憶に格納 | 143 | M |
| 3 | 主記憶からページ3を読み出す | 143 | H |
| 4 | 主記憶からページ4を読み出す | 143 | H |
| 総計時間 | | | 5M＋4H［秒］ |

アクセス時間の総計は，問題の③のみと一致するので，正答は③である.

（注）類似問題　H28 Ⅰ-2-4，R2 Ⅰ-2-6

答③

基礎科目
Ⅰ-2-4

次の記述の，□□□に入る値の組合せとして，適切なものはどれか.

同じ長さの2つのビット列に対して，対応する位置のビットが異なっている箇所の数をそれらのハミング距離と呼ぶ. ビット列「0101011」と「0110000」のハミング距離は，表1のように考えると4であり，ビット列「1110101」と「1001111」のハミング距離は ア である. 4ビットの情報ビット列「X1　X2　X3　X4」に対して，「X5　X6　X7」を$X5＝X2＋X3＋X4 \pmod 2$，$X6＝X1＋X3＋X4 \pmod 2$，$X7＝X1＋X2＋X4 \pmod 2$（mod 2は整数を2で割った余りを表す）とおき，これらを付加したビット列「X1　X2　X3

X4 X5 X6 X7」を考えると，任意の2つのビット列のハミング距離が3以上であることが知られている．このビット列「X1 X2 X3 X4 X5 X6 X7」を送信し通信を行ったときに，通信過程で高々1ビットしか通信の誤りが起こらないという仮定の下で，受信ビット列が「0100110」であったとき，表2のように考えると「1100110」が送信ビット列であることがわかる．同じ仮定の下で，受信ビット列が「1000010」であったとき，送信ビット列は イ であることがわかる．

表1　ハミング距離の計算

| 1つめのビット列 | 0 | 1 | 0 | 1 | 0 | 1 | 1 |
|---|---|---|---|---|---|---|---|
| 2つめのビット列 | 0 | 1 | 1 | 0 | 0 | 0 | 0 |
| 異なるビット位置と個数計算 | | 1 | 2 | | | 3 | 4 |

表2　受信ビット列が「0100110」の場合

| 受信ビット列の正誤 | 送信ビット列 | | | | | | | ⇒ | X1, X2, X3, X4に対応する付加ビット列 | | |
|---|---|---|---|---|---|---|---|---|---|---|---|
| | X1 | X2 | X3 | X4 | X5 | X6 | X7 | | $X2+X3+X4\,(\mathrm{mod}\,2)$ | $X1+X3+X4\,(\mathrm{mod}\,2)$ | $X1+X2+X4\,(\mathrm{mod}\,2)$ |
| 全て正しい | 0 | 1 | 0 | 0 | 1 | 1 | 0 | | 1 | 0 | 1 |
| X1のみ誤り | 1 | 1 | 0 | 0 | 同上 | | | 一致 | 1 | 1 | 0 |
| X2のみ誤り | 0 | 0 | 0 | 0 | 同上 | | | | 0 | 0 | 0 |
| X3のみ誤り | 0 | 1 | 1 | 0 | 同上 | | | | 0 | 1 | 1 |
| X4のみ誤り | 0 | 1 | 0 | 1 | 同上 | | | | 0 | 1 | 0 |
| X5のみ誤り | 0 | 1 | 0 | 0 | 0 | 1 | 0 | | 1 | 0 | 1 |
| X6のみ誤り | 同上 | | | | 1 | 0 | 0 | | 同上 | | |
| X7のみ誤り | 同上 | | | | 1 | 1 | 1 | | 同上 | | |

ア　　イ
① 4　「0000010」
② 5　「1100010」
③ 4　「1001010」
④ 5　「1000110」
⑤ 4　「1000011」

## 解　説

　ビット列「1110101」「1001111」のハミング距離は下表のとおり4であり，「ア」は4である．

| 1つめのビット列 | 1 | 1 | 1 | 0 | 1 | 0 | 1 |
|---|---|---|---|---|---|---|---|
| 1つめのビット列 | 1 | 0 | 0 | 1 | 1 | 1 | 1 |
| 異なるビット位置と個数計算 | | 1 | 2 | 3 | | 4 | |

　受信ビット列「1000010」に対する表2の計算は以下のとおりである．X7が誤りと仮定したときのみ受信ビット列と付加ビット列が一致するので，X7が誤りである．

　よって，送信ビット列「イ」は「1000011」である．

| 受信ビット列の正誤 | 受信ビット列 | | | | | | | ⇒ | X1, X2, X3, X4に対する付加ビット列 | | |
|---|---|---|---|---|---|---|---|---|---|---|---|
| | X1 | X2 | X3 | X4 | X5 | X6 | X7 | | X2+X3+X4 | X1+X3+X4 | X1+X2+X4 |
| 全て正しい | 1 | 0 | 0 | 0 | 0 | 1 | 0 | | 0 | 1 | 1 |
| X1誤り | 0 | 0 | 0 | 0 | 0 | 1 | 0 | | 0 | 0 | 0 |
| X2誤り | 1 | 1 | 0 | 0 | 0 | 1 | 0 | | 1 | 1 | 0 |
| X3誤り | 1 | 0 | 1 | 0 | 0 | 1 | 0 | | 1 | 0 | 1 |
| X4誤り | 1 | 0 | 0 | 1 | 0 | 1 | 0 | | 1 | 0 | 0 |
| X5誤り | 1 | 0 | 0 | 0 | 1 | 1 | 0 | | 0 | 1 | 1 |
| X6誤り | 1 | 0 | 0 | 0 | 0 | 0 | 0 | | 0 | 1 | 1 |
| X7誤り | 1 | 0 | 0 | 0 | 0 | 1 | 1 | 一致 | 0 | 1 | 1 |

　「ア」と「イ」の組合せは問題中の⑤とのみ等しいので，正答は⑤である．
　（注）類似問題　R1 I -2-5

答 ⑤

基礎科目
I -2-5

次の記述の，□□□に入る値の組合せとして，適切なものはどれか．

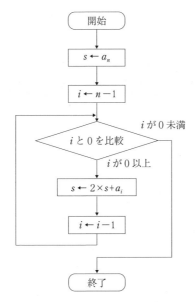

図　10進数 $s$ を求めるアルゴリズムの流れ図

$n$ を 0 又は正の整数，$a_i \in \{0,1\}(i=0,1,\cdots,n)$ とする．図は 2 進数 $(a_n a_{n-1} \cdots a_1 a_0)_2$ を10進数 $s$ に変換するアルゴリズムの流れ図である．

このアルゴリズムを用いて 2 進数 $(1011)_2$ を10進数 $s$ に変換すると，$s$ には初めに 1 が代入され，その後，順に 2，5 と更新され，最後に11となり終了する．このように $s$ が更新される過程を

$$1 \quad \rightarrow \quad 2 \quad \rightarrow \quad 5 \quad \rightarrow \quad 11$$

と表す．同様に，2 進数 $(11001011)_2$ を10進数 $s$ に変換すると，$s$ は次のように更新される．

$$1 \rightarrow 3 \rightarrow 6 \rightarrow \boxed{ア} \rightarrow \boxed{イ} \rightarrow \boxed{ウ} \rightarrow \boxed{エ} \rightarrow 203$$

|   | ア | イ | ウ | エ |
|---|---|---|---|---|
| ① | 12 | 25 | 51 | 102 |
| ② | 13 | 26 | 50 | 102 |
| ③ | 13 | 26 | 52 | 101 |
| ④ | 13 | 25 | 50 | 101 |
| ⑤ | 12 | 25 | 50 | 101 |

## 解 説

　出題にならってループ先頭時の $i$, $s$, $a_i$ の値，ループ最後の $s$ の値を下表にまとめる．

| 先頭時の $i$ | 先頭時の $s$ | 先頭時の $a_i$ | ループ最後の $s : s = 2 \times s + a_i$ | |
|---|---|---|---|---|
| 6 | $s = a_7 = 1$ | $a_6 = 1$ | $s = 2 \times s + a_6 = 3$ | あ |
| 5 | $s = $ あ $= 3$ | $a_5 = 0$ | $s = 2 \times s + a_5 = 6$ | い |
| 4 | $s = $ い $= 6$ | $a_4 = 0$ | $s = 2 \times s + a_4 = 12$ | う |
| 3 | $s = $ う $= 12$ | $a_3 = 1$ | $s = 2 \times s + a_3 = 25$ | え |
| 2 | $s = $ え $= 25$ | $a_2 = 0$ | $s = 2 \times s + a_2 = 50$ | お |
| 1 | $s = $ お $= 50$ | $a_1 = 1$ | $s = 2 \times s + a_1 = 101$ | か |
| 0 | $s = $ か $= 101$ | $a_0 = 1$ | $s = 2 \times s + a_0 = 203$ | き |

　表より，ア $= 12$，イ $= 25$，ウ $= 50$，エ $= 101$ となり，問題中の⑤とのみ一致するので正答は⑤である．

　（注）類似問題　H28 Ⅰ-2-3, R2 Ⅰ-2-5

 答 ⑤

**基礎科目 Ⅰ-2-6**　IPv4アドレスは32ビットを８ビットごとにピリオド（.）で区切り４つのフィールドに分けて，各フィールドの８ビットを10進数で表記する．一方IPv6アドレスは128ビットを16ビットごとにコロン（:）で区切り，８つのフィールドに分けて各フィールドの16ビットを16進数で表記する．IPv6アドレスで表現できるアドレス数はIPv4アドレスで表現できるアドレス数の何倍の値となるかを考えた場合，適切なものはどれか．
　　① $2^4$倍　　② $2^{16}$倍　　③ $2^{32}$倍　　④ $2^{96}$倍　　⑤ $2^{128}$倍

## 解　説

　IPv 4 のアドレスは32ビットなので$2^{32}$通りのアドレスを表現できる．それに対して IPv 6 のアドレスは128ビットなので，$2^{128}$通りのアドレスを表現できる．

　したがって，IPv 6 は IPv 4 の$2^{128}/2^{32}=2^{96}$倍のアドレスを表現できる．

　出題と比較すると④とのみ一致するので，正答は④である．

　（注）類似問題　H28 I -2-6

（全6問題から3問題を選択解答）

基礎科目
Ⅰ-3-1

$x = x_i$ における導関数 $\dfrac{df}{dx}$ の差分表現として，誤っているものはどれか．ただし，添え字 $i$ は格子点を表すインデックス，格子幅を $\Delta$ とする．

① $\dfrac{f_{i+1} - f_i}{\Delta}$

② $\dfrac{3f_i - 4f_{i-1} + f_{i-2}}{2\Delta}$

③ $\dfrac{f_{i+1} - f_{i-1}}{2\Delta}$

④ $\dfrac{f_{i+1} - 2f_i + f_{i-1}}{\Delta^2}$

⑤ $\dfrac{f_i - f_{i-1}}{\Delta}$

---

### 解 説

導関数 $\dfrac{df}{dx}$ の $x = x_i$ における差分表現とは，$x = x_i$ の近傍における関数 $f$ の2点間の傾きを表す．格子幅 $\Delta$ とは $\Delta = x_i - x_{i-1}$，あるいは $\Delta = x_{i-1} - x_i$ で，格子点 $x = x_i$ の前後の格子点との間隔である．$x = x_i$ における関数 $f$ の値を $f_i$ で表す．

①の $\dfrac{df}{dx} = \dfrac{f_{i+1} - f_i}{\Delta}$ は $x = x_{i+1}$ と $x = x_i$ における関数値 $f_i$ と $f_{i-1}$ との差分を格子幅 $\Delta$ で割った傾きを表す．同様に，⑤の $\dfrac{df}{dx} = \dfrac{f_i - f_{i-1}}{\Delta}$ は $x = x_i$ と $x = x_{i-1}$ における関数値 $f_i$ と $f_{i-1}$ との差分を格子幅 $\Delta$ で割った傾きを表す．

①＋⑤より，$2\dfrac{df}{dx} = \dfrac{f_{i+1} - f_{i-1}}{\Delta}$ となり，③の $\dfrac{df}{dx} = \dfrac{f_{i+1} - f_{i-1}}{2\Delta}$ が導かれる．

②の $\dfrac{df}{dx} = \dfrac{3f_i - 4f_{i-1} + f_{i-2}}{2\Delta}$ は分子の式を2つに分けて記載すると

$$\dfrac{3f_i - 3f_{i-1} - f_{i-1} + f_{i-1}}{2\Delta} = \dfrac{1}{2}\left\{ \dfrac{3(f_i - f_{i-1})}{\Delta} - \dfrac{(f_{i-1} - f_i)}{\Delta} \right\} = \dfrac{1}{2}\left\{ 3\dfrac{df}{dx} - \dfrac{df}{dx} \right\} = \dfrac{df}{dx}$$

と変換され，導関数の差分表現の一つとなる．

残った④は $\dfrac{f_{i+1}-2f_i+f_{i-1}}{\Delta^2}=\dfrac{1}{\Delta}\left\{\dfrac{(f_{i+1}-f_i)}{\Delta}-\dfrac{(f_i-f_{i-1})}{\Delta}\right\}=\dfrac{1}{\Delta}\left\{\dfrac{df}{dx_i}-\dfrac{df}{dx_{i-1}}\right\}=\dfrac{d^2f}{dx^2}$

となり，2階導関数の差分表現である．以上より

① 正しい　（一次前進差分：次の格子点との差）

② 正しい　（二次後退差分：後ろの3格子点の差）

③ 正しい　（二次中心差分：1つ飛び2格子点の差）

④ 誤り　　（2階導関数の差分表現：3格子点の1階導関数の変化を表現）

⑤ 正しい　（一次後退差分：後ろの格子点との差）

となり，誤りは④である．

（注）類似問題　H26 I-3-3

  答 ④

---

**基礎科目 I-3-2**

　　　3次元直交座標系における任意のベクトル a ＝($a_1$, $a_2$, $a_3$) と b ＝($b_1$, $b_2$, $b_3$) に対して必ずしも成立しない式はどれか．ただし，a・b 及び a×b はそれぞれベクトル a と b の内積及び外積を表す．

① (a×b)・a ＝0　　② a×b ＝b×a　　③ a・b ＝b・a

④ b・(a×b)＝0　　⑤ a×a ＝0

---

## 解　説

　3次元直交座標系における3次元ベクトルが a＝($a_1$, $a_2$, $a_3$)，b＝($b_1$, $b_2$, $b_3$) に対して，内積は各ベクトルの対応する要素の積と和で，a・b＝$a_1b_1$＋$a_2b_2$＋$a_3b_3$で表されるスカラー量となる．

　したがって，b・a＝$a_1b_1$＋$a_2b_2$＋$a_3b_3$となり，ベクトルの順序には関係しない．外積 a×b はベクトル a から b の方向に回転し，a と b を2辺にもつ平行四辺形の面積となるベクトルを表す．式で表すと下記のベクトルとなる．

　　　a×b＝($a_2b_3$－$a_3b_2$, $a_3b_1$－$a_1b_3$, $a_1b_2$－$a_2b_1$)

　よって，b×a は回転方向が逆で，平行四辺形の面積が同じベクトルとなる．同一ベクトルの外積は面積が0となることから，a×a＝0である．

　以上のことから，題意の式の成立，不成立を調べると下記となる．

① 成立．

　　　(a×b)・a ＝($a_2b_3$－$a_3b_2$, $a_3b_1$－$a_1b_3$, $a_1b_2$－$a_2b_1$)・($a_1$, $a_2$, $a_3$)

　　　　　　　　＝$a_2b_3a_1$－$a_2b_3a_1$＋$a_3b_1a_2$－$a_1b_3a_2$＋$a_1b_2a_3$－$a_2b_1a_3$＝0

② 不成立. 外積の a×b と b×a とベクトルの回転方向が逆となり，
b×a＝−a×b

③ 成立. 内積 a・b＝b・a＝$a_1b_1+a_2b_2+a_3b_3$ で等しい.

④ 成立. 内積の関係から b・(a×b)＝(a×b)・b となり，①の結果から値は 0 となる.

⑤ 成立. 同一ベクトルの外積は回転せず，ベクトルのつくる面積が 0 となる.

以上より，正答は②となる.

 答 ②

---

**基礎科目 I -3-3** 数値解析の精度を向上する方法として次のうち，最も不適切なものはどれか.

① 丸め誤差を小さくするために，計算機の浮動小数点演算を単精度から倍精度に変更した.

② 有限要素解析において，高次要素を用いて要素分割を行った.

③ 有限要素解析において，できるだけゆがんだ要素ができないように要素分割を行った.

④ Newton 法などの反復計算において，反復回数が多いので収束判定条件を緩和した.

⑤ 有限要素解析において，解の変化が大きい領域の要素分割を細かくした.

---

### 解 説

数値解析の精度を向上する題意の方法について，適，不適は下記となる.

① 適切. 倍精度計算にすることで，有効桁数が増加して精度が向上.

② 適切. 高次要素を用いることで，要素近似の精度が向上.

③ 適切. ゆがんだ要素が少ないほど要素近似精度が向上.

④ 不適切. 反復計算の収束判定条件を緩和すると計算結果の誤差が大きくなる.

⑤ 適切. 解の変化が大きい領域は境界が細かく変化している領域であり，要素分割を細かくする必要がある.

以上より，不適切な方法は④である.

（注）類似問題 R1再 I -3-3

 答 ④

**基礎科目 I -3-4**

　　両端にヒンジを有する２つの棒部材 AC と BC があり，点 C において鉛直下向きの荷重 $P$ を受けている．棒部材 AC と BC に生じる軸方向力をそれぞれ $N_1$ と $N_2$ とするとき，その比 $\dfrac{N_1}{N_2}$ として，適切なものはどれか．なお，棒部材の伸びは微小とみなしてよい．

①　$\dfrac{1}{2}$　　②　$\dfrac{1}{\sqrt{3}}$　　③　1　　④　$\sqrt{3}$　　⑤　2

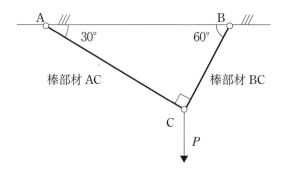

図　両端にヒンジを有する棒部材からなる構造

**解　説**

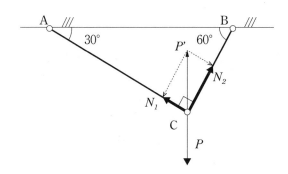

　　鉛直下向きの荷重 $P$ に等しい上向きの力 $P'$ の棒部材 AC 方向（C → A）の分力を $N_1$，棒部材 BC 方向（C → B）の分力を $N_2$ とすると，それぞれ $N_1$，$N_2$ は軸方向力となる．

したがって

$$N_1 = P' \cos 60° = P \cos 60° = P \times \frac{1}{2}$$

$$N_2 = P' \cos 30° = P \cos 30° = P \times \frac{\sqrt{3}}{2}$$

が，それぞれの軸方向力である．よって，題意の比は

$$\frac{N_1}{N_2} = \frac{\frac{1}{2}P}{\frac{\sqrt{3}}{2}P} = \frac{1}{\sqrt{3}}$$

よって，②が正答である．

（注）類似問題　H29 I-3-5

 答 ②

**基礎科目 I-3-5**　モータの出力軸に慣性モーメント $I$ [kg·m$^2$] の円盤が取り付けられている．この円盤を時間 $T$ [s] の間に角速度 $\omega_1$ [rad/s] から $\omega_2$ [rad/s]（$\omega_2 > \omega_1$）に一定の角加速度（$\omega_2 - \omega_1$）／$T$ で増速するために必要なモータ出力軸のトルク $\tau$ [Nm] として適切なものはどれか．ただし，モータ出力軸の慣性モーメントは無視できるものとする．

① $\tau = I(\omega_2 - \omega_1)$ 　　② $\tau = I(\omega_2 - \omega_1) \cdot T$

③ $\tau = I(\omega_2 - \omega_1)／T$ 　④ $\tau = I(\omega_2^2 - \omega_1^2)／2$

⑤ $\tau = I(\omega_2^2 - \omega_1^2) \cdot T$

**解　説**

モータの出力軸に取りつけた慣性モーメント $I$ [kg·m$^2$] の円盤の角速度を時間 $T$ で $\omega_1$ [rad/s] から $\omega_2$ [rad/s] に増速するのに必要なモータ出力軸のトルク $\tau$ [Nm] は，慣性モーメント $I$ と加速度 $\alpha$ の積で求められる．

題意より，加速度は時間 $T$ で増速する速度差の平均速度に等価的に等しい．

したがって，下記関係が成立する．

$$\tau = I\alpha = \frac{I(\omega_2 - \omega_1)}{T}$$

よって，正答は③である．

 答 ③

**基礎科目**
**I -3-6**

　図（a）に示すような上下に張力 $T$ で張られた糸の中央に物体が取り付けられた系の振動を考える．糸の長さは $2L$，物体の質量は $m$ である．図（a）の拡大図に示すように，物体の横方向の変位を $x$ とし，そのときの糸の傾きを $\theta$ とすると，復元力は $2T\sin\theta$ と表され，運動方程式よりこの系の固有振動数 $f_a$ を求めることができる．同様に，図（b）に示すような上下に張力 $T$ で張られた長さ $4L$ の糸の中央に質量 $2m$ の物体が取り付けられた系があり，この系の固有振動数を $f_b$ とする．$f_a$ と $f_b$ の比として適切なものはどれか．ただし，どちらの系でも，糸の質量，及び物体の大きさは無視できるものとする．また，物体の鉛直方向の変位はなく，振動している際の張力変動は無視することができ，変位 $x$ と傾き $\theta$ は微小なものとみなしてよい．

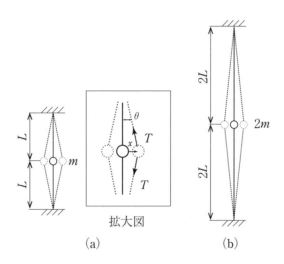

拡大図

（a）　　　　　　（b）

図　張られた糸に物体が取り付けられた2つの系

① $f_a : f_b = 1 : 1$　　② $f_a : f_b = 1 : \sqrt{2}$　　③ $f_a : f_b = 1 : 2$

④ $f_a : f_b = \sqrt{2} : 1$　　⑤ $f_a : f_b = 2 : 1$

## 解　説

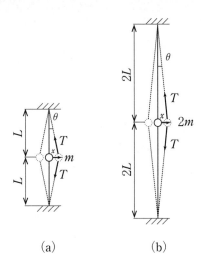

(a)　　　　　　　　(b)

　図（a）は長さ$2L$の糸の中央に質量$m$の物体を取りつけ，鉛直方向に両端固定した系を示している．糸には物体を中心に上下に張力$T$が作用し，糸の傾きを$\theta$とする．

　図（b）は糸の長さと物体の質量を2倍にしたものである．

　図（a）の振動の運動方程式は，張力$T$による振動方向（$x$方向）の力が中心方向に$2T\sin\theta$で作用し，物体$m$の振れとつり合っている．

　したがって，次式が成立する．

$$m\ddot{x} = -2T\sin\theta \tag{1}$$

　また，物体の移動距離$x$は糸の両端における角度$\theta$と次の関係がある．

$$x = L\tan\theta \tag{2}$$

（1），（2）式において，題意より$\theta$が微小であることから，$\sin\theta \fallingdotseq \theta$，$\tan\theta \fallingdotseq \theta$と置いて$\theta$を消去すると次式が導かれる．

$$\ddot{x} = -2\frac{T}{m}\sin\theta = -\frac{2T}{m}\frac{x}{L} = -\left(\frac{2T}{mL}\right)x = -(\omega_1)^2 x$$

　したがって，固有周波数は

$$f_a = \frac{\omega_1}{2\pi} = \frac{1}{2\pi}\sqrt{\frac{2T}{mL}} \tag{3}$$

　図（b）の場合は，図（a）に比べて張力は同じで，糸の長さと物体の質量が2

倍になっていることから，運動方程式は次式となる．

$$2\,m\ddot{x} = -\,2\,T\sin\theta \tag{4}$$

$$x = 2\,L\tan\theta \tag{5}$$

したがって，（4），（5）式から $\theta$ を消去すると

$$\ddot{x} = -\frac{T}{m}\sin\theta = -\frac{T}{m}\frac{x}{2\,L} = -\left(\frac{T}{2\,mL}\right)x = -(\omega_2)^2 x$$

ここから，固有周波数は

$$f_b = \frac{\omega_2}{2\,\pi} = \frac{1}{2\,\pi}\sqrt{\frac{T}{2mL}} \tag{6}$$

（3）式と（6）式から図（a）と図（b）の系の固有周波数の比は下記となる．

$$\frac{f_a}{f_b} = \frac{\dfrac{1}{2\,\pi}\sqrt{\dfrac{2T}{mL}}}{\dfrac{1}{2\,\pi}\sqrt{\dfrac{T}{2mL}}} = \frac{2}{1}$$

上記から，正答は⑤となる．

（注）類似問題　R1 Ⅰ-3-6

 答 ⑤

（全6問題から3問題を選択解答）

**基礎科目 I-4-1**　次の記述のうち，最も不適切なものはどれか．ただし，いずれも常温・常圧下であるものとする．

① 酢酸は弱酸であり，炭酸の酸性度は酢酸より弱く，フェノールの酸性度は炭酸よりさらに弱い．

② 塩酸及び酢酸の0.1mol/L水溶液は同一のpHを示す．

③ 水酸化ナトリウム，水酸化カリウム，水酸化カルシウム，水酸化バリウムは水に溶けて強塩基性を示す．

④ 炭酸カルシウムに希塩酸を加えると，二酸化炭素を発生する．

⑤ 塩化アンモニウムと水酸化カルシウムの混合物を加熱すると，アンモニアを発生する．

---

**解　説**

　この問題は，気体の実験室的製法の問題と酸や塩基の相対的な強度についての内容が混合している．基本的には酸や塩基の強さ，あるいは酸塩基反応に関する問題である．以上の視点から選択肢をみていく．

① 適切．酸の強弱である酸性度は水溶液中での酸解離定数 $K_a$（あるいは，その指数 $-\log K_a = pK_a$）が指標となる．ここでは酢酸，炭酸，フェノールとの比較である．それによると，酢酸は $1.7 \times 10^{-5}$（$pK_a = 4.77$）である．炭酸は2段解離し，1段目が $4.4 \times 10^{-7}$（$pK_a = 6.36$）で酢酸より弱いことがわかる．2段目は $4.7 \times 10^{-11}$（$pK_a = 10.33$）でさらに弱い．フェノールは $1.3 \times 10^{-10}$（$pK_a = 9.89$）であり，炭酸よりも弱いことがわかる．酸解離定数を知らないことが多いと思うが，このような問題は機会があるごとにみていくのが一番である．例えば，日頃から酸塩基の強弱を考えておくなどの対策しかない．よって，本問の記述は適切である．

② 不適切．pHは $-\log [H^+]_a$ で定義され，$[H^+]_a$ はH⁺の活量を表す．濃度

が0.1mol/Lの塩酸と酢酸では，分子式から[H⁺]は0.1mol/Lであるが，実際に塩酸は100%に近い乖離度を有するのでpHは1に近い値を示すが，酢酸の解離度は100%より低いのでpHは1より大きな値になる．よって，同一のpHを示すとする本問の記述は不適切である．

③　適切．塩基の強弱は①と同様に塩基解離定数で考える．解離度が高く，OH⁻濃度が高いと強塩基に分類される．①と同様にp$K_a$で比較すると，水酸化ナトリウムは13で，水酸化カリウムはこれよりやや大きい．水酸化カルシウムはやや小さく12.7，水酸化バリウムは13.4である．水酸化ナトリウムより大きいのはバリウムイオンのイオン半径が大きく，解離しやすいためである．

　　以上のことから，示されている物質を溶解すると，いずれも強塩基性溶液となる．よって，本問の記述は適切である．

④　適切．ここで示されているのは二酸化炭素の実験室的製法である．反応式は以下に示すとおりである．これは弱酸の炭酸が，これより強い酸である塩酸と反応して弱い炭酸が発生してくる．炭酸カルシウムとして石灰石や大理石が用いられる．よって，本記述は適切である．

$$CaCO_3 + 2\,HCl \rightarrow CO_2\uparrow + CaCl_2 + H_2O$$

⑤　適切．ここで示されているのはアンモニアの実験室的製法として知られている．反応式は以下に示すとおりである．これは前問と同様，塩化アンモニウムが，これより強い塩基の水酸化カルシウムと反応して弱い塩基のアンモニアが発生すると考えられる．よって，本問の記述は適切である．

$$2\,NH_4Cl + Ca(OH)_2 \rightarrow NH_3\uparrow + CaCl_2 + 2\,H_2O$$

以上の検討から，不適切な記述は②であり，これが本問の正解である．

（注）類似問題　H30 I-4-2，R1再 I-4-2

 答 ②

---

基礎科目
I-4-2

　　次の物質のうち，下線を付けた原子の酸化数が最小なものはどれか．

①　H₂$\underline{S}$　　②　$\underline{Mn}$　　③　$\underline{Mn}O_4^-$　　④　N$\underline{H}_3$　　⑤　H$\underline{N}O_3$

# 解　説

物質中の原子の酸化数は，元素は0価，$H^+$は+1価，酸素は原則−2価（例外で−1価の場合もある）として計算により求める．そして，物質全体で酸化数の総和は零（陰陽イオンの場合を除く）になる．以上の点を踏まえて，各物質中の原子の酸化数をみていく．

①　$H_2\underline{S}$　−2．$H_2S$のHの酸化数は+1で，それが2原子であるから+2となる．$H_2S$分子全体で酸化数は0になるので，Sの酸化数は−2価と計算される．

②　$\underline{Mn}$　0．Mnは金属Mnであり，元素であることから酸化数は零である．

③　$\underline{Mn}O_4^-$　+7．$MnO_4^-$のOの酸化数は−2価であり，それが4原子あるので−8価になる．過マンガン酸イオン全体の酸化数は−1価であるので，このなかのMnの酸化数は+7価となる．

④　$N\underline{H_3}$　−3．$NH_3$のHの酸化数は+1で，それが3原子であるから+3となる．$NH_3$全体の酸化数は零であるので，Nの酸化数は−3価である．

⑤　$H\underline{N}O_3$　+5．$HNO_3$のHの酸化数は+1で，それが1原子であるから+1となる．また，Oの酸化数は−2価であり，それが3原子あるので−6価になる．$HNO_3$全体の酸化数は零であるので，Nの酸化数は+5価である．

以上の検討から，原子の酸化数が最も小さいのは④の−3であるので，これが本問の正解である．

類似問題　H27 I-4-2

🔓 答 ④

---

**基礎科目 I-4-3**

金属材料に関する次の記述の，□□□に入る語句及び数値の組合せとして，適切なものはどれか．

ニッケルは，□ア□に分類される金属であり，ニッケル合金やニッケルめっき鋼板などの製造に使われている．

幅0.50m，長さ1.0m，厚さ0.60mmの鋼板に，ニッケルで厚さ$10\,\mu\mathrm{m}$の片面めっきを施すには，□イ□kgのニッケルが必要である．このニッケルめっき鋼板におけるニッケルの質量百分率は，□ウ□％である．ただし，鋼板，ニッケルの密度は，それぞれ，$7.9 \times 10^3\mathrm{kg/m^3}$，$8.9 \times 10^3\mathrm{kg/m^3}$とする．

|     | ア | イ | ウ |
|-----|------|--------------------|------|
| ① | レアメタル | $4.5 \times 10^{-2}$ | 1.8 |
| ② | ベースメタル | $4.5 \times 10^{-2}$ | 0.18 |
| ③ | レアメタル | $4.5 \times 10^{-2}$ | 0.18 |
| ④ | ベースメタル | $8.9 \times 10^{-2}$ | 0.18 |
| ⑤ | レアメタル | $8.9 \times 10^{-2}$ | 1.8 |

## 解 説

　本問は技術用語の定義に関連する問題であり，本来定義が確定した用語を設問に用いるべきであって，試験問題としてはいささか問題を含んでいるといわざるを得ない.

　「レアメタル」を「希少金属」（旧文部省の『学術用語集』では「希有金属」と訳出している）という意味で使うのは和製英語であって，rare metal は英語圏では「希土類金属」rare earth metal と同義を意味する.「希少金属」は英語圏では minor metal と表現されるようである.

　一方「ベースメタル」の base metal は『学術用語集』では「卑金属」と訳し，金，銀，プラチナなどの「貴金属」の反義語として定義され，英語圏での使い方と一致している. すなわち「希少金属」の対義語である「主要金属」（英語圏では major metal）を意味する言葉として捉えられてはいないようである.

　しかし，ここでは出題者の意図を推測して「ベースメタル」は生産量が多く，社会で大量に使用されている鉄，銅，アルミニウム，亜鉛などの「主要金属材料」を意味し，「レアメタル」はニッケル，チタンなどの「希少金属」を意味すると捉えて（ア）はレアメタルを選ぶこととする.

　「質量＝体積×密度＝面積（長さ×幅）×厚さ×密度」から，めっきは緻密で不純物混入がないとして，それぞれの質量は

　鋼板 $= (1.0 \times 0.50) \times 0.60 \times 10^{-3} \times 7.9 \times 10^{3} = 2.37$ kg

　めっき $= (1.0 \times 0.50) \times 10 \times 10^{-6} \times 8.9 \times 10^{3} = 4.45 \times 10^{-2}$ kg

となり，四捨五入して（イ）は $4.5 \times 10^{-2}$ となる.

　ニッケルの質量百分率 $= \dfrac{\text{ニッケルの質量}}{\text{めっき鋼板の質量}} \times 100 = 1.84\%$

　よって，四捨五入して（ウ）は 1.8 となる.

以上から，（ア）レアメタル，（イ）$4.5 \times 10^{-2}$，（ウ）1.8 となる組合せは①である．

答 ①

---

**基礎科目**
**I-4-4**　材料の力学特性試験に関する次の記述の，　　　に入る語句の組合せとして，適切なものはどれか．

材料の弾塑性挙動を，試験片の両端を均一に引っ張る一軸引張試験機を用いて測定したとき，試験機から一次的に計測できるものは荷重と変位である．荷重を　ア　の試験片の断面積で除すことで　イ　が得られ，変位を　ア　の試験片の長さで除すことで　ウ　が得られる．

　イ　－　ウ　曲線において，試験開始の初期に現れる直線領域を　エ　変形領域と呼ぶ．

|     | ア    | イ      | ウ        | エ    |
|-----|-------|---------|-----------|-------|
| ①   | 変形前 | 公称応力 | 公称ひずみ | 弾性  |
| ②   | 変形後 | 真応力   | 公称ひずみ | 弾性  |
| ③   | 変形前 | 公称応力 | 真ひずみ   | 塑性  |
| ④   | 変形後 | 真応力   | 真ひずみ   | 塑性  |
| ⑤   | 変形前 | 公称応力 | 公称ひずみ | 塑性  |

**解　説**

本問は，材料の引張試験に関する最も基礎的で，基本的な事項に対する知識を問うものであり，H28 I-4-4 にもほぼ同様の問題が出題されている．材料技術者であれば容易に正解に到達できる問題であり，あえて説明を加える必要はないと思われるが，記憶を再整理する機会として若干の解説を加えた．

公称応力の定義は，荷重を試験前（変形前）の試片断面積で除すことで得られる値である．

真応力は，試験中の刻々と変化する試片断面積で対応する荷重を除したもので，断面積の変化をレーザー計測や，画像処理で荷重と対応づけて連続的に測定する必要があり，通常の試験機では測定できない．変形前でも変形後でもなく，変形中の刻々と変化する試験片断面積が対象となるので，（ア）に変形中がないことから，本問は真応力を対象とした設問でないことがわかる．したがって，公

称応力の定義から（ア）は<u>変形前</u>，（イ）は<u>公称応力</u>である．

<u>公称ひずみ</u>の定義が（ウ）そのものである．変形前の試験片の長さとは，試験片に罫<ruby>書<rt>け</rt></ruby>く標点距離間隔のことである．

（エ）も荷重と伸びが比例するという，ひずみが小さい範囲ではひずみと応力が比例する弾性変形の範囲を示すものであるから，<u>弾性</u>を選ぶことになる．

以上から，（ア）変形前，（イ）公称応力，（ウ）公称ひずみ，（エ）弾性となり，適切な組合せは①である．

（注）類似問題　H28 I -4-4

🔓答 ①

---

基礎科目
I -4-5

酵素に関する次の記述のうち，最も適切なものはどれか．

① 酵素を構成するフェニルアラニン，ロイシン，バリン，トリプトファンなどの非極性アミノ酸の側鎖は，酵素の外表面に存在する傾向がある．

② 至適温度が20℃以下，あるいは100℃以上の酵素は存在しない．

③ 酵素は，アミノ酸がペプチド結合によって結合したタンパク質を主成分とする無機触媒である．

④ 酵素は，活性化エネルギーを増加させる触媒の働きを持っている．

⑤ リパーゼは，高級脂肪酸トリグリセリドのエステル結合を加水分解する酵素である．

─────────── 解　説 ───────────

本問は，酵素に関する設問である．

① 不適切．酵素の主成分はタンパク質であり，アミノ酸から構成される．通常，酵素の外表面は水分子に接しているため，親水性の極性アミノ酸側鎖が多く存在する．一方，疎水性の非極性アミノ酸側鎖は，酵素の内側に存在する傾向がある．

② 不適切．酵素を有する生物種の代謝機能や生存する環境などに応じて，酵素反応の至適条件は異なる．温度条件については，低温環境や高温環境で生育するような微生物の酵素には，至適温度が20℃以下であったり，100℃以上であったりするものがある．

③ 不適切．酵素の主成分はタンパク質なので有機物である．したがって，酵

**R4 ─ 35**

素は無機触媒ではない.

④ 不適切. 酵素は, 反応に必要な活性化エネルギーを減少させることにより反応速度を上昇させ, 触媒として機能する.

⑤ 最も適切. リパーゼは, 脂質のエステル結合を加水分解する酵素の総称である. ほぼすべての生物種に存在し, 動物では胃液や膵液などに含まれる消化酵素である. 脂肪酸とグリセリンからなるトリグリセリドを加水分解し, 吸収可能な脂肪酸を遊離する.

以上から, 最も適切なものは⑤である.

 答 ⑤

---

**基礎科目 I-4-6**　　ある二本鎖DNAの一方のポリヌクレオチド鎖の塩基組成を調べたところ, グアニン（G）が25%, アデニン（A）が15%であった. このとき, 同じ側の鎖, 又は相補鎖に関する次の記述のうち, 最も適切なものはどれか.

① 同じ側の鎖では, シトシン（C）とチミン（T）の和が40%である.

② 同じ側の鎖では, グアニン（G）とシトシン（C）の和が90%である.

③ 相補鎖では, チミン（T）が25%である.

④ 相補鎖では, シトシン（C）とチミン（T）の和が50%である.

⑤ 相補鎖では, グアニン（G）とアデニン（A）の和が60%である.

**解　説**

本問は, 遺伝情報を保持する物質であるDNAの塩基組成に関する設問である. DNAは鎖状の高分子であり, グアニン（G）とシトシン（C）, アデニン（A）とチミン（T）の塩基対における水素結合により二重らせん構造を形成する. この塩基の相補性をもとに, 遺伝情報の保持および複製が行われる.

① 不適切. 一方の鎖においてグアニン（G）とアデニン（A）の和が40%なので, 同じ側の鎖において残りの塩基であるシトシン（C）とチミン（T）の和は60%である.

② 不適切. 一方の鎖においてアデニン（A）が15%なので, 同じ側の鎖において残りの塩基であるチミン（T）, グアニン（G）, シトシン（C）の和は85%である. したがって, グアニン（G）とシトシン（C）の和が, 85%よりも大きな90%になることはない.

③　不適切．一方の鎖においてアデニン（A）が15％なので，相補鎖において
　アデニン（A）と塩基対を形成するチミン（T）は15％である．

④　不適切．一方の鎖においてグアニン（G）が25％なので，相補鎖において
　グアニン（G）と塩基対を形成するシトシン（C）は25％である．また，③
　で説明したように，相補鎖においてチミン（T）は15％である．したがって，
　相補鎖ではシトシン（C）とチミン（T）の和は40％である．

⑤　最も適切．④で説明したように，相補鎖ではシトシン（C）とチミン（T）
　の和は40％である．したがって，残りの塩基であるグアニン（G）とアデニ
　ン（A）の和は60％である．

以上から，最も適切なものは⑤である．

（注）類似問題　H27 Ⅰ-4-6

 答 ⑤

（全6問題から3問題を選択解答）

**基礎科目 I-5-1**　気候変動に関する政府間パネル（IPCC）第6次評価報告書第1～3作業部会報告書政策決定者向け要約の内容に関する次の記述のうち，不適切なものはどれか．

① 人間の影響が大気，海洋及び陸域を温暖化させてきたことには疑う余地がない．

② 2011～2020年における世界平均気温は，工業化以前の状態の近似値とされる1850～1900年の値よりも約3℃高かった．

③ 気候変動による影響として，気象や気候の極端現象の増加，生物多様性の喪失，土地・森林の劣化，海洋の酸性化，海面水位上昇などが挙げられる．

④ 気候変動に対する生態系及び人間の脆弱性は，社会経済的開発の形態などによって，地域間及び地域内で大幅に異なる．

⑤ 世界全体の正味の人為的な温室効果ガス排出量について，2010～2019年の期間の年間平均値は過去のどの10年の値よりも高かった．

## 解　説

① 適切．第1作業部会報告書の A. 気候の現状で「人間の影響が大気，海洋及び陸域を温暖化させてきたことには疑う余地がない」との記述がある．

② 不適切．「2011～2020年の世界平均気温は，1850～1900年よりも1.09 [0.95～1.20] ℃高く」との記述があり，約3℃は間違い．

③ 適切．第2作業部会報告書の観測された気候変動影響として「暑熱に関連する人間の死亡や，暖水性サンゴの白化と死滅の増加などの気候や気象の極端現象の頻度と深刻さの増大によるものと平均気温の上昇，砂漠化，降水量の減少，生物多様性の喪失，土地・森林の劣化，氷河の後退とこれに関連する影響，海洋の酸性化，海面水位上昇などの緩やかに進行する現象」が挙げられている．

④ 適切．第2作業部会報告書の生態系と人間の脆弱性と暴露として「気候変

動に対する生態系及び人間の脆弱性は，地域間及び地域内で大幅に異なる．これは，互いに交わる社会経済的開発の形態，持続可能ではない海洋及び土地の利用，不衡平，周縁化，植民地化等の歴史的及び現在進行中の不衡平の形態，並びにガバナンスによって引き起こされる」としている．

⑤　適切．1750年頃以降に観測された，よく混合された温室効果ガス（GHG）の濃度増加は人間活動によって引き起こされたことに疑う余地がない．2011年以降，大気中濃度は増加し続け，2010年〜2019年の10年間が過去最高の濃度となっている．

以上から，最も不適切なものは②である．

（注）類似問題　H23 I-5-1

 答 ②

---

**基礎科目**
**I-5-2**

廃棄物に関する次の記述のうち，不適切なものはどれか．

①　一般廃棄物と産業廃棄物の近年の総排出量を比較すると，一般廃棄物の方が多くなっている．

②　特別管理産業廃棄物とは，産業廃棄物のうち，爆発性，毒性，感染性その他の人の健康又は生活環境に係る被害を生ずるおそれがあるものである．

③　バイオマスとは，生物由来の有機性資源のうち化石資源を除いたもので，廃棄物系バイオマスには，建設発生木材や食品廃棄物，下水汚泥などが含まれる．

④　RPFとは，廃棄物由来の紙，プラスチックなどを主原料とした固形燃料のことである．

⑤　2020年東京オリンピック競技大会・東京パラリンピック競技大会のメダルは，使用済小型家電由来の金属を用いて製作された．

---

**解　説**

①　不適切．2020年度の一般廃棄物の総排出量は4 167万トンで，産業廃棄物の近年の排出量は4億トン前後で推移し，産業廃棄物のほうが多い．

②　適切．廃棄物処理法によると，産業廃棄物のなかで「爆発性，毒性，感染性その他の人の健康又は生活環境に係る被害を生ずるおそれがある性状を有する廃棄物」を特別管理産業廃棄物として規定されている．

③　適切．農水省のHPでは，バイオマスとは「再生可能な，生物由来の有機性資源で化石資源を除いたもの」で，廃棄物系バイオマスには家畜排せつ物，食品廃棄物，廃棄紙，黒液（パルプ工場廃液），下水汚泥，し尿汚泥，建設発生木材，製材工場等残材などがあるとされている．

④　適切．RPFはRefuse Paper & Plastic Fuelという和製英語の略である．RDF（Refuse Derived Fuel）の一種であるが，家庭ごみなどを含まない産業廃棄物由来の古紙や廃プラスチックに限定した固形燃料である．品質が安定しているので利用が増えている．

⑤　適切．「都市鉱山からつくる！みんなのメダルプロジェクト」として東京オリンピック・パラリンピックは約5 000個のメダルを小型電子機器から調達した100％リサイクル金属でつくられた．

以上から，最も不適切なものは①である．

（注）類似問題　H27 I-5-1

 答 ①

---

基礎科目
I-5-3

石油情勢に関する次の記述の，□□□に入る数値及び語句の組合せとして，適切なものはどれか．

日本で消費されている原油はそのほとんどを輸入に頼っているが，エネルギー白書2021によれば輸入原油の中東地域への依存度（数量ベース）は2019年度で約　ア　％と高く，その大半は同地域における地政学的リスクが大きい　イ　海峡を経由して運ばれている．また，同年における最大の輸入相手国は　ウ　である．石油及び石油製品の輸入金額が，日本の総輸入金額に占める割合は，2019年度には約　エ　％である．

| | ア | イ | ウ | エ |
|---|---|---|---|---|
| ① | 90 | ホルムズ | サウジアラビア | 10 |
| ② | 90 | マラッカ | クウェート | 32 |
| ③ | 90 | ホルムズ | クウェート | 10 |
| ④ | 67 | マラッカ | クウェート | 10 |
| ⑤ | 67 | ホルムズ | サウジラビア | 32 |

**解　説**

エネルギー白書2021の第2部エネルギー動向，第1章国内エネルギー動向，第3節一次エネルギーの動向によると「わが国は原油を主に中東地域から輸入しており，2019年度のシェアはサウジアラビアが34.1%，アラブ首長国連邦32.7%をはじめ，中東地域計で89.6%である」「近年の日本の総輸入金額に占める原油輸入金額の割合は2019年度で10.3%，金額で7兆9772億円となっている」と記述されている．

中東地域から日本への原油の輸送ルートはペルシャ湾からホルムズ海峡を通ってオマーン湾に至る．この地域はタンカーへの銃撃や拿捕事件が発生する地政学的に不安定な地域である．これに対して，マラッカ海峡はマレー半島とスマトラ島との間にある海峡で，ホルムズ海峡に比べて地政学的リスクは低い．

以上から，最も適切なものは① ア 90　イ ホルムズ　ウ サウジアラビア　エ 10 である．

（注）類似問題　H30 Ⅰ-5-3

答 ①

---

基礎科目
Ⅰ-5-4

水素に関する次の記述の，□□□に入る数値及び語句の組合せとして，適切なものはどれか．

水素は燃焼後に水になるため，クリーンな二次エネルギーとして注目されている．水素の性質として，常温では気体であるが，1気圧の下で，ア ℃まで冷やすと液体になる．液体水素になると，常温の水素ガスに比べてその体積は約 イ になる．また，水素と酸素が反応すると熱が発生するが，その発熱量は ウ 当たりの発熱量でみるとガソリンの発熱量よりも大きい．そして，水素を利用することで，鉄鉱石を還元して鉄に変えることもできる．コークスを使って鉄鉱石を還元する場合は二酸化炭素（$CO_2$）が発生するが，水素を使って鉄鉱石を還元する場合は，コークスを使う場合と比較して $CO_2$ 発生量の削減が可能である．なお，水素と鉄鉱石の反応は エ 反応となる．

|     | ア | イ | ウ | エ |
|-----|------|-------|------|------|
| ① | −162 | 1/600 | 重量 | 吸熱 |
| ② | −162 | 1/800 | 重量 | 発熱 |
| ③ | −253 | 1/600 | 体積 | 発熱 |
| ④ | −253 | 1/800 | 体積 | 発熱 |
| ⑤ | −253 | 1/800 | 重量 | 吸熱 |

## 解　説

水素の基本的な物性は

沸点： $-252.8℃$

気体密度（0℃，1 atm）：$89.9g/m^3$

液体密度（$-252.8℃$）：$70.8g/L$（$70\,800g/m^3$）

重量あたり真発熱量：$120MJ/kg$

気体体積あたり真発熱量：$10.77MJ/Nm^3$

液体体積あたり真発熱量：$8\,480MJ/Nm^3$

一方，ガソリン発熱量は

重量あたり真発熱量：$44MJ/kg$

体積あたり真発熱量：$34\,600MJ/m^3$

　水素が気体から液体になる場合，$70\,800 ÷ 89.9 = 787.5 ≒ 800$ 倍となり，水素の重量あたりの発熱量はガソリンの約 3 倍であるが，体積あたりでは液体水素でもガソリンの約 1/4 である．

　鉄鉱石の水素による還元は

$$FeO + H_2 \;\rightarrow\; Fe + H_2O - 24.4\,kJ/mol$$

で表される吸熱反応である．

　以上から，最も適切なものは $\boxed{ア \; -253}$ $\boxed{イ \; 1/800}$ $\boxed{ウ \; 重量}$ $\boxed{エ \; 吸熱}$ である．

  答 ⑤

---

**基礎科目 I -5-5**　科学技術とリスクの関わりについての次の記述のうち，不適切なものはどれか．

① リスク評価は，リスクの大きさを科学的に評価する作業であり，その結果とともに技術的可能性や費用対効果などを考慮してリスク管理が行われる．

② レギュラトリーサイエンスは，リスク管理に関わる法や規制の社会的合意の形成を支援することを目的としており，科学技術と社会との調和を実現する上で重要である．

③ リスクコミュニケーションとは，リスクに関する，個人，機関，集団間での情報及び意見の相互交換である．

④ リスクコミュニケーションでは，科学的に評価されたリスクと人が認識す

るリスクの間に往々にして隔たりがあることを前提としている.

⑤　リスクコミュニケーションに当たっては，リスク情報の受信者を混乱させないために，リスク評価に至った過程の開示を避けることが重要である.

### 解　説

①　適切．リスク評価はリスク解析とともにリスクアセスメントを構成し，リスク管理の中核をなす活動で，対策を実施すべきリスクを明らかにするとともに，優先順位を決めることが必要である.

②　適切．レギュラトリーサイエンスは科学技術の成果を人と社会に役立てることを目的に，根拠に基づく的確な予測，評価，判断を行い，科学技術の成果を人と社会との調和のうえで最も望ましい姿に調整するための科学として第4期科学技術基本計画（平成23〜27年度）の推進方策に盛り込まれた．医薬品，医療機器の安全性，有効性，品質評価や審査指針，基準の策定などに使われる.

③　適切．リスクコミュニケーションはリスクの性質，大きさ，重要性について，利害関係のある個人，機関，集団が，情報や意見を交換することである.

④　適切．専門家がリスクを科学的に正確な表現をすることと，素人の認識に適した表現は必ずしも一致しないことが，リスクコミュニケーションの効果に影響を与えると認識することが重要である.

⑤　不適切．リスク情報の受信者に適切な情報を開示することがリスクの理解を深めることにつながり，相互の信頼とリスク共有に役立つので，無暗に開示を避けることは好ましくない.

以上から，最も不適切なものは⑤である.

（注）類似問題　R1 再 I -5-6

  答 ⑤

**基礎科目**

**I -5-6**

次の（ア）～（オ）の科学史・技術史上の著名な業績を，年代の古い順から並べたものとして，適切なものはどれか．

（ア）　ヘンリー・ベッセマーによる転炉法の開発

（イ）　本多光太郎による強力磁石鋼 KS 鋼の開発

（ウ）　ウォーレス・カロザースによるナイロンの開発

（エ）　フリードリヒ・ヴェーラーによる尿素の人工的合成

（オ）　志賀潔による赤痢菌の発見

① ア－エ－イ－オ－ウ

② ア－エ－オ－イ－ウ

③ エ－ア－オ－イ－ウ

④ エ－オ－ア－ウ－イ

⑤ オ－エ－ア－ウ－イ

## 解　説

（ア）　ヘンリー・ベッセマーによる転炉法の開発は1855年．

（イ）　本多光太郎による強力磁石鋼 KS 鋼の開発は1917年．

（ウ）　ウォーレス・カロザースによるナイロンの開発は1935年．

（エ）　フリードリヒ・ヴェーラーによる尿素の人工的合成は1828年．

（オ）　志賀潔による赤痢菌の発見は1897年．

以上から，年代を古い順に並べるとエ－ア－オ－イ－ウで，最も適切なものは③である．

（注）類似問題　H26 I -5-6

**答 ③**

# 適 性 科 目

Ⅱ　次の 15 問題を解答せよ．（解答欄に１つだけマークすること．）

**適性科目 Ⅱ-1**　　技術士及び技術士補は，技術士法第４章（技術士等の義務）の規定の遵守を求められている．次に掲げる記述について，第４章の規定に照らして，正しいものは○，誤っているものは×として，適切な組合せはどれか．

（ア）　技術士等の秘密保持義務は，所属する組織の業務についてであり，退職後においてまでその制約を受けるものではない．

（イ）　技術は日々変化，進歩している．技術士は，名称表示している専門技術業務領域について能力開発することによって，業務領域を拡大することができる．

（ウ）　技術士等は，顧客から受けた業務を誠実に実施する義務を負っている．顧客の指示が如何なるものであっても，指示通りに実施しなければならない．

（エ）　技術士は，その業務に関して技術士の名称を表示するときは，その登録を受けた技術部門を明示してするものとし，登録を受けていない技術部門を表示してはならない．

（オ）　技術士等は，その業務を行うに当たっては，公共の安全，環境の保全その他の公益を害することのないよう努めなければならないが，顧客の利益を害する場合は守秘義務を優先する必要がある．

（カ）　企業に所属している技術士補は，顧客がその専門分野の能力を認めた場合は，技術士補の名称を表示して技術士に代わって主体的に業務を行ってよい．

（キ）　技術士は，その登録を受けた技術部門に関しては，十分な知識及び技能を有しているので，その登録部門以外に関する知識及び技能の水準を重点的に向上させるよう努めなければならない．

|   | ア | イ | ウ | エ | オ | カ | キ |
|---|---|---|---|---|---|---|---|
| ① | × | ○ | × | × | ○ | × | ○ |
| ② | × | × | × | ○ | × | ○ | × |
| ③ | ○ | × | ○ | × | ○ | × | ○ |
| ④ | × | ○ | × | ○ | × | × | × |
| ⑤ | ○ | × | × | ○ | × | ○ | × |

**解　説**

ほぼ毎年出題される技術士法第4章全体に関する設問である.

（ア）　×. 技術士法第45条によれば，退職後や技術士等でなくなった後も秘密保持義務は守らなければならない.

（イ）　○. 技術士の資質向上の責務（同法第47条の2）により，この主旨が記載されている.

（ウ）　×. 顧客の指示であっても，同法第45条の2にある「公益確保の責務」等の義務，責務に反する業務を実施してはならない.

（エ）　○. 技術士の名称表示の場合の義務（同法第46条）により，技術士は，その業務に関して技術士の名称を表示するときは，登録を受けた技術部門を明示しなければならない.

（オ）　×. 技術士は，いかなる場合でも「公益確保の責務」等の義務，責務を優先させなければならない.

（カ）　×. 同法第47条により，技術士補は，いかなる場合でも主体的に業務を行うことはできない.

（キ）　×. 技術士は，同法第47条の2により，専門技術業務領域を含めたより広い領域で資質向上の責務を負っている.「登録部門以外を重点的に」は不適切である.

したがって，適切な組合せは，×，○，×，○，×，×，×で④が正解である.

（注）類似問題　R3 Ⅱ-1

答 ④

**適性科目 Ⅱ-2**

PDCA サイクルとは，組織における業務や管理活動などを進める際の，基本的な考え方を簡潔に表現したものであり，国内外において広く浸透している．PDCA サイクルは，P，D，C，A の4つの段階で構成されており，この活動を継続的に実施していくことを，「PDCA サイクルを回す」という．文部科学省（研究及び開発に関する評価指針（最終改定）平成29年4月）では，「PDCA サイクルを回す」という考え方を一般的な日本語にも言い換えているが，次の記述のうち，適切なものはどれか．

① 計画→点検→実施→処置→計画（以降，繰り返す）
② 計画→点検→処置→実施→計画（以降，繰り返す）
③ 計画→実施→処置→点検→計画（以降，繰り返す）
④ 計画→実施→点検→処置→計画（以降，繰り返す）
⑤ 計画→処置→点検→実施→計画（以降，繰り返す）

**解　説**

文部科学省における研究及び開発に関する評価指針（最終改定平成29年4月）の本指針における用語，略称等について(19)【PDCA サイクル】では「計画（plan），実施（do），点検（check），処置（act）のサイクルを確実かつ継続的に回すことによって，プロセスのレベルアップをはかるという考え方」と記述している．

よって，④が正解である．なお，PDCA サイクルの類似問題は，過去に基礎科目で出題されている．

（注）類似問題　R3 Ⅰ-1-3，H27 Ⅰ-1-6

 答 ④

**適性科目 Ⅱ-3**

近年，世界中で環境破壊，貧困など様々な社会問題が深刻化している．また，情報ネットワークの発達によって，個々の組織の活動が社会に与える影響はますます大きく，そして広がるようになってきている．このため社会を構成するあらゆる組織に対して，社会的に責任ある行動がより強く求められている．ISO26000には社会的責任の7つの原則として「人権の尊重」，「国際行動規範の尊重」，「倫理的な行動」他4つが記載されている．次のうち，その4つに該当しないものはどれか．

① 透明性
② 法の支配の尊重
③ 技術の継承

④ 説明責任
⑤ ステークホルダーの利害の尊重

解 説

国際標準化機構の社会的責任規格（ISO26000）では，社会的責任の「内容」の中心となる原則と主題を掲げている．組織が尊重すべき社会的責任の 7 つの原則は「説明責任」「透明性」「倫理的な行動」「ステークホルダーの利害の尊重」「法の支配の尊重」「国際行動規範の尊重」「人権の尊重」である．

「技術の継承」は含まれていないので該当しない．よって，③が正解である．

（注）類似問題　H29 Ⅱ-11

 答 ③

---

**適性科目 Ⅱ-4**　我が国では社会課題に対して科学技術・イノベーションの力で立ち向かうために「Society5.0」というコンセプトを打ち出している．「Society5.0」に関する次の記述の，　　　に入る語句の組合せとして，適切なものはどれか．

Society5.0とは，我が国が目指すべき未来社会として，第 5 期科学技術基本計画（平成28年 1 月閣議決定）において，我が国が提唱したコンセプトである．

Society5.0は，| ア |社会（Society1.0），| イ |社会（Society2.0），工業社会（Society3.0），情報社会（Society4.0）に続く社会であり，具体的には，「サイバー空間（仮想空間）とフィジカル空間（現実空間）を高度に融合させたシステムにより，経済発展と| ウ |的課題の解決を両立する| エ |中心の社会」と定義されている．

我が国がSociety5.0として目指す社会は，ICT の浸透によって人々の生活をあらゆる面でより良い方向に変化させるデジタルトランスフォーメーションにより，「直面する脅威や先の見えない不確実な状況に対し，| オ |性・強靱性を備え，国民の安全と安心を確保するとともに，一人ひとりが多様な幸せ（well-being）を実現できる社会」である．

| | ア | イ | ウ | エ | オ |
|---|---|---|---|---|---|
| ① | 狩猟 | 農耕 | 社会 | 人間 | 持続可能 |
| ② | 農耕 | 狩猟 | 社会 | 人間 | 持続可能 |

| | | | | | |
|---|---|---|---|---|---|
| ③ | 狩猟 | 農耕 | 社会 | 人間 | 即応 |
| ④ | 農耕 | 狩猟 | 技術 | 自然 | 即応 |
| ⑤ | 狩猟 | 農耕 | 技術 | 自然 | 即応 |

## 解　説

　設問の第2段落は，内閣府の第5期科学技術基本計画からの出題で「デジタル化が進んだ社会像としてSociety5.0がある．Society 5.0は，わが国が目指すべき未来社会の姿として提唱されたものである．これまでの<u>狩猟</u>社会（Society 1.0），<u>農耕</u>社会（Society 2.0），工業社会（Society 3.0），情報社会（Society 4.0）に続く「サイバー空間（仮想空間）とフィジカル空間（現実空間）を高度に融合させたシステムにより，経済発展と<u>社会</u>的課題の解決を両立する，<u>人間</u>中心の社会（Society）」とされる．

　設問の第3段落は，2021年3月に閣議決定された第6期科学技術・イノベーション基本計画の一部「3．Society 5.0という未来社会の実現」で，わが国が目指す社会を表現する文としてまとめられ，「<u>持続可能性</u>と<u>強靭性</u>を備え，（中略）一人ひとりが多様な幸せ(well-being)を実現できる社会こそが当該計画を策定する目的である」と記述されている．

　よって，①が正解である．

　（注）類似問題　Society 5.0に関する類似問題は，総監部門第二次試験R2 I -1-21で出題

 ①

---

**適性科目 II-5**　職場のパワーハラスメントやセクシュアルハラスメント等の様々なハラスメントは，働く人が能力を十分に発揮することの妨げになることはもちろん，個人としての尊厳や人格を不当に傷つける等の人権に関わる許されない行為である．また，企業等にとっても，職場秩序の乱れや業務への支障が生じたり，貴重な人材の損失につながり，社会的評価にも悪影響を与えかねない大きな問題である．職場のハラスメントに関する次の記述のうち，適切なものの数はどれか．

　（ア）ハラスメントの行為者としては，事業主，上司，同僚，部下に限らず，取引先，顧客，患者及び教育機関における教員・学生等がなり得る．

　（イ）ハラスメントであるか否かについては，相手から意思表示があるかない

かにより決定される.

（ウ）　職場の同僚の前で，上司が部下の失敗に対し，「ばか」，「のろま」などの言葉を用いて大声で叱責する行為は，本人はもとより職場全体のハラスメントとなり得る.

（エ）　職場で不満を感じたりする指示や注意・指導があったとしても，客観的にみて，これらが業務の適切な範囲で行われている場合には，ハラスメントに当たらない.

（オ）　上司が，長時間労働をしている妊婦に対し，「妊婦には長時間労働は負担が大きいだろうから，業務分担の見直しを行い，あなたの残業量を減らそうと思うがどうか」と配慮する行為はハラスメントに該当する.

（カ）　部下の性的指向（人の恋愛・性愛がいずれの性別を対象にするかをいう）または，性自認（性別に関する自己意識）を話題に挙げて上司が指導する行為は，ハラスメントになり得る.

（キ）　職場のハラスメントにおいて，「優越的な関係」とは職務上の地位などの「人間関係による優位性」を対象とし，「専門知識による優位性」は含まれない.

①　1　　②　2　　③　3　　④　4　　⑤　5

---

**解　説**

　職場のパワーハラスメントとは，職場において行われる①優越的な関係を背景とした言動であって，②業務上必要かつ相当な範囲を超えたものにより，③労働者の就業環境が害されるものであり，①から③までの3つの要素をすべて満たすものをいう.

（ア）　適切. 厚生労働省のWebサイトに「セクシャルハラスメントの行為者とは？ 事業主，上司，同僚に限らず，取引先，顧客，患者，学校における生徒なども行為者になり得る」とある.

（イ）　不適切. ハラスメントか否かの判断基準，相手の意思表示の有無によらない.

（ウ）　適切. 厚生労働省のWebサイトに「職場の同僚の前で，直属の上司から「ばか」「のろま」などの言葉を毎日のように浴びせられる」との事例が示されている.

（エ）　適切. 業務の適切な範囲内で行われている場合はハラスメントにあたらない.

（オ）　不適切．妊婦の長時間労働への配慮は，業務上必要かつ相当な範囲を超えたものとはいえない．

（カ）　適切．厚生労働省の Web サイトに選択肢と同じ事例が示されている．

（キ）　不適切．職場の優位性には「専門知識による優位性」も含まれている．

よって，適切なものは（ア），（ウ），（エ），（カ）の 4 つであり，④が正解である．

（注）類似問題　H29 Ⅱ-4，H27 Ⅱ-11，H25 Ⅱ-3，H24 Ⅱ-3

 答 ④

**適性科目　Ⅱ-6**

　　技術者にとって安全の確保は重要な使命の 1 つである．この安全とは，絶対安全を意味するものではなく，リスク（危害の発生確率及びその危害の度合いの組合せ）という数量概念を用いて，許容不可能なリスクがないことをもって，安全と規定している．この安全を達成するためには，リスクアセスメント及びリスク低減の反復プロセスが必要である．安全の確保に関する次の記述のうち，<u>不適切なもの</u>はどれか．

①　リスク低減反復プロセスでは，評価したリスクが許容可能なレベルとなるまで反復し，その許容可能と評価した最終的な「残留リスク」については，妥当性を確認し文書化する．

②　リスク低減とリスク評価に関して，「ALARP」の原理がある．「ALARP」とは，「合理的に実行可能な最低の」を意味する．

③　「ALARP」が適用されるリスク水準領域において，評価するリスクについては，合理的に実行可能な限り低減するか，又は合理的に実行可能な最低の水準まで低減することが要求される．

④　「ALARP」の適用に当たっては，当該リスクについてリスク低減をさらに行うことが実際的に不可能な場合，又は費用に比べて改善効果が甚だしく不釣合いな場合だけ，そのリスクは許容可能となる．

⑤　リスク低減方策のうち，設計段階においては，本質的安全設計，ガード及び保護装置，最終使用者のための使用上の情報の 3 方策があるが，これらの方策には優先順位はない．

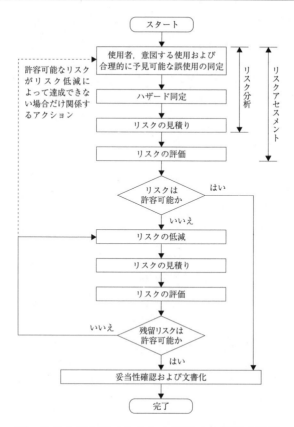

図　リスクアセスメントおよびリスク低減の反復
プロセス（参照：JIS Z 8051 : 2015）

解　説

　本問は，出題頻度の高いリスクアセスメントとリスク低減策に関する設問である．

① 適切．下図の下半分のリスク低減の反復プロセスの説明文である．

② 適切．以下の④の解説を参照．

③ 適切．以下の④の解説を参照．

④ 適切．②③④に登場する ALARP（as low as reasonably practicable）の原則は，許容できないリスクと無視できるリスクの間に ALARP 領域を設け，この領域では合理的に実行可能なリスク低減措置を講じていく考え方で

ある．この②③④の選択肢の記述は，いずれも適切である．過去の試験問題では，ALARPを一つの選択肢でまとめている場合が多い．

⑤　不適切．リスク低減策には優先順位がつけられている．H29Ⅱ-12の適切な選択肢には「リスク低減策は，設計段階で可能な限り対策を講じ，人間の注意の前に機械設備側の安全化を優先する．リスク低減方策の実施は，本質的安全設計，安全防護策及び付加防護方策，使用上の情報の順に優先順位がつけられている」と記述されている．

よって，最も不適切な選択肢は⑤である．

（注）類似問題　R3Ⅱ-10，R1再Ⅱ-12，R1Ⅱ-11，H30Ⅱ-11，
H29Ⅱ-12，H23Ⅱ-6

 答 ⑤

---

**適性科目 Ⅱ-7**　倫理問題への対処法としての功利主義と個人尊重主義とは，ときに対立することがある．次の記述の，□□□に入る語句の組合せとして，適切なものはどれか．

倫理問題への対処法としての「功利主義」とは，19世紀のイギリスの哲学者であるベンサムやミルらが主張した倫理学説で，「最大多数の　ア　」を原理とする．倫理問題で選択肢がいくつかあるとき，そのどれが最大多数の　ア　につながるかで優劣を判断する．しかしこの種の功利主義のもとでは，特定個人への不利益が生じたり，　イ　が制限されたりすることがある．一方，「個人尊重主義」の立場からは，　イ　はできる限り尊重すべきである．功利主義においては，特定の個人に犠牲を強いることになった場合には，個人尊重主義と対立することになる．功利主義のもとでの犠牲が個人にとって許容できるものかどうか，その確認の方法として，「黄金律」テストがある．黄金律とは，「　ウ　」あるいは「自分の望まないことを人にするな」という教えである．自分がされた場合には憤慨するようなことを，他人にはしていないかチェックする「黄金律」テストの結果，自分としては損害を許容できないとの結論に達したならば，他の行動を考える倫理的必要性が高いとされる．また，重要なのは，たとえ「黄金律」テストで自分でも許容できる範囲であると判断された場合でも，次のステップとして「相手の価値観においてはどうだろうか」と考えることである．権利にもレベルがあり，生活を維持する権利は生活を改善する権利に優先する．この場合の生活の維持とは，盗まれない権利，だまされない権利などまでを含むものである．また，

安全，| エ |に関する権利は最優先されなければならない．

|     | ア     | イ         | ウ                     | エ   |
| --- | ------ | ---------- | ---------------------- | ---- |
| ①   | 最大幸福 | 多数派の権利 | 自分の望むことを人にせよ   | 身分 |
| ②   | 最大利潤 | 個人の権利   | 人が望むことを自分にせよ   | 健康 |
| ③   | 最大幸福 | 個人の権利   | 自分の望むことを人にせよ   | 健康 |
| ④   | 最大利潤 | 多数派の権利 | 人が望むことを自分にせよ   | 健康 |
| ⑤   | 最大幸福 | 個人の権利   | 人が望むことを自分にせよ   | 身分 |

**解　説**

　功利主義（utilitarianism）は，英国のベンサムやミル父子が主張した倫理学説である．行為の目的，行為の義務，正邪の基準を，社会の成員の「最大多数の最大幸福」に求める倫理などの立場である．なお，功利主義は個人尊重主義と対立することがある．

　（ア）は最大多数の「最大幸福」となる．

　（イ）は「個人の権利」の制限となる．

　（ウ）は「自分の望むことを人にせよ」となる．

　（エ）は安全，「健康」に関する権利となる．

　よって，適切なものは③である．

　（注）類似問題　H29 Ⅱ-13

 答 ③

**適性科目**
**Ⅱ-8**

　安全保障貿易管理とは，我が国を含む国際的な平和及び安全の維持を目的として，武器や軍事転用可能な技術や貨物が，我が国及び国際的な平和と安全を脅かすおそれのある国家やテロリスト等，懸念活動を行うおそれのある者に渡ることを防ぐための技術の提供や貨物の輸出の管理を行うことである．先進国が有する高度な技術や貨物が，大量破壊兵器等（核兵器・化学兵器・生物兵器・ミサイル）を開発等（開発・製造・使用又は貯蔵）している国等に渡ること，また通常兵器が過剰に蓄積されることなどの国際的な脅威を未然に防ぐために，先進国を中心とした枠組みを作って，安全保障貿易管理を推進している．

　安全保障貿易管理は，大量破壊兵器等や通常兵器に係る「国際輸出管理レジーム」での合意を受けて，我が国を含む国際社会が一体となって，管理に取り組んでいるものであり，我が国では外国為替及び外国貿易法（外為法）等に基づき規

制が行われている．安全保障貿易管理に関する次の記述のうち，適切なものの数はどれか．

(ア) 自社の営業担当者は，これまで取引のないＡ社（海外）から製品の大口の引き合いを受けた．Ａ社からすぐに製品の評価をしたいので，少量のサンプルを納入して欲しいと言われた．当該製品は国内では容易に入手が可能なものであるため，規制はないと判断し，商機を逃すまいと急いでＡ社に向けて評価用サンプルを輸出した．

(イ) 自社は商社として，メーカーの製品を海外へ輸出している．メーカーから該非判定書を入手しているが，メーカーを信用しているため，自社では判定書の内容を確認していない．また，製品に関する法令改正を確認せず，５年前に入手した該非判定書を使い回している．

(ウ) 自社は従来，自動車用の部品（非該当）を生産し，海外へも販売を行っていた．あるとき，昔から取引のあるＡ社から，Ｂ社（海外）もその部品の購入意向があることを聞いた．自社では，信頼していたＡ社からの紹介ということもあり，すぐに取引を開始した．

(エ) 自社では，リスト規制品の場合，営業担当者は該非判定の結果及び取引審査の結果を出荷部門へ連絡し，出荷指示をしている．出荷部門では該非判定・取引審査の完了を確認し，さらに，輸出・提供するものと審査したものとの同一性や，輸出許可の取得の有無を確認して出荷を行った．

① 0　② 1　③ 2　④ 3　⑤ 4

---

**解　説**

安全保障貿易管理（Export Control，輸出管理）に関する設問である．安全保障貿易管理には７つ以上の関連法令がある．経済産業省のホームページには「安全保障貿易管理の概要」「関係法令」「企業等の自主管理の促進」や「大学・研究機関の自主管理の促進」などが掲載されているので，読者に関係の深い部分や概要の一読をおすすめする．

ただし，設問を熟読すれば，これらを読んでいない受験者でも解くことができる．

(ア) 不適切．国内で容易に入手可能でも安全保障貿易管理の手続きを経るべきである．

(イ) 不適切．当該製品に関する法令改正等や最新の該否判定書を確認してから輸出すべきである．

（ウ）　不適切．A社からの紹介でもB社とは新規取引であり，当該製品に関する安全保障貿易管理の手続きを経るべきである．

（エ）　適切．リスト規制品該非判定，取引審査や輸出許可の確認などの手続きを経て輸出している．

よって，適切な記述は1つで，②が正解である．

（注）類似問題　R3 Ⅱ-4

 答 ②

**適性科目 Ⅱ-9**

　　知的財産を理解することは，ものづくりに携わる技術者にとって非常に大事なことである．知的財産の特徴の1つとして「財産的価値を有する情報」であることが挙げられる．情報は，容易に模倣されるという特質を持っており，しかも利用されることにより消費されるということがないため，多くの者が同時に利用することができる．こうしたことから知的財産権制度は，創作者の権利を保護するため，元来自由利用できる情報を，社会が必要とする限度で自由を制限する制度ということができる．

　次の（ア）～（オ）のうち，知的財産権のなかの知的創作物についての権利等に含まれるものを○，含まれないものを×として，正しい組合せはどれか．

（ア）　特許権（特許法）

（イ）　実用新案権（実用新案法）

（ウ）　意匠権（意匠法）

（エ）　著作権（著作権法）

（オ）　営業秘密（不正競争防止法）

|  | ア | イ | ウ | エ | オ |
|---|---|---|---|---|---|
| ① | ○ | × | ○ | ○ | ○ |
| ② | ○ | ○ | × | ○ | ○ |
| ③ | ○ | ○ | ○ | × | ○ |
| ④ | ○ | ○ | ○ | ○ | × |
| ⑤ | ○ | ○ | ○ | ○ | ○ |

**解　説**

　たびたび出題されている知的財産に関する問題である．特許庁のWebサイトを参照すると知的財産に関する説明が種々ある．この設問の解答は検索サイトで「特許庁 知的財産権の種類」と検索すると図示されている．

　ただし，問題文は「知的創作物」となっているが，特許庁の Web サイトは「知的創造物」となっている．同じ特許庁の Web サイトにある「2022年度知的財産権制度入門テキスト」には「知的創作物」となっているので「知的創作物」と「知的創造物」は同一とみなして差し支えない．なお，同じ図にある特許庁が所管する知的財産を「産業財産権」と呼ぶことについても昨年度に出題されているので注意したい．

　（ア）〜（オ）に含まれる内容は，特許庁の Web サイトで「知的創造物の権利」として図示されている．

　以上より，○，○，○，○，○となる．

　（注）類似問題　H29 Ⅱ-10

 　答　⑤

**適性科目**
**Ⅱ-10**

　循環型社会形成推進基本法は，環境基本法の基本理念にのっとり，循環型社会の形成について基本原則を定めている．この法律は，循環型社会の形成に関する施策を総合的かつ計画的に推進し，現在及び将来の国民の健康で文化的な生活の確保に寄与することを目的としている．次の（ア）〜（エ）の記述について，正しいものは○，誤っているものは×として，適切な組合せはどれか．

（ア）「循環型社会」とは，廃棄物等の発生抑制，循環資源の循環的な利用及び適正な処分が確保されることによって，天然資源の消費を抑制し，環境への負荷ができる限り低減される社会をいう．

（イ）「循環的な利用」とは，再使用，再生利用及び熱回収をいう．

（ウ）「再生利用」とは，循環資源を製品としてそのまま使用すること，並びに循環資源の全部又は一部を部品その他製品の一部として使用することをいう．

（エ）廃棄物等の処理の優先順位は，〔1〕発生抑制，〔2〕再生利用，〔3〕再使用，〔4〕熱回収，〔5〕適正処分である．

|  | ア | イ | ウ | エ |
|---|---|---|---|---|
| ① | ○ | ○ | ○ | ○ |
| ② | × | ○ | × | ○ |
| ③ | ○ | × | ○ | × |
| ④ | ○ | ○ | × | × |
| ⑤ | ○ | × | ○ | ○ |

**解　説**

循環型社会形成推進基本法に関して，用語の定義が法の言葉と一致しているかを問う形となっている．例えば，（ア）の問題文で「環境への負荷ができる限り低減される社会をいう」が「環境への負荷が低減される社会をいう」となっていた場合，正誤の判断は悩ましくなる．しかし，いままでの技術士試験では，このような細かい語句の違いを判断させる設問は出題されていないので安心できる．環境省の Web サイトに環境法令ガイドがあり，そのなかに循環型社会形成推進基本法の説明もあるので一読してほしい．

（ア）　正しい．循環型社会形成推進基本法第 2 条に同様な文言がある．

（イ）　正しい．循環型社会形成推進基本法第 2 条の 4 に同様な文言がある．

（ウ）　誤り．循環型社会形成推進基本法第 2 条の 6 の定義では「「再生利用」とは，循環資源の全部又は一部を原材料として利用することをいう」とある．

（エ）　誤り．環境法令ガイドの循環型社会形成推進基本法の説明には①発生抑制，②再使用，③再生利用，④熱回収，⑤適正処分とあり，問題文は「再使用」と「再生利用」が逆になっている．

以上より，○，○，×，×となる．

（注）類似問題 H28 Ⅱ-14

 　答 ④

**適性科目 Ⅱ-11**　　製造物責任法（PL 法）は，製造物の欠陥により人の生命，身体又は財産に係る被害が生じた場合における製造業者等の損害賠償の責任について定めることにより，被害者の保護を図り，もって国民生活の安定向上と国民経済の健全な発展に寄与することを目的とする．次の（ア）〜（ク）のうち，「PL 法としての損害賠償責任」には該当しないものの数はどれか．なお，いずれの事例も時効期限内とする．

（ア）　家電量販店にて購入した冷蔵庫について，製造時に組み込まれた電源装置の欠陥により，発火して住宅に損害が及んだ場合．

（イ）　建設会社が造成した土地付き建売住宅地の住宅について，不適切な基礎工事により，地盤が陥没して住居の一部が損壊した場合．

（ウ）　雑居ビルに設置されたエスカレータ設備について，工場製造時の欠陥により，入居者が転倒して怪我をした場合．

（エ）　電力会社の電力系統について，発生した変動（周波数）により，一部の

工場設備が停止して製造中の製品が損傷を受けた場合.

（オ）　産業用ロボット製造会社が製作販売した作業ロボットについて，製造時に組み込まれた制御用専用ソフトウエアの欠陥により，アームが暴走して工場作業者が怪我をした場合.

（カ）　大学ベンチャー企業が国内のある湾で自然養殖し，一般家庭へ直接出荷販売した活魚について，養殖場のある湾内に発生した菌の汚染により，集団食中毒が発生した場合.

（キ）　輸入業者が輸入したイタリア産の生ハムについて，イタリアでの加工処理設備の欠陥により，消費者の健康に害を及ぼした場合.

（ク）　マンションの管理組合が保守点検を発注したエレベータについて，その保守専門業者の作業ミスによる不具合により，その作業終了後の住民使用開始時に住民が死亡した場合.

① 1　　② 2　　③ 3　　④ 4　　⑤ 5

## 解　説

これもたびたび出題される製造物責任法の問題である．この法律は全部で6カ条しかないので目を通しておくことをおすすめする.

この法律には「製造物とは製造又は加工された動産をいう」とあり，不動産，電気，ソフトウェア，サービスなどは製造物ではない．なお，問題文（ウ）は「エスカレータ」となっているが，一般社団法人 日本エレベーター協会やJIS規格などのエスカレーター関連業界では「エスカレーター」と表記している．問題文（ク）の「エレベータ」も同様に「エレベーター」と業界では表記しているので，技術者として使う表記に注意したい.

（ア）　該当する．冷蔵庫という製造物の欠陥に相当する.

（イ）　該当しない．住居は不動産である.

（ウ）　該当する．不動産に取りつけられたエスカレーターは製造物とみなされる.

（エ）　該当しない．電気は製造物とはみなされない.

（オ）　該当する．ソフトウェア自体は無体物であり，製造物責任法の対象とはならない．ただし，ソフトウェアを組み込んだ製造物については，この法律の対象と解される場合があり得る．本事例ではソフトウェアの不具合が原因で，ソフトウェアを組み込んだ製造物による事故が発生したので，ソフトウェアの不具合が製造物自体の欠陥と解釈され，その欠陥と損害との

間に因果関係が認められて，産業用ロボットの製造業者に損害賠償責任が生じる．

（カ）　該当しない．活魚は製造物ではない．

（キ）　該当する．生ハムは肉を加工したもので製造物である．

（ク）　該当しない．エレベーターは製造物であるが，保守点検のサービスが原因であるので製造物ではない．


以上より，該当しないものは 4 つである．

（注）類似問題　R1 Ⅱ-3

答 ④


適性科目
Ⅱ-12

　公正な取引を行うことは，技術者にとって重要な責務である．私的独占の禁止及び公正取引の確保に関する法律（独占禁止法）では，公正かつ自由な競争を促進するため，私的独占，不当な取引制限，不公正な取引方法などを禁止している．また，金融商品取引法では，株や証券などの不公正取引行為を禁止している．公正な取引に関する次の（ア）～（エ）の記述のうち，正しいものは○，誤っているものは×として，適切な組合せはどれか．

（ア）　国や地方公共団体などの公共工事や物品の公共調達に関する入札の際，入札に参加する事業者たちが事前に相談して，受注事業者や受注金額などを決めてしまう行為は，インサイダー取引として禁止されている．

（イ）　相場を意図的・人為的に変動させ，その相場があたかも自然の需給によって形成されたかのように他人に認識させ，その相場の変動を利用して自己の利益を図ろうとする行為は，相場操縦取引として禁止されている．

（ウ）　事業者又は業界団体の構成事業者が相互に連絡を取り合い，本来各事業者が自主的に決めるべき商品の価格や販売・生産数量などを共同で取り決め，競争を制限する行為は，談合として禁止されている．

（エ）　上場会社の関係者等がその職務や地位により知り得た，投資者の投資判断に重大な影響を与える未公表の会社情報を利用して自社株等を売買する行為は，カルテルとして禁止されている．

|  | ア | イ | ウ | エ |
|---|---|---|---|---|
| ① | ○ | × | ○ | ○ |
| ② | ○ | ○ | ○ | × |
| ③ | × | ○ | × | ○ |
| ④ | ○ | × | × | ○ |
| ⑤ | × | ○ | × | × |

## 解　説

　独占禁止法の用語を問う問題で，日頃から新聞などで報道される独占禁止法違反の事件を注意して読んでいれば解答は得られる．

（ア）　誤り．談合の説明である．

（イ）　正しい．相場操縦取引の説明である．

（ウ）　誤り．カルテルの説明である．

（エ）　誤り．インサイダー取引の説明である．

　以上より，×，○，×，×となる．

　（注）類似問題　H27 Ⅱ-10

  **答 ⑤**

---

**適性科目　Ⅱ-13**

　情報通信技術が発達した社会においては，企業や組織が適切な情報セキュリティ対策をとることは当然の責務である．2020年は新型コロナウイルス感染症に関連した攻撃や，急速に普及したテレワークやオンライン会議環境の脆弱性を突く攻撃が世界的に問題となった．また，2017年に大きな被害をもたらしたランサムウェアが，企業・組織を標的に「恐喝」を行う新たな攻撃となり観測された．情報セキュリティマネジメントとは，組織が情報を適切に管理し，機密を守るための包括的枠組みを示すもので，情報資産を扱う際の基本方針やそれに基づいた具体的な計画などトータルなリスクマネジメント体系を示すものである．情報セキュリティに関する次の（ア）～（オ）の記述について，正しいものは○，誤っているものは×として，適切な組合せはどれか．

（ア）　情報セキュリティマネジメントでは，組織が保護すべき情報資産について，情報の機密性，完全性，可用性を維持することが求められている．

（イ）　情報の可用性とは，保有する情報が正確であり，情報が破壊，改ざん又は消去されていない情報を確保することである．

（ウ）　情報セキュリティポリシーとは，情報管理に関して組織が規定する組織の方針や行動指針をまとめたものであり，PDCA サイクルを止めることなく実施し，ネットワーク等の情報セキュリティ監査や日常のモニタリング等で有効性を確認することが必要である．

（エ）　情報セキュリティは人の問題でもあり，組織幹部を含めた全員にセキュリティ教育を実施して遵守を徹底させることが重要であり，浸透具合をチェックすることも必要である．

（オ）　情報セキュリティに関わる事故やトラブルが発生した場合には，セキュリティポリシーに記載されている対応方法に則して，適切かつ迅速な初動処理を行い，事故の分析，復旧作業，再発防止策を実施する．必要な項目があれば，セキュリティポリシーの改定や見直しを行う．

| | ア | イ | ウ | エ | オ |
|---|---|---|---|---|---|
| ① | × | ○ | ○ | × | ○ |
| ② | × | × | ○ | ○ | ○ |
| ③ | ○ | × | ○ | ○ | ○ |
| ④ | ○ | ○ | × | ○ | × |
| ⑤ | ○ | ○ | × | ○ | ○ |

**解　説**

これもたびたび出題されている情報セキュリティに関する設問で，情報処理推進機構（IPA）の Web サイトをチェックして情報セキュリティに関する用語を理解しておくことが望ましい．

（ア）　正しい．「機密性」（Confidentiality），「完全性」（Integrity），「可用性」（Availability）は情報セキュリティの 3 要素と呼ばれ，それぞれの頭文字から CIA とも略される．

（イ）　誤り．完全性の説明である．

（ウ）　正しい．ポリシーをつくるだけでなく，ポリシーに則って PDCA サイクルを回し，監査やモニタリングで有効性を確認し，更に改善していくことが必要である．

（エ）　正しい．組織幹部が情報セキュリティの重要性を理解していないと組織の取組みが疎かになる可能性がある．浸透具合をチェックするためにダミーの不審メールを組織の構成員に送信し，標的型メール攻撃に備えているかを確認することなども行われている．

（オ）　正しい．あらかじめ事故発生前に対応方法をマニュアル化しておくこと，事故発生後，セキュリティポリシーの改定や見直しを行うことは正しい処置である．

以上から，○，×，○，○，○となる．

（注）類似問題　H28 Ⅱ-13

  答 ③

**適性科目 Ⅱ-14**

　SDGs（Sustainable Development Goals: 持続可能な開発目標）とは，持続可能で多様性と包摂性のある社会の実現のため，2015年9月の国連サミットで全会一致で採択された国際目標である．次の（ア）～（キ）の記述のうち，SDGs の説明として正しいものは○，誤っているものは×として，適切な組合せはどれか．

（ア）　SDGs は，先進国だけが実行する目標である．

（イ）　SDGs は，前身であるミレニアム開発目標（MDGs）を基にして，ミレニアム開発目標が達成できなかったものを全うすることを目指している．

（ウ）　SDGs は，経済，社会及び環境の三側面を調和させることを目指している．

（エ）　SDGs は，「誰一人取り残さない」ことを目指している．

（オ）　SDGs では，すべての人々の人権を実現し，ジェンダー平等とすべての女性と女児のエンパワーメントを達成することが目指されている．

（カ）　SDGs は，すべてのステークホルダーが，協同的なパートナーシップの下で実行する．

（キ）　SDGs では，気候変動対策等，環境問題に特化して取組が行われている．

| | ア | イ | ウ | エ | オ | カ | キ |
|---|---|---|---|---|---|---|---|
| ① | × | × | ○ | ○ | ○ | ○ | ○ |
| ② | × | ○ | × | ○ | × | ○ | × |
| ③ | × | ○ | ○ | ○ | ○ | ○ | × |
| ④ | ○ | × | ○ | × | ○ | × | ○ |
| ⑤ | × | ○ | ○ | ○ | ○ | × | × |

## 解 説

　最近，世界中の多くの市民，企業，団体，政府が取り組むSDGsに関する設問で，2030年の目標達成期限が近づいてきたので，マスコミなどで取り上げられることも増えている．薄い書籍でよいので17の目標など，SDGsに関する事項を整理しておくことをおすすめする．

　また，外務省のWebサイトに国連総会で採択されたSDGsの「持続可能な開発のための 2030 アジェンダ」の仮訳があるので参考にしてほしい．本問は，この仮訳の前文を知っていれば解答できる．

（ア）　誤り．前文に「すべての国及びすべてのステークホルダーは，協同的なパートナーシップの下，SDGsを実行する」とある．先進国だけでなく，また，国だけでなく企業なども実行することに注意したい．

（イ）　正しい．前文に「ミレニアム開発目標（MDGs）を基にして，ミレニアム開発目標が達成できなかったものを全うすることを目指すものである」とある．

（ウ）　正しい．前文に「持続可能な開発の三側面，すなわち経済，社会及び環境の三側面を調和させるものである」とある．

（エ）　正しい．前文に「我々はこの共同の旅路に乗り出すにあたり，誰一人取り残さないことを誓う」とある．旅路とはSDGsの実行を意味する．

（オ）　正しい．前文では「すべての人々の人権を実現し，ジェンダー平等とすべての女性と女児の能力強化を達成することを目指す」とあり，問題文の「エンパワーメント」は「能力強化」と表記している．しかし，英文では「They seek to realize the human rights of all and to achieve gender equality and the empowerment of all women and girls」とあり，「エンパワーメント」は「empowerment」をカタカナ書きにしたもので同一とみなせる．

（カ）　正しい．前文に「すべての国及びすべてのステークホルダーは，協同的なパートナーシップの下，SDGsを実行する」とある．

（キ）　誤り．SDGs前文に「17の持続可能な開発のための目標」とあり，17の目標には（オ）に示す女性の地位向上を含め，貧困，飢餓からの脱却など，気候変動や環境以外も含まれる．

以上から，×，〇，〇，〇，〇，〇，×となる．

　（注）類似問題 R1 II -15

 答 ③

**適性科目**
**Ⅱ-15**

　CPD（Continuing Professional Development）は，技術者が自らの技術力や研究能力向上のために自分の能力を継続的に磨く活動を指し，継続教育，継続学習，継続研鑽などを意味する．CPDに関する次の（ア）～（エ）の記述について，正しいものは○，誤っているものは×として，適切な組合せはどれか．

（ア）　CPDへの適切な取組を促すため，それぞれの学協会は積極的な支援を行うとともに，質や量のチェックシステムを導入して，資格継続に制約を課している場合がある．

（イ）　技術士のCPD活動の形態区分には，参加型（講演会，企業内研修，学協会活動），発信型（論文・報告文，講師・技術指導，図書執筆，技術協力），実務型（資格取得，業務成果），自己学習型（多様な自己学習）がある．

（ウ）　技術者はCPDへの取組を記録し，その内容について証明可能な状態にしておく必要があるとされているので，記録や内容の証明がないものは実施の事実があったとしてもCPDとして有効と認められない場合がある．

（エ）　技術提供サービスを行うコンサルティング企業に勤務し，日常の業務として自身の技術分野に相当する業務を遂行しているのであれば，それ自体がCPDの要件をすべて満足している．

|   | ア | イ | ウ | エ |
|---|---|---|---|---|
| ① | ○ | ○ | ○ | ○ |
| ② | × | ○ | × | ○ |
| ③ | ○ | × | ○ | ○ |
| ④ | ○ | × | ○ | × |
| ⑤ | ○ | ○ | ○ | × |

**解　説**

　技術者と技術士の「継続研鑽（CPD）」に関する設問である．技術士は責務として自己研鑽により自己の専門能力を高めることを求められている．なお，修習技術者と呼ばれる第一次試験の合格者が技術士になるために身につけるべき初歩的な資質能力の獲得を目指す自身の行動を「初期専門能力開発（IPD：Initial Professional Development）」と呼ぶことにも注意したい．

　（ア）　正しい．学協会は，いわゆる講演会，論文発表の場の提供などを支援している．また，APECエンジニアをはじめとして資格継続にCPDの実績を求める資格もある．技術士には資格更新がない．

（イ）　正しい．日本技術士会発行の技術士CPDガイドライン記載の表-3「CPD活動の形態区分と形態項目」に同様の記述がある．ただし，問題文の発信型にある「論文・報告文」を技術士CPDガイドラインでは「報文・論文」と記載してある．「告」の1字が抜けているので誤りという重箱の隅をつつくような設問は国家資格試験としてあり得ないと考え，また，報文は報告文を含むと考えて正解とする．

（ウ）　正しい．証拠がないにもかかわらず，学協会が会員のCPD実績を認めることは学協会のCPD登録の信頼性を失うことになる．

（エ）　誤り．日常業務として自身の技術分野での業務遂行は，CPDの対象にならない．

よって，○，○，○，×，となる．

（注）類似問題　H28 Ⅱ-2

答 ⑤

# 令和 3 年度

# 基礎・適性科目
## の問題と模範解答

# 基礎科目
## 1群 設計・計画に関するもの

（全6問題から3問題を選択解答）

**基礎科目 I-1-1**　次のうち，ユニバーサルデザインの特性を備えた製品に関する記述として，最も不適切なものはどれか．

① 小売店の入り口のドアを，ショッピングカートやベビーカーを押していて手がふさがっている人でも通りやすいよう，自動ドアにした．

② 録音再生機器（オーディオプレーヤーなど）に，利用者がゆっくり聴きたい場合や速度を速めて聴きたい場合に対応できるよう，再生速度が変えられる機能を付けた．

③ 駅構内の施設を案内する表示に，視覚的な複雑さを軽減し素早く効果的に情報が伝えられるよう，ピクトグラム（図記号）を付けた．

④ 冷蔵庫の扉の取っ手を，子どもがいたずらしないよう，扉の上の方に付けた．

⑤ 電子機器の取扱説明書を，個々の利用者の能力や好みに合うよう，大きな文字で印刷したり，点字や音声・映像で提供したりした．

---

## 解　説

ユニバーサルデザインの骨子は，歴史的には北欧の「ノーマライゼーション」（身体的・精神的障がいをもつ人々でも，健常者とともに可能な限り一般的生活を送る権利をもつという考え方）をさらに汎用化したものである．思想文化・言語・国籍・年齢・性別・能力などの違いにかかわらず，できるだけ多くの人が利用できることを意図した建築・設備・製品・情報等の設計思想である．これらの実現のためのプロセス（過程）もユニバーサルデザインに含み，SDGsの考え方にもつながる．

① 適切. 手が荷物でふさがっている人（乳幼児を連れたり，乳母車を押している人），車いすなどを用いる人やその介助者のみならず，例えば，肢体に障がいを持ちドアの開け閉めが困難な人も，自動ドアの導入によって幅広い範囲の人の利用が達成できる.

② 適切. 早口の会話・ラジオの聴取等で聞き取りが難しいことは，聴覚障がいをもつ人や老齢のため聴力が低下した人にしばしば生じる. 従前からある，音量を変化させるのと同時に，再生速度を調整させる技術によって聞きやすくなり，聴力の低い人にも対応できる設計が実現されるようになった.

③ 適切. ピクトグラムは意味するものの形状を使い，その意味概念を理解させる記号であり，事前の学習なしでもすぐ，多様な人に国際的にわかる伝達効果をもつ. 駅や公共施設に必要な設備として，言語にとらわれることなく誰しも即座に理解できるように，車いす用設備やトイレ，安全上の掲示は，ピクトグラムの用途として適している.

④ 最も不適切. 子どものいたずらを考慮すると，子どもの触りにくい場所に冷蔵庫の扉の取っ手を付けることは考え得るが，事業者が製品供給する場合は，例えば，背の低い人や車いすを用いる人が冷蔵庫を常時使用する使い勝手も考慮しなければならず，他の手法を検討するべきである.

⑤ 適切. 電子機器の取扱説明書は機器を使用するすべての人にできる限り使い方・注意事項を伝え理解してもらう必要がある. 弱視や目の不自由な人に機器の需要があり，安全に使用してもらうためには，大きな文字の印刷物の添付，点字・音声や映像など理解が容易な資料提供の積極的配慮は必要である.

ユニバーサルデザインの設問は過去から多くあった. 本問は概念をよく理解する必要もある難問である.

以上の記載から，題意に合致する最も不適切なものは④である.

（注）類似問題 R2 Ⅰ-1-1，H26 Ⅰ-1-1，H24 Ⅰ-1-4

 答 ④

---

**基礎科目 Ⅰ-1-2**

下図に示した，互いに独立な3個の要素が接続されたシステムA〜Eを考える. 3個の要素の信頼度はそれぞれ0.9，0.8，0.7である. 各システムを信頼度が高い順に並べたものとして，最も適切なものはどれか.

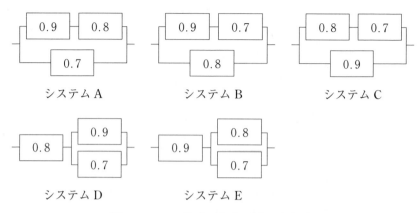

システム A　　　　　　システム B　　　　　　システム C

システム D　　　　　　システム E

図　システム構成図と各要素の信頼度

① C ＞ B ＞ E ＞ A ＞ D
② C ＞ B ＞ A ＞ E ＞ D
③ C ＞ E ＞ B ＞ D ＞ A
④ E ＞ D ＞ A ＞ B ＞ C
⑤ E ＞ D ＞ C ＞ B ＞ A

## 解　説

信頼度とは，複数の要素で構成されたシステムが全体で機能維持している確率をいう．

（1）　$R_x$ と $R_y$ を信頼度とすると，下図の直列システム全体の信頼度 $R$ は，$R = R_x \times R_y$ となる．

（2）　下図の並列システム全体の信頼度 $R'$ は，$R' = 1 - (1 - R_x)(1 - R_y)$ となる．

このことから誘導された計算結果を下記する．

- システム A：$R_A = 1 - \{1 - (0.9 \times 0.8)\}(1 - 0.7) = 0.916$
- システム B：$R_B = 1 - \{1 - (0.9 \times 0.7)\}(1 - 0.8) = 0.926$
- システム C：$R_C = 1 - \{1 - (0.8 \times 0.7)\}(1 - 0.9) = 0.956$

- システム D：$R_D = 0.8 \times \{1 - (1 - 0.9)(1 - 0.7)\} = 0.776$
- システム E：$R_E = 0.9 \times \{1 - (1 - 0.8)(1 - 0.7)\} = 0.846$

信頼度が高い方から並べると，C＞B＞A＞E＞D となる．以上の記載から，正答は②である．

計算時間のない受験者は，直列のある D と E の信頼度が低いことが直感的にわかるので，②を選択できる．

（注）類似問題　H30 Ⅰ-1-1，H28 Ⅰ-1-1，
H27 Ⅰ-1-1，H24 Ⅰ-1-1

答 ②

---

**基礎科目 Ⅰ-1-3**

　　　設計や計画のプロジェクトを管理する方法として知られる，PDCA サイクルに関する次の（ア）～（エ）の記述について，それぞれの正誤の組合せとして，最も適切なものはどれか．

（ア）　P は，Plan の頭文字を取ったもので，プロジェクトの目標とそれを達成するためのプロセスを計画することである．

（イ）　D は，Do の頭文字を取ったもので，プロジェクトを実施することである．

（ウ）　C は，Change の頭文字を取ったもので，プロジェクトで変更される事項を列挙することである．

（エ）　A は，Adjust の頭文字を取ったもので，プロジェクトを調整することである．

|  | ア | イ | ウ | エ |
|---|---|---|---|---|
| ① | 正 | 誤 | 正 | 正 |
| ② | 正 | 正 | 誤 | 誤 |
| ③ | 正 | 正 | 正 | 誤 |
| ④ | 誤 | 正 | 誤 | 正 |
| ⑤ | 誤 | 誤 | 正 | 正 |

**解　説**

出題内容は，PDCA サイクルを変形解釈している事業者が存在する現状に対し，示唆的である．

PDCA サイクルとは品質管理等の継続性の高い業務管理における，種々の改善に関する構築手法であり，「Plan → Do → Check → Act（または Action）」の 4 段

階を繰り返し，業務改善による質的向上を継続的に実施する手法である，PDCA
サイクルの名称は，サイクルを構成する前述4段階の頭文字に由来する.

- （ア）　適切．題記のとおり，Plan（計画）は従来実績や将来予測，それまでの
  Act・Action（改善・改善行動）の推進結果等を活用し，目標・業務計画
  を立案・提示することである.
- （イ）　適切．題記のとおり，Do（実行）はPlanで立案した計画に沿って，業
  務を実施することである.
- （ウ）　不適切．Change（変更）ではなく，Check（評価）が該当する．前項
  Doで行った業務の実施内容・実施結果を評価し，Planであらかじめ立案
  した計画に具体的に沿っているかを評価する．変更事項を列挙することは
  「変更点管理」なる業務の実施確認手法の1つではあるが，Checkはさら
  に広範囲な内容を訴求している.
- （エ）　不適切．Adjust（調整）ではなく，Act・Action（改善・改善行動）が該
  当する．前項Checkで明らかにした実施内容が計画と整合しない・計画
  達成が困難である箇所を，要因分析し，改善ないしは問題点の抜本的見直
  し・洗い出しを図る活動である.

以上の記載から，正答は②である.

（注）類似問題　H27 Ⅰ-1-6

  答②

---

**基礎科目**
**Ⅰ-1-4**
　　　ある装置において，平均故障間隔（MTBF：Mean Time Between
Failures）がA時間，平均修復時間（MTTR：Mean Time To Repair）
がB時間のとき，この装置の定常アベイラビリティ（稼働率）の
式として，最も適切なものはどれか.

① $A/(A-B)$　　② $B/(A-B)$　　③ $A/(A+B)$
④ $B/(A+B)$　　⑤ $A/B$

---

### 解　説

あらかじめ，用語の意味を把握しておく必要がある.

- **平均故障間隔**（MTBF：Mean Time Between Failures）は，システム等が故
  障発生してから次の故障発生までの平均時間を表す．MTBFの数値が大き
  いほど信頼性（Reliability）が高いといえる.
- **平均修復時間**（MTTR：Mean Time To Repair）は，システムの故障・障害

から修復が完了し再稼働するまでの平均時間を表す．MTTR の数値が小さいほど，修理しやすい機構ないしは修理に関する技術体制が整っていることになり，総修理時間 / 故障回数で数値化できる．

- アベイラビリティ（availability）は可用性と訳することが多く，システム等が継続稼働できる度合い・能力をいう．

定常アベイラビリティはこのアベイラビリティを数値化したもので，稼働率ともいう．システムが正常に動作している時間の割合を示し，下記式で与えられる．

$$稼働率 = 動作可能時間 /（動作可能時間 + 動作不能時間）$$
$$= (MTBF)/(MTBF + MTTR) \tag{1}$$

題意により MTBF が A 時間，MTTR が B 時間であり，(1) 式に代入すると，A/(A + B) となる．

以上の記載から，正答は③である．

 答 ③

---

**基礎科目**
**I-1-5**
　　構造設計に関する次の（ア）～（エ）の記述について，それぞれの正誤の組合せとして，最も適切なものはどれか．ただし，応力とは単位面積当たりの力を示す．

（ア）　両端がヒンジで圧縮力を受ける細長い棒部材について，オイラー座屈に対する安全性を向上させるためには部材長を長くすることが有効である．

（イ）　引張強度の異なる，2 つの細長い棒部材を考える．幾何学的形状と縦弾性係数，境界条件が同一とすると，2 つの棒部材の，オイラーの座屈荷重は等しい．

（ウ）　許容応力とは，応力で表した基準強度に安全率を掛けたものである．

（エ）　構造物は，設定された限界状態に対して設計される．考慮すべき限界状態は 1 つの構造物につき必ず 1 つである．

| | ア | イ | ウ | エ |
|---|---|---|---|---|
| ① | 正 | 誤 | 正 | 正 |
| ② | 正 | 正 | 誤 | 正 |
| ③ | 誤 | 誤 | 誤 | 正 |
| ④ | 誤 | 正 | 正 | 誤 |
| ⑤ | 誤 | 正 | 誤 | 誤 |

**解　説**

（ア）不適切．細長く真直な棒状体の両端に荷重をかけて一定の力に達すると，棒は横に飛び出すように屈曲し，耐荷力は急激に低下して永久変形・折損する．この現象を座屈と称し，急激な耐力低下や変形増大を伴うため，機構設計・安全設計などで周到な考慮を必要とする．座屈発生時の応力は棒の末端部形状（固定端・自由端・ヒンジ），曲げ剛性，細長比などによって異なる．

$$細長比：\lambda = \frac{L_b}{i} \tag{1}$$

$L_b$：座屈長さ，$i$：断面二次半径

　座屈に関しては材料の塑性や粘性等の性質も関係する複雑な現象でもあり，多くの数式が提案されている．題意ではオーソドックスな「オイラー座屈」と記しており，オイラーの式による座屈応力について考えると，下記の式による．

$$座屈応力：\sigma_{cr} = C \cdot \pi^2 \cdot \frac{E}{\lambda^2} \tag{2}$$

$$座屈荷重：P_{cr} = C \cdot \pi^2 \cdot E \cdot \frac{I}{L^2} \tag{3}$$

$C$：端末条件係数（上記末端部形状によって変わる係数），
$E$：縦弾性係数，$I$：断面二次モーメント，$L$：長さ

　以上から，断面積に比し長い棒ほど $\lambda$ が大きくなり，座屈応力が小さくなる，すなわち座屈を起こしやすい．部材長を短くすることで座屈を逃れることができる．

（イ）適切．題記より，上記（3）式における
- 幾何学的形状，すなわち $I$：断面二次モーメント，$L$：長さが同じ
- 境界条件，すなわち $C$：端末条件係数
- $E$：縦弾性係数

が同じなら，座屈荷重 $P_{cr}$ も双方ともに同じ値となる．

（ウ）不適切．許容応力は機械・構造物を安全に使用し得る限界となる応力値である．実際の部材に作用する荷重は常に許容応力よりも小さい必要がある．許容応力は次式の

許容応力＝限界となる応力値／安全率

で定められ，安全率は普通 1 より大であるから限界となる応力値よりも小

さい．したがって，基準強度を安全率で除したものが許容応力である．

（エ）不適切．単純な構造の場合，強度設計において限界状態が１つだけということはまずなく，使用環境が変化すること（例えば，環境温度・湿度）だけでも限界条件は変化する．たくさんの限界条件に適する構造・機構を立案構築する行為が，構造設計業務の本質ともいえる．

座屈は繰り返し取り上げられてはいるが，この形での問いは珍しい．以上の記載から，正答は⑤である．

**答 ⑤**

**基礎科目 I-1-6**

製図法に関する次の（ア）〜（オ）の記述について，それぞれの正誤の組合せとして，最も適切なものはどれか．

（ア）対象物の投影法には，第一角法，第二角法，第三角法，第四角法，第五角法がある．

（イ）第三角法の場合は，平面図は正面図の上に，右側面図は正面図の右にというように，見る側と同じ側に描かれる．

（ウ）第一角法の場合は，平面図は正面図の上に，左側面図は正面図の右にというように，見る側とは反対の側に描かれる．

（エ）図面の描き方が，各会社や工場ごとに相違していては，いろいろ混乱が生じるため，日本では製図方式について国家規格を制定し，改訂を加えてきた．

（オ）ISO は，イタリアの規格である．

| | ア | イ | ウ | エ | オ |
|---|---|---|---|---|---|
| ① | 誤 | 正 | 正 | 正 | 誤 |
| ② | 正 | 誤 | 正 | 誤 | 正 |
| ③ | 誤 | 正 | 誤 | 正 | 誤 |
| ④ | 誤 | 誤 | 正 | 誤 | 正 |
| ⑤ | 正 | 誤 | 誤 | 正 | 誤 |

**解　説**

（ア）不適切．図学理論では，第三象限に対象物を置いて転写する投影図を第三角法と称する．

　　　日本では，第三角法の使用が JIS で規定されている，ただし，海外諸国
　　では歴史的経緯もあって第一象限に立体物を置いて転写する第一角法を用
　　いる場面があり，特に造船部門は第一角法を用いる．このため表題欄付近
　　に各投影法の記載が文字か記号で記載され，判別可能となっている．

　　　図学理論上，二次元には 4 つの象限があり各象限に投影図法が定義され
　　るため，原理上第二角法・第四角法は存在するが使われない．さらに第五
　　角法なるものは存在しない．

（イ）　適切．題意記載のとおり，第三象限に品物を置いて転写する第三角法は，
　　　今見えている面をそのまま描く．すなわち，見る側と同じ側に配置し，図
　　　面から形状をつかみやすい特性がある．

　　　すなわち
　　　・上方からの投影図はそのまま上へ配置
　　　・左方からの投影図はそのまま左方へ配置・右方からの投影図はそのま
　　　　ま右方へ配置

　　となる．

（ウ）　不適切．平面図は第一象限に品物を置いて転写する第一角法では
　　　・上方からの投影図は下へ配置
　　　・左方からの投影図は右方へ配置・右方からの投影図は左方へ配置
　　となり，つまり見る側と反対側に置かれる．ここで題記の「平面図は正面
　　図の上」というところのみ異なる．

（エ）　適切．自社内だけで製造加工工程・販売が完結しない現在，適正な商取
　　　引・技術者育成のためにも，図法は一定の管理が必要で，前述のように日
　　　本では第三角法の使用が JIS で規定されている．

（オ）　不適切．各国の国家標準化団体で構成され，国際規格を策定する組織
　　　が，国際標準化機構（ISO：International Organization for Standardization）
　　　である．しばしば，本組織策定の国際規格を ISO と呼称する．

　　選択肢の構成から，図法に関する体系的知識を必要としている．以上の記載か
　ら，正答は③である．

　　（注）類似問題　R 2 Ⅰ-1-5，H29 Ⅰ-1-5，H26 Ⅰ-1-6　　🔓 答 ③

# 基礎科目
## 2群 情報・論理に関するもの

（全6問題から3問題を選択解答）

### 基礎科目 I-2-1

情報セキュリティと暗号技術に関する次の記述のうち，最も適切なものはどれか．

① 公開鍵暗号方式では，暗号化に公開鍵を使用し，復号に秘密鍵を使用する．

② 公開鍵基盤の仕組みでは，ユーザとその秘密鍵の結びつきを証明するため，第三者機関である認証局がそれらデータに対するディジタル署名を発行する．

③ スマートフォンがウイルスに感染したという報告はないため，スマートフォンにおけるウイルス対策は考えなくてもよい．

④ ディジタル署名方式では，ディジタル署名の生成には公開鍵を使用し，その検証には秘密鍵を使用する．

⑤ 現在，無線LANの利用においては，WEP（Wired Equivalent Privacy）方式を利用することが推奨されている．

---

### 解　説

① 適切．公開鍵暗号方式では，悪意ある第三者からデータを秘匿するために「暗号化に公開鍵，復号に秘密鍵」を用いることにより，秘密鍵を所有する正当なユーザ以外はデータを正しく復号できないようにしている．

② 不適切．公開鍵基盤では，一般ユーザに配布された「公開鍵」が正当であることを保証するために認証局がディジタル署名を発行する．認証局がデータを作成するユーザにのみ配布する「秘密鍵」には，ディジタル署名は通常発行されない．

③ 不適切．スマートフォンでもウイルスに汚染され，スマートフォン内のデータが悪意ある第三者に漏洩したり，内蔵カメラが勝手に操作されたりなどの不具合が発生し得る．したがって，スマートフォンでもウイルス対策は必要である．

④ 不適切．ディジタル署名方式では，ディジタル署名を作成したユーザのみが知っている「秘密鍵」で署名し，その改ざんの有無の検証には一般に配布された「公開鍵」を用いる．

⑤ 不適切．WEPはASCIIの5文字（40ビット），または13文字（104ビット）の鍵とデータとの排他的論理和を計算して暗号化し，復号では再度同一の鍵で排他的論理和を計算して，元のデータに復元する．例えば，総当たり方式によりすべての鍵の候補を発生させて復号することも，近年のコンピュータの処理能力向上により短時間で可能となってきた．したがって，WEPの使用は，現在は推奨されない．

以上より適切なのは①のみであり，正答は①である．

（注）類似問題　H27 Ⅰ-2-5

 答 ①

---

**基礎科目**
**Ⅰ-2-2**

次の論理式と等価な論理式はどれか．

$$\overline{\overline{A} \cdot \overline{B} + A \cdot B}$$

ただし，論理式中の＋は論理和，・は論理積を表し，論理変数 $X$ に対して $\overline{X}$ は $X$ の否定を表す．2変数の論理和の否定は各変数の否定の論理積に等しく，2変数の論理積の否定は各変数の否定の論理和に等しい．また，論理変数 $X$ の否定の否定は論理変数 $X$ に等しい．

① $(A+B) \cdot \overline{(A+B)}$ 　② $(A+B) \cdot (\overline{A}+\overline{B})$ 　③ $(A \cdot B) \cdot (\overline{A} \cdot \overline{B})$

④ $(A \cdot B) \cdot \overline{(A \cdot B)}$ 　⑤ $(A+B) + (\overline{A}+\overline{B})$

---

### 解　説

論理式に関わるド・モルガンの定理により，(1)，(2) 式が知られる．

$$\overline{A+B} = \overline{A} \cdot \overline{B} \tag{1}$$

$$\overline{A \cdot B} = \overline{A} + \overline{B} \tag{2}$$

問題の $\overline{\overline{A} \cdot \overline{B} + A \cdot B}$ に (1) 式を適用すると，(3) 式に変換される．

$$\overline{(\overline{A} \cdot \overline{B})} \cdot \overline{(A \cdot B)} \tag{3}$$

(3) 式の各々の括弧内に (2) 式を適用すると，(4) 式に変換される．

$$(\overline{\overline{A}} + \overline{\overline{B}}) \cdot (\overline{A} + \overline{B}) \tag{4}$$

ここで $\overline{\overline{A}} = A$，$\overline{\overline{B}} = B$ なので，(4) 式はさらに (5) 式に変換される．

$$(A+B) \cdot (\overline{A} + \overline{B}) \tag{5}$$

(5) 式は出題中の②とのみ一致するので，正答は②である．

（注）類似問題　H30 Ⅰ-2-4, H28 Ⅰ-2-2, H27 Ⅰ-2-2

 答 ②

**基礎科目 Ⅰ-2-3**

　　　通信回線を用いてデータを伝送する際に必要となる時間を伝送時間と呼び，伝送時間を求めるには，次の計算式を用いる．

$$\text{伝送時間} = \frac{\text{データ量}}{\text{回線速度} \times \text{回線利用率}}$$

　ここで，回線速度は通信回線が1秒間に送ることができるデータ量で，回線利用率は回線容量のうちの実際のデータが伝送できる割合を表す．

　データ量5Gバイトのデータを2分の1に圧縮し，回線速度が200Mbps，回線利用率が70％である通信回線を用いて伝送する場合の伝送時間に最も近い値はどれか．ただし，1Gバイト＝$10^9$バイトとし，bps は回線速度の単位で，1Mbps は1秒間に伝送できるデータ量が$10^6$ビットであることを表す．

①　286秒　　②　143秒　　③　100秒　　④　18秒　　⑤　13秒

---
**解　説**
---

　通信回線中を伝送するデータ量は，5Gバイトのデータを2分の1に圧縮するので

$$5\text{Gバイト} \times \frac{1}{2} = (5 \times 10^9 \times 8\text{bit}) \times \frac{1}{2} = 20 \times 10^9 \text{bit} \tag{1}$$

　実際にデータを伝送する速度は，回線速度に回線利用率を乗じた値であり，bps は bit/s なので

$$200\text{Mbps} \times 0.7 = 140\text{Mbps} = 140 \times 10^6 \text{bit/s} \tag{2}$$

　伝送時間は (1) 式を (2) 式で除した値なので

$$\frac{20 \times 10^9 \text{bit}}{140 \times 10^6 \text{bit/s}} = 0.143 \times 10^3 \frac{\text{bit}}{\text{bit/s}} = 143\text{s} \tag{3}$$

　(3) 式は出題中の②とのみ一致するので，正答は②である．

　（注）類似問題　R1再 Ⅰ-2-3, H27 Ⅰ-2-4

 答 ②

**基礎科目**

**I -2-4**　　西暦年号は次の（ア）若しくは（イ）のいずれかの条件を満たすときにうるう年として判定し，いずれにも当てはまらない場合はうるう年でないと判定する．

（ア）　西暦年号が4で割り切れるが100で割り切れない．

（イ）　西暦年号が400で割り切れる．

　うるう年か否かの判定を表現している決定表として，最も適切なものはどれか．

　なお，決定表の条件部での"Y"は条件が真，"N"は条件が偽であることを表し，"—"は条件の真偽に関係ない又は論理的に起こりえないことを表す．動作部での"X"は条件が全て満たされたときその行で指定した動作の実行を表し，"—"は動作を実行しないことを表す．

① 
| 条件部 | 西暦年号が4で割り切れる | N | Y | Y | Y |
|---|---|---|---|---|---|
| | 西暦年号が100で割り切れる | — | N | Y | Y |
| | 西暦年号が400で割り切れる | — | — | N | Y |
| 動作部 | うるう年と判定する | — | X | X | X |
| | うるう年でないと判定する | X | — | — | — |

② 
| 条件部 | 西暦年号が4で割り切れる | N | Y | Y | Y |
|---|---|---|---|---|---|
| | 西暦年号が100で割り切れる | — | N | Y | Y |
| | 西暦年号が400で割り切れる | — | — | N | Y |
| 動作部 | うるう年と判定する | — | X | — | X |
| | うるう年でないと判定する | X | — | X | — |

③ 
| 条件部 | 西暦年号が4で割り切れる | N | Y | Y | Y |
|---|---|---|---|---|---|
| | 西暦年号が100で割り切れる | — | N | Y | Y |
| | 西暦年号が400で割り切れる | — | — | N | Y |
| 動作部 | うるう年と判定する | — | — | X | X |
| | うるう年でないと判定する | X | X | — | — |

④ 
| 条件部 | 西暦年号が4で割り切れる | N | Y | Y | Y |
|---|---|---|---|---|---|
| | 西暦年号が100で割り切れる | — | N | Y | Y |
| | 西暦年号が400で割り切れる | — | — | N | Y |
| 動作部 | うるう年と判定する | — | X | — | — |
| | うるう年でないと判定する | X | — | X | X |

⑤ 
| 条件部 | 西暦年号が4で割り切れる | N | Y | Y | Y |
|---|---|---|---|---|---|
| | 西暦年号が100で割り切れる | — | N | Y | Y |
| | 西暦年号が400で割り切れる | — | — | N | Y |
| 動作部 | うるう年と判定する | — | — | — | X |
| | うるう年でないと判定する | X | X | X | — |

解　説

**（1）**　①から⑤までの決定表中の条件部で最も左側の列は，西暦年号が4で割り切れるがNとなり，4で割り切れないことを示している．問題の条件（ア）は「うるう年」と判定するためには4で割り切れることを必要としているので，条件（ア）を満たさない．4で割り切れない西暦年号では当然400でも割り切れないから，条件（イ）も満たさない．（ア），（イ）をともに満たさないので，「うるう年でない」と判定すべきである．

**（2）**　同じく左から2番目の列では，4で割り切れるがY，100で割り切れるがNとなり，条件（ア）を満たしている．したがって，「うるう年」と判定すべきである．

**（3）**　同じく左から3番目の列では，4で割り切れるがY，100で割り切れるがY，400で割り切れるがNとなっている．4でも100でも割り切れるので，条件（ア）を満たさない．400では割り切れないので条件（イ）も満たさない．したがって，「うるう年でない」と判定すべきである．

**（4）**　同じく左から4番目の列では，4で割り切れるがY，100で割り切れるがY，400で割り切れるがYとなっている．4でも100でも割り切れるので，条件（ア）を満たさない．しかし，400では割り切れるので出題中の条件（イ）を満たす．したがって，「うるう年」と判定すべきである．

以上の（1）～（4）の判定結果と，問題中の決定表を比較すると②とのみ一致するので，正答は②である．

（注）類似問題　H29 I-2-4

🔓答　②

---

**基礎科目**
**I-2-5**

演算式において，＋，－，×，÷などの演算子を，演算の対象であるAやBなどの演算数の間に書く「A＋B」のような記法を中置記法と呼ぶ．また，「AB＋」のように演算数の後に演算子を書く記法を逆ポーランド表記法と呼ぶ．中置記法で書かれる式「(A＋B)×(C－D)」を下図のような構文木で表し，これを深さ優先順で，「左部分木，右部分木，節」の順に走査すると得られる「AB＋CD－×」は，この式の逆ポーランド表記法となっている．

中置記法で「(A＋B÷C)×(D－F)」と書かれた式を逆ポーランド表記法で表したとき，最も適切なものはどれか．

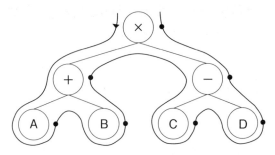

図　$(A+B) \times (C-D)$ を表す構文木. 矢印の方向に走査し, ノードを上位に向かって走査するとき（●で示す）に記号を書き出す.

① $ABC \div +DF- \times$ 　② $AB+C \div DF- \times$ 　③ $ABC \div +D \times F-$

④ $\times +A \div BC-DF$ 　⑤ $AB+C \div D \times F-$

## 解 説

　問題にならって, $(A+B \div C) \times (D-F)$ を構文木で示す. 最後に計算するのが $(A+B \div C)$ と $(D-F)$ との乗算なので「×」を最上位に置く. 最後の前の計算は, A と $(B \div C)$ の結果との加算と, D から F の減算なので, 上記「×」の左下に「＋」, 右下に「－」を置く. 最後の 2 つ前の計算は B を C で除する割り算なので, 上記「＋」の右下に「÷」を置く. 次に演算数 A, B, C, D, F を上記演算子に結び付けて配置すると, 下図のようになる.

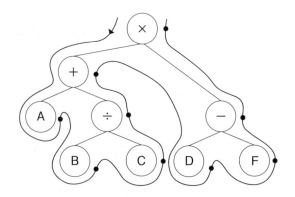

　最後に, ノードを上位に向かって走査し, ●で示す記号を順番に書き出すと, (1) 式となる.

　　ABC ÷ ＋ DF － ×　　　　　　　　　　　　　　　　　　　(1)

(1) 式は問題中の①とのみ合致するので，正答は①である.

（注）類似問題　H30 Ⅰ-2-5, H27 Ⅰ-2-6

🔓答 ①

**基礎科目 Ⅰ-2-6**

　　アルゴリズムの計算量は漸近的記法（オーダ表記）により表される場合が多い. 漸近的記法に関する次の（ア）～（エ）の正誤の組合せとして，最も適切なものはどれか. ただし，正の整数全体からなる集合を定義域とし，非負実数全体からなる集合を値域とする関数 $f, g$ に対して，$f(n) = O(g(n))$ とは，すべての整数 $n \geq n_0$ に対して $f(n) \leq c \cdot g(n)$ であるような正の整数 $c$ と $n_0$ が存在するときをいう.

（ア）　$5n^3 + 1 = O(n^3)$

（イ）　$n\log_2 n = O(n^{1.5})$

（ウ）　$n^3 3^n = O(4^n)$

（エ）　$2^{2^n} = O(10^{n^{100}})$

|     | ア | イ | ウ | エ |
|-----|----|----|----|----|
| ① | 正 | 誤 | 誤 | 誤 |
| ② | 正 | 正 | 誤 | 正 |
| ③ | 正 | 正 | 正 | 誤 |
| ④ | 正 | 誤 | 正 | 誤 |
| ⑤ | 誤 | 誤 | 誤 | 正 |

**解　説**

　　$f(n) = O(g(n))$ が存在し得るかを確認するには，$n$ が十分に大きいときに，$n$ が1増加するときの $f(n)$ や $g(n)$ の増加率，$f(n)$ の微分値と $g(n)$ の微分値との増加率を比較して，大小関係を確認すればよい.

（ア）　正しい. 左辺 $5n^3 + 1$ と右辺括弧内の $n^3$ を各々 $n^3$ で除すると，左辺は $\dfrac{5n^3 + 1}{n^3}$，右辺は1となる. $n$ が十分に大きいときに，左辺は5に漸近する. そこで，例えば $c = 6$，$n_0 = 1$ とすれば，常に $f(n) \leq c \cdot g(n)$ となるので，$O(g(n))$ が存在する.

（イ）　正しい. 左辺 $n\log_2 n$ と右辺括弧内の $n^{1.5}$ を $n$ で除すると，各々 $\log_2 n$ と $n^{0.5}$ となる. この微分値は (1) 式，(2) 式である. ただし e は自然対数の

底で 2.718… である.

$$(\log_2 n)' = \frac{1}{n\log_e 2} = \frac{n^{-1}}{\log_e 2} \tag{1}$$

$$(n^{0.5})' = 0.5n^{-0.5} \tag{2}$$

(1), (2) 式を比較すると, $n$ が大きいときは必ず $n^{-1} < n^{-0.5}$ なので (1) 式 < (2) 式となり, 常に $f(n) \leqq c \cdot g(n)$ となる組合せが存在し, したがって, $O(g(n))$ も存在する.

(ウ) 正しい. 左辺 $n^3 3^n$ と右辺括弧内の $4^n$ を各々 $3^n$ で除すると, 左辺は $n^3$, 右辺は $\left[\dfrac{4}{3}\right]^n$ となる. 右辺は $n$ が 1 大きくなるごとに $\dfrac{4}{3}$ 倍となる. 左辺は $n$ が大きいときに $n+1$ となると

$$\frac{(n+1)^3}{n^3} = \frac{n^3 + 3n^2 + 3n + 1}{n^3} = 1 + \frac{3}{n} + \frac{3}{n^2} + \frac{1}{n^3}$$

となり, 増加率は 1 に漸近する.

したがって, $n$ が十分に大きいときは常に $n^3 3^n < 4^n$ となり, $f(n) \leqq c \cdot g(n)$ となるので $O(g(n))$ が存在する.

(エ) 誤り. 左辺のべき数の $2^n$ は $n$ が $n+1$ に増加すると増加率は 2 倍になる. 右辺括弧内のべき数 $n^{100}$ は, $n$ が $n+1$ に増加したときは (3) 式となる.

$$(n+1)^{100} = n^{100} + 100n^{99} + \left[100 \cdot \frac{99}{2}\right]n^{98} + \cdots + 1 \tag{3}$$

(3) 式を $n^{100}$ で除して増加率を計算すると (4) 式となり, $n$ が十分に大きいときに 1 に収束する.

$$\frac{(3)式}{n^{100}} = 1 + 100n^{-1} + \left[100 \cdot \frac{99}{2}\right]n^{-2} + \cdots + n^{-100} \tag{4}$$

したがって, $n$ が十分に大きいときは $f(n)$ のべき数の増加率が $g(n)$ のべき数の増加率を上回るので, $f(n) \leqq c \cdot g(n)$ が成立せず, $O(g(n))$ は存在しない.

(ア) から (エ) の結果と選択肢を比較すると, ③とのみ一致するので, 正答は③である.

答 ③

# 基礎科目
## 3群 解析に関するもの

**（全6問題から3問題を選択解答）**

**基礎科目 I-3-1**　3次元直交座標系 $(x, y, z)$ におけるベクトル $\boldsymbol{V}=(V_x, V_y, V_z)$ $=(y+z, x^2+y^2+z^2, z+2y)$ の点 $(2, 3, 1)$ での回転 $\mathrm{rot}\boldsymbol{V}=\left(\dfrac{\partial V_z}{\partial y}-\dfrac{\partial V_y}{\partial z}\right)\boldsymbol{i}+\left(\dfrac{\partial V_x}{\partial z}-\dfrac{\partial V_z}{\partial x}\right)\boldsymbol{j}+\left(\dfrac{\partial V_y}{\partial x}-\dfrac{\partial V_x}{\partial y}\right)\boldsymbol{k}$ として，最も適切なものはどれか．ただし，$\boldsymbol{i}, \boldsymbol{j}, \boldsymbol{k}$ はそれぞれ $x, y, z$ 軸方向の単位ベクトルである．

① 7　　② $(0, 6, 1)$　　③ 4　　④ $(0, 1, 3)$　　⑤ $(4, 14, 7)$

---

### 解　説

ベクトル $\boldsymbol{V}$ の要素 $V_x, V_y, V_z$ は，与えられたベクトル式からそれぞれ下記の式となる．

$$V_x = y+z, \quad V_y = x^2+y^2+z^2, \quad V_z = z+2y$$

また，点 $(2, 3, 1)$ は，$x=2, y=3, z=1$ で，互いに独立であることから，ベクトル $\boldsymbol{V}$ の要素 $V_x, V_y, V_z$ を各変数 $x, y, z$ で偏微分した値は下記のとおりである．

$$\frac{\partial V_x}{\partial x} = 0, \quad \frac{\partial V_x}{\partial y} = 1, \quad \frac{\partial V_x}{\partial z} = 1$$

$$\frac{\partial V_y}{\partial x} = 2x, \quad \frac{\partial V_y}{\partial y} = 2y, \quad \frac{\partial V_y}{\partial z} = 2z$$

$$\frac{\partial V_z}{\partial x} = 0, \quad \frac{\partial V_z}{\partial y} = 2, \quad \frac{\partial V_z}{\partial z} = 1$$

したがって，回転 $\mathrm{rot}\boldsymbol{V}$ の要素ベクトルは下記の値となる．

$$\frac{\partial V_z}{\partial y} - \frac{\partial V_y}{\partial z} = 2-2z = 0$$

$$\frac{\partial V_x}{\partial z} - \frac{\partial V_z}{\partial x} = 1-0 = 1$$

$$\frac{\partial V_y}{\partial x} - \frac{\partial V_x}{\partial y} = 2x - 1 = 4 - 1 = 3$$

回転 $\mathrm{rot}V$ は微分演算子とベクトルの外積であることから,結果はベクトル場であり

$$\mathrm{rot}V = \left(\frac{\partial V_z}{\partial y} - \frac{\partial V_y}{\partial z}\right)\boldsymbol{i} + \left(\frac{\partial V_x}{\partial z} - \frac{\partial V_z}{\partial x}\right)\boldsymbol{j} + \left(\frac{\partial V_y}{\partial x} - \frac{\partial V_x}{\partial y}\right)\boldsymbol{k}$$

$$= 0\boldsymbol{i} + 1\boldsymbol{j} + 3\boldsymbol{k} = (0,\,1,\,3)$$

ベクトル $(0,\,1,\,3)$ が適切な回転 $\mathrm{rot}V$ の値で,正答は④である.

(注)類似問題 H25 Ⅰ-3-6

答 ④

---

**基礎科目 Ⅰ-3-2**

3次関数 $f(x) = ax^3 + bx^2 + cx + d$ があり,$a, b, c, d$ は任意の実数とする.積分 $\displaystyle\int_{-1}^{1} f(x)\,dx$ として恒等的に正しいものはどれか.

① $2f(0)$

② $f\left(-\sqrt{\dfrac{1}{3}}\right) + f\left(\sqrt{\dfrac{1}{3}}\right)$

③ $f(-1) + f(1)$

④ $\dfrac{f\left(-\sqrt{\dfrac{3}{5}}\right)}{2} + \dfrac{8f(0)}{9} + \dfrac{f\left(\sqrt{\dfrac{3}{5}}\right)}{2}$

⑤ $\dfrac{f(-1)}{2} + f(0) + \dfrac{f(1)}{2}$

---

**解　説**

$n$ 次の累乗関数 $g(x) = x^n$（$n$ は自然数）を区間 $[h,\,-h]$ で定積分したとき,下記関係が恒等的に成立する.

（1）$n$ が奇数のとき

$$\int_{-h}^{h} x^n dx = \frac{1}{n+1}\left[x^{n+1}\right]_{-h}^{h} = \frac{1}{n+1}\left\{h^{n+1} - (-h)^{n+1}\right\} = 0 \quad (\because n+1 = 偶数)$$

（2）$n$ が偶数のとき

$$\int_{-h}^{h} x^n dx = \frac{1}{n+1}\left[x^{n+1}\right]_{-h}^{h} = \frac{1}{n+1}\left\{h^{n+1} - (-h)^{n+1}\right\}$$

$$= \frac{1}{n+1} \{ h^{n+1} + h^{n+1} \} = \frac{2}{n+1} \cdot h^{n+1} \quad (\because n+1 = 奇数)$$

したがって，三次関数 $f(x) = ax^3 + bx^2 + cx + d$ の積分 $\displaystyle\int_{-1}^{1} f(x)\, dx$ は下記で表される.

$$\int_{-1}^{1} f(x)\, dx = \left[ \frac{ax^4}{4} + \frac{bx^3}{3} + \frac{cx^2}{2} + dx \right]_{-1}^{1} = 2\left( \frac{b}{3} + d \right) \tag{1}$$

一方，関数 $f(x) = ax^3 + bx^2 + cx + d$ について，任意の実数 $m$ に関して $f(m) + f(-m)$ を求めると下記の関係が求まる.

$$f(m) + f(-m)$$
$$= am^3 + bm^2 + cm + d + a(-m)^3 + b(-m)^2 + c(-m) + d = 2(bm^2 + d) \tag{2}$$

以上より，(1)，(2) 式を $f(m)$ の値について対比すると，問題文の正誤は下記となる.

① 誤り．$2f(0)$ は (2) 式の $m = 0$ のときの関係で，$b \neq 0$ のとき (1) 式 = (2) 式が成立しないことから，恒等的に成立しない.

② 正しい．(2) 式が $m = \sqrt{\dfrac{1}{3}}$ のときの関係で，(2) 式 = $2(bm^2 + d) = 2\left( \dfrac{b}{3} + d \right)$ = (1) 式が恒等的に成立する.

③ 誤り．(2) 式が $m = 1$ のときの関係で，(2) 式 = $2(b + d) \neq$ (1) 式となり成立しない.

④ 誤り．(2) 式が $m = \sqrt{\dfrac{3}{5}}$ のとき，(2) 式 = $2(bm^2 + d) = 2\left( \dfrac{3b}{5} + d \right)$ となり，問題の式 $\dfrac{f\left(-\sqrt{\dfrac{3}{5}}\right)}{2} + \dfrac{8f(0)}{9} + \dfrac{f\left(\sqrt{\dfrac{3}{5}}\right)}{2} = \left( \dfrac{3b}{5} + d \right) + \dfrac{8d}{9}$ となり，(1) 式と一致しない.

⑤ 誤り．(2) 式が $m = 1$ のときの関係で，(2) 式 = $2(b + d)$ を問題の関係にあてはめると $\dfrac{f(-1)}{2} + f(0) + \dfrac{f(1)}{2} = (b + d) + d = b + 2d$ となり，(1) 式に一致しない.

以上より，恒等的に正しいものは②となる.

 答 ②

**基礎科目**
**I-3-3**

　　線形弾性体の2次元有限要素解析に利用される（ア）～（ウ）の要素のうち，要素内でひずみが一定であるものはどれか．

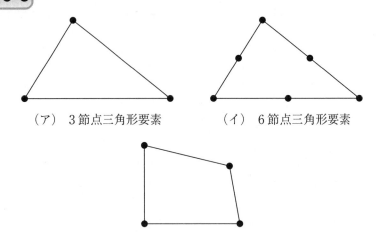

（ア）　3節点三角形要素　　　　（イ）　6節点三角形要素

（ウ）　4節点アイソパラメトリック四辺形要素

図　2次元解析に利用される有限要素

①　（ア）　　②　（イ）　　③　（ウ）　　④　（ア）と（イ）　　⑤　（ア）と（ウ）

**解　説**

　線形弾性体の二次元有限要素内のひずみ $\varepsilon$ は弾性体内での任意の点 $P(x, y)$ における $x$ 方向変位 $u$ と $y$ 方向変位 $v$ とするとき，下記関係で表される．

$$(\varepsilon) = \begin{bmatrix} \varepsilon_x \\ \varepsilon_y \\ \gamma_{xy} \end{bmatrix} = \begin{bmatrix} \dfrac{\partial u}{\partial x} \\[2mm] \dfrac{\partial v}{\partial y} \\[2mm] \dfrac{\partial v}{\partial x} + \dfrac{\partial u}{\partial y} \end{bmatrix} \tag{1}$$

　上記関係を題意の要素ごとに導出する．はじめに，短時間で解答する方法を示す．

（ア）　3節点三角形要素の場合

　　　3節点三角形要素の場合，点 $P(x, y)$ における変位 $u(x, y)$, $v(x, y)$ は $x, y$ の一次関係式で表されることから，次式となる．

$$u(x, y) = a_1 + a_2 x + a_3 y \tag{2}$$

$$v(x, y) = a_4 + a_5 x + a_6 y \tag{3}$$

　　この関係を（1）式に代入すると要素内のひずみは下記となり，一次式係数のみで表されることから，要素内では一定となる．

$$(\varepsilon) = \begin{Bmatrix} \varepsilon_x \\ \varepsilon_y \\ \gamma_{xy} \end{Bmatrix} = \begin{Bmatrix} \dfrac{\partial u}{\partial x} \\ \dfrac{\partial v}{\partial y} \\ \dfrac{\partial v}{\partial x} + \dfrac{\partial u}{\partial y} \end{Bmatrix}$$

$$= \begin{Bmatrix} \dfrac{\partial (a_1 + a_2 x + a_3 y)}{\partial x} \\ \dfrac{\partial (a_4 + a_5 x + a_6 y)}{\partial y} \\ \dfrac{\partial (a_4 + a_5 x + a_6 y)}{\partial x} + \dfrac{\partial (a_1 + a_2 x + a_3 y)}{\partial y} \end{Bmatrix} = \begin{Bmatrix} a_2 \\ a_6 \\ a_5 + a_3 \end{Bmatrix} \tag{4}$$

（イ）　6節点三角形要素の場合

　　6節点三角形要素の場合，点 P $(x, y)$ における変位 $u(x, y)$，$v(x, y)$ は $x, y$ の二次式で表されることから，次式となる．

$$u(x, y) = a_1 + a_2 x + a_3 y + a_4 x^2 + a_5 xy + a_6 y^2 \tag{5}$$

$$v(x, y) = a_7 + a_8 x + a_9 y + a_{10} x^2 + a_{11} xy + a_{12} y^2 \tag{6}$$

　　上式より $\dfrac{\partial u}{\partial x}$，$\dfrac{\partial v}{\partial y}$ は $x, y$ を含む式となり，要素内のひずみは座標変数の関数となる．したがって，要素内では一定とはならない．

（ウ）　4節点アイソパラメトリック四辺形要素の場合

　　アイソパラメトリック四辺形要素では物理系の座標 $(x, y)$ から自然座標系（$\xi, \eta$）に変換して解析するため，変位と座標の関係における係数に座標変換のヤコビ行列が含まれ，物理系の変位 $u, v$ の偏微係数に自然座標（$\xi, \eta$）が含まれる．したがって，ひずみは座標変換のパラメータで変化することになり，一定とはならない．

以上のことから，正答は①となる．

続いて詳細な解答方法を以下に示す．

（ア）　3節点三角形要素の場合

　　　線形弾性体内の各節点を①，②，③とし，節点 $i$ の座標を $(x_i, y_i)$，その点における変位を $(u_i, v_i)$ とする．点 P $(x, y)$ における変位 $u(x, y)$，$v(x, y)$ は，3節点の場合，(2)，(3) 式がそれぞれの節点で存在する．

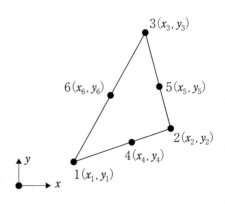

　　　ここで，係数 $a_i$ $(i = 1 \sim 6)$ は，各節点で成立する下記関係から求められる．

$$
\left.
\begin{array}{l}
u_1(x_1, y_1) = a_1 + a_2 x_1 + a_3 y_1 \\
u_2(x_2, y_2) = a_1 + a_2 x_2 + a_3 y_2 \\
u_3(x_3, y_3) = a_1 + a_2 x_3 + a_3 y_3
\end{array}
\right\}
\Rightarrow
\begin{bmatrix} 1 & x_1 & y_1 \\ 1 & x_2 & y_2 \\ 1 & x_3 & y_3 \end{bmatrix}
\begin{bmatrix} a_1 \\ a_2 \\ a_3 \end{bmatrix}
=
\begin{bmatrix} u_1 \\ u_2 \\ u_3 \end{bmatrix}
\tag{7}
$$

$$
\left.
\begin{array}{l}
v_1(x_1, y_1) = a_4 + a_5 x_1 + a_6 y_1 \\
v_2(x_2, y_2) = a_4 + a_5 x_2 + a_6 y_2 \\
v_3(x_3, y_3) = a_4 + a_5 x_3 + a_6 y_3
\end{array}
\right\}
\Rightarrow
\begin{bmatrix} 1 & x_1 & y_1 \\ 1 & x_2 & y_2 \\ 1 & x_3 & y_3 \end{bmatrix}
\begin{bmatrix} a_4 \\ a_5 \\ a_6 \end{bmatrix}
=
\begin{bmatrix} v_1 \\ v_2 \\ v_3 \end{bmatrix}
\tag{8}
$$

　　　(7)，(8) 式の逆行列を求めることで係数 $a_i$ $(i = 1 \sim 6)$ は決定される．

　　　したがって，(2)，(3) 式を (1) 式に代入して，ひずみを求めると (4) 式になる．

　　　係数 $a_i$ $(i = 1 \sim 6)$ は座標位置に関係ない定数であり，ひずみ $\varepsilon$ は要素内で一定となる．

（イ）　6節点三角形要素の場合

　　　6節点三角形要素の場合の節点は図の配置となる．

　　　このときの変位 $u(x, y)$，$v(x, y)$ は辺の中間点の要素 4，5，6 により，二次の要素が導入され，3節点の変位式 (2)，(3) 式が (5)，(6) 式の関係となる．

　　　(5)，(6) 式を (1) 式に代入して要素内のひずみ $\varepsilon$ を求めると下

記となる．

$$(\varepsilon) = \begin{bmatrix} \dfrac{\partial u}{\partial x} \\[2mm] \dfrac{\partial v}{\partial y} \\[2mm] \dfrac{\partial v}{\partial x} + \dfrac{\partial u}{\partial y} \end{bmatrix} = \begin{Bmatrix} a_2 + 2a_4 x + a_5 y \\ a_9 + a_{11} x + 2a_{12} y \\ a_8 + 2a_{10} x + a_{11} y + a_3 + a_5 y + 2a_6 y \end{Bmatrix}$$

上記よりひずみ $\varepsilon$ は座標変数 $x, y$ を含む関数となっており，要素内で一定ではない．

（ウ）　4節点アイソパラメトリック四辺形要素の場合

この要素の場合，自然座標系（$\xi, \eta$）（$-1 \leqq \xi \leqq 1$, $-1 \leqq \eta \leqq 1$）を導入し，下記の形状関数 $N_i$ を用いてベクトル $\overrightarrow{OP}$ を導く．

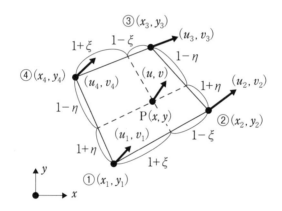

$$N_1 = \frac{1}{4}(1-\xi)(1-\eta)$$

$$N_2 = \frac{1}{4}(1+\xi)(1-\eta)$$

$$N_3 = \frac{1}{4}(1+\xi)(1+\eta)$$

$$N_4 = \frac{1}{4}(1-\xi)(1+\eta)$$

$$\overrightarrow{OP} = N_1 \overrightarrow{OA} + N_2 \overrightarrow{OB} + N_3 \overrightarrow{OC} + N_4 \overrightarrow{OD}$$

ただし，A は①，B は②，C は③，D は④の節点に対応している．これ

より，点 P $(x, y)$ の座標を導くと下記関係となる．

$x = N_1 x_1 + N_2 x_2 + N_3 x_3 + N_4 x_4$

$y = N_1 y_1 + N_2 y_2 + N_3 y_3 + N_4 y_4$

したがって，変位 $u\,(x, y)$，$v\,(x, y)$ は

$u = N_1 u_1 + N_2 u_2 + N_3 u_3 + N_4 u_4$

$v = N_1 v_1 + N_2 v_2 + N_3 v_3 + N_4 v_4$

上記関係を（1）式に代入してひずみ $\varepsilon$ を求めると

$$(\varepsilon) = \begin{bmatrix} \dfrac{\partial u}{\partial x} \\[2mm] \dfrac{\partial v}{\partial y} \\[2mm] \dfrac{\partial v}{\partial x} + \dfrac{\partial u}{\partial y} \end{bmatrix} = \begin{bmatrix} \dfrac{\partial N_1}{\partial x} & 0 & \dfrac{\partial N_2}{\partial x} & 0 & \dfrac{\partial N_3}{\partial x} & 0 & \dfrac{\partial N_4}{\partial x} & 0 \\[2mm] 0 & \dfrac{\partial N_1}{\partial y} & 0 & \dfrac{\partial N_2}{\partial y} & 0 & \dfrac{\partial N_3}{\partial y} & 0 & \dfrac{\partial N_4}{\partial y} \\[2mm] \dfrac{\partial N_1}{\partial y} & \dfrac{\partial N_1}{\partial x} & \dfrac{\partial N_2}{\partial y} & \dfrac{\partial N_2}{\partial x} & \dfrac{\partial N_3}{\partial y} & \dfrac{\partial N_3}{\partial x} & \dfrac{\partial N_4}{\partial y} & \dfrac{\partial N_4}{\partial x} \end{bmatrix} \begin{Bmatrix} u_1 \\ v_1 \\ u_2 \\ v_2 \\ u_3 \\ v_3 \\ u_4 \\ v_4 \end{Bmatrix}$$

ここで

$$\frac{\partial N_i}{\partial x} = \frac{\partial N_i}{\partial \xi} \frac{\partial \xi}{\partial x} + \frac{\partial N_i}{\partial \eta} \frac{\partial \eta}{\partial x}$$

$$\frac{\partial N_i}{\partial y} = \frac{\partial N_i}{\partial \xi} \frac{\partial \xi}{\partial y} + \frac{\partial N_i}{\partial \eta} \frac{\partial \eta}{\partial y}$$

で表され，$\xi$，$\eta$ の関数となる．よって，ひずみ $\varepsilon$ は要素内では一定ではない．

以上より，要素内でひずみが一定となる要素は（ア）の３節点三角形要素の場合だけである．

（注）類似問題　H28 Ⅰ-3-3

**答 ①**

**基礎科目 Ⅰ-3-4**　下図に示すように断面積0.1m², 長さ2.0m の線形弾性体の棒の両端が固定壁に固定されている．この線形弾性体の縦弾性係数を2.0×10³MPa，線膨張率を1.0×10⁻⁴K⁻¹ とする．最初に棒の温度は一様に10℃で棒の応力はゼロであった．その後，棒の温度が一様に30℃となったときに棒に生じる応力として，最も適切なものはどれか．

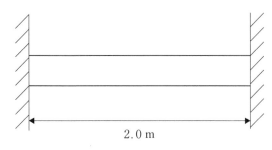

図　両端を固定された線形弾性体の棒

①　2.0MPa の引張応力　　②　4.0MPa の引張応力　　③　4.0MPa の圧縮応力

④　8.0MPa の引張応力　　⑤　8.0MPa の圧縮応力

## 解　説

断面積 $A$ [mm]，縦弾性係数 $E$ [MPa]，線膨張率 $\alpha$ [$10^{-6}$/℃]，温度差 $\Delta T$ [℃] のとき，棒が両端を壁で固定されていることから，加熱により圧縮応力 $\sigma$ [Pa] を受け，下記式で表される．

$\sigma = -\alpha\Delta TE$（圧縮応力）

荷重 $F = -\alpha\Delta TEA$

ここで題意より

$\alpha = 1.0\times10^{-4}\,\mathrm{K}^{-1} = 100\times10^{-6}\,\mathrm{K}^{-1}$

縦弾性係数 $E = 2.0\times10^3\,\mathrm{MPa}$

加熱前後の温度差 $\Delta T = 20$℃

したがって

$\sigma = -100\times20\times2\,000 = -4\times10^6\,\mathrm{Pa} = -4\mathrm{MPa}$

以上より，棒は4.0MPa の圧縮応力を受ける．

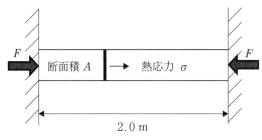

（注）類似問題　H28 Ⅰ-3-6

　③

基礎科目
I -3-5

　　上端が固定されてつり下げられたばね定数 $k$ のばねがある．このばねの下端に質量 $m$ の質点がつり下げられ，平衡位置（つり下げられた質点が静止しているときの位置，すなわち，つり合い位置）を中心に振幅 $a$ で調和振動（単振動）している．質点が最も下の位置にきたとき，ばねに蓄えられているエネルギーとして，最も適切なものはどれか．ただし，重力加速度を $g$ とする．

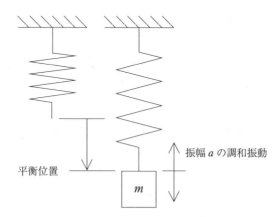

図　上端が固定されたばねがつり下げられている
　　状態とそのばねに質量 $m$ の質点がつり下げ
　　られた状態

① 0　　② $\dfrac{1}{2}ka^2$　　③ $\dfrac{1}{2}ka^2 - mga$

④ $\dfrac{1}{2}k\left[\dfrac{mg}{k} + a\right]^2$　　⑤ $\dfrac{1}{2}ka^2 + mga$

### 解　説

　　ばねが質量 $m$ の質点を取り付けられたことによる伸びを $d$ とすると，ばねの伸びによる弾性力 $kd$ と質点の重力 $mg$ がつり合って，平衡を保っていることから

$$kd = mg$$

が成立する．この位置から振幅 $a$ で往復運動を行うとき，つり合いの位置から任意の変位 $y$ に変化したときの弾性エネルギー $U$ は

$$U = \frac{1}{2}k(y-d)^2 = \frac{1}{2}k\left[y - \frac{mg}{k}\right]^2$$

で与えられる．したがって，質点が最も下の位置に来たときのエネルギー $U_u$ は $y = -a$ を代入し

$$U_u = \frac{1}{2} k \left[ -a - \frac{mg}{k} \right]^2 = \frac{1}{2} k \left[ a + \frac{mg}{k} \right]^2$$

となる．

以上より，正答は④である．

（注）類似問題　H30 I-3-5

 答 ④

**基礎科目 I-3-6**

　下図に示すように，厚さが一定で半径 $a$，面密度 $\rho$ の一様な四分円の板がある．重心の座標として，最も適切なものはどれか．

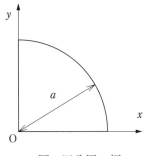

図　四分円の板

① $\left[ \dfrac{\sqrt{3}a}{4}, \dfrac{\sqrt{3}a}{4} \right]$　　② $\left[ \dfrac{a}{2}, \dfrac{a}{2} \right]$　　③ $\left[ \dfrac{a}{\sqrt{2}}, \dfrac{a}{\sqrt{2}} \right]$

④ $\left[ \dfrac{3a}{4\pi}, \dfrac{3a}{4\pi} \right]$　　⑤ $\left[ \dfrac{4a}{3\pi}, \dfrac{4a}{3\pi} \right]$

**解 説**

　四分円板の重心の座標を $G(x_G, y_G)$ とする．

　密度を $\rho$ とすると，半径が $a$ であることから四分円板の質量 $M$ は $M = \dfrac{\pi \rho a^2}{4}$ となり，重心に作用する．

　一方，$y$ 軸周りのモーメントは $x$ の位置に幅$\Delta x$ のスリットを考えると，下記式で求まる．

$$\rho \Delta x \sqrt{a^2 - x^2} gx$$

したがって，$y$ 軸周りのモーメントの和は

$$\int_0^a \rho\sqrt{a^2-x^2}\,gx\,dx = \rho g\int_0^a x\sqrt{a^2-x^2}\,dx = \frac{\rho g a^3}{3}$$

上記モーメントが重心に作用するモーメント $\dfrac{\pi\rho a^2}{4}x_G$ とつり合うことから

$$\frac{\pi\rho a^2}{4}x_G = \frac{\rho g a^3}{3}$$

$$\therefore\quad x_G = \frac{4a}{3\pi}$$

また，$x$ 軸周りのモーメントのつり合いから $y_G$ を求めると，上記と同様の計算から

$$y_G = \frac{4a}{3\pi}$$

したがって，重心の座標は

$$G = \left(\frac{4a}{3\pi},\ \frac{4a}{3\pi}\right)$$

であることから，⑤が正答となる．

 答 ⑤

# 基礎科目

## 4群 材料・化学・バイオに関するもの

（全6問題から3問題を選択解答）

**基礎科目 I-4-1**
　同位体に関する次の（ア）～（オ）の記述について，それぞれの正誤の組合せとして，最も適切なものはどれか．

（ア）　質量数が異なるので，化学的性質も異なる．

（イ）　陽子の数は等しいが，電子の数は異なる．

（ウ）　原子核中に含まれる中性子の数が異なる．

（エ）　放射線を出す同位体の中には，放射線を出して別の元素に変化するものがある．

（オ）　放射線を出す同位体は，年代測定などに利用されている．

|     | ア | イ | ウ | エ | オ |
|-----|----|----|----|----|----|
| ①   | 正 | 正 | 誤 | 誤 | 誤 |
| ②   | 正 | 正 | 正 | 正 | 誤 |
| ③   | 誤 | 誤 | 正 | 正 | 正 |
| ④   | 誤 | 正 | 誤 | 正 | 正 |
| ⑤   | 誤 | 誤 | 正 | 誤 | 誤 |

---

## 解　説

　この問題は同位体（アイソトープ）が示す，さまざまな物性に関する設問である．陽子数が変わらず中性子数が異なる原子核を有するのが同位体である．そのため，化学的な性質は陽子数が同じなので変わらない．陽子数と中性子数の和が質量数であり，同位体ではこの質量数が異なる．放射性崩壊により，他の元素に変わるものや変わらないものが同位体として存在する．元素は複数の同位体を有する．似た言葉に同素体がある．これは元素が同じで，結晶構造が異なる．ダイヤモンドとグラファイトは炭素の同素体である．以上の点を踏まえて各選択肢を見ていく．

　（ア）　誤り．同位体は異なる質量数を有するが陽子数は同じであり，化学的な

性質は変わらない．そのため，同位体を分離するには化学的な性質ではなく遠心分離法などの質量数の違いを用いて分離を行う．よって，本選択肢は誤った記述である．

（イ）　誤り．同位体であっても陽子数と電子数は電荷中性の立場から等しい数である．よって，本選択肢は誤った記述である．

（ウ）　正しい．同位体は原子核中の中性子の数が異なっている．正しい記述である．

（エ）　正しい．放射線を出す同位体は放射性同位体（ラジオアイソトープ）と呼ばれる．原子核が崩壊（崩変）を起こすと同時に放射線を放出し，別の元素に変わる（放射性崩壊）．放射線にはアルファ線，ベータ線，ガンマ線，中性子線などがある．

（オ）　正しい．放射線を出す同位体は，①同位体濃度を測る，②放射線の強度を測るなどにより，半減期から年代を推定できる．木材中の$^{14}C$の濃度，岩石や氷床中の$^{81}Kr$の濃度から年代を知ることができる．歴史分野から地質学の分野まで幅広く利用されている．

以上の検討から，正答は③である．

（注）類似問題　R1 Ⅰ-4-2，H28 Ⅰ-4-2

 答 ③

**基礎科目 Ⅰ-4-2**　次の化学反応のうち，酸化還元反応でないものはどれか．

① $2Na + 2H_2O \rightarrow 2NaOH + H_2$
② $NaClO + 2HCl \rightarrow NaCl + H_2O + Cl_2$
③ $3H_2 + N_2 \rightarrow 2NH_3$
④ $2NaCl + CaCO_3 \rightarrow Na_2CO_3 + CaCl_2$
⑤ $NH_3 + 2O_2 \rightarrow HNO_3 + H_2O$

**解　説**

酸化還元反応において，酸化反応と還元反応は同時に起こる．一方の物質が酸化されると他方の物質は還元される．元素の価数の変化がある反応が酸化還元反応である．酸化においては価数が増加し，還元においては価数が減少する．また，反応相手を酸化する物質は酸化剤と呼ばれ，自らは還元される．この点を逆に考

えることがあり，注意が必要である．価数を見る場合，単体元素は0価，Hは＋1価，Oは原則で−2価となる．以上の点を踏まえて，各反応を価数の視点から見ていく．

① 酸化還元反応である．これはNaと水の反応である．反応前のNaは金属であるから0価，反応後のNaOHのNaは＋1価であり酸化されている．水素に着目すると，水を構成しているHは＋1価であり，それが反応により$H_2$に変化し，このHは0価で還元（Naを酸化し，酸化剤として作用）されている．よって，この反応は酸化還元反応である．

② 酸化還元反応である．これはNaClOとHClとの反応である．反応前後のClの価数に着目すると，反応前が，NaClOが＋1価，HClが−1価であり，反応後は0価である．NaClOのClは還元，HClのClは酸化されているのでHClは還元剤として作用している．よって，この反応は酸化還元反応である．

③ 酸化還元反応である．これは，人類が初めて行ったとされるアンモニアの合成反応である．反応前の水素，窒素ともに価数は0であるが，反応後の水素は＋1価，窒素は−3価である．水素は酸化され（還元剤として作用），窒素は還元されている．よって，この反応は酸化還元反応である．

④ 酸化還元反応でない．この反応は，塩化ナトリウムと炭酸カルシウムが反応して，炭酸ナトリウムと塩化カルシウムが生成する反応である．Na（＋1），Ca（＋2），Cl（−1），$CO_3$（−2）の価数は反応の前後で変化していない．よって，この反応は酸化還元反応ではない．

⑤ 酸化還元反応である．この反応はアンモニアの燃焼（酸化）反応である．水素は反応前後で＋1価で価数の変化はない．酸素は0価から−2価に変化し還元されている．窒素は−3価から＋5価に変化し酸化されている．ここで，$HNO_3$の各原子の価数計算法について簡単に説明する．Hは原則どおり＋1，Oも原則どおり−2で，3原子あるので−6となる．すべて足し合わせて0にならなければいけないので，（−6）＋（＋1）で−5になり，0にするのにNが＋5になる．この反応は酸化還元反応である．

以上の検討から，酸化還元反応でない反応は④であり，本問の正解である．

（注）類似問題　H27 I -4-2

  答 ④

**基礎科目**
**I -4-3**
金属の変形に関する次の記述について，□□□□に入る語句及び数値の組合せとして，最も適切なものはどれか．

金属が比較的小さい引張応力を受ける場合，応力（$\sigma$）とひずみ（$\varepsilon$）は次の式で表される比例関係にある．

$$\sigma = E\varepsilon$$

これは ア の法則として知られており，比例定数 $E$ を イ という．常温での イ は，マグネシウムでは ウ GPa，タングステンでは エ GPa である．温度が高くなると イ は，オ なる．

※応力とは単位面積当たりの力を示す．

| | ア | イ | ウ | エ | オ |
|---|---|---|---|---|---|
| ① | フック | ヤング率 | 45 | 407 | 大きく |
| ② | フック | ヤング率 | 45 | 407 | 小さく |
| ③ | フック | ポアソン比 | 407 | 45 | 小さく |
| ④ | ブラッグ | ポアソン比 | 407 | 45 | 大きく |
| ⑤ | ブラッグ | ヤング率 | 407 | 45 | 小さく |

**━━━━━━━━━━━━━━━ 解　説 ━━━━━━━━━━━━━━━**

弾性体力学の分野で最も基本的な法則の 1 つであるフックの法則，並びに同法則の重要なパラメータであるヤング率に関する基礎知識を問うものである．類似の問題が過去に数度出題されているので，正確に記憶しておくことをおすすめしたい．

物体が軸方向に引っ張られて単位面積当たり $\sigma$ の応力を受け，単位長さ当たりの変位 $\varepsilon$ が生じた場合に $\sigma = E\varepsilon$ で表されるフックの法則は，1676 年にイギリスのロバート・フックにより提起され，弾性の法則とも呼ばれる．

イギリスのヘンリー，ローレンス・ブラッグ父子により提唱されたブラッグの法則は，結晶面間隔 $d$ の結晶体に，波長 $\lambda$ の X 線を結晶面に対し入射角 $\theta$ で照射すると，$2d \sin \theta = n\lambda$（$n$：整数）の条件成立時に，強い回折（反射）を示すことを規定する．したがって，アはフックである．

ヤング率 $E$ はイギリスの医者で物理学者トマス・ヤングに因む，フックの法則が成立する弾性範囲における，同軸方向のひずみ $\varepsilon$ と応力 $\sigma$ の比例定数で，縦弾性係数とも呼ばれる．弾性限界内では材料固有の定数である．

ポアソン比はフランスの物理学者シメオン・ドニ・ポアソンに因む，軸方向ひ

ずみ $\varepsilon_z$ とそれに垂直な面内でのひずみ $\varepsilon_{xy}$ の比 $\nu = -\dfrac{\varepsilon_{xy}}{\varepsilon_z}$ を表し，$\nu$ は弾性限界内では材料固有の定数である．したがって，イはヤング率である．

　一般構造用材料の中では，マグネシウムはアルミニウムに次いでヤング率が低く，40〜45GPa と柔らかく，タングステンは最も高い金属材料の１つで，350〜410GPa と非常に硬く変形しにくい．したがって，ウは45，エは407である．

　ヤング率 $E$ は，原子間の結合力の強さを表し，平均原子間距離 $r_0$ と $E \propto \dfrac{1}{r_0^m}$ の関係にある．$m$ は正数で，原子の種類と結合様式で定まる．$r_0$ は温度が高くなるほど熱膨張で大きくなるので，$r_0^m$ も大きくなり，$E$ はそれに伴い小さくなる．したがって，オは「小さく」である．

　以上から，ア フック，イ ヤング率，ウ 45，エ 407，オ 小さく，となる．最も適切な組合せは②である．

　（注）類似問題　H26 Ⅰ-4-3

答 ②

基礎科目
Ⅰ-4-4
　鉄の製錬に関する次の記述の，□□□ に入る語句及び数値の組合せとして，最も適切なものはどれか．

　地殻中に存在する元素を存在比（wt%）の大きい順に並べると，鉄は，酸素，ケイ素，ア について４番目となる．鉄の製錬は，鉄鉱石（$Fe_2O_3$），石灰石，コークスを主要な原料として イ で行われる．

　イ において，鉄鉱石をコークスで ウ することにより銑鉄（Fe）を得ることができる．この方法で銑鉄を1 000kg 製造するのに必要な鉄鉱石は，最低 エ kg である．ただし，酸素及び鉄の原子量は16及び56とし，鉄鉱石及び銑鉄中に不純物を含まないものとして計算すること．

| | ア | イ | ウ | エ |
|---|---|---|---|---|
| ① | アルミニウム | 高炉 | 還元 | 1 429 |
| ② | アルミニウム | 電炉 | 還元 | 2 857 |
| ③ | アルミニウム | 高炉 | 酸化 | 2 857 |
| ④ | 銅 | 電炉 | 酸化 | 2 857 |
| ⑤ | 銅 | 高炉 | 還元 | 1 429 |

**解　説**

本問は，鉄元素の地殻内の資源量並びに，その存在形態の 1 つである鉄鉱石（$Fe_2O_3$）から鉄鋼材料の一次原料となる銑鉄（約 4 ％の炭素を含む高炭素鉄素材）を高炉法によって得る方法について，基礎知識を問うものである．

地殻中に存在する元素は，存在比（wt%）の大きい順に 5 位まで並べると，酸素46％，ケイ素27％，アルミニウム8.2％，鉄6.3％，カルシウム5.0％である．銅は存在比が68ppm と小さく，26位である．したがって，アはアルミニウムとなる．

鉄の「製錬」は，鉄鉱石（$Fe_2O_3$, 鉄源），石灰石（$CaCO_3$, 不純物除去用助剤），コークス（C, 酸素の還元除去用炭素源）を用いて高炉（鉄溶鉱炉ともいう）で銑鉄を得る高炉法を意味し，「精錬」は，鉄スクラップを原料として，電炉（電気炉）で石灰石などの助剤とともに熔融・成分調整し，鉄鋼材料を得る電炉法を意味する．したがって，イは高炉である．

高炉内の主反応は $2Fe_2O_3 + 3C = 4Fe + 3CO_2$ であり，酸化鉄（$Fe_2O_3$）のコークス（C）による鉄（Fe）への還元反応と，コークスから熔融鉄中への炭素（C）の溶解とによって銑鉄を得る．したがって，ウは還元である．

不純物のない鉄鉱石（$Fe_2O_3$）および銑鉄（Fe, 含有する炭素 C は，題意より無視する）の質量比と，1 000kg の銑鉄に必要な鉄鉱石の量 $X$ は次の関係にある．

$$\frac{2Fe}{Fe_2O_3} = \frac{1\,000kg}{X[kg]} \rightarrow \frac{2 \times 56}{2 \times 56 + 3 \times 16} = \frac{1\,000kg}{X[kg]}$$

$X$ について解くと $X = 1\,428.5kg$ となり，四捨五入して1 429kg を得る．したがって，エは1 429である．

以上から，$\boxed{\text{ア　アルミニウム}}$，$\boxed{\text{イ　高炉}}$，$\boxed{\text{ウ　還元}}$，$\boxed{\text{エ　1 429}}$ となる．最も適切な組合せは①である．

**答 ①**

---

**基礎科目 I -4-5**

アミノ酸に関する次の記述の，$\boxed{\phantom{xxx}}$ に入る語句の組合せとして，最も適切なものはどれか．

一部の特殊なものを除き，天然のタンパク質を加水分解して得られるアミノ酸は20種類である．アミノ酸の $\alpha$-炭素原子には，アミノ基と $\boxed{\text{ア}}$，そしてアミノ酸の種類によって異なる側鎖（R基）が結合している．R基に脂肪族炭化水素鎖や芳香族炭化水素鎖を持つイソロイシンやフェニルアラニンは $\boxed{\text{イ}}$ 性ア

ミノ酸である．システインやメチオニンのR基には ウ が含まれており，そのためタンパク質中では2個のシステイン側鎖の間に共有結合ができることがある．

| | ア | イ | ウ |
|---|---|---|---|
| ① | カルボキシ基 | 疎水 | 硫黄（S） |
| ② | ヒドロキシ基 | 疎水 | 硫黄（S） |
| ③ | カルボキシ基 | 親水 | 硫黄（S） |
| ④ | カルボキシ基 | 親水 | 窒素（N） |
| ⑤ | ヒドロキシ基 | 親水 | 窒素（N） |

**解　説**

　本問は，タンパク質を構成するアミノ酸に関する設問である．アミノ酸の構造は，中心となる$\alpha$-炭素原子に水素原子・アミノ基・ ア カルボキシ基 ・側鎖（R基）が共有結合したもので，隣り合うアミノ酸のカルボキシ基とアミノ基がペプチド結合によって重合し，タンパク質を形成する．タンパク質を構成するアミノ酸は20種類あり，それぞれ異なる側鎖を有している．各アミノ酸の性質は側鎖によって決まり，親水性・疎水性，塩基性・酸性などの性質に分類される．側鎖が脂肪族炭化水素鎖のイソロイシンや芳香族炭化水素鎖のフェニルアラニンは イ 疎水 性アミノ酸である．また，システインやメチオニンの側鎖には ウ 硫黄（S） が含まれている．2個のシステインは，硫黄を介してジスルフィド結合（S-S結合）と呼ばれる共有結合を形成し，タンパク質の立体構造の決定に寄与する．

　以上から， ☐ に入る語句は， ア カルボキシ基 ， イ 疎水 ， ウ 硫黄（S） となり，組合せとして最も適切なものは①である．

　（注）類似問題　H29 I-4-5　　　　　答 ①

**基礎科目 I-4-6**　DNAの構造的な変化によって生じる突然変異を遺伝子突然変異という．遺伝子突然変異では，1つの塩基の変化でも形質発現に影響を及ぼすことが多く，置換，挿入，欠失などの種類がある．遺伝子突然変異に関する次の記述のうち，最も適切なものはどれか．

①　1塩基の置換により遺伝子の途中のコドンが終止コドンに変わると，タンパク質の合成がそこで終了するため，正常なタンパク質の合成ができなくな

る．この遺伝子突然変異を中立突然変異という．

② 遺伝子に 1 塩基の挿入が起こると，その後のコドンの読み枠がずれるフレームシフトが起こるので，アミノ酸配列が大きく変わる可能性が高い．

③ 鎌状赤血球貧血症は，1 塩基の欠失により赤血球中のヘモグロビンの 1 つのアミノ酸がグルタミン酸からバリンに置換されたために生じた遺伝子突然変異である．

④ 高等動植物において突然変異による形質が潜性（劣性）であった場合，突然変異による形質が発現するためには，2 本の相同染色体上の特定遺伝子の片方に変異が起こればよい．

⑤ 遺伝子突然変異は X 線や紫外線，あるいは化学物質などの外界からの影響では起こりにくい．

## 解 説

本問は，遺伝子突然変異に関する設問である．

① 不適切．塩基置換によってアミノ酸を指定しているコドンが終止コドンに変化するような突然変異は，中立突然変異ではなく，ナンセンス突然変異という．中立突然変異は，塩基配列が変化しても形質に影響しないような変異である．

② 最も適切．コドンでは 3 塩基がひと組となってアミノ酸を指定する．1 塩基の挿入が生じると，挿入箇所以降で読み枠がずれて，コドンが変わり，タンパク質のアミノ酸配列が変わってしまう．

③ 不適切．鎌状赤血球貧血症では，ヘモグロビン $\beta$ 鎖（$\beta$ グロビン）の遺伝子において，1 塩基の欠失ではなく置換が生じている．その結果，コドンが変わり，6 番目のアミノ酸のグルタミン酸がバリンに置換される．このアミノ酸置換による異常ヘモグロビンタンパク質が棒状の集合体を形成し，赤血球が三日月型（鎌状）となり，貧血が生じる．

④ 不適切．2 本の相同染色体上の特定遺伝子について，片方の遺伝子が変異を有すれば発現するような形質を，顕性（優性）という．これに対して，問題文にあるように形質が潜性（劣性）である場合には，突然変異による形質が発現するためには，2 本の相同染色体上の特定遺伝子の両方が変異を有する必要がある．なお，遺伝学における用語として「優性・劣性」が使われていたが，形質の現れやすさを示しているだけなのに，形質に優劣があるかのような誤解を招く恐れがあるという理由により，2017 年に日本遺伝学会で

「顕性・潜性」に改訂された.

⑤ 不適切. 遺伝子突然変異では, 染色体の構造変化や遺伝子の塩基配列変化が生じる. その中には, X線・紫外線などの電磁波や化学物質によって誘導されるものがある. それぞれ変異が生じるメカニズムは異なっているが, DNAの切断や複製ミスなどが生じ, 塩基配列が変化する.

以上から, 最も適切なものは②である.

🔓 答 ②

令和3年度　基礎科目

（全6問題から3問題を選択解答）

**基礎科目 I-5-1**　気候変動に対する様々な主体における取組に関する次の記述のうち，最も不適切なものはどれか．

① RE100は，企業が自らの事業の使用電力を100％再生可能エネルギーで賄うことを目指す国際的なイニシアティブであり，2020年時点で日本を含めて各国の企業が参加している．

② 温室効果ガスであるフロン類については，オゾン層保護の観点から特定フロンから代替フロンへの転換が進められてきており，地球温暖化対策としても十分な効果を発揮している．

③ 各国の中央銀行総裁及び財務大臣からなる金融安定理事会の作業部会である気候関連財務情報開示タスクフォース（TCFD）は，投資家等に適切な投資判断を促すため気候関連財務情報の開示を企業等へ促すことを目的としており，2020年時点において日本国内でも200以上の機関が賛同を表明している．

④ 2050年までに温室効果ガス又は二酸化炭素の排出量を実質ゼロにすることを目指す旨を表明した地方自治体が増えており，これらの自治体を日本政府は「ゼロカーボンシティ」と位置付けている．

⑤ ZEH（ゼッチ）及びZEH-M（ゼッチ・マンション）とは，建物外皮の断熱性能等を大幅に向上させるとともに，高効率な設備システムの導入により，室内環境の質を維持しつつ大幅な省エネルギーを実現したうえで，再生可能エネルギーを導入することにより，一次エネルギー消費量の収支をゼロとすることを目指した戸建住宅やマンション等の集合住宅のことであり，政府はこれらの新築・改修を支援している．

**解　説**

① 適切．環境省 RE100に「RE100とは，企業が自らの事業の使用電力を100％再エネで賄うことを目指す国際的なイニシアティブで，世界や日本の企業が参加しています」とある．

② 不適切．環境省のフロン対策室に「オゾン層保護のため，オゾン層を破壊する特定フロン【ハイドロクロロフルオロカーボン類（HCFCs）】からオゾン層を破壊しない代替フロン【ハイドロフルオロカーボン類（HFCs）】に転換を実施してきた．しかし代替フロンは二酸化炭素の数百倍〜数万倍の温室効果があり，地球温暖化対策のため GWP（地球温暖化係数）の大きい代替フロンから，小さいグリーン冷媒【HFO（ハイドロフルオロオレフィン）や二酸化炭素，アンモニア，炭化水素など】への転換が必要」とある．

③ 適切．気候関連財務情報開示タスクフォース（TCFD：Task Force on Climate-related Financial Disclosures）は2017年に気候変動関連リスクおよび機会に関するガバナンス・戦略・リスク管理・指標と目標の4項目についての財務情報を開示することを推奨している．日本でも TCFD コンソーシアム設立により賛同機関数が増え，2020年7月時点で287社となっている．

④ 適切．2050年までに $CO_2$ などの温室効果ガスの人為的な発生源による排出量と，森林等の吸収源による除去量との間の均衡により，二酸化炭素の実質排出量ゼロに取り組むことを表明した地方公共団体「ゼロカーボンシティ」が増えつつある．

⑤ 適切．ZEH（ゼッチ，ネット・ゼロ・エネルギー・ハウス）および ZEH-M（ゼッチ・マンション）とは，「外皮の断熱性能等の向上と高効率な設備システムの導入で大幅な省エネルギーを実現し，かつ再生可能エネルギーの導入により，一次エネルギー消費量の収支をゼロとする戸建住宅やマンション等の集合住宅」である．普及に向けて，政府が仕様の標準化や補助金などの支援をしている．

以上から，最も不適切なものは②である．

🔓 答 ②

**基礎科目**
**I -5-2**

環境保全のための対策技術に関する次の記述のうち，最も不適切なものはどれか．

① ごみ焼却施設におけるダイオキシン類対策においては，炉内の温度管理や

滞留時間確保等による完全燃焼，及びダイオキシン類の再合成を防ぐために排ガスを200℃以下に急冷するなどが有効である．

② 屋上緑化や壁面緑化は，建物表面温度の上昇を抑えることで気温上昇を抑制するとともに，居室内への熱の侵入を低減し，空調エネルギー消費を削減することができる．

③ 産業廃棄物の管理型処分場では，環境保全対策として遮水工や浸出水処理設備を設けることなどが義務付けられている．

④ 掘削せずに土壌の汚染物質を除去する「原位置浄化」技術には化学的作用や生物学的作用等を用いた様々な技術があるが，実際に土壌汚染対策法に基づいて実施された対策措置においては掘削除去の実績が多い状況である．

⑤ 下水処理の工程は一次処理から三次処理に分類できるが，活性汚泥法などによる生物処理は一般的に一次処理に分類される．

## 解　説

① 適切．ごみ焼却施設の排ガス中の煤塵が300～400℃に冷却される際に，ダイオキシン類が再合成される（デノボ合成）ことがわかっており，200℃以下になるとほとんど生成されない．このため，排ガスを200℃以下に急冷することにより，ダイオキシン類の発生を抑えることができる．

② 適切．屋上緑化や壁面緑化は，ヒートアイランド現象の緩和や省エネルギー効果があるといわれている．

③ 適切．最終処分場は環境に与える影響の度合により，(1) 遮断型処分場：有害物質が基準を超えて含まれる廃棄物を扱う，(2) 安定型処分場：廃プラスチック類，金属くず，ゴムくずなどの性質が安定している廃棄物を扱う，(3) 管理型処分場：燃えがら，汚泥，紙くず，木くずや一般廃棄物など遮断型・安定型に含まれない廃棄物を扱うの3種類に分けられる．管理型処分場は周辺環境へ影響を及ぼさないよう，遮水工や浸出水処理設備が求められる．

④ 適切．汚染された土壌や地下水を，その場（原位置）で浄化する「原位置浄化」は費用や作業環境の面でのメリットは大きいが，工事期間が長いことや浄化効率の予測が難しいため，汚染土壌の対策措置の80％以上は掘削除去が用いられているとされる．

⑤ 不適切．下水処理の工程は3種類に分けられる．(1) 一次処理（物理学的処理）：沈殿池などにより固形物などを物理的に分離・除去する，(2) 二次

処理（生物学的処理）：活性汚泥法などの好気性微生物などの働きで有機物を除去する，(3) 三次処理（高度処理）：窒素・リン・有機物・異臭の除去のために，凝集剤により沈殿させる工程や，活性炭ろ過やオゾン酸化などの工程を追加し，好気性微生物や嫌気性微生物等の働きで処理する．活性汚泥法は二次処理で，一次処理ではない．

以上から，最も不適切なものは⑤である．

（注）類似問題　H25 Ⅰ-5-4，H21 Ⅰ-5-2

 答 ⑤

---

**基礎科目 Ⅰ-5-3**

エネルギー情勢に関する次の記述の，□□□ に入る数値の組合せとして，最も適切なものはどれか．

日本の総発電電力量のうち，水力を除く再生可能エネルギーの占める割合は年々増加し，2018年度時点で約　ア　％である．特に，太陽光発電の導入量が近年着実に増加しているが，その理由の1つとして，そのシステム費用の低下が挙げられる．実際，国内に設置された事業用太陽光発電のシステム費用はすべての規模で毎年低下傾向にあり，10kW以上の平均値（単純平均）は，2012年の約42万円/kWから2020年には約　イ　万円/kWまで低下している．一方，太陽光発電や風力発電の出力は，天候等の気象環境に依存する．例えば，風力発電で利用する風のエネルギーは，風速の　ウ　乗に比例する．

|   | ア | イ | ウ |
|---|----|----|----|
| ① | 9 | 25 | 3 |
| ② | 14 | 25 | 3 |
| ③ | 14 | 15 | 3 |
| ④ | 9 | 25 | 2 |
| ⑤ | 14 | 15 | 2 |

---

**解　説**

資源エネルギー庁の総合エネルギー統計では，2018年の日本の総発電量のうち，水力を除く再生可能エネルギーの占める割合は9.2％（太陽光6.0％，風力0.7％，地熱0.2％，バイオマス2.2％等）と記述されており，2020年に設置された10kW以上の事業用太陽光発電のシステム費用は平均値で25.3万円/kWで，前年より1.0万円/kW（3.8％）低減したとある．

風力発電に利用される風のエネルギーは，運動エネルギーの式から

$$P = \frac{1}{2} mv^2 = \frac{1}{2} \rho \pi r^2 v^3$$

$P$：風力エネルギー $[\text{J/s}]$，　$m$：単位時間当たりに通過する風の質量 $[\text{kg/s}]$，

$\rho$：空気の密度 $[\text{kg/m}^3]$，　$r$：風車のプロペラ半径 $[\text{m}]$，　$v$：風速 $[\text{m/s}]$

と表される．

　ここから，風のエネルギーはプロペラ半径の 2 乗と風速の 3 乗に比例する．

以上から，最も適切なものは①の ア 9 ，イ 25 ，ウ 3 である．

答 ①

**基礎科目**
**I -5-4**
　IEA の資料による2018年の一次エネルギー供給量に関する次の記述の， ☐ に入る国名の組合せとして，最も適切なものはどれか．

　各国の 1 人当たりの一次エネルギー供給量（以下，「 1 人当たり供給量」と略称）を石油換算トンで表す． 1 石油換算トンは約42GJ（ギガジュール）に相当する．世界平均の 1 人当たり供給量は1.9トンである．中国の 1 人当たり供給量は，世界平均をやや上回り，2.3トンである． ア の 1 人当たり供給量は， 6 トン以上である． イ の 1 人当たり供給量は， 5 トンから 6 トンの間にある． ウ の 1 人当たり供給量は， 3 トンから 4 トンの間にある．

| | ア | イ | ウ |
|---|---|---|---|
| ① | アメリカ及びカナダ | ドイツ及び日本 | 韓国及びロシア |
| ② | アメリカ及びカナダ | 韓国及びロシア | ドイツ及び日本 |
| ③ | ドイツ及び日本 | アメリカ及びカナダ | 韓国及びロシア |
| ④ | 韓国及びロシア | ドイツ及び日本 | アメリカ及びカナダ |
| ⑤ | 韓国及びロシア | アメリカ及びカナダ | ドイツ及び日本 |

**━━━━━━━━━━━━━ 解 説 ━━━━━━━━━━━━━**

　IEA の資料（Key World Energy Statistics Selected indicators for 2018）によると，2018年の国民 1 人当たりの一次エネルギー供給量を石油換算トンで表すと，世界平均は1.88トンで中国：2.30トン，アメリカ：6.81トン，カナダ：8.03トン，韓国：5.37トン，ロシア：5.26トン，ドイツ：3.64トン，日本：3.37トンである．

一般的に経済成長とともにエネルギー消費が増加するため，GDPの大きい国ほど一次エネルギー供給量が大きくなり，工業化が進んでエネルギー効率の改善により減る傾向が見られる．

以上から，最も適切なものは②の ア アメリカ及びカナダ， イ 韓国及びロシア， ウ ドイツ及び日本 である．

（注）類似問題 H27 I-5-4

 答 ②

 基礎科目
**I-5-5**

次の（ア）〜（オ）の，社会に大きな影響を与えた科学技術の成果を，年代の古い順から並べたものとして，最も適切なものはどれか．

（ア）　フリッツ・ハーバーによるアンモニアの工業的合成の基礎の確立
（イ）　オットー・ハーンによる原子核分裂の発見
（ウ）　アレクサンダー・グラハム・ベルによる電話の発明
（エ）　ハインリッヒ・ルドルフ・ヘルツによる電磁波の存在の実験的な確認
（オ）　ジェームズ・ワットによる蒸気機関の改良

① 　ア－オ－ウ－エ－イ
② 　ウ－エ－オ－イ－ア
③ 　ウ－オ－ア－エ－イ
④ 　オ－ウ－エ－ア－イ
⑤ 　オ－エ－ウ－イ－ア

### 解　説

（ア）　フリッツ・ハーバーによるアンモニアの工業的合成の基礎の確立は1906年．
（イ）　オットー・ハーンによる原子核分裂の発見は1938年．
（ウ）　アレクサンダー・グラハム・ベルによる電話の発明は1876年．
（エ）　ハインリッヒ・ルドルフ・ヘルツによる電磁波の存在の実験的な確認は1887年．
（オ）　ジェームズ・ワットによる蒸気機関の改良は1769年．

以上から，古い順に並べると，（オ）−（ウ）−（エ）−（ア）−（イ）で，最も適切なものは④である．

（注）類似問題 H30 I-5-5

答 ④

**基礎科目**
**I -5-6**

日本の科学技術基本計画は，1995年に制定された科学技術基本法（現，科学技術・イノベーション基本法）に基づいて一定期間ごとに策定され，日本の科学技術政策を方向づけてきた．次の（ア）～（オ）は，科学技術基本計画の第1期から第5期までのそれぞれの期の特徴的な施策を1つずつ選んで順不同で記したものである．これらを第1期から第5期までの年代の古い順から並べたものとして，最も適切なものはどれか．

（ア）　ヒトに関するクローン技術や遺伝子組換え食品等を例として，科学技術が及ぼす「倫理的・法的・社会的課題」への責任ある取組の推進が明示された．

（イ）　「社会のための，社会の中の科学技術」という観点に立つことの必要性が明示され，科学技術と社会との双方向のコミュニケーションを確立していくための条件整備などが図られた．

（ウ）　「ポストドクター等1万人支援計画」が推進された．

（エ）　世界に先駆けた「超スマート社会」の実現に向けた取組が「Society 5.0」として推進された．

（オ）　目指すべき国の姿として，東日本大震災からの復興と再生が掲げられた．

①　イ－ア－ウ－エ－オ
②　イ－ウ－ア－オ－エ
③　ウ－ア－イ－エ－オ
④　ウ－イ－ア－オ－エ
⑤　ウ－イ－エ－ア－オ

**解　説**

日本の科学技術基本計画の特徴的な施策は，以下のようになる．

（ア）　分野別推進戦略の中で重点投資すべき研究開発（戦略重点科学技術）を定め，科学技術が及ぼす「倫理的・法的・社会的課題」への責任ある取組を目指した記述から，第3期である．

（イ）　科学技術と社会の新しい関係の構築の「社会のための，社会の中の科学技術」という観点で，科学技術と社会との双方向のコミュニケーションを図るための条件を整備した記述から，第2期である．

（ウ）　研究資金を大幅に増加し競争的かつ流動性のある研究開発環境の整備を図る「ポストドクター等1万人支援計画」により若手研究者の層を厚くし，

研究現場の活性化に貢献するとの記述から，第1期である．

（エ）　自ら大きな変化を起こし，大変革時代を先導していくため，非連続なイノベーションを生み出す研究開発を強化し，新しい価値やサービスが次々と創出される「超スマート社会」を世界に先駆けて実現するための一連の取組をさらに深化させつつ，「Society 5.0」として強力に推進するとの記述から，第5期である．

（オ）　目指すべき国の姿として震災から復興，再生を遂げ，将来にわたる持続的な成長と社会の発展を実現する国，安全かつ豊かで質の高い国民生活を実現する国などの東日本大震災に関する項目が掲げられた記述から，第4期である．

以上から，年代を古い順に並べると，（ウ）－（イ）－（ア）－（オ）－（エ）で，最も適切なものは④である．

**答 ④**

# 適 性 科 目

Ⅱ 次の15問題を解答せよ．（解答欄に1つだけマークすること．）

**適性科目 Ⅱ-1** 技術士法第4章に規定されている，技術士等が求められている義務・責務に関わる次の（ア）～（キ）の記述のうち，あきらかに不適切なものの数を選べ．

なお，技術士等とは，技術士及び技術士補を指す．

（ア） 技術士等は，その業務に関して知り得た情報を顧客の許可なく第三者に提供してはならない．

（イ） 技術士等の秘密保持義務は，所属する組織の業務についてであり，退職後においてまでその制約を受けるものではない．

（ウ） 技術士等は，顧客から受けた業務を誠実に実施する義務を負っている．顧客の指示が如何なるものであっても，指示通り実施しなければならない．

（エ） 技術士等は，その業務を行うに当たっては，公共の安全，環境の保全その他の公益を害することのないよう努めなければならないが，顧客の利益を害する場合は守秘義務を優先する必要がある．

（オ） 技術士は，その業務に関して技術士の名称を表示するときは，その登録を受けた技術部門を明示するものとし，登録を受けていない技術部門を表示してはならないが，技術士を補助する技術士補の技術部門表示は，その限りではない．

（カ） 企業に所属している技術士補は，顧客がその専門分野能力を認めた場合は，技術士補の名称を表示して技術士に代わって主体的に業務を行ってよい．

（キ） 技術は日々変化，進歩している．技術士は，常に，その業務に関して有する知識及び技能の水準を向上させ，名称表示している専門技術業務領域の能力開発に努めなければならない．

① 7  ② 6  ③ 5  ④ 4  ⑤ 3

## 解　説

ほぼ毎年出題される技術士法第4章全体に関する設問である.

（ア）　適切.「顧客の許可」は,技術士法第45条の「正当な理由」にあたると判断できる.実際の運用では,顧客の許可を裏付ける証跡（エビデンス）を残すことが大切である.

（イ）　不適切.技術士法第45条によれば,退職後や技術士等でなくなった後も秘密保持義務は守らなければならない.

（ウ）　不適切.顧客の指示であっても,技術士法第45条の2にある「公益確保の責務」等の義務・責務に反する業務を実施してはならない.

（エ）　不適切.技術士は,いかなる場合でも「公益確保の責務」等の義務・責務を優先させなければならない.

（オ）　適切.技術士は,その業務に関して技術士の名称を表示するときは,登録を受けた技術部門を明示しなければならないが,技術士補はその限りではない.

（カ）　不適切.技術士法第47条により,技術士補は,いかなる場合でも主体的に業務を行うことはできない.

（キ）　不適切.技術士は,技術士法第47条の2により,専門技術業務領域を含めたより広い領域で,資質向上の責務を負っている.

不適切なものの数は,5つである.

（注）類似問題　R1再Ⅱ-2,H30Ⅱ-2,H29Ⅱ-2

 答 ③

---

適性科目
**Ⅱ-2**

　　　「公衆の安全,健康,及び福利を最優先すること」は,技術者倫理で最も大切なことである.ここに示す「公衆」は,技術業の業務によって危険を受けうるが,技術者倫理における1つの考え方として,「公衆」は,「　ア　である」というものがある.

次の記述のうち,「　ア　」に入るものとして,最も適切なものはどれか.

① 国家や社会を形成している一般の人々
② 背景などを異にする多数の組織されていない人々
③ 専門職としての技術業についていない人々
④ よく知らされたうえでの同意を与えることができない人々
⑤ 広い地域に散在しながらメディアを通じて世論を形成する人々

**解 説**

　倫理綱領，倫理規程に関する設問は，ほぼ毎年出題されている．この設問は，「技術者倫理における公衆の定義」に関するものである．

① 不適切．技術者倫理における公衆は，国家や社会を形成している人々とは限らない．

② 不適切．技術者倫理における公衆には，組織されている人々も含んでいる．

③ 不適切．技術者倫理における公衆には，専門職や技術業の人々も含む．

④ 適切．技術者倫理における公衆の定義は「インフォームド・コンセント（説明を受け納得したうえでの同意）」を与えることができない人々のことである．

⑤ 不適切．技術者倫理における公衆には，メディアを通じて世論を形成できない人々を含む．

　設問冒頭の文章は，技術士倫理綱領の「基本綱領」の「公衆の利益の優先」に示されているものである．H26 Ⅱ-6 には，「技術者倫理において公衆とは，技術業のサービスによる結果について自由な又はよく知られた上での同意を与える立場になく，影響される人々のことをいう．つまり公衆は，専門家に比べてある程度の無知，無力などの特性を有する」との公衆の定義が記載されている．

　（注）類似問題　H28 Ⅱ-6，H26 Ⅱ-6　　　　　　 答 ④

　科学技術に携わる者が自らの職務内容について，そのことを知ろうとする者に対して，わかりやすく説明する責任を説明責任（accountability）と呼ぶ．説明を行う者は，説明を求める相手に対して十分な情報を提供するとともに，説明を受ける者が理解しやすい説明を心がけることが重要である．以下に示す説明責任に関する（ア）〜（エ）の記述のうち，正しいものを○，誤ったものを×として，最も適切な組合せはどれか．

（ア）技術者は，説明責任を遂行するに当たり，説明を行う側が努力する一方で，説明を受ける側もそれを受け入れるために相応に努力することが重要である．

（イ）技術者は，自らが関わる業務において，利益相反の可能性がある場合には，説明責任と公正さを重視して，雇用者や依頼者に対し，利益相反に関連する情報を開示する．

（ウ）　公正で責任ある研究活動を推進するうえで，どの研究領域であっても共有されるべき「価値」があり，その価値の1つに「研究実施における説明責任」がある．

（エ）　技術者は，時として守秘義務と説明責任のはざまにおかれることがあり，守秘義務を果たしつつ説明責任を果たすことが求められる．

|  | ア | イ | ウ | エ |
|---|---|---|---|---|
| ① | ○ | ○ | ○ | ○ |
| ② | × | ○ | ○ | ○ |
| ③ | ○ | × | ○ | ○ |
| ④ | ○ | ○ | × | ○ |
| ⑤ | ○ | ○ | ○ | × |

**解　説**

（ア）　○．説明を行う側も，説明を受ける側も，努力が必要である．

（イ）　○．利益相反の場合は，雇用者や依頼者に対して利益相反に関連する情報を開示すべきである．

（ウ）　○．科学技術に携わる者は，研究・開発・設計・製造・結果に対して，常に公衆の価値観を考慮することが不可欠である．公衆との価値観の共有（Value Alignment）を図るために「研究実施における説明責任」を果たすべきである．

（エ）　○．守秘義務と説明責任は，二者択一ではなく，どちらも果たすべきである．

答①

**適性科目 Ⅱ-4**

　　安全保障貿易管理（輸出管理）は，先進国が保有する高度な貨物や技術が，大量破壊兵器等の開発や製造等に関与している懸念国やテロリスト等の懸念組織に渡ることを未然に防ぐため，国際的な枠組みの下，各国が協調して実施している．近年，安全保障環境は一層深刻になるとともに，人的交流の拡大や事業の国際化の進展等により，従来にも増して安全保障貿易管理の重要性が高まっている．大企業や大学，研究機関のみならず，中小企業も例外ではなく，業として輸出等を行う者は，法令を遵守し適切に輸出管理を行わなければならない．輸出管理を適切に実施することにより，法令違反の

未然防止はもとより，懸念取引等に巻き込まれるリスクも低減する．

輸出管理に関する次の記述のうち，最も適切なものはどれか．

① α大学の大学院生は，ドローンの輸出に関して学内手続をせずに，発送した．

② α大学の大学院生は，ロボットのデモンストレーションを実施するためにA国β大学に輸出しようとするロボットに，リスト規制に該当する角速度・加速度センサーが内蔵されているため，学内手続の申請を行いセンサーが主要な要素になっていないことを確認した．その結果，規制に該当しないものと判断されたので，輸出を行った．

③ α大学の大学院生は，学会発表及びB国γ研究所と共同研究の可能性を探るための非公開の情報を用いた情報交換を実施することを目的とした外国出張の申請書を作成した．申請書の業務内容欄には「学会発表及び研究概要打合せ」と記載した．研究概要打合せは，輸出管理上の判定欄に「公知」と記載した．

④ α大学の大学院生は，C国において地質調査を実施する計画を立てており，「赤外線カメラ」をハンドキャリーする予定としていた．この大学院生は，過去に学会発表でC国に渡航した経験があるので，直前に海外渡航申請の提出をした．

⑤ α大学の大学院生は，自作した測定装置は大学の輸出管理の対象にならないと考え，輸出管理手続をせずに海外に持ち出すことにした．

## 解　説

安全保障貿易管理（輸出管理，Export Control）に関する設問である．安全保障貿易管理には，7つ以上の関連法令がある．経済産業省のWebサイトには，「安全保障貿易管理の概要」，「関係法令」，「企業等の自主管理の促進」や「大学・研究機関の自主管理の促進」などが掲載されているので，読者に関係の深い部分や概要の一読をおすすめする．

設問を熟読すれば，これらを読んでいない受験者でも解くことができる．

① 不適切．ドローンの技術は，自律型致死兵器システム（LAWS：Lethal Autonomous Weapons Systems）などへの転用が可能であり，学内手続での承認を得て発送すべきである．

② 最も適切．ロボットも兵器やテロなどに転用されるおそれがある．学内手続での判断を受ける行為は，最も適切である．

③　不適切．非公開の情報を用いた情報交換を実施することを目的とした外国出張の申請書であるにもかかわらず，「公知」と記載したのは虚偽申請であり不適切である．

④　不適切．軍事転用などができる赤外線カメラをハンドキャリーする海外渡航の申請を出発直前に行うのは，安全保障貿易管理の観点から不適切である．

⑤　不適切．自作した測定装置について，学内手続での承認を得るべきである．

 答　②

令和3年度　適性科目

**適性科目　Ⅱ-5**

　　　　SDGs（Sustainable Development Goals：持続可能な開発目標）とは，2030年の世界の姿を表した目標の集まりであり，貧困に終止符を打ち，地球を保護し，すべての人が平和と豊かさを享受できるようにすることを目指す普遍的な行動を呼びかけている．SDGsは2015年に国連本部で開催された「持続可能な開発サミット」で採択された17の目標と169のターゲットから構成され，それらには「経済に関すること」「社会に関すること」「環境に関すること」などが含まれる．また，SDGsは発展途上国のみならず，先進国自身が取り組むユニバーサル（普遍的）なものであり，我が国も積極的に取り組んでいる．国連で定めるSDGsに関する次の（ア）〜（エ）の記述のうち，正しいものを○，誤ったものを×として，最も適切な組合せはどれか．

（ア）　SDGsは，政府・国連に加えて，企業・自治体・個人など誰もが参加できる枠組みになっており，地球上の「誰一人取り残さない（leave no one behind）」ことを誓っている．

（イ）　SDGsには，法的拘束力があり，処罰の対象となることがある．

（ウ）　SDGsは，深刻化する気候変動や，貧富の格差の広がり，紛争や難民・避難民の増加など，このままでは美しい地球を子・孫・ひ孫の代につないでいけないという危機感から生まれた．

（エ）　SDGsの達成には，目指すべき社会の姿から振り返って現在すべきことを考える「バックキャスト（Backcast）」ではなく，現状をベースとして実現可能性を踏まえた積み上げを行う「フォーキャスト（Forecast）」の考え方が重要とされている．

|     | ア | イ | ウ | エ |
|-----|----|----|----|----|
| ① | ○ | × | ○ | ○ |
| ② | ○ | ○ | ○ | × |
| ③ | × | ○ | × | ○ |
| ④ | ○ | × | ○ | × |
| ⑤ | × | × | ○ | ○ |

## 解　説

2030年までに目標を達成するために，2020年 1 月に「行動の10年（Decade of Action）」がスタートした，SDGs に関する出題である．

（ア）　○．SDGs アジェンダの前文に「このアジェンダは，人間，地球及び繁栄のための行動計画である」と記述されている．アジェンダの「われら人民（We the peoples）」というのは国連憲章の冒頭の言葉であり，特に人を中心に据えている．

（イ）　×．SDGs は，人間および地球を持続可能とするための目標であり，法的拘束や処罰規定はない．

（ウ）　○．SDGs アジェンダには，「地球が現在及び将来の世代の需要を支えることができるように（中略）地球を破壊から守ることを決意する」と記述されている．

（エ）　×．SDGs では，「未来を起点」に現在の課題などを考えることが重要と考えており，誤っている．

（注）類似問題　R 1 再 Ⅱ-14，R 1 Ⅱ-15　　　　　答　④

**適性科目 Ⅱ-6**　AI に関する研究開発や利活用は今後飛躍的に発展することが期待されており，AI に対する信頼を醸成するための議論が国際的に実施されている．我が国では，政府において，「AI-Ready な社会」への変革を推進する観点から，2018年 5 月より，政府統一の AI 社会原則に関する検討を開始し，2019年 3 月に「人間中心の AI 社会原則」が策定・公表された．また，開発者及び事業者において，基本理念及び AI 社会原則を踏まえた AI 利活用の原則が作成・公表された．

以下に示す（ア）〜（コ）の記述のうち，AI の利活用者が留意すべき原則にあきらかに該当しないものの数を選べ．

（ア）　適正利用の原則

（イ）　適正学習の原則

（ウ）　連携の原則

（エ）　安全の原則

（オ）　セキュリティの原則

（カ）　プライバシーの原則

（キ）　尊厳・自律の原則

（ク）　公平性の原則

（ケ）　透明性の原則

（コ）　アカウンタビリティの原則

① 0　　② 1　　③ 2　　④ 3　　⑤ 4

## 解　説

「人間中心の AI 社会原則」の第 4 章には，下記に示す AI 社会原則や AI 開発利用原則などが示されている．（ア）～（コ）の記述は，表現の多少の違いはあるが，すべてがこれらの原則に当てはまるもので，明らかに該当しないものは 0 である．

・AI 社会原則

(1) 人間中心の原則，(2) 教育・リテラシーの原則，(3) プライバシー確保の原則，(4) セキュリティ確保の原則，(5) 公正競争確保の原則，(6) 公平性，説明責任及び透明性の原則，(7) イノベーションの原則

・AI 開発利用原則（上記の原則と下記の基本概念を踏まえる）

(1) 人間の尊厳が尊重される社会（Dignity），(2) 多様な背景を持つ人々が多様な幸せを追求できる社会（Diversity&Inclusion），(3) 持続性ある社会（Sustainability）

（注）類似問題　R 1 再 II -15

答 ①

適性科目 II -7　　近年，企業の情報漏洩が社会問題化している．営業秘密等の漏えいは，企業にとって社会的な信用低下や顧客への損害賠償等，甚大な損失を被るリスクがある．例えば，2012年に提訴された，新日鐵住金において変圧器用の電磁鋼板の製造プロセス及び製造設備の設計図等が外国ライバル企業へ漏えいした事案では，賠償請求・差止め請求がなされたなど，基

幹技術など企業情報の漏えい事案が多発している．また，サイバー空間での窃取，拡散など漏えい態様も多様化しており，抑止力向上と処罰範囲の整備が必要となっている．

営業秘密に関する次の（ア）～（エ）の記述のうち，正しいものは○，誤っているものは×として，最も適切な組合せはどれか．

(ア) 顧客名簿や新規事業計画書は，企業の研究・開発や営業活動の過程で生み出されたものなので営業秘密である．

(イ) 有害物質の垂れ流し，脱税等の反社会的な活動についての情報は，法が保護すべき正当な事業活動ではなく，有用性があるとはいえないため，営業秘密に該当しない．

(ウ) 刊行物に記載された情報や特許として公開されたものは，営業秘密に該当しない．

(エ) 「営業秘密」として法律により保護を受けるための要件の1つは，秘密として管理されていることである．

|     | ア | イ | ウ | エ |
| --- | --- | --- | --- | --- |
| ① | ○ | ○ | ○ | × |
| ② | ○ | ○ | × | ○ |
| ③ | ○ | × | ○ | ○ |
| ④ | × | ○ | ○ | ○ |
| ⑤ | ○ | ○ | ○ | ○ |

**解 説**

不正競争防止法第2条第6項に「この法律において「営業秘密」とは，秘密として管理されている生産方法，販売方法その他の事業活動に有用な技術上又は営業上の情報であって，公然と知られていないものをいう」と定義されている．

(ア) ○．顧客名簿や新規事業計画書は，「事業活動に有用な営業上の情報」である．

(イ) ○．有害物質の垂れ流し，脱税等の反社会的な活動についての情報は，「事業活動に有用な技術上又は営業上の情報」ではないので，営業秘密ではない．

(ウ) ○．「刊行物に記載された情報や特許として公開されたもの」は，公然と知られているので営業秘密ではない．

(エ) ○．技術やノウハウ等の情報が「営業秘密」として不正競争防止法で保

護されるためには，(1) 秘密として管理されていること，(2) 有用な営業上又は技術上の情報であること，(3) 公然と知られていないことの3つの要件のすべてにあてはまらなければならない．「秘密として管理されていること」は要件の1つである．

以上から，最も適切な組合せは⑤である．

（注）類似問題　R2 Ⅱ-4，H30 Ⅱ-7

  答 ⑤

---

**適性科目**

**Ⅱ-8**

我が国の製造物責任（PL）法には，製造物責任の対象となる「製造物」について定められている．

次の（ア）～（エ）の記述のうち，正しいものは○，誤っているものは×として，最も適切な組合せはどれか．

（ア）　土地，建物などの不動産は責任の対象とならない．ただし，エスカレータなどの動産は引き渡された時点で不動産の一部となるが，引き渡された時点で存在した欠陥が原因であった場合は責任の対象となる．

（イ）　ソフトウエア自体は無体物であり，責任の対象とならない．ただし，ソフトウエアを組み込んだ製造物による事故が発生した場合，ソフトウエアの不具合と損害との間に因果関係が認められる場合は責任の対象となる．

（ウ）　再生品とは，劣化，破損等により修理等では使用困難な状態となった製造物について当該製造物の一部を利用して形成されたものであり責任の対象となる．この場合，最後に再生品を製造又は加工した者が全ての責任を負う．

（エ）　「修理」，「修繕」，「整備」は，基本的にある動産に本来存在する性質の回復や維持を行うことと考えられ，責任の対象とならない．

|     | ア | イ | ウ | エ |
|-----|----|----|----|----|
| ① | ○ | × | ○ | ○ |
| ② | × | ○ | ○ | × |
| ③ | ○ | ○ | × | ○ |
| ④ | ○ | × | ○ | × |
| ⑤ | × | ○ | × | ○ |

## 解　説

（ア）　○．エスカレータなどの動産は引き渡された時点で不動産の一部となるが，引き渡された時点で存在した欠陥が原因であった場合は「PL 法上の損害賠償責任」に該当する．

（イ）　○．ソフトウェアが組み込まれた製造物は動産であり，そのソフトウェアを組み込んだ製造物による事故が発生した場合で，ソフトウェアの不具合と損害との間に因果関係が認められる場合，当該ソフトウェアが組み込まれた製造物は「PL 法上の損害賠償責任」に該当する．

（ウ）　×．劣化，破損等により修理等では使用困難な状態となった製造物について，当該製造物の一部を利用して形成された再生品については，再生品を製造又は加工した者が製造物責任を負うとの考えが経済産業省から示されている．この場合，再生品の原材料となった製造物の製造業者については，再生品の原材料となった製造物が引き渡されたときに有していた欠陥と再生品の利用に際して生じた損害との因果関係がある場合にのみ製造物責任が発生する．

（エ）　○．「修理」，「修繕」，「整備」は，基本的にある動産に本来存在する性質の回復や維持を行う作業であり，「製造物」ではないので，責任の対象とならない．

以上から，最も適切な組合せは③である．

（注）類似問題　R2 Ⅱ-6，R1 再 Ⅱ-7，R1 Ⅱ-3，
　　　　　　　　H30 Ⅱ-9，H29 Ⅱ-8，H28 Ⅱ-7

　答 ③

---

**適性科目　Ⅱ-9**

　　ダイバーシティ（Diversity）とは，一般に多様性，あるいは，企業で人種・国籍・性・年齢を問わずに人材を活用することを意味する．また，ダイバーシティ経営とは「多様な人材を活かし，その能力が最大限発揮できる機会を提供することで，イノベーションを生み出し，価値創造につなげている経営」と定義されている．「能力」には，多様な人材それぞれの持つ潜在的な能力や特性なども含んでいる．「イノベーションを生み出し，価値創造につなげている経営」とは，組織内の個々の人材がその特性を活かし，生き生きと働くことのできる環境を整えることによって，自由な発想が生まれ，生産性を向上し，自社の競争力強化につながる，といった一連の流れを生み出しうる経営のことである．

「多様な人材」に関する次の（ア）～（コ）の記述のうち，あきらかに不適切なものの数を選べ．

（ア）　性別

（イ）　年齢

（ウ）　人種

（エ）　国籍

（オ）　障がいの有無

（カ）　性的指向

（キ）　宗教・信条

（ク）　価値観

（ケ）　職歴や経験

（コ）　働き方

① 0　　② 1　　③ 2　　④ 3　　⑤ 4

---

**解　説**

人材活用や雇用対策に関する「ダイバーシティ（多様性）」に関する設問で，総合技術監理部門で問われるべき水準の内容と考える．社会人経験の少ない受験者の皆さんには難問と映るかもしれないが，これまで出題された「誰も知らないような問題」は「全部正しい」と簡単化されていることが多いので，これにめげずに頑張っていただきたい．経済産業省が2021年3月に発行した「【改訂版】ダイバーシティ経営診断シートの手引き 多様な個を活かす経営へ～ダイバーシティ経営への第一歩～」に「ダイバーシティ経営とは，「多様な人材（注1）を活かし，その能力が最大限発揮できる機会を提供することで，イノベーションを生み出し，価値創造につなげている経営」のことです」とあり，（注1）には「「多様な人材」とは，性別，年齢，人種や国籍，障がいの有無，性的指向，宗教・信条，価値観などの多様性だけでなく，キャリアや経験，働き方などの多様性も含みます」とある．

（ア）～（ク）　適切．上記の（注1）の文章に含まれている．

（ケ）　適切．職歴や経験は上記の（注1）の文章のキャリアや経験に相当する．

（コ）　適切．上記の（注1）の文章に含まれている．

以上より，あきらかに不適切なものの数は0である．

答　①

**適性科目 Ⅱ-10**

　多くの国際安全規格は，ISO/IEC Guide51（JIS Z 8051）に示された「規格に安全側面（安全に関する規定）を導入するためのガイドライン」に基づいて作成されている．この Guide51 には「設計段階で取られるリスク低減の方策」として以下が提示されている．

・「ステップ 1」：本質的安全設計
・「ステップ 2」：ガード及び保護装置
・「ステップ 3」：使用上の情報（警告，取扱説明書など）

次の（ア）～（カ）の記述のうち，このガイドラインが推奨する行動として，あきらかに誤っているものの数を選べ．

（ア）　ある商業ビルのメインエントランスに設置する回転ドアを設計する際に，施工主の要求仕様である「重厚感のある意匠」を優先して，リスク低減に有効な「軽量設計」は採用せずに，インターロックによる制御安全機能，及び警告表示でリスク軽減を達成させた．

（イ）　建設作業用重機の本質的安全設計案が，リスクアセスメントの検討結果，リスク低減策として的確と評価された．しかし，僅かに計画予算を超えたことから，ALARP の考え方を導入し，その設計案の一部を採用しないで，代わりに保護装置の追加，及び警告表示と取扱説明書を充実させた．

（ウ）　ある海外工場から充電式掃除機を他国へ輸出したが，「警告」の表示は，明白で，読みやすく，容易で消えなく，かつ，理解しやすいものとした．また，その表記は，製造国の公用語だけでなく，輸出であることから国際的にも判るように，英語も併記した．

（エ）　介護ロボットを製造販売したが，「警告」には，警告を無視した場合の，製品のハザード，そのハザードによってもたらされる危害，及びその結果について判りやすく記載した．

（オ）　ドラム式洗濯乾燥機を製造販売したが，「取扱説明書」には，使用者が適切な意思決定ができるように，必要な情報をわかり易く記載した．また，万一の製品の誤使用を回避する方法も記載した．

（カ）　エレベータを製造販売したが「取扱説明書」に推奨されるメンテナンス方法について記載した．ここで，メンテナンスの実施は納入先の顧客（使用者）が主体で行う場合もあるため，その作業者の訓練又は個人用保護具の必要性についても記載した．

①　1　　②　2　　③　3　　④　4　　⑤　5

**解 説**

今までも出題されている「国際安全規格【ISO】JIS Z 8051」に関する設問である。「JIS Z 8051：2015 安全側面－規格への導入指針」（以下，「指針」）は10ページ程度の資料であるので一度目を通しておくとよい．問題文章中にある「「ステップ1」：本質的安全設計，「ステップ2」：ガード及び保護装置，「ステップ3」：使用上の情報（警告，取扱説明書など）」の順に優先して採用することを注意していただきたい．

（ア）　誤り．リスク低減に有効な「軽量設計」を採用せずに，インターロックによる制御安全機能，及び警告表示でリスク軽減したことは，「ステップ1」の本質的安全設計を採用せずに「ステップ2」と「ステップ3」で安全を確保することで，ガイドラインの主張に反する．

（イ）　誤り．ALARP（As Low As Reasonably Practicable）は合理的に実行可能なリスク低減措置を講じてリスクを低減することで，もし，リスク低減措置を講じることによって得られるメリットに比較してリスク低減費用が著しく大きく合理性を欠く場合は，それ以上の低減対策を講じなくてもよいという考え方である．わずかに計画予算を超えても的確に安全を確保できるなら予算超過を認めるのがALARPの考え方である．

（ウ）　正しい．「指針」に，考慮するべき事項として警告は「明白で，読みやすく，容易に消えなく，かつ，理解しやすいもの」とあり，また，「製品又はシステムが使われる国／国々の公用語で書く」とある．問題文にはないが，当然「ステップ1」もしくは「ステップ2」の措置も講じられていると推量する．

（エ）　正しい．「指針」に考慮するべき事項として「警告の内容は，警告を無視した場合の，製品のハザード，ハザードによってもたらされる危害，及びその結果について記載することが望ましい」とある．問題文にはないが，当然，「ステップ1」もしくは「ステップ2」の措置も講じられていて，警告のみで安全を担保してはいないと推量する．

（オ）　正しい．「指針」に考慮するべき事項として「取扱説明書の内容は，製品の最終使用者に対し（中略）適切な意思決定ができる手段を提供し，かつ，製品の誤使用を回避する指示を提供することが望ましい」とある．問題文にはないが，当然「ステップ1」もしくは「ステップ2」の措置も講じられていて，誤使用をマニュアルのみで回避する洗濯乾燥機ではないと推量する．

（カ）　誤り．「指針」に考慮するべき事項として「メンテナンスのしやすさ」とともに，「メンテナンス及び手入れ」がある．問題文には「その作業者の訓練又は個人用保護具の必要性についても記載」とあるが「その作業者の訓練及び個人用保護具の必要性についても記載」するべきである．「又は」と「及び」の日本語の意味を正確に読み解くことを求める，技術士資格適性の本質を突いていない国家試験らしからぬ珍問である．

以上より，誤りは3つである．

（注）類似問題　R1再 II -12，H30 II -11

 答 ③

**適性科目 II -11**

　再生可能エネルギーは，現時点では安定供給面，コスト面で様々な課題があるが，エネルギー安全保障にも寄与できる有望かつ多様で，長期を展望した環境負荷の低減を見据えつつ活用していく重要な低炭素の国産エネルギー源である．また，2016年のパリ協定では，世界の平均気温上昇を産業革命以前に比べて2℃より十分低く保ち，1.5℃に抑える努力をすること，そのためにできるかぎり早く世界の温室効果ガス排出量をピークアウトし，21世紀後半には，温室効果ガス排出量と（森林などによる）吸収量のバランスをとることなどが合意された．再生可能エネルギーは温室効果ガスを排出しないことから，パリ協定の実現に貢献可能である．

　再生可能エネルギーに関する次の（ア）〜（オ）の記述のうち，正しいものは○，誤っているものは×として，最も適切な組合せはどれか．

（ア）　石炭は，古代原生林が主原料であり，燃焼により排出される炭酸ガスは，樹木に吸収され，これらの樹木から再び石炭が作られるので，再生可能エネルギーの1つである．

（イ）　空気熱は，ヒートポンプを利用することにより温熱供給や冷熱供給が可能な，再生可能エネルギーの1つである．

（ウ）　水素燃料は，クリーンなエネルギーであるが，天然にはほとんど存在していないため，水や化石燃料などの各種原料から製造しなければならず，再生可能エネルギーではない．

（エ）　月の引力によって周期的に生じる潮汐の運動エネルギーを取り出して発電する潮汐発電は，再生可能エネルギーの1つである．

（オ）　バイオガスは，生ゴミや家畜の糞尿を微生物などにより分解して製造される生物資源の1つであるが，再生可能エネルギーではない．

|     | ア | イ | ウ | エ | オ |
|-----|----|----|----|----|----|
| ①   | ○  | ○  | ○  | ○  | ○  |
| ②   | ○  | ×  | ○  | ×  | ○  |
| ③   | ×  | ○  | ○  | ○  | ×  |
| ④   | ×  | ○  | ×  | ○  | ×  |
| ⑤   | ×  | ×  | ×  | ×  | ○  |

令和3年度 適性科目

## 解　説

「地球環境とエネルギー」に関する設問である．環境，エネルギーと関係のない部門の受験者の皆さんも，日本が2050年のカーボンニュートラルを宣言し産業界が大きく動こうとしているので，この程度の知識は興味をもっておいていただきたい．なお，東京電力エナジーパートナー（株）のWebサイト（https://www.tepco.co.jp/ep/solution/heatpump/about/）に「再生可能エネルギーの種類」として一覧があるので参考にされたい．

（ア）　×．石炭は燃焼により $CO_2$ を多量に排出する代表例で，再生可能エネルギーではない．排出した $CO_2$ の量を現在の地球上の樹木では吸収できないため，石炭火力発電所はカーボンニュートラルを目指して段階的削減が論議されている．

（イ）　○．太陽熱が空気に蓄えられた空気熱は，自然エネルギーとして再生可能エネルギーに位置付けられている．

（ウ）　○．現在，世界で流通する水素の99％は化石燃料を改質して作る「グレー水素」と呼ばれるもので，製造時に $CO_2$ が発生し，再生可能エネルギーではない．なお，改質の際に発生する $CO_2$ を回収する工程を経て製造した水素を「ブルー水素」，製造過程で $CO_2$ を発生させない水素を「グリーン水素」と呼ぶことも留意していただきたい．

（エ）　○．正しい記述である．

（オ）　×．バイオガスは，生ゴミや家畜の糞尿を，微生物の力により発酵や嫌気性消化で発生するガスで，非枯渇性の再生可能資源の1つとして位置付けられている．

以上より，×，○，○，○，×となる．

（注）類似問題　R2 Ⅱ-10，R1再 Ⅱ-11，H30 Ⅱ-13

 答 ③

**適性科目**
**Ⅱ-12**

　　技術者にとって労働者の安全衛生を確保することは重要な使命の1つである．労働安全衛生法は「職場における労働者の安全と健康を確保」するとともに，「快適な職場環境を形成」する目的で制定されたものである．次に示す安全と衛生に関する（ア）〜（キ）の記述のうち，適切なものの数を選べ．

（ア）　総合的かつ計画的な安全衛生対策を推進するためには，目的達成の手段方法として「労働災害防止のための危害防止基準の確立」「責任体制の明確化」「自主的活動の促進の措置」などがある．

（イ）　労働災害の原因は，設備，原材料，環境などの「不安全な状態」と，労働者の「不安全な行動」に分けることができ，災害防止には不安全な状態・不安全な行動を無くす対策を講じることが重要である．

（ウ）　ハインリッヒの法則では，「人間が起こした330件の災害のうち，1件の重い災害があったとすると，29回の軽傷，傷害のない事故を300回起こしている」とされる．29の軽傷の要因を無くすことで重い災害を無くすことができる．

（エ）　ヒヤリハット活動は，作業中に「ヒヤっとした」「ハッとした」危険有害情報を活用する災害防止活動である．情報は，朝礼などの機会に報告するようにし，「情報提供者を責めない」職場ルールでの実施が基本となる．

（オ）　安全の4S活動は，職場の安全と労働者の健康を守り，そして生産性の向上を目指す活動として，整理（Seiri），整頓（Seiton），清掃（Seisou），しつけ（Shituke）がある．

（カ）　安全データシート（SDS：Safety Data Sheet）は，化学物質の危険有害性情報を記載した文書のことであり，化学物質及び化学物質を含む製品の使用者は，危険有害性を把握し，リスクアセスメントを実施し，労働者へ周知しなければならない．

（キ）　労働衛生の健康管理とは，労働者の健康状態を把握し管理することで，事業者には健康診断の実施が義務づけられている．一定規模以上の事業者は，健康診断の結果を行政機関へ提出しなければならない．

① 3　　② 4　　③ 5　　④ 6　　⑤ 7

**解　説**

たびたび出題される労働安全衛生法に関するものである．厚生労働省のWebサイト「職場のあんぜんサイト」（https://anzeninfo.mhlw.go.jp/yougo/yougo

90_1.html）に関連する用語集があるので参考にされたい.

- （ア）　適切. 労働安全衛生法の第1条に「この法律は,（中略）労働災害の防止のための危害防止基準の確立, 責任体制の明確化及び自主的活動の促進の措置を講ずる等その防止に関する総合的計画的な対策を推進することにより職場における労働者の安全と健康を確保するとともに, 快適な職場環境の形成を促進することを目的とする」とある.
- （イ）　適切. 上記「職場のあんぜんサイト」に同じ趣旨の文言がある.
- （ウ）　不適切. ハインリッヒの法則では,「人間が起こした330件の災害のうち, 1件の重い災害があったとすると, 29回の軽傷, 傷害のない事故を300回起こしている」は正しいが, 300回の傷害のない事故の要因をなくすことで, 29回の軽傷と重い災害をなくすことができる. そのために下記（エ）の活動を職場で行っている.
- （エ）　適切.「情報提供者を責めない」職場ルールで, 誰もが自己のヒヤリハット経験を報告できる点に注意されたい.
- （オ）　不適切. 4Sは整理（Seiri）, 整頓（Seiton）, 清掃（Seiso）, 清潔（Seiketsu）で, しつけ（Shitsuke）を加えると5Sになる. ひっかけの難問である.
- （カ）　適切. 安全データシート（SDS：Safety Data Sheet）に直接, 間接に携わった受験者の皆さんは少ないかもしれないが正しい記述である. 問題文のSDSのスペルは正しいか,「使用者」なのか「管理者」なのか,「リスクアセスメント」なのか「リスク評価」なのか, 疑えばきりがない問題文であるが, 技術士試験で門外漢が多い難問は往々にして正しい記述を掲載している.
- （キ）　適切. 労働者が50人以上の事業場では, 定期健康診断の結果を所轄の労働基準監督署長へ報告することが労働安全衛生法により求められている.

以上より, 適切なものの数は5であり③が正答である.

（注）類似問題　R2 Ⅱ-8, H30 Ⅱ-11

 答 ③

**適性科目**
**Ⅱ-13**
　　　　産業財産権制度は, 新しい技術, 新しいデザイン, ネーミングなどについて独占権を与え, 模倣防止のための保護, 研究開発へのインセンティブを付与し, 取引上の信用を維持することによって, 産業の発展を図ることを目的にしている. これらの権利は, 特許庁に出願し, 登録することによって, 一定期間, 独占的に実施（使用）することができる.

　従来型の経営資源である人・物・金を活用して利益を確保する手法に加え，産業財産権を最大限に活用して利益を確保する手法について熟知することは，今や経営者及び技術者にとって必須の事項といえる.

　産業財産権の取得は，利益を確保するための手段であって目的ではなく，取得後どのように活用して利益を確保するかを，研究開発時や出願時などのあらゆる節目で十分に考えておくことが重要である.

　次の知的財産権のうち，「産業財産権」に含まれないものはどれか.

① 特許権　② 実用新案権　③ 回路配置利用権
④ 意匠権　⑤ 商標権

## 解　説

　これもたびたび出題されている知的財産権制度に関する設問で，特許庁が管理する特許権（特許法），実用新案権（実用新案法），意匠権（意匠法）および商標権（商標法）は産業財産権と呼ばれている．特許庁以外が管理する著作権（著作権法），回路配置利用権（半導体集積回路の回路配置法），育成者権（種苗法），地理的表示（地理的表示法など），商品表示・商品形態（不正競争防止法），商号（会社法・商法）などの知的財産権があることも留意されたい.

　① 含まれる．特許庁の管理する特許権は産業財産権に含まれる.

　② 含まれる．特許庁の管理する実用新案権は産業財産権に含まれる.

　③ 含まれない．回路配置利用権は産業財産権に含まれない．特許庁でなく，現在は一般財団法人ソフトウェア情報センター（SOFTIC）に登録することに注意.

　④ 含まれる．特許庁の管理する意匠権は産業財産権に含まれる.

　⑤ 含まれる．特許庁の管理する商標権は産業財産権に含まれる.

　よって，③が含まれない.

　（注）類似問題　R2 Ⅱ-5，R1 Ⅱ-5，H24 Ⅱ-9

**適性科目**
**Ⅱ-14**

　個人情報の保護に関する法律（以下，個人情報保護法と呼ぶ）は，利用者や消費者が安心できるように，企業や団体に個人情報をきちんと大切に扱ってもらったうえで，有効に活用できるよう共通のルールを定めた法律である.

　個人情報保護法に基づき，個人情報の取り扱いに関する次の（ア）～（エ）の

記述のうち，正しいものは〇，誤っているものは×として，最も適切な組合せはどれか．

- （ア）　学習塾で，生徒同士のトラブルが発生し，生徒Aが生徒Bにケガをさせてしまった．生徒Aの保護者は生徒Bとその保護者に謝罪するため，生徒Bの連絡先を教えて欲しいと学習塾に尋ねてきた．学習塾では，「謝罪したい」という理由を踏まえ，生徒名簿に記載されている生徒Bとその保護者の氏名，住所，電話番号を伝えた．
- （イ）　クレジットカード会社に対し，カードホルダーから「請求に誤りがあるようなので確認して欲しい」との照会があり，クレジット会社が調査を行った結果，処理を誤った加盟店があることが判明した．クレジットカード会社は，当該加盟店に対し，直接カードホルダーに請求を誤った経緯等を説明するよう依頼するため，カードホルダーの連絡先を伝えた．
- （ウ）　小売店を営んでおり，人手不足のためアルバイトを募集していたが，なかなか人が集まらなかった．そのため，店のポイントプログラムに登録している顧客をアルバイトに勧誘しようと思い，事前にその顧客の同意を得ることなく，登録された電話番号に電話をかけた．
- （エ）　顧客の氏名，連絡先，購入履歴等を顧客リストとして作成し，新商品やセールの案内に活用しているが，複数の顧客にイベントの案内を電子メールで知らせる際に，CC（Carbon Copy）に顧客のメールアドレスを入力し，一斉送信した．

|   | ア | イ | ウ | エ |
|---|---|---|---|---|
| ① | 〇 | × | × | × |
| ② | × | 〇 | × | × |
| ③ | × | × | 〇 | × |
| ④ | × | × | × | 〇 |
| ⑤ | × | × | × | × |

**解　説**

個人情報保護法第15条に（利用目的の特定）として「個人情報取扱事業者は，個人情報を取り扱うに当たっては，その利用の目的（以下「利用目的」という．）をできる限り特定しなければならない」とあり，第16条に（利用目的による制限）として「個人情報取扱事業者は，あらかじめ本人の同意を得ないで，前条の規定により特定された利用目的の達成に必要な範囲を超えて，個人情報を取り扱って

はならない」とある．また，第23条に（第三者提供の制限）として「個人情報取扱事業者は，（中略）あらかじめ本人の同意を得ないで，個人データを第三者に提供してはならない」とある．これらに該当するかが判断のより所となる．なお，国の個人情報保護委員会が「個人情報保護法 ヒヤリハット事例集」（https://www.ppc.go.jp/files/pdf/pd_hiyari.pdf）として，設問と同じ内容を事例として取り上げているので参考にされたい．

- （ア）　×．謝罪したいというような理由であっても，本人に無断で個人データを第三者に提供してはならない．提供する前に，生徒Bとその保護者からの同意が必要である．

- （イ）　×．カードホルダーは，クレジットカード会社に対して調査を依頼しただけであって，加盟店に連絡先を提供することについては同意していない．第三者への提供にあたる．

- （ウ）　×．顧客向けに提供されるサービスのために取得した個人情報を採用活動に利用しようとしており，利用目的外の利用になる．

- （エ）　×．CCで送付すると送付先全員にメールアドレスが明らかになる．「nippon-tarou @ ○○.co.jp」のようにフルネームが入っているメールアドレスは個人情報とみなされる可能性があり，第三者提供に相当する．このような場合はBCCで送付するとメールアドレスが他の受信者に明らかにならない．

よって，×，×，×，×となり，最も適切な組合せは⑤である．

（注）類似問題　R1 Ⅱ-4，H26 Ⅱ-4，H24 Ⅱ-4

 答 ⑤

---

**適性科目 Ⅱ-15**

リスクアセスメントは，職場の潜在的な危険性又は有害性を見つけ出し，これを除去，低減するための手法である．労働安全衛生マネジメントシステムに関する指針では，「危険性又は有害性等の調査及びその結果に基づき講ずる措置」の実施，いわゆるリスクアセスメント等の実施が明記されているが，2006年4月1日以降，その実施が労働安全衛生法第28条の2により努力義務化された．なお，化学物質については，2016年6月1日にリスクアセスメントの実施が義務化された．

リスクアセスメント導入による効果に関する次の（ア）～（オ）の記述のうち，正しいものは○，間違っているものは×として，最も適切な組合せはどれか．

- （ア）　職場のリスクが明確になる

（イ）　リスクに対する認識を共有できる
（ウ）　安全対策の合理的な優先順位が決定できる
（エ）　残留リスクに対して「リスクの発生要因」の理由が明確になる
（オ）　専門家が分析することにより「危険」に対する度合いが明確になる

|  | ア | イ | ウ | エ | オ |
|---|---|---|---|---|---|
| ① | ○ | ○ | ○ | ○ | ○ |
| ② | ○ | ○ | ○ | ○ | × |
| ③ | ○ | ○ | ○ | × | × |
| ④ | ○ | ○ | × | × | × |
| ⑤ | × | × | × | × | × |

令和3年度　適性科目

**解　説**

　職場の安全衛生に関する，出題頻度の多いリスクアセスメントに関する出題である．厚生労働省が「事例でわかる職場のリスクアセスメント」（https://www.mhlw.go.jp/new-info/kobetu/roudou/gyousei/anzen/dl/110405-1.pdf）を発行しているので，参考にされたい．この冊子の p.3 に「リスクアセスメント導入による効果」として問題文章と同じ内容が記述してある．正確にリスクアセスメントの実施方法を知らないと解答できない難問である．

（ア）　○．職場の潜在的な危険性・有害性が明らかになり，危険の芽（リスク）を事前に摘むことができる．

（イ）　○．現場の作業者の参加を得て，管理監督者とともに進めるため，職場全体の安全衛生のリスクに対する共通の認識をもつことができる．

（ウ）　○．すべてのリスクを低減させる必要があるが，リスクの見積もり結果などによりその優先順位を決めることができる．

（エ）　×．リスクアセスメントにより残留リスクに対する「守るべき決めごと」の理由が明確になるのであって「リスクの発生要因」の理由が明確になるわけではない．また，「「リスクの発生要因」の理由」の言葉も意味不明の日本語である．

（オ）　×．リスクアセスメントは職場全員で行い，自分たちで分析するため「危険」に対する度合いが明確になるので，専門家が分析することにより「危険」に対する度合いが明確になるのではない．

　よって，○，○，○，×，×となり正答は③である．

　（注）類似問題　R1再Ⅱ-12，H29Ⅱ-12，H25Ⅱ-5，H24Ⅱ-10　答　③

# MEMO

# 令和2年度

# 基礎・適性科目の問題と模範解答

# 基礎科目
## ①群 設計・計画に関するもの

（全6問題から3問題を選択解答）

**基礎科目**
**Ⅰ-1-1**

ユニバーサルデザインに関する次の記述について，□□□に入る語句の組合せとして最も適切なものはどれか．

北欧発の考え方である，障害者と健常者が一緒に生活できる社会を目指す ア ，及び，米国発のバリアフリーという考え方の広がりを受けて，ロナルド・メイス（通称ロン・メイス）により1980年代に提唱された考え方が，ユニバーサルデザインである．ユニバーサルデザインは，特別な設計やデザインの変更を行うことなく，可能な限りすべての人が利用できうるよう製品や イ を設計することを意味する．ユニバーサルデザインの7つの原則は，（1）誰でもが公平に利用できる，（2）柔軟性がある，（3）シンプルかつ ウ な利用が可能，（4）必要な情報がすぐにわかる，（5） エ しても危険が起こらない，（6）小さな力でも利用できる，（7）じゅうぶんな大きさや広さが確保されている，である．

|     | ア | イ | ウ | エ |
|-----|-----|-----|-----|-----|
| ① | カスタマイゼーション | 環境 | 直感的 | ミス |
| ② | ノーマライゼーション | 制度 | 直感的 | 長時間利用 |
| ③ | ノーマライゼーション | 環境 | 直感的 | ミス |
| ④ | カスタマイゼーション | 制度 | 論理的 | 長時間利用 |
| ⑤ | ノーマライゼーション | 環境 | 論理的 | 長時間利用 |

---

**解　説**

ユニバーサルデザインは，自らも障がいをもっていた米ノースカロライナ州立大学のロナルド・メイス（Ronald Mace，通称：Ron Mace）により提唱されたも

のである．従来の類似概念と異なるのは対象を障がい者などとは限定せず，「すべての人が人生のある時点で何らかの障がいをもつこと」を発想の起点としている点である．

ユニバーサルデザインの７原則を下記する（邦訳は複数あるので参考記載とする）．

1．Equitable use（どんな人でも公平に使える）

2．Flexibility in use（使ううえでの柔軟性や自由度が高い）

3．Simple and intuitive use（使い方が簡単かつ自明で直感的）

4．Perceptible information（必要な情報がすぐにわかる）

5．Tolerance for error（うっかりミスが危険につながらない）

6．Low physical effort（身体への負担が少ない）

7．Size and space for approach and use
（接近や利用のための十分なサイズと空間が確保されている）

設問の各欄について検討する．

（ア）　ノーマライゼーション：ノーマライゼーション（normalization）は，1950年代に北欧諸国から始まったユニバーサルデザインに先立つ概念で，「障がい者も健常者と同様の生活ができるように支援すべき」という社会福祉をめぐる社会理念の１つである．さらに障がい者と健常者とは，お互いが特別に区別されず，社会生活を共にするのが正常なことであり，本来の望ましい姿だとする考え方や運動施策としても使われることがある．

　　　この概念は，ユニバーサルデザインが提唱された根源ともみなすことができる．

（イ）　環境：この環境は「社会環境」という意味合いである．制度などの法的指標だけにとどまらない広範囲かつ思慮深い検討と設計施工，運用が求められる．

（ウ）　直感的：「ユニバーサルデザインの７原則」３項に該当，intuitive の訳でもある．

（エ）　ミス：「ユニバーサルデザインの７原則」５項に該当．

　　　ノーマライゼーションについては必ずしも浸透していない面があるが，近隣知識からも推測することで適切な組合せの③は導出できよう．

（注）類似問題　H26 Ⅰ-1-1, H24 Ⅰ-1-4

**基礎科目 I-1-2**

　ある材料に生ずる応力 $S$［MPa］とその材料の強度 $R$［MPa］を確率変数として，$Z = R - S$ が0を下回る確率 $Pr(Z < 0)$ が一定値以下となるように設計する．応力 $S$ は平均 $\mu_S$，標準偏差 $\sigma_S$ の正規分布に，強度 $R$ は平均 $\mu_R$，標準偏差 $\sigma_R$ の正規分布に従い，互いに独立な確率変数とみなせるとする．$\mu_S : \sigma_S : \mu_R : \sigma_R$ の比として（ア）から（エ）の4ケースを考えるとき，$Pr(Z < 0)$ を小さい順に並べたものとして最も適切なものはどれか．

| | $\mu_S$ | : | $\sigma_S$ | : | $\mu_R$ | : | $\sigma_R$ |
|---|---|---|---|---|---|---|---|
| （ア） | 10 | : | $2\sqrt{2}$ | : | 14 | : | 1 |
| （イ） | 10 | : | 1 | : | 13 | : | $2\sqrt{2}$ |
| （ウ） | 9 | : | 1 | : | 12 | : | $\sqrt{3}$ |
| （エ） | 11 | : | 1 | : | 12 | : | 1 |

① ウ→イ→エ→ア
② ア→ウ→イ→エ
③ ア→イ→ウ→エ
④ ウ→ア→イ→エ
⑤ ア→ウ→エ→イ

**解　説**

　文意がかなりわかりにくい．

　標準偏差は，分散の正の平方根にて計算される．すなわち標準偏差がばらつきの幅を示す．厳密には正規分布の公式を用い，重なりを面積で求めなければならない．参考図にはこの正規の作図に基づいた記載による比較を行った．

　$\mu$ および $\sigma$ を反映させた長方形の模擬図での比較が時間的に妥当である．これを以下に示す．

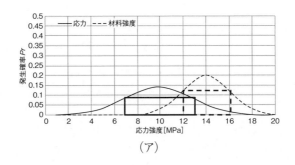

（ア）

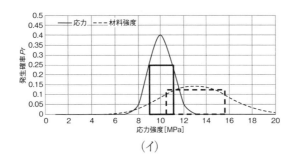

（イ）

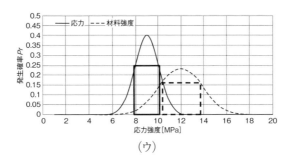

（ウ）

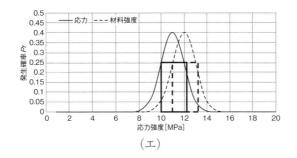

（エ）

　少なくともこの図において，$R$と$S$が大きく重なる（エ）が一番破壊される可能性が大きく，最も重なり（面積）が小さいのが（ウ）である．（ア）と（イ）の重なりは正規分布曲線を考えたとき，簡略手法による大小比較は極めて悩ましい選択である．ただし，題記選択肢を見ると，最も破壊されにくいものに（ウ），最も破壊されやすいものに（エ）を選ぶ場合，④しか選べない．

　以上から，ウ＜ア＜イ＜エとなり，正答は④である．

**参　考**

　試験の最中では，時間的にも簡易的評価が現状取りうる手法であるが，厳密には以下のようにヒストグラムを作成し，その重なり部（図中マーキングしてある領域）の面積を比較することで，作図的に評価できる．実際の活用現場ではCAD作図をもとに面積を演算させ評価する手法も見かける．

　いずれにせよ初見でこのロジックを推察するのは難しく，難問と考える．

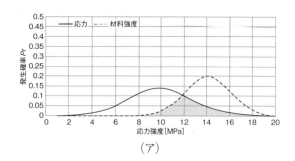

（ア）

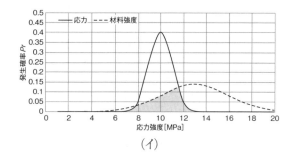

（イ）

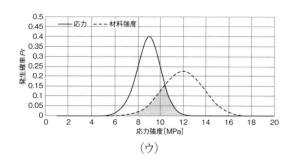

（ウ）

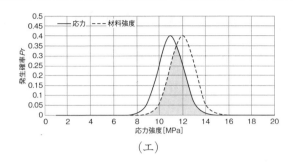

（エ）

（注）類似問題　H29 Ⅰ-1-6

 答 ④

基礎科目
Ⅰ-1-3

次の（ア）から（オ）の記述について，それぞれの正誤の組合せとして，最も適切なものはどれか．

（ア）　荷重を増大させていくと，建物は多くの部材が降伏し，荷重が上がらなくなり大きく変形します．最後は建物が倒壊してしまいます．このときの荷重が弾性荷重です．

（イ）　非常に大きな力で棒を引っ張ると，最後は引きちぎれてしまいます．これを破断と呼んでいます．破断は，引張応力度がその材料固有の固有振動数に達したために生じたものです．

（ウ）　細長い棒の両端を押すと，押している途中で，急に力とは直交する方向に変形してしまうことがあります．この現象を座屈と呼んでいます．

（エ）　太く短い棒の両端を押すと，破断強度までじわじわ縮んで，最後は圧壊します．

（オ）　建物に加わる力を荷重，また荷重を支える要素を部材あるいは構造部材と呼びます．

|  | ア | イ | ウ | エ | オ |
|---|---|---|---|---|---|
| ① | 正 | 正 | 正 | 誤 | 誤 |
| ② | 誤 | 正 | 正 | 正 | 誤 |
| ③ | 誤 | 誤 | 正 | 正 | 正 |
| ④ | 正 | 誤 | 誤 | 正 | 正 |
| ⑤ | 正 | 正 | 誤 | 誤 | 正 |

**解　説**

記述内容自体は基本的なものであるが，出題内容の用語は建設・建築系の記述である．ただし，本記述は日常的に実務を担う技術者全般に理解されやすい内容である．

（ア）　誤．構造力学や材料力学において，弾性荷重は建物などの構造部材が破壊せず荷重の付加に伴い弾性変形（いわゆる「モールの定理」に従って変形）し，除荷すると元の形状に復帰する領域の荷重である．題意では大きく変形するのはともかく最後に「建物が倒壊してしまいます」という記載があると，これは破断や塑性変形の形態になる．

（イ）　誤．非常に大きな力での引っ張りによる破断は，応力を加えるとひずみが生じ除荷すれば元の寸法に戻る弾性変形領域から，静荷重を加えて永久変形を生じる塑性変形領域に移行した結果による破断である．

　　　　固有振動数による共振由来の動的な変動荷重による破損は，例えば「つり橋の固有振動周期が歩行者の歩き方に起因した荷重周期に近く，共振により揺れ，最終的に破断した」という例が想起されるが，引張応力と固有振動数は「直接には」関係がない．

（ウ）　正．「座屈」の用語説明としては題意のとおりである．

　　　　構造物に加える荷重を徐々に増加すると，ある荷重で急に変形の様相が変化し，大きなたわみを生ずる．座屈現象を引き起こす荷重をその構造体の座屈荷重と称し，座屈荷重は構造体の剛性や形状に強く依存し，材料強度以下で起こることもある．

（エ）　正．題意のとおりである．

　　　　角柱・円柱・円筒形の試験片を2枚の平行フランジなどを介して，荷重を加えて破壊（圧壊）するまでの応力とひずみの関係を求めることで，材料実用化のため評価する圧縮試験がJISなどで標準化されている．圧縮強さ，圧縮弾性率は金属や樹脂材料の比較評価に用いる．なお樹脂など弾性変形域が狭く塑性変形域が広いものでは，圧縮試験を行うとほとんど最初から弾性変形を起こさず，あたかもプレスされた「広島風お好み焼き」のようになる．

（オ）　正．題意のとおりである．

　　　　構造部材とは，建築物に限らず機械部材全般を安全に使用するために必要な部材である．具体的に例示すると建築構造物や土木構築物において，構造部材の1つとして柱がある．

以上から，誤，誤，正，正，正となり，正答は③である．

（注）類似問題　H25 I -1-2

**基礎科目 I -1-4**

　　ある工場で原料A，Bを用いて，製品1，2を生産し販売している．下表に示すように製品1を1[kg] 生産するために原料A，Bはそれぞれ3[kg]，1[kg] 必要で，製品2を1[kg] 生産するためには原料A，Bをそれぞれ2[kg]，3[kg] 必要とする．原料A，Bの使用量については，1日当たりの上限があり，それぞれ24 [kg]，15 [kg] である．

（1）　製品1，2の1[kg] 当たりの販売利益が，各々2 [百万円/kg]，3 [百万円/kg] の時，1日当たりの全体の利益 $z$ [百万円] が最大となるように製品1並びに製品2の1日当たりの生産量 $x_1$ [kg]，$x_2$ [kg] を決定する．なお，$x_1 \geqq 0$，$x_2 \geqq 0$ とする．

表　製品の製造における原料使用量，使用条件，及び販売利益

|  | 製品1 | 製品2 | 使用上限 |
|---|---|---|---|
| 原料A [kg] | 3 | 2 | 24 |
| 原料B [kg] | 1 | 3 | 15 |
| 利益 [百万円/kg] | 2 | 3 |  |

（2）　次に，製品1の販売利益が $\Delta c$ [百万円/kg] だけ変化する，すなわち $(2+\Delta c)$ [百万円/kg] となる場合を想定し，$z$ を最大にする製品1，2の生産量が，（1）で決定した製品1，2の生産量と同一である $\Delta c$ [百万円/kg] の範囲を求める．

1日当たりの生産量 $x_1$ [kg] 及び $x_2$ [kg] の値と，$\Delta c$ [百万円/kg] の範囲の組合せとして，最も適切なものはどれか．

①　$x_1 = 0$，　$x_2 = 5$，　$-1 \leqq \Delta c \leqq 5/2$

②　$x_1 = 6$，　$x_2 = 3$，　$\Delta c \leqq -1$，$5/2 \leqq \Delta c$

③　$x_1 = 6$，　$x_2 = 3$，　$-1 \leqq \Delta c \leqq 1$

④　$x_1 = 0$，　$x_2 = 5$，　$\Delta c \leqq -1$，$5/2 \leqq \Delta c$

⑤　$x_1 = 6$，　$x_2 = 3$，　$-1 \leqq \Delta c \leqq 5/2$

# 解 説

線形計画法にかかわる問題である．（ 1 ），（ 2 ）と 2 つに分割されており，製品の単位も原料の単位も kg になっているが，これらは原料と製品の重量に相互の関連が薄く，課題を落ち着いて読まないと惑わされそうである．

（ 1 ） 製品 1 の数を x［kg］，製品 2 の数を y［kg］とすると，使用可能な原料 A および B の重量に上限が設定されている．そこで下記の式を立てる．

$3x + 2y \leqq 24$              （ 1 ）

$x + 3y \leqq 15$               （ 2 ）

一方，利益総額を M［百万円］とすると

$M = 2x + 3y$               （ 3 ）

である．

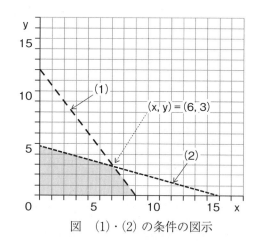

図 (1)・(2) の条件の図示

ここで上述 (1)，(2) 式をグラフ化すると，2 線の交点は $(x, y) = (6, 3)$ である．

ここに (3) 式を書き込む．M の値が決まっていないため線の傾きを保ちスライドしていくと上記 (6, 3) を通過したところが利益最大になる．

すなわち，最大の利益総額 M は

$M = 2 \times 6 + 3 \times 3 = 21$［百万円］

になる．

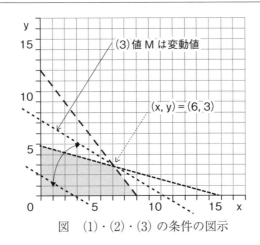

図 (1)・(2)・(3) の条件の図示

（2） 製品1の販売価格が題記のように変動する．この変動後の利益総額を M′［百万円］とすると

$$M' = (2 + \Delta c)x + 3y \qquad (4)$$

となる．しかしながら，$(x, y) = (6, 3)$ の点を通過することが使用材料の上限など生産上の拘束を回避する，前提条件を維持するための条件である．

そうなると

- 1つの限界は，線（4）が線（1）と重なったとき，すなわち

$$M' = 4.5x + 3y \qquad (4\text{-}1)$$

  すなわち

$$4.5 = 2 + \Delta c$$

  よって

$$\Delta c = 2.5 = \frac{5}{2}$$

  その際，$M' = 30$ となる．

- もう1つの限界は，線（4）が線（2）と重なったとき，すなわち

$$M' = 1x + 3y \qquad (4\text{-}2)$$

  すなわち

$$1 = 2 + \Delta c$$

  よって

$$\Delta c = -1$$

  その際，$M' = 15$ となる．

以上の結果から，１日の生産量 $x_1$ [kg]，$x_2$ [kg]，$\Delta c$ [百万円/kg] の組合せは

$$x_1 = 6, \quad x_2 = 3, \quad -1 \leqq \Delta c \leqq \frac{5}{2}$$

となる．

思考力を求められる問題ではあり，かなり複雑であるが落ち着いて着手する必要がある．

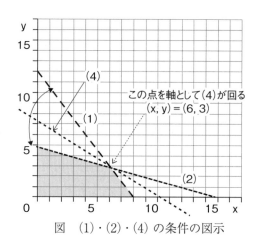

図　(1)・(2)・(4) の条件の図示

（注）類似問題　H30 Ⅰ-1-4，H28 Ⅰ-1-5，H24 Ⅰ-1-5　 ⑤

---

**基礎科目　Ⅰ-1-5**

製図法に関する次の（ア）から（オ）の記述について，それぞれの正誤の組合せとして，最も適切なものはどれか．

（ア）　第三角法の場合は，平面図は正面図の上に，右側面図は正面図の右にというように，見る側と同じ側に描かれる．

（イ）　第一角法の場合は，平面図は正面図の上に，左側面図は正面図の右にというように，見る側とは反対の側に描かれる．

（ウ）　対象物内部の見えない形を図示する場合は，対象物をある箇所で切断したと仮定して，切断面の手前を取り除き，その切り口の形状を，外形線によって図示することとすれば，非常にわかりやすい図となる．このような

図が想像図である.

（エ）　第三角法と第一角法では，同じ図面でも，違った対象物を表している場合があるが，用いた投影法は明記する必要がない.

（オ）　正面図とは，その対象物に対する情報量が最も多い，いわば図面の主体になるものであって，これを主投影図とする. したがって，ごく簡単なものでは，主投影図だけで充分に用が足りる.

| | ア | イ | ウ | エ | オ |
|---|---|---|---|---|---|
| ① | 正 | 正 | 誤 | 誤 | 誤 |
| ② | 誤 | 正 | 正 | 誤 | 誤 |
| ③ | 誤 | 誤 | 正 | 正 | 誤 |
| ④ | 誤 | 誤 | 誤 | 正 | 正 |
| ⑤ | 正 | 誤 | 誤 | 誤 | 正 |

**解　説**

比較的基本的な出題であるが確実な理解を要する. 特に日本においては，造船など特定分野にて海外業界との整合性のために第一角法を用いることはあるものの，一般的な技術者はほとんど目に触れることがないので，知識として覚えておきたい.

（ア）　正. 第三角法を用いた三面図は，物体の最も代表的な面を正面図として描きこむ. 平面図は正面図の真上に配置し，側面図は基本的には右側面図を正面図の右側に配置する. また左側面図がある場合は左側に配置する.

（イ）　誤. 第一角法を用いた三面図は第三角法と配置が異なり，平面図を正面図の下に配置し，左側面図を正面図の右側に配置する. また右側面図がある場合は左側に配置する. 設問は「平面図を正面図の上に配置」としており，誤りである.

（ウ）　誤. 対象物内部の見えない形を切断図面として切り口の形状を外形線で図示するとした設問の記載は，断面図の説明文である. 想像図なる表記は普通使われない.

（エ）　誤. 前述したように日本では，造船など特定分野では海外業界との整合性のため第一角法を用いることがあり，同じ機械部品でも機器の最終用途において図法が異なりうる.

　　投影法に関しては，同じ図面でも第三角法と第一角法では違った対象物を示す. 例えば第一角法で描いた図面を，製造側が第三角法で描かれたと

解釈して読図すると，形状が勝手違いのものができてしまう．投影が第一角法によるのか，第三角法によるのかを明示するには，図面の右下には，図名，設計者・製図者や承認者のサイン，部品番号，部品名，数量，材料などを記述する表題欄があり，ここに投影法を記述する．

第一角法　　　　　　　第三角法

　　表題欄に「第三角法」のように言葉で記述するか，または上記する図記号で表示するのが一般的である．

（オ）正．正面図はいわゆる「主題」となるもので，主投影図という．ところが形状が単純なもの（例えば，平たい長方形の均一厚さの鉄板に丸い穴を開けたもの）では，側面投影図が意味を成さず，主投影図だけで目的を充足する場合もある．図面の枚数は少なく，図面の束は軽い方が現場での取扱いに好適であり，このような配慮も有用である．

以上から，正，誤，誤，誤，正であり，選ぶべきは⑤である．

（注）類似問題　H29 I-1-5, H26 I-1-6

⑤

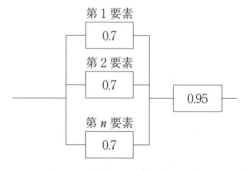

**基礎科目 I-1-6**　右図に示されるように，信頼度が0.7である$n$個の要素が並列に接続され，さらに信頼度0.95の1個の要素が直列に接続されたシステムを考える．それぞれの要素は互いに独立であり，$n$は2以上の整数とする。システムの信頼度が0.94以上となるために必要な$n$の最小値について，最も適切なものはどれか．

図　システム構成図と各要素の信頼度

① 2 ② 3 ③ 4 ④ 5

⑤ $n$ に依らずシステムの信頼度は0.94未満であり，最小値は存在しない．

## 解　説

信頼度が0.7である $n$ 個の要素を合算したものを $\beta$ とすると

$$\beta = 1 - (1 - 0.7)^n$$

となる．システム全体の信頼度を $\alpha$ とすると

$$\alpha = 0.95 \times \beta$$

となる．ここで $\alpha > 0.94$ となる $n$ を求める（ただし $n$ は整数）．

したがって

$$\alpha = 0.95 \times \{1 - (1 - 0.7)^n\}$$

のときの計算につき，$n$ へ代入を逐次行うと，次の図表の結果が得られる．

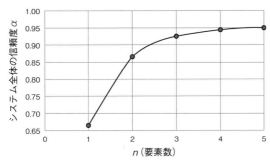

図　信頼値0.7の並列要素数による
　　システム信頼度 $\alpha$

| $n$ | $\alpha$ | 0.94以上 |
| --- | --- | --- |
| 1 | 0.665 | — |
| 2 | 0.8645 | — |
| 3 | 0.92435 | — |
| 4 | 0.942305 | 該当 |
| 5 | 0.947692 | 該当 |

したがって，$n \geqq 4$ にて求められる要件が得られ③が合致する．

（注）類似問題　H30 Ⅰ-1-1, H28 Ⅰ-1-1, H27 Ⅰ-1-1

 答 ③

（全 6 問題から 3 問題を選択解答）

**基礎科目 I-2-1**　情報の圧縮に関する次の記述のうち，最も不適切なものはどれか．

① 復号化によって元の情報を完全に復元でき，情報の欠落がない圧縮は可逆圧縮と呼ばれ，テキストデータ等の圧縮に使われることが多い．

② 復号化によって元の情報には完全には戻らず，情報の欠落を伴う圧縮は非可逆圧縮と呼ばれ，音声や映像等の圧縮に使われることが多い．

③ 静止画に対する代表的な圧縮方式として JPEG があり，動画に対する代表的な圧縮方式として MPEG がある．

④ データ圧縮では，情報源に関する知識（記号の生起確率など）が必要であり，情報源の知識が無い場合にはデータ圧縮することはできない．

⑤ 可逆圧縮には限界があり，どのような方式であっても，その限界を超えて圧縮することはできない．

---

**解　説**

① 適切．テキストのように完全に元に戻らないと受信者が誤った認識をしてしまう場合は，圧縮効率が低くても情報の欠落がない可逆な圧縮（可逆圧縮）が必要となる．

② 適切．音声や映像などのように元の情報には完全に戻らなくても，受信者が正しく認識できる場合には，情報の一部の欠落を許容しても圧縮効率が高い非可逆圧縮を採用できる．

③ 適切．静止画に対する代表的な圧縮方式は JPEG（Joint Photographic Experts Group）であり，動画に対する代表的な圧縮方式は MPEG（Moving Picture Experts Group）である．

④ 不適切．一般的にはデータ圧縮では，情報源に関する知識（記号の生起確率の偏りなど）を用いる場合が多く，可逆的にデータを圧縮する場合は，こ

の知識が必須である．しかし，非可逆的なデータ圧縮では，例えば8 bit の精度で表している音声や画像信号を 6 bit の精度の信号に丸めることも，広義のデータ圧縮である．この場合には bit の丸めにより音質や画質は劣化するが，情報源に関する知識は不要である．

⑤　適切．シャノンの第1定理またはシャノンの符号化定理により，$n$ 個の記号 $P_i$ の生起確率が $p_i$（ただし，$i = 1 \sim n$）のときに，記号 $P_i$ を圧縮した符号語の平均符号語長 $L$ は，（1）式で表せることが知られる．（1）式の右辺はエントロピーと呼ばれ，平均符号語長の下限値である．この下限値以上には圧縮できないことが知られる．

$$L \geqq \sum_{i=1}^{n} p_i \times \log_2 \frac{1}{p_i} \tag{1}$$

よって不適切なものは④のみであり，正答は④である．

  答 ④

---

**基礎科目**
**I -2-2**

　　下表に示す真理値表の演算結果と一致する，論理式 $f(x, y, z)$ として正しいものはどれか．ただし，変数 $X$, $Y$ に対して，$X+Y$ は論理和，$XY$ は論理積，$\overline{X}$ は論理否定を表す．

表　$f(x, y, z)$ の真理値表

| $x$ | $y$ | $z$ | $f(x, y, z)$ |
|-----|-----|-----|--------------|
| 0 | 0 | 0 | 0 |
| 0 | 0 | 1 | 1 |
| 0 | 1 | 0 | 0 |
| 0 | 1 | 1 | 0 |
| 1 | 0 | 0 | 0 |
| 1 | 0 | 1 | 1 |
| 1 | 1 | 0 | 1 |
| 1 | 1 | 1 | 1 |

① $f(x, y, z) = xy + z$

② $f(x, y, z) = \overline{x}y + \overline{yz}$

③ $f(x, y, z) = xy + \overline{y}z$

④ $f(x, y, z) = xy + \overline{xy}$

⑤ $f(x, y, z) = xy + \overline{x}z$

＝＝＝＝＝＝＝＝＝＝＝＝＝＝＝＝＝＝ **解 説** ＝＝＝＝＝＝＝＝＝＝＝＝＝＝＝＝＝＝

本問の①では，$x$ と $y$ がいずれも 1，または $z$ が 1 のときのみ $f(x, y, z) = 1$ となる．以下同様に②から⑤についても計算すると**表1**のとおりとなる．

表1　$f(x, y, z)$ の値

| $x$ | $y$ | $z$ | 出題の<br>$f(x, y, z)$ の値 | ① | ② | ③ | ④ | ⑤ |
|---|---|---|---|---|---|---|---|---|
| 0 | 0 | 0 | 0 | 0 | 1 | 0 | 1 | 0 |
| 0 | 0 | 1 | 1 | 1 | 1 | 1 | 1 | 1 |
| 0 | 1 | 0 | 0 | 0 | 1 | 0 | 1 | 0 |
| 0 | 1 | 1 | 0 | 1 | 1 | 0 | 1 | 1 |
| 1 | 0 | 0 | 0 | 0 | 1 | 0 | 1 | 0 |
| 1 | 0 | 1 | 1 | 1 | 1 | 1 | 1 | 0 |
| 1 | 1 | 0 | 1 | 1 | 1 | 1 | 1 | 1 |
| 1 | 1 | 1 | 1 | 1 | 0 | 1 | 1 | 1 |

よって本問の $f(x, y, z)$ の値と等しいのは③のみなので，正答は③である．

また，真理値表を上から順に計算していくと，4行目で正答の③に至ることができる．

（注）類似問題　H28 I -2-2

答 ③

---

基礎科目
I -2-3

標的型攻撃に対する有効な対策として，最も不適切なものはどれか．

① メール中のオンラインストレージの URL リンクを使用したファイルの受信は，正規のサービスかどうかを確認し，メールゲートウェイで検知する．

② 標的型攻撃への対策は，複数の対策を多層的に組合せて防御する．

③ あらかじめ組織内に連絡すべき窓口を設け，利用者が標的型攻撃メールを受信した際の連絡先として周知させる．

④ あらかじめシステムや実行ポリシーで，利用者の環境で実行可能なファイルを制限しておく．

⑤ 擬似的な標的型攻撃メールを利用者に送信し，その対応を調査する訓練を定期的に実施する．

## 解　説

① 不適切．メール中のオンラインストレージの URL リンクを使用したファイル送信サービスでは，悪意のあるファイルも正常なファイルも同様に受信され，区別することはできない．メールゲートウェイが検知できるウイルスは広範囲のユーザー向けにすでに使用されて何らかの問題が発生し，存在が認知されたものに限られる．標的型攻撃では，特定の組織ごとに作成された新規のウイルスを使用する場合が多いので，メールゲートウェイでも悪意あるメールを検知できない場合がある．したがって，これらのみを頼りにするのは危険である．

② 適切．標的型攻撃は狙われた組織ごとに様々な手法で侵入を図るので，完全な防御は困難である．そこで，(a) 悪意あるメールを受信しないためのメールのフィルタリングやウイルス対策ソフト，(b) 悪意あるウイルスに感染したときの該当端末の遮断・隔離や受信したメールのログの取得，(c) 組織内の一般ユーザーの教育などの多層的な対策が必要である．

③ 適切．標的型攻撃を完全に防御することは困難なので，攻撃を検知したら速やかに対応する仕組みが重要である．したがって，不審を感じた利用者が直ちに相談・報告するために，連絡先を周知することは重要である．

④ 適切．標的型攻撃では，受信したユーザーがそのまま実行してしまう実行形式（.exe）のファイルを送りつける手口が多い．メールの送信元を詐称している場合もある．そこで，使用できるファイルをあらかじめ限定し，それ以外のファイルは送信元に直接確認しない限り開かないことなどの対策を設定し周知することが重要である．

⑤ 適切．擬似的な標的型攻撃メールを利用者に送信し，それへの対応を調査することは，利用者が標的型攻撃を検知する能力を高めることができるので，重要である．

よって不適切なものは①のみであり，正答は①である．

（注）類似問題　R 1 再 Ⅰ-2-1，H30 Ⅰ-2-1，H29 Ⅰ-2-1

 ①

---

基礎科目
Ⅰ-2-4

補数表現に関する次の記述の，□□□に入る補数の組合せとして，最も適切なものはどれか．

一般に，k 桁の n 進数 X について，X の n の補数は $n^k-X$，X の n−1 の補数

は $(n^k-1)-X$ をそれぞれ n 進数で表現したものとして定義する．よって，3桁の10進数で表現した $(956)_{10}$ の（n＝）10の補数は，$10^3$ から $(956)_{10}$ を引いた $(44)_{10}$ である．さらに $(956)_{10}$ の（n−1＝）9の補数は，$10^3-1$ から $(956)_{10}$ を引いた $(43)_{10}$ である．

同様に，6桁の2進数 $(100110)_2$ の2の補数は ア ，1の補数は イ である．

|  | ア | イ |
|---|---|---|
| ① | $(000110)_2$ | $(000101)_2$ |
| ② | $(011010)_2$ | $(011001)_2$ |
| ③ | $(000111)_2$ | $(000110)_2$ |
| ④ | $(011001)_2$ | $(011010)_2$ |
| ⑤ | $(011000)_2$ | $(011001)_2$ |

## 解 説

題意より，6桁の2進数 $(100110)_2$ の2の補数は，2の6乗，すなわち $(1000000)_2$ から $(100110)_2$ を差し引いた値なので

$$(1000000)_2 - (100110)_2 = (011010)_2 \qquad (1)$$

となる．

同様に6桁の2進数 $(100110)_2$ の1の補数は，2の6乗，すなわち $(1000000)_2$ から1を差し引き，さらに $(100110)_2$ を差し引いた値なので

$$(1000000)_2 - (000001)_2 - (100110)_2$$
$$= (011001)_2 \qquad (2)$$

となる．

（1），（2）式より，本問の中で等しいのは②のみなので，正答は②である．

また，（1）式の計算結果と合致するアは②のみなので，（2）式の計算をしなくても正答②に至れる．

（注）類似問題　H30 I-2-3

答 ②

基礎科目
I-2-5

次の □ に入る数値の組合せとして，最も適切なものはどれか．

次の図は2進数 $(a_n\ a_{n-1}\ \cdots\ a_2\ a_1\ a_0)_2$ を10進数 s に変換するアルゴリズムの

流れ図である．ただし，n は 0 又は正の整数であり，$a_i \in \{0，1\}$（$i = 0，1，…, n$）である．

このアルゴリズムを用いて 2 進数（1101）$_2$ を10進数に変換すると，$s$ には初め 1 が代入され，その後順に 3，6 と更新され，最後に $s$ には13が代入されて終了する．このように $s$ が更新される過程を，

    $1 \rightarrow 3 \rightarrow 6 \rightarrow 13$

と表すことにする．同様に，2 進数（11010101）$_2$を10進数に変換すると，$s$ は次のように更新される．

    $1 \rightarrow 3 \rightarrow 6 \rightarrow 13$

    $\rightarrow$ ｜ ア ｜ $\rightarrow$ ｜ イ ｜ $\rightarrow$ ｜ ウ ｜ $\rightarrow 213$

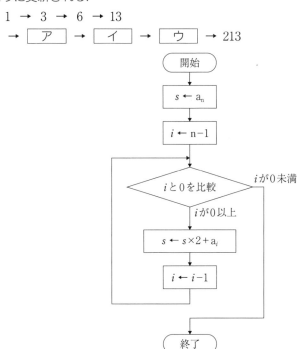

図　$s$ を求めるアルゴリズムの流れ図

|     | ア | イ | ウ |
|-----|-----|-----|-----|
| ① | 25 | 52 | 105 |
| ② | 25 | 52 | 106 |
| ③ | 26 | 52 | 105 |
| ④ | 26 | 53 | 105 |
| ⑤ | 26 | 53 | 106 |

---

## 解 説

題意に従い，ループを周回するごとの $i$, $a_i$, $s$ を記載すると以下のとおりとなる．

当初：$i = 7$，$a_7 = 1$ → $s = a_7 = 1$

1 回目のループ：$i = 6$，$a_6 = 1$

→ $s = s \times 2 + a_6 = 2 + 1 = 3$

2 回目のループ：$i = 5$，$a_5 = 0$

→ $s = s \times 2 + a_5 = 6 + 0 = 6$

3 回目のループ：$i = 4$，$a_4 = 1$

→ $s = s \times 2 + a_4 = 12 + 1 = 13$

4 回目のループ：$i = 3$，$a_3 = 0$

→ $s = s \times 2 + a_3 = 26 + 0 = 26$ （1）

5 回目のループ：$i = 2$，$a_2 = 1$

→ $s = s \times 2 + a_2 = 52 + 1 = 53$ （2）

6 回目のループ：$i = 1$，$a_1 = 0$

→ $s = s \times 2 + a_1 = 106 + 0 = 106$ （3）

7 回目のループ：$i = 0$，$a_0 = 1$

→ $s = s \times 2 + a_0 = 212 + 1 = 213$

（1）～（3）式より出題の中では⑤とのみ一致するので正答は⑤である．

（注）類似問題 R1 再 I-2-3，R1 I-2-1

 答 ⑤

---

基礎科目
I-2-6

次の □ に入る数値の組合せとして，最も適切なものはどれか．

アクセス時間が 50［ns］のキャッシュメモリとアクセス時間が 450［ns］の主記憶からなる計算機システムがある．呼び出されたデータがキャッシュメモリに存在する確率をヒット率という．ヒット率が 90％のとき，このシステムの実効アクセス時間として最も近い値は ア となり，主記憶だけの場合に比べて平均 イ 倍の速さで呼び出しができる．

|  | ア | イ |
|---|---|---|
| ① | 45［ns］ | 2 |
| ② | 60［ns］ | 2 |

③　60 [ns]　　5

④　90 [ns]　　2

⑤　90 [ns]　　5

### 解　説

キャッシュメモリは，アクセス時間が50ns，呼び出される確率はヒット率90％に等しいので

$$呼び出し時間 = 50ns × 0.9 = 45ns \qquad (1)$$

となる．

主記憶は，アクセス時間が450ns，呼び出される確率はキャッシュにヒットしないときの比率（100−90）＝10％なので

$$呼び出し時間 = 450ns × 0.1 = 45ns \qquad (2)$$

となる．

平均呼び出し時間は，（1），（2）式の和なので

$$平均呼び出し時間 = 45ns + 45ns = 90ns \qquad (3)$$

主記憶のアクセス時間は450ns なので

$$平均呼び出し時間90ns の5倍 \qquad (4)$$

となる．

（3），（4）式より，出題の中で⑤とのみ一致するので，正答は⑤である．

（注）類似問題　H28 Ⅰ-2-4

 答 ⑤

# 基礎科目
## 3群 解析に関するもの

（全6問題から3問題を選択解答）

**基礎科目 I-3-1**

3次元直交座標系 $(x, y, z)$ におけるベクトル $\boldsymbol{V} = (V_x, V_y, V_z) = (x, x^2y + yz^2, z^3)$ の点 $(1, 3, 2)$ での発散 $\mathrm{div}\boldsymbol{V} = \dfrac{\partial V_x}{\partial x} + \dfrac{\partial V_y}{\partial y} + \dfrac{\partial V_z}{\partial z}$ として，最も適切なものはどれか．

① $(-12, 0, 6)$     ② $18$     ③ $24$

④ $(1, 15, 8)$     ⑤ $(1, 5, 12)$

---

### 解　説

ベクトル $\boldsymbol{V}$ の要素 $V_x, V_y, V_z$ は，与えられたベクトル式からそれぞれ下記の式となる．

$$V_x = x, \quad V_y = x^2y + yz^2, \quad V_z = z^3$$

また，$x, y, z$ の値は，$x = 1$，$y = 3$，$z = 2$ で，互いに独立であることから，発散の式における各要素の偏微分値は，各変数 $x, y, z$ で微分して下記となる．

$$\frac{\partial V_x}{\partial x} = 1$$

$$\frac{\partial V_y}{\partial y} = x^2 + z^2 = 1 + 4 = 5$$

$$\frac{\partial V_z}{\partial z} = 3z^2 = 3 \times 4 = 12$$

したがって

$$\mathrm{div}\,\boldsymbol{V} = \frac{\partial V_x}{\partial x} + \frac{\partial V_y}{\partial y} + \frac{\partial V_z}{\partial z} = 1 + 5 + 12 = 18$$

となり，正答は②である．

（注）類似問題　R1 I-3-1, H30 I-3-2, H23 I-3-5, H20 I-3-5

 答 ②

**基礎科目 I-3-2**

関数 $f(x, y) = x^2 + 2xy + 3y^2$ の $(1, 1)$ における最急勾配の大きさ $\|\mathrm{grad}f\|$ として，最も適切なものはどれか．なお，勾配 $\mathrm{grad}f$ は $\mathrm{grad}f = \left[\dfrac{\partial f}{\partial x}, \dfrac{\partial f}{\partial y}\right]$ である．

① 　6 　　② 　$(4, 8)$ 　　③ 　12
④ 　$4\sqrt{5}$ 　　⑤ 　$\sqrt{2}$

---

#### 解　説

関数 $f(x, y) = x^2 + 2xy + 3y^2$ より，勾配 $\mathrm{grad}f$ の要素 $\dfrac{\partial f}{\partial x}$, $\dfrac{\partial f}{\partial y}$ はそれぞれ点 $(1, 1)$ において次式で表される．

$$\frac{\partial f}{\partial x} = 2x + 2y = 2 + 2 = 4$$

$$\frac{\partial f}{\partial y} = 2x + 6y = 2 + 6 = 8$$

したがって

$$\mathrm{grad}f = \left[\frac{\partial f}{\partial x}, \frac{\partial f}{\partial y}\right] = (4, 8)$$

となり，最急勾配の大きさは

$$\|\mathrm{grad}f\| = \sqrt{\left(\frac{\partial f}{\partial x}\right)^2 + \left(\frac{\partial f}{\partial y}\right)^2}$$
$$= \sqrt{4^2 + 8^2} = \sqrt{80} = 4\sqrt{5}$$

となり，問題文の正誤は下記となる．

① 　不適切．
② 　不適切．$(4, 8)$ は $\mathrm{grad}f$ のベクトル表示で，大きさ $\|\mathrm{grad}f\|$ の表示ではない．
③ 　不適切．$\|\mathrm{grad}f\|$ は $x$ 方向，$y$ 方向のベクトルの合成となり，$\dfrac{\partial f}{\partial x}$, $\dfrac{\partial f}{\partial y}$ の単純和ではない．
④ 　最も適切．
⑤ 　不適切．

以上より，最も適切なものは④となる．

（注）類似問題　H27 I-3-2

 答 ④

**基礎科目**
**I-3-3**
　数値解析の誤差に関する次の記述のうち，最も適切なものはどれか．

① 有限要素法において，要素分割を細かくすると，一般に近似誤差は大きくなる．

② 数値計算の誤差は，対象となる物理現象の法則で定まるので，計算アルゴリズムを改良しても誤差は減少しない．

③ 浮動小数点演算において，近接する2数の引き算では，有効桁数が失われる桁落ち誤差を生じることがある．

④ テイラー級数展開に基づき，微分方程式を差分方程式に置き換えるときの近似誤差は，格子幅によらずほぼ一定値となる．

⑤ 非線形現象を線形方程式で近似しても，線形方程式の数値計算法が数字的に厳密であれば，得られる結果には数値誤差はないとみなせる．

**解　説**

① 不適切．分割を小さくすると近似誤差は小さくなる．

② 不適切．物理モデルの近似精度，現象変化に対する計算刻みなどで誤差は変わる．

③ 最も適切．浮動小数点演算では，小数点以下の数を有効桁数の2進数で表現するため，計算時に桁落ちによる丸め誤差や情報落ちの誤差が発生するので，注意が必要である．

④ 不適切．格子幅を小さくするほど誤差は小さくなる．

⑤ 不適切．非線形現象の線形近似式を厳密に計算しても，非線形現象の近似誤差を解消することはほとんどできない．

以上より，最も適切なものは③となる．

（注）類似問題　H27 I-3-3，H26 I-3-2，H18 I-3-1，H17 I-3-2

 答 ③

**基礎科目**
**I-3-4**
　有限要素法において三角形要素の剛性マトリクスを求める際，面積座標がしばしば用いられる．下図に示す△ABCの内部（辺上も含む）の任意の点Pの面積座標は，

$$\left[\frac{S_A}{S},\ \frac{S_B}{S},\ \frac{S_C}{S}\right]$$

で表されるものとする．ここで，$S$, $S_A$, $S_B$, $S_C$ はそれぞれ，△ABC，△PBC，△PCA，△PAB の面積である．△ABC の三辺の長さの比が，AB：BC：CA = 3：4：5 であるとき，△ABC の内心と外心の面積座標の組合せとして，最も適切なものはどれか．

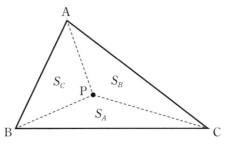

図　△ABCとその内部の点P

| | 内心の面積座標 | 外心の面積座標 |
|---|---|---|
| ① | $\left[\dfrac{1}{4},\ \dfrac{1}{5},\ \dfrac{1}{3}\right]$ | $\left[\dfrac{1}{2},\ 0,\ \dfrac{1}{2}\right]$ |
| ② | $\left[\dfrac{1}{4},\ \dfrac{1}{5},\ \dfrac{1}{3}\right]$ | $\left[\dfrac{1}{3},\ \dfrac{1}{3},\ \dfrac{1}{3}\right]$ |
| ③ | $\left[\dfrac{1}{3},\ \dfrac{1}{3},\ \dfrac{1}{3}\right]$ | $\left[\dfrac{1}{2},\ 0,\ \dfrac{1}{2}\right]$ |
| ④ | $\left[\dfrac{1}{3},\ \dfrac{5}{12},\ \dfrac{1}{4}\right]$ | $\left[\dfrac{1}{2},\ 0,\ \dfrac{1}{2}\right]$ |
| ⑤ | $\left[\dfrac{1}{3},\ \dfrac{5}{12},\ \dfrac{1}{4}\right]$ | $\left[\dfrac{1}{3},\ \dfrac{1}{3},\ \dfrac{1}{3}\right]$ |

**解　説**

　題意より，△ABC は AB：BC：CA = 3：4：5 であることから，図に示す∠B が直角で，AC が斜辺となる直角三角形である．

　したがって，△ABC の内接円の中心 P（内心）で，各辺までの距離は半径 $r$ に等しい．また，外心は辺 AC を直径とする外接円の中心 P（外心）となり，PA，PB，PC はその外接円の半径に等しく，各辺の垂直 2 等分線の交点となる．

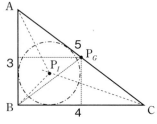

図　題意の直角三角形 ABC

したがって，$\triangle ABC = S$，$\triangle PBC = S_A$，$\triangle PCA = S_B$，$\triangle PAB = S_C$ の面積は

（1）　P が内心のとき

$$\triangle ABC = S = 3 \times \frac{4}{2} = 6$$

内接円の半径：$\dfrac{3r + 4r + 5r}{2} = 6r = 6$

$\therefore \quad r = 1$

$$\triangle PBC = S_A = 4 \times \frac{1}{2} = 2$$

$$\triangle PCA = S_B = 5 \times \frac{1}{2} = \frac{5}{2}$$

$$\triangle PAB = S_C = 3 \times \frac{1}{2} = \frac{3}{2}$$

したがって，内心の面積座標は

$$\left( \frac{S_A}{S}, \frac{S_B}{S}, \frac{S_C}{S} \right) = \left( \frac{2}{6}, \frac{5/2}{6}, \frac{3/2}{6} \right)$$

$$= \left( \frac{1}{3}, \frac{5}{12}, \frac{1}{4} \right)$$

（2）　P が外心のとき

$$\triangle ABC = S = 3 \times \frac{4}{2} = 6$$

外心 $P_G$ が辺 AC の中点に一致することから

$$\triangle PBC = \triangle PAB = \frac{\triangle ABC}{2} = \frac{S}{2} = 3$$

$\triangle PCA = S_B = 0$

したがって，外心の面積座標は

$$\left(\frac{S_A}{S}, \frac{S_B}{S}, \frac{S_C}{S}\right) = \left(\frac{3}{6}, \frac{0}{6}, \frac{3}{6}\right) = \left(\frac{1}{2}, 0, \frac{1}{2}\right)$$

以上より，最も適切なものは④となる．

（注）類似問題　H25 Ⅰ-3-3，H16 Ⅰ-3-5

 答 ④

**基礎科目 Ⅰ-3-5**

　　下図に示すように，1つの質点がばねで固定端に結合されているばね質点系 A，B，C がある．図中のばねのばね定数 $k$ はすべて同じであり，質点の質量 $m$ はすべて同じである．ばね質点系 A は質点が水平に単振動する系，B は斜め 45 度に単振動する系，C は垂直に単振動する系である．ばね質点系 A，B，C の固有振動数を $f_A$，$f_B$，$f_C$ としたとき，これらの大小関係として，最も適切なものはどれか．ただし，質点に摩擦は作用しないものとし，ばねの質量については考慮しないものとする．

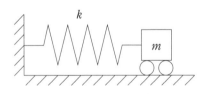

図1　ばね質点系 A

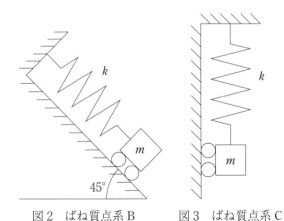

図2　ばね質点系 B　　　　図3　ばね質点系 C

① $f_A = f_B = f_C$　② $f_A > f_B > f_C$　③ $f_A < f_B < f_C$

④ $f_A = f_C > f_B$　⑤ $f_A = f_C < f_B$

解　説

ばね質点系Aの場合，水平方向に釣合の状態からの質点系の移動量$x$をとると，ばねの伸びも$x$に等しく，ばねに$-kx$の力が生じ，質点に作用し，質点が運動する．

このときのばね質点系の運動は次式で表される単振動の運動方程式で表される．

$$m\ddot{x} = -kx$$

ばね質点系Bの場合，斜面に固定された壁と質点がばねで結ばれており，斜面に沿って上向きに$x$軸をとると$x$軸の負の向きに重力$mg\sin45°$が働き，このときばねの伸び$L$で$-kL$のばね力が釣り合うとき物体は静止する．物体が静止する位置を$x$軸の原点とすると，運動方程式は下記の単振動の式となる．

$$m\ddot{x} = -mg\sin45° - k(x-L) = -kx$$

ばね質点系Cの場合，鉛直上向きに$x$軸をとると，質点が重力$g$による下向きの力$-mg$が働き，ばねの伸び$L$による上向きの力と釣り合うとき$mg = kL$となり静止する．したがって，質点の運動は次式の単振動の方程式となる．

$$m\ddot{x} = -mg - k(x-L) = -kx$$

以上より，いずれの場合も同じ運動方程式となり，

固有振動数$f = \dfrac{\omega}{2\pi} = \dfrac{1}{2\pi}\sqrt{\dfrac{k}{m}}$となる．

したがって，最も適切なものは①となる．

（注）類似問題　H26 I-3-5，H24 I-3-2

  答 ①

**基礎科目 I-3-6**　下図に示すように，円管の中を水が左から右へ流れている．点a，点bにおける圧力，流速及び管の断面積をそれぞれ$p_a$，$v_a$，$A_a$及び$p_b$，$v_b$，$A_b$とする．流速$v_b$を表す式として最も適切なものはどれか．ただし$\rho$は水の密度で，水は非圧縮の完全流体とし，粘性によるエネルギー損失はないものとする．

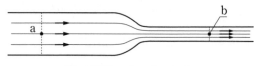

図　円管の中の水の流れ

① $v_b = \dfrac{A_b}{A_a}\sqrt{\dfrac{p_b - p_a}{\rho}}$

② $v_b = \dfrac{A_a}{A_b}\sqrt{\dfrac{p_a - p_b}{\rho}}$

③ $v_b = \dfrac{1}{\sqrt{1 - \dfrac{A_b}{A_a}}}\sqrt{\dfrac{2(p_b - p_a)}{\rho}}$

④ $v_b = \dfrac{1}{\sqrt{1 - \dfrac{A_b}{A_a}}}\sqrt{\dfrac{2(p_a - p_b)}{\rho}}$

⑤ $v_b = \dfrac{1}{\sqrt{1 - \left[\dfrac{A_b}{A_a}\right]^2}}\sqrt{\dfrac{2(p_a - p_b)}{\rho}}$

令和2年度 基礎科目

## 解 説

管内の連続の式より点aと点bの流れについて次式が成立する.

$$A_a v_a = A_b v_b$$

$$v_a = \left[\dfrac{A_b}{A_a}\right] v_b$$

また，ベルヌーイの定理から，点aと点bとの水流の高さを同じとすると

$$\dfrac{v_a{}^2}{2g} + \dfrac{p_a}{\rho g} = \dfrac{v_b{}^2}{2g} + \dfrac{p_b}{\rho g}$$

$g$ と $v_a$ を消去して整理すると

$$\dfrac{v_b{}^2}{2} - \dfrac{v_a{}^2}{2} = \dfrac{p_a}{\rho} - \dfrac{p_b}{\rho}$$

$$v_b{}^2 - \left\{\left[\dfrac{A_b}{A_a}\right] v_b\right\}^2 = 2\left[\dfrac{p_a - p_b}{\rho}\right]$$

$$\left\{1 - \left[\dfrac{A_b}{A_a}\right]^2\right\} v_b{}^2 = 2\left[\dfrac{p_a - p_b}{\rho}\right]$$

$$\therefore \quad v_b = \dfrac{1}{\sqrt{1 - \left[\dfrac{A_b}{A_a}\right]^2}}\sqrt{\dfrac{2(p_a - p_b)}{\rho}}$$

以上より，点bの速度 $v_b$ として最も適切なものは⑤となる.

 答 ⑤

（全6問題から3問題を選択解答）

基礎科目
I-4-1

　　　次の有機化合物のうち，同じ質量の化合物を完全燃焼させたとき，二酸化炭素の生成量が最大となるものはどれか．ただし，分子式右側の（　）内の数値は，その化合物の分子量である．

① メタン $CH_4$ （16）

② エチレン $C_2H_4$ （28）

③ エタン $C_2H_6$ （30）

④ メタノール $CH_4O$ （32）

⑤ エタノール $C_2H_6O$ （46）

## 解　説

　この問題は有機化合物の燃焼反応において発生する二酸化炭素（$CO_2$）の生成量を求めている．まず，①～⑤の各化合物の完全燃焼に関する反応式を考えると以下のようになる．

① メタン　　（16）

　$: CH_4 + 2O_2 \rightarrow CO_2 + 2H_2O$

② エチレン　（28）

　$: C_2H_4 + 3O_2 \rightarrow 2CO_2 + 2H_2O$

③ エタン　　（30）

　$: C_2H_6 + 7/2O_2 \rightarrow 2CO_2 + 3H_2O$

④ メタノール（32）

　$: CH_3OH + 3/2O_2 \rightarrow CO_2 + 2H_2O$

⑤ エタノール（46）

　$: C_2H_5OH + 3O_2 \rightarrow 2CO_2 + 3H_2O$

　この反応式では1 mol 当たりの物質燃焼に対する二酸化炭素量で表してある．これを用いて1 g の有機化合物が燃焼したときに発生する二酸化炭素生成量を見ていく．そのために物質の質量を分子量で割って生成量を求める．そうすると，

メタンは1/16，エチレンは2/28，エタンは2/30，メタノールは1/32，そして，エタノールは2/46となる．問題が求めているのは二酸化炭素の生成量が最大になる物質であるので，5つの物質の中で生成量が最も大きいのは②のエチレンである．

この問題では，まず，燃焼反応式を書き表し，燃焼の前後における物質量の変化を見ていく．物質量で見ると1 molの物質から1ないし2 molの二酸化炭素が発生しているので物質量（モル数）からは最大量がわからない．1 molの有機化合物の燃焼がわかるように式は書いてある．そこから質量で見ていくことになるが，その場合，有機化合物1 g当たりで考え，生成する二酸化炭素の質量を求めていくことになる．

以上の説明を表でまとめると以下のようになる．この問題を4分以内で解くためには問題文の右側余白にこのような表を作れるようになるとよい．

| | 有機化合物<br>（（ ）内は分子量） | 単位質量当たりの分子数 (a) | 化合物1分子から生成されるCO$_2$の分子数 (b) | (a)×(b)分数の分子を揃える | CO$_2$生成量順 |
|---|---|---|---|---|---|
| ① | メタン<br>：CH$_4$（16） | 1/16 | 1 | 2/32 | 3 |
| ② | エチレン<br>：C$_2$H$_4$（28） | 1/28 | 2 | 2/28 | 1 |
| ③ | エタン<br>：C$_2$H$_6$（30） | 1/30 | 2 | 2/30 | 2 |
| ④ | メタノール<br>：CH$_3$OH（32） | 1/32 | 1 | 1/32 | 5 |
| ⑤ | エタノール<br>：C$_2$H$_5$OH（46） | 1/46 | 2 | 2/46 | 4 |

以上の検討から，本問の正解は②となる．

（注）類似問題　H27 Ⅰ-4-1

基礎科目
Ⅰ-4-2

下記a〜dの反応は，代表的な有機化学反応である付加，脱離，置換，転位の4種類の反応のうちいずれかに分類される．置換反応2つの組合せとして最も適切なものはどれか．

a    $CH_3CH_2CH_2OH + HBr$

$\longrightarrow CH_3CH_2CH_2Br + H_2O$

b    $\xrightarrow{\text{酸触媒}}$ $+ H_2O$

c    $CH_3CH_2CH=CH_2 + HBr \longrightarrow \underset{CH_3CH_2CHCH_3}{\overset{Br}{|}}$

d    $+ CH_3OH$

$\xrightarrow{\text{酸触媒}}$ $+ H_2O$

① （a, b）    ② （a, c）    ③ （a, d）    ④ （b, c）    ⑤ （b, d）

## 解 説

　有機化学反応は，反応機構的に見ると付加反応，脱離反応，置換反応，そして，転位反応に分類される．それぞれの反応の概略は以下のとおりである．

- 付加反応：π 結合などの二重結合（不飽和結合）をもつ分子のこの二重結合部分の結合を切って別の分子がそれぞれ結合する反応．
- 脱離反応：1 つの分子から 2 個の原子（あるいは原子団）が他の原子などと置き換わることなく脱離する（離れる）反応．
- 置換反応：物質中の原子を他の原子で置き換わる反応．
- 転位反応：分子内の原子が位置を変え（分子内転位と分子間転移）分子の骨格構造が変化する反応．一例として水素の転位反応を以下に示す．

以上の点を踏まえて，各反応を見ていく．

a：プロパノールの −OH が臭化水素の −Br と置き換わる<u>置換反応</u>である．

$CH_3CH_2CH_2\mathbf{OH} + H\mathbf{Br}$

$\rightarrow CH_3CH_2CH_2\mathbf{Br} + \mathbf{H_2O}$

b：官能基から $H_2O$ が脱離してくる<u>脱離反応</u>である（Φはベンゼン環）．

$\Phi - CH(\underline{OH})C\underline{H}_3$

$\rightarrow \ \Phi - CH = CH_2 + H_2O$

c：プロピレンの二重結合を切断して臭化水素の臭素と水素が付加する<u>付加反応</u>である．

$CH_3CH_2CH = CH_2 + HBr$

$\rightarrow \ CH_3CH_2CH\underline{Br}CH_3$

d：官能基のカルボキシル基の $-OH$ の H がメタノールのメチル基に置き換わる（エステル化反応）<u>置換反応</u>である（$\Phi$はベンゼン環）．

$\Phi - COO\underline{H} + \underline{CH}_3OH$

$\rightarrow \ \Phi - COOCH_3 + H_2O$

　この問題は有機反応の基礎であるが，各反応を具体的に見られないと難しいが，付加，置換などの接頭語から反応の内容が推定できるようにしておきたい．以上のことから，a ～ d の反応の中で置換反応は a と d の反応であり，③が本問の正解である．

🔓答 ③

---

基礎科目
**I -4-3**

　鉄，銅，アルミニウムの密度，電気抵抗率，融点について，次の（ア）～（オ）の大小関係の組合せとして，最も適切なものはどれか．ただし，密度及び電気抵抗率は 20 [℃] での値，融点は 1 気圧での値で比較するものとする．

（ア）：鉄 ＞ 銅 ＞ アルミニウム

（イ）：鉄 ＞ アルミニウム ＞ 銅

（ウ）：銅 ＞ 鉄 ＞ アルミニウム

（エ）：銅 ＞ アルミニウム ＞ 鉄

（オ）：アルミニウム ＞ 鉄 ＞ 銅

| | 密度 | 電気抵抗率 | 融点 |
|---|---|---|---|
| ① | （ア） | （ウ） | （オ） |
| ② | （ア） | （エ） | （オ） |
| ③ | （イ） | （エ） | （ア） |
| ④ | （ウ） | （イ） | （ア） |
| ⑤ | （ウ） | （イ） | （オ） |

解　説

　金属材料の中で使用量の多い順に，鉄，アルミニウム，銅の3者について，基礎的物性に関する知識を問うものである．国内年間使用量は，鉄が1億トンを超え，アルミニウムが数百万トン，銅が百万トン強ということも頭に入れておきたい．

　密度，電気抵抗率，融点について，但し書きによって温度と気圧の測定条件が示されているが，3特性とも広い範囲にわたって，測定条件の変化により順序が入れ替わるほどの変動はない．したがって本問では，但し書きを考慮に入れる必要はまったくない．

　鉄，銅，アルミニウムに関する3物性につき下表にまとめた．最重要金属材料の基礎的な特性なので，是非おおよその数値を頭に入れておきたい．

|  | 密度<br>[g/cm$^3$] | 電気抵抗率<br>[nΩ・m] | 融点<br>[℃] |
|---|---|---|---|
| 鉄（Fe） | 7.87 | 96.1 | 1 538 |
| 銅（Cu） | 8.94 | 16.8 | 1 085 |
| アルミニウム（Al） | 2.70 | 28.2 | 660 |

　密度については Cu ＞ Fe ＞ Al の順で（ウ）となり，電気抵抗率については Fe ＞ Al ＞ Cu の順で（イ）となり，融点については Fe ＞ Cu ＞ Al の順で（ア）に相当する．選択肢において（ウ），（イ），（ア）の順となるのは④である．

　以上から最も適切な組合せは④である．

　（注）類似問題　H28 Ⅰ-4-3

🔓答 ④

**基礎科目**
**Ⅰ-4-4**　アルミニウムの結晶構造に関する次の記述の，□□□に入る数値や数式の組合せとして，最も適切なものはどれか．

　アルミニウムの結晶は，室温・大気圧下において面心立方構造を持っている．その一つの単位胞は ［ア］個の原子を含み，配位数が ［イ］である．単位胞となる立方体の一辺の長さを $a$ [cm]，アルミニウム原子の半径を $R$ [cm] とすると，［ウ］の関係が成り立つ．

|   | ア | イ | ウ |
|---|---|---|---|
| ① | 2 | 12 | $a = \dfrac{4R}{\sqrt{3}}$ |
| ② | 2 | 8 | $a = \dfrac{4R}{\sqrt{3}}$ |
| ③ | 4 | 12 | $a = \dfrac{4R}{\sqrt{3}}$ |
| ④ | 4 | 8 | $a = 2\sqrt{2}\,R$ |
| ⑤ | 4 | 12 | $a = 2\sqrt{2}\,R$ |

## 解　説

本問は，アルミニウムの結晶構造についての基礎知識を問うものである．
最初に，設問の中にある技術用語につき，簡単な説明を加えておく．

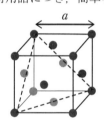

面心立方格子

面心立方構造：図のように立方体（正六面体）の8頂点と6面の中心とに原子
　が配列される構造（面心立方格子）．Al，Cu，Au などの金属がこの結晶構
　造をとる．

単位胞：面心立方構造結晶の最小単位（面心立方格子1個）のこと．結晶は単
　位胞の集合体である．

配位数：結晶中で注目する原子の最隣接原子数をいう．

単位胞に含まれる原子の数は，8個の頂点と6つの面にある原子の和である．

（1）　8個の頂点に原子があるがそれぞれ周りの8個の単位胞に共有されてい
　　るので，8×1/8 = 1個

（2）　6つの面の中心に原子があるがそれぞれ隣り合う2個の単位胞に共有さ
　　れるので，6×1/2 = 3個

（3）　含まれる原子の数は（1）と（2）の和で，1+3 = 4個となり（ア）
　　は4である．

　配位数は，２個の単位胞を隣合せに接して並べ，中心にくる原子（元の面心位置の原子）に着目すると，その原子から$\sqrt{2}\,a/2$（最短距離）だけ離れて，（その原子を対象中心として）点対象の位置に２個ずつ６組，計12個の原子があることが分かる．したがって，（イ）は12である．

　立方体の一辺の長さ$a$とアルミニウム原子半径$R$との関係式は，面心立方構造は図において，点線で表した３本の対角線によって定まる平面上で，原子が互いに接して最稠密充填を形成するのが特徴である．
（Ⅰ）　対角線の長さは，一辺$a$の直角二等辺三角形の斜辺であり，三平方の定理から$\sqrt{2}\,a$.
（Ⅱ）　対角線上に３個の原子が接しているので，２個の原子の直径$4R$に等しいはずである．
（Ⅲ）　対角線（4）と（5）が等しいことを等式で表せば
　　　　$\sqrt{2}\,a = 4R$
したがって，$a = 4R/\sqrt{2} = 2\sqrt{2}\,R$，すなわち，（ウ）は$a = 2\sqrt{2}\,R$となる．

　選択肢において（ア），（イ），（ウ）が，4，12，$a = 2\sqrt{2}\,R$の順となるのは⑤である．

　以上から，最も適切な組合せは⑤となる．

 答　⑤

**基礎科目 I-4-5**　アルコール酵母菌のグルコース（$C_6H_{12}O_6$）を基質とした好気呼吸とエタノール発酵は次の化学反応式で表される．

好気呼吸
　　$C_6H_{12}O_6 + 6O_2 + 6H_2O \rightarrow 6CO_2 + 12H_2O$
エタノール発酵
　　$C_6H_{12}O_6 \rightarrow 2C_2H_5OH + 2CO_2$

　いま，アルコール酵母菌に基質としてグルコースを与えたところ，酸素を２モル吸収した．好気呼吸で消費されたグルコースとエタノール発酵で消費されたグルコースのモル比が１：６であった際の，二酸化炭素発生量として最も適切なものはどれか．
　①　３モル　　②　４モル　　③　６モル　　④　８モル　　⑤　12モル

## 解　説

　本問は，アルコール酵母菌の好気呼吸とエタノール発酵に関する基本的な設問である．酸素が好気呼吸でのみ消費されることに着目し，化学反応式の係数を用いて計算すればよい．

　まず，好気呼吸におけるグルコースと酸素の反応係数はそれぞれ"1"と"6"なので，設問のとおり2モル（mol）の酸素を吸収する場合，グルコース消費量は $2 \text{モル} \times \dfrac{1}{6} = \dfrac{1}{3}$ モルとなる．また，酸素と二酸化炭素の反応係数はともに"6"なので，二酸化炭素発生量は酸素吸収量と同じ2モルとなる．

　次に，好気呼吸で消費されたグルコースとエタノール発酵で消費されたグルコースのモル比が1：6なので，エタノール発酵で消費されたグルコースの量は $\dfrac{1}{3}$ モル×6＝2モルとなる．

　最後に，エタノール発酵におけるグルコースと二酸化炭素の反応係数はそれぞれ"1"と"2"なので，2モルのグルコースを消費する場合，二酸化炭素発生量は2モル×2＝4モルとなる．

　以上より，好気呼吸における発生量2モルとエタノール発酵における発生量4モルを合わせて，二酸化炭素の全発生量は6モルとなる．

　以上から，最も適切なものは③である．

　（注）類似問題　H25 I -4-6

  答 ③

基礎科目
I -4-6

　PCR（ポリメラーゼ連鎖反応）法は，細胞や血液サンプルからDNAを高感度で増幅することができるため，遺伝子診断や微生物検査，動物や植物の系統調査等に用いられている．PCR法は通常，（1）DNAの熱変性，（2）プライマーのアニーリング，（3）伸長反応の3段階からなっている．PCR法に関する記述のうち，最も適切なものはどれか．

① DNAの熱変性では，2本鎖DNAの共有結合を切断して1本鎖DNAに解離させるために加熱を行う．

② アニーリング温度を上げすぎると，1本鎖DNAに対するプライマーの非特異的なアニーリングが起こりやすくなる．

③ 伸長反応の時間は増幅したい配列の長さによって変える必要があり，増幅したい配列が長くなるにつれて伸長反応時間は短くする．

④　耐熱性の高い DNA ポリメラーゼが，PCR 法に適している.

⑤　PCR 法により増幅した DNA には，プライマーの塩基配列は含まれない.

解　説

　本問は，遺伝子解析で広く用いられている PCR 法に関する設問である.　PCR 法は，DNA 分子を酵素反応的に試験管内で複製し，複製を繰り返すことによって指数級数的に増幅する実験手法である.　発明者のキャリー・マリスは，1993年にノーベル化学賞を受賞した.　感染症検査にも使用され，新型コロナウイルス感染症（COVID-19）の検査法として多くの人に知られるようになった.

①　不適切.　2本鎖 DNA は，相補的な配列をもつ2本の1本鎖 DNA が，A-T および G-C という塩基間の水素結合によって結合したものである.　水素結合は静電相互作用によるものであり，熱エネルギーによって解離し，2本鎖 DNA を引き剥がして1本鎖 DNA にすることができる.　これを DNA の熱変性という.

②　不適切.　プライマーは短い1本鎖 DNA であり，熱変性した1本鎖 DNA の増幅したい領域の塩基配列を認識して，相補的に結合する.　これをアニーリングといい，標的とする DNA 配列のみを特異的に増幅することが可能となる.　アニーリング温度が低くなると，完全に相補的でないような配列に結合する非特異的なアニーリングが起こりやすくなり，標的以外の DNA 配列も増幅されてしまうようになる.　プライマーの配列に応じて，特異的なアニーリングのみが起こるような温度を設定することが重要である.

③　不適切.　伸長反応において DNA ポリメラーゼによる合成反応は一定速度で進むので，長い配列ほど伸長反応に要する時間は長くなる.

④　最も適切.　DNA の熱変性の際に温度が90℃以上になるので，高温でも活性を失わない耐熱性の高い DNA ポリメラーゼを使用する.　耐熱性 DNA ポリメラーゼは，温泉などの高温環境に生息する好熱性細菌から単離されたもので，PCR 法の実用化に大きく貢献した.

⑤　不適切.　伸長反応はプライマーの3′末端に新たなヌクレオチドを付加することによって開始する.　したがって，PCR 法によって増幅される DNA の両端にはプライマーの塩基配列が含まれる.

以上から，最も適切なものは④である.　　　　　　　　　　　　答　④

（全6問題から3問題を選択解答）

**基礎科目 I-5-1**

プラスチックごみ及びその資源循環に関する（ア）〜（オ）の記述について，それぞれの正誤の組合せとして，最も適切なものはどれか．

（ア） 近年，マイクロプラスチックによる海洋生態系への影響が懸念されており，世界的な課題となっているが，マイクロプラスチックとは一般に5 mm 以下の微細なプラスチック類のことを指している．

（イ） 海洋プラスチックごみは世界中において発生しているが，特に先進国から発生しているものが多いと言われている．

（ウ） 中国が廃プラスチック等の輸入禁止措置を行う直前の2017年において，日本国内で約900万トンの廃プラスチックが排出されそのうち約250万トンがリサイクルされているが，海外に輸出され海外でリサイクルされたものは250万トンの半数以下であった．

（エ） 2019年6月に政府により策定された「プラスチック資源循環戦略」においては，基本的な対応の方向性を「3R ＋ Renewable」として，プラスチック利用の削減，再使用，再生利用の他に，紙やバイオマスプラスチックなどの再生可能資源による代替を，その方向性に含めている．

（オ） 陸域で発生したごみが河川等を通じて海域に流出されることから，陸域での不法投棄やポイ捨て撲滅の徹底や清掃活動の推進などもプラスチックごみによる海洋汚染防止において重要な対策となる．

|     | ア | イ | ウ | エ | オ |
|-----|----|----|----|----|----|
| ①   | 正 | 正 | 誤 | 正 | 誤 |
| ②   | 正 | 誤 | 誤 | 正 | 正 |
| ③   | 正 | 正 | 正 | 誤 | 誤 |
| ④   | 誤 | 誤 | 正 | 正 | 正 |
| ⑤   | 誤 | 正 | 誤 | 誤 | 正 |

---

**解 説**

（ア） 正. サイズが5mm以下の微細なプラスチックごみをマイクロプラスチックとしている.

（イ） 誤. 2010年の推計では，海洋プラスチックごみは中国，インドネシアなどの東，東南アジアの国々からの発生が多いとされている.

（ウ） 誤. 一般社団法人プラスチック循環利用協会の資料によると，2017年の廃プラスチックの総排出量は903万トンで，マテリアルリサイクルとケミカルリサイクル量は251万トンである. JETRO（独立行政法人日本貿易振興機構）のレポートによると，143万トンが中国を中心にマテリアルリサイクルの材料として輸出されており，半数以下とあるのは誤りである.

（エ） 正.「プラスチック資源循環戦略」に従来からの3Rに加えて，Renewable（再生可能資源への代替）を付け加えることが明記されている.

（オ） 正. 2019年に策定された「海洋プラスチックごみ対策アクションプラン」に明記されている.

以上から，正誤の組合せとして最も適切なものは，正，誤，誤，正，正となる.

 答 ②

---

**基礎科目** **I -5-2** 　生物多様性の保全に関する次の記述のうち，最も不適切なものはどれか.

① 生物多様性の保全及び持続可能な利用に悪影響を及ぼすおそれのある遺伝子組換え生物の移送，取扱い，利用の手続等について，国際的な枠組みに関する議定書が採択されている.

② 移入種（外来種）は在来の生物種や生態系に様々な影響を及ぼし，なかには在来種の駆逐を招くような重大な影響を与えるものもある.

③ 移入種問題は，生物多様性の保全上，最も重要な課題の1つとされているが，我が国では動物愛護の観点から，移入種の駆除の対策は禁止されている.

④ 生物多様性条約は，1992年にリオデジャネイロで開催された国連環境開発会議において署名のため開放され，所定の要件を満たしたことから，翌年，発効した.

⑤ 生物多様性条約の目的は，生物の多様性の保全，その構成要素の持続可能

な利用及び遺伝資源の利用から生ずる利益の公正かつ衡平な配分を実現することである.

---

**解　説**

① 適切. 遺伝子組換え生物の移送，取扱い，利用の手続などに関する国際的な枠組みとして，2000年に「生物の多様性に関する条約のバイオセーフティに関するカルタヘナ議定書」が採択された.

② 適切. 生物多様性に脅威となる因子として，人間の活動による移入種（外来種）の導入の影響が挙げられる.

③ 不適切. 2004年に公布された「特定外来生物による生態系等に係る被害の防止に関する法律（外来生物法）」で，「特定外来生物」として規制・防除の対象とするものを決めている.

④ 適切. 生物多様性条約の発効に至る経緯の記述どおり.

⑤ 適切. 生物多様性条約に記載されている3項目の目的（生物の多様性の保全，その構成要素の持続的な利用および遺伝資源の利用から生ずる利益の公正かつ衡平な配分の実現）の記述どおり.

以上から，最も不適切なものは③である.

（注）類似問題　H28 Ⅰ-5-2

---

**基礎科目 Ⅰ-5-3**

日本のエネルギー消費に関する次の記述のうち，最も不適切なものはどれか.

① 日本全体の最終エネルギー消費は2005年度をピークに減少傾向になり，2011年度からは東日本大震災以降の節電意識の高まりなどによってさらに減少が進んだ.

② 産業部門と業務他部門全体のエネルギー消費は，第一次石油ショック以降，経済成長する中でも製造業を中心に省エネルギー化が進んだことから同程度の水準で推移している.

③ 1単位の国内総生産（GDP）を産出するために必要な一次エネルギー消費量の推移を見ると，日本は世界平均を大きく下回る水準を維持している.

④ 家庭部門のエネルギー消費は，東日本大震災以降も，生活の利便性・快適性を追求する国民のライフスタイルの変化や世帯数の増加等を受け，継続的

に増加している.

⑤　運輸部門（旅客部門）のエネルギー消費は2002年度をピークに減少傾向に転じたが，これは自動車の燃費が改善したことに加え，軽自動車やハイブリッド自動車など低燃費な自動車のシェアが高まったことが大きく影響している.

## 解　説

「エネルギー白書2020」からの出題である.

①　適切.「2000年代半ば以降は再び原油価格が上昇し，2005年度をピークに最終エネルギー消費は減少傾向になった. 2011年度からは東日本大震災以降の節電意識の高まりなどによってさらに減少が進んだ」とある.

②　適切.「部門別にエネルギー消費の動向を見ると，1973年度から2018年度までの伸びは，企業・事業所他部門が1.0倍（産業部門0.8倍，業務他部門2.1倍）となった. 企業・事業所他部門では製造業を中心に省エネルギー化が進んだことから，同程度の水準で推移した」とある.

③　適切.「日本の1単位の国内総生産（GDP）を産出するために必要なエネルギー消費量の推移は，世界平均を大きく下回る水準を維持している. 2017年では，インド，中国の5分の1から4分の1程度で，省エネルギーが進んでいる欧州と比べても遜色ない」とある.

④　不適切.「家庭部門のエネルギー消費は，生活の利便性・快適性を追求する国民のライフスタイルの変化や，世帯数増加などの影響を受け，著しく増加した. その後，東日本大震災以降は国民の節電など省エネルギー意識の高まりにより，個人消費や世帯数の増加に反して低下した」とある.

⑤　適切.「旅客部門のエネルギー消費量は2002年度をピークに減少傾向に転じた. 自動車の燃費が改善したことに加え，軽自動車やハイブリッド自動車など低燃費な自動車のシェアが高まったことが大きく影響している」とある.

以上から，最も不適切なものは④である.

答 ④

**基礎科目 I-5-4**

エネルギー情勢に関する次の記述の，□□□に入る数値又は語句の組合せとして，最も適切なものはどれか．

日本の電源別発電電力量（一般電気事業用）のうち，原子力の占める割合は2010年度時点で ア ％程度であった．しかし，福島第一原子力発電所の事故などの影響で，原子力に代わり天然ガスの利用が増えた．現代の天然ガス火力発電は，ガスタービン技術を取り入れた イ サイクルの実用化などにより発電効率が高い．天然ガスは，米国において，非在来型資源のひとつである ウ ガスの生産が2005年以降顕著に拡大しており，日本も既に米国から ウ ガス由来の液化天然ガス（LNG）の輸入を始めている．

|   | ア | イ | ウ |
|---|---|---|---|
| ① | 30 | コンバインド | シェール |
| ② | 20 | コンバインド | シェール |
| ③ | 20 | 再熱再生 | シェール |
| ④ | 30 | コンバインド | タイトサンド |
| ⑤ | 30 | 再熱再生 | タイトサンド |

### 解 説

「エネルギー白書2011」第2部第1章第4節「二次エネルギーの動向」の，「1．電力」「(2) 供給の動向」によると，「発電電力量（一般電気事業用）で見た場合，2010年度の電源構成は，原子力 (ア) 30.8%，石炭火力23.8%，LNG火力27.2%，石油等火力8.3%，水力8.7%と見込まれた」と記載されており，「火力発電所の熱効率は年々上昇して，最新鋭のガスタービンと蒸気タービンを併用した1,500℃級 (イ) コンバインド サイクル発電では約52%（HHV）の熱効率を達成した」とある．

非在来型資源とは従来の技術では商業的に採掘が難しかった石油系，天然ガス系の化石エネルギー資源をいい，天然ガス系ではタイトサンドガス，(ウ) シェール ガス，コールベッドメタンなどがある．特に固い頁岩中に含まれる (ウ) シェール ガスは水平坑井掘削と多段階水圧破砕という新しい掘削技術により，2005年頃より生産量が飛躍的に拡大し，シェールガス革命と呼ばれている．

以上から，最も適切な組合せは①である．

（注）類似問題　H24 I-5-3

 答 ①

**基礎科目 I-5-5**

　　日本の工業化は明治維新を経て大きく進展していった．この明治維新から第二次世界大戦に至るまでの日本の産業技術の発展に関する次の記述のうち，最も不適切なものはどれか．

① 江戸時代に成熟していた手工業的な産業が，明治維新によって開かれた新市場において，西洋技術を取り入れながら独自の発展を生み出していった．

② 西洋の先進国で標準化段階に達した技術一式が輸入され，低賃金の労働力によって価格競争力の高い製品が生産された．

③ 日本工学会に代表される技術系学協会は，欧米諸国とは異なり大学などの高学歴出身者たちによって組織された．

④ 工場での労働条件を改善しながら国際競争力を強化するために，テイラーの科学的管理法が注目され，その際に統計的品質管理の方法が導入された．

⑤ 工業化の進展にともない，技術官僚たちは行政における技術者の地位向上運動を展開した．

**解説**

① 適切．江戸時代の織物業，陶磁器業，醸造業などの分野で手工業的な産業が成熟していたことが明治維新後の文明開化の基盤となった．

② 適切．欧米での産業革命により新しく考案された技術一式を，完成品として輸入して活用したのが明治以降の殖産興業政策である．

③ 不適切．日本工学会は明治12年に工部大学校（東京大学工学部の前身）の卒業生により創立され，高学歴出身者による組織といえる．一方，欧米諸国はイギリスの王立学会のようにアマチュア科学者の団体として組織された例もあるが，国や学協会によりさまざまであり，高学歴出身者とは異なる組織との記述は誤解を招くものである．

④ 不適切．テイラーの科学的管理法は作業の標準化などにより，作業効率を向上させ，生産性を改善する手法で，統計的品質管理の方法ではない．

⑤ 適切．大正時代の技術官僚が日本工人倶楽部などを設立し，技術者の地位向上運動として，技術系人材に不利な制度である文官任用令などの改善に取り組んだ．

以上から，最も不適切なものは④である．　**答 ④または③**

**※本文は試験後，技術士会から下記のとおり公表された．**

> ※ I-5-5については，設問の一部に誤解を招く記述があったことから，当初の正答に加え，選択肢③を正答とした受験者についても得点を与える．

**基礎科目 I -5-6** 次の（ア）〜（オ）の科学史・技術史上の著名な業績を，古い順から並べたものとして，最も適切なものはどれか．

（ア）　マリー及びピエール・キュリーによるラジウム及びポロニウムの発見

（イ）　ジェンナーによる種痘法の開発

（ウ）　ブラッテン，バーディーン，ショックレーによるトランジスタの発明

（エ）　メンデレーエフによる元素の周期律の発表

（オ）　ド・フォレストによる三極真空管の発明

①　イ－エ－ア－オ－ウ

②　イ－エ－オ－ウ－ア

③　イ－オ－エ－ア－ウ

④　エ－イ－オ－ア－ウ

⑤　エ－オ－イ－ア－ウ

---

**解　説**

（ア）　ポーランドおよびフランスの物理学・化学者マリーおよびピエール・キュリーによるラジウムおよびポロニウムの発見は1898年．

（イ）　イギリスの医学者ジェンナーによる種痘法の開発は1796年．

（ウ）　アメリカのベル研究所の物理学者ブラッテン，バーディーン，ショックレーによるトランジスタの発明は1948年．

（エ）　ロシアの化学者メンデレーエフによる元素の周期律の発表は1869年．

（オ）　アメリカの発明家ド・フォレストによる三極真空管の発明は1906年．

以上から，古い順に並べると，（イ）－（エ）－（ア）－（オ）－（ウ）で，最も適切なものは①である．

（注）類似問題　H28 I -5-6

  答 ①

# 適 性 科 目

Ⅱ　次の15問題を解答せよ．（解答欄に１つだけマークすること．）

**適性科目 Ⅱ-1**
次に掲げる技術士法第四章において，| ア |～| キ |に入る語句の組合せとして，最も適切なものはどれか．

《技術士法第四章　技術士等の義務》

（信用失墜行為の禁止）

第44条　技術士又は技術士補は，技術士若しくは技術士補の信用を傷つけ，又は技術士及び技術士補全体の不名誉となるような行為をしてはならない．

（技術士等の秘密保持| ア |）

第45条　技術士又は技術士補は，正当の理由がなく，その業務に関して知り得た秘密を漏らし，又は盗用してはならない．技術士又は技術士補でなくなった後においても，同様とする．

（技術士等の| イ |確保の| ウ |）

第45条の2　技術士又は技術士補は，その業務を行うに当たっては，公共の安全，環境の保全その他の| イ |を害することのないよう努めなければならない．

（技術士の名称表示の場合の| ア |）

第46条　技術士は，その業務に関して技術士の名称を表示するときは，その登録を受けた| エ |を明示してするものとし，登録を受けていない| エ |を表示してはならない．

（技術士補の業務の| オ |等）

第47条　技術士補は，第２条第１項に規定する業務について技術士を補助する場合を除くほか，技術士補の名称を表示して当該業務を行ってはならない．

2　前条の規定は，技術士補がその補助する技術士の業務に関してする技術士補の名称の表示について| カ |する．

（技術士の| キ |向上の| ウ |）

第47条の2　技術士は，常に，その業務に関して有する知識及び技能の水準を向上させ，その他その| キ |の向上を図るよう努めなければならない．

| | ア | イ | ウ | エ | オ | カ | キ |
|---|---|---|---|---|---|---|---|
| ① | 義務 | 公益 | 責務 | 技術部門 | 制限 | 準用 | 能力 |
| ② | 責務 | 安全 | 義務 | 専門部門 | 制約 | 適用 | 能力 |
| ③ | 義務 | 公益 | 責務 | 技術部門 | 制約 | 適用 | 資質 |
| ④ | 責務 | 安全 | 義務 | 専門部門 | 制約 | 準用 | 資質 |
| ⑤ | 義務 | 公益 | 責務 | 技術部門 | 制限 | 準用 | 資質 |

### 解　説

ほぼ毎年出題される技術士法第4章全体に関する設問である．「3義務2責務」や「信秘公名資（義義責義責)」などと暗記している受験者が多い．「技術士は神秘の公名士だ」などと，もじって覚える受験者もいる．

（ア）　2つ目の「秘」なので「技術士等の秘密保持義務」である．

（イ）（ウ）　3番目の「公」で「義義責」なので「技術士等の公益確保の責務」である．

（エ）　4番目の「名」で，「技術士の名称表示の場合登録を受けた『技術部門の明示』の義務」がある．

（オ）　「技術士補の業務の制限等」である．

（カ）　4番目の「名」にかかわる部分で，「準用する」となる．

（キ）　5番目の「資」で，「技術士の資質向上の責務」である．

先に示した「信秘公名資（義義責義責)」から，答えの候補は③か⑤に絞られる．日本語のニュアンスから，（オ），（カ）は，「制約」・「適用」より「制限」・「準用」がふさわしいと気付けば，最も適切な組合せとして⑤が導き出せる．

（注）類似問題　R1 Ⅱ-1　答⑤

---

**適性科目 Ⅱ-2**　さまざまな理工系学協会は，会員や学協会自身の倫理観の向上を目指して，倫理規程，倫理綱領を定め，公開しており，技術者の倫理的意思決定を行う上で参考になる．それらを踏まえた次の記述のうち，最も不適切なものはどれか．

① 技術者は，製品，技術および知的生産物に関して，その品質，信頼性，安全性，および環境保全に対する責任を有する．また，職務遂行においては常に公衆の安全，健康，福祉を最優先させる．

② 技術者は，研究・調査データの記録保存や厳正な取扱いを徹底し，ねつ造，

改ざん，盗用などの不正行為をなさず，加担しない．ただし，顧客から要求があった場合は，要求に沿った多少のデータ修正を行ってもよい．

③　技術者は，人種，性，年齢，地位，所属，思想・宗教などによって個人を差別せず，個人の人権と人格を尊重する．

④　技術者は，不正行為を防止する公正なる環境の整備・維持も重要な責務であることを自覚し，技術者コミュニティおよび自らの所属組織の職務・研究環境を改善する取り組みに積極的に参加する．

⑤　技術者は，自己の専門知識と経験を生かして，将来を担う技術者・研究者の指導・育成に努める．

## 解　説

「日本機械学会倫理規定」からの設問である．受験者は，自らの専門分野に近い学会の倫理規定などを一読することをおすすめする．しかし，たとえ触れたことのない倫理規定などの問題でも，自分の倫理観から自信をもって解答すれば，正解できると確信する．

①　適切．これは，同倫理規定の「技術者としての社会的責任」の抜粋である．「技術士等の公益確保の責務」にも通じる内容である．

②　不適切．同倫理規定には，「科学技術に関わる問題に対して，特定の権威・組織・利益によらない中立的・客観的な立場から討議し，責任をもって結論を導き，実行する．」と記述されており，顧客の要求によってデータを修正することは許されない．

③　適切．これは，同倫理規定の「公平性の確保」の抜粋である．

④　適切．これは，同倫理規定の「職務環境の整備」の抜粋である．

⑤　適切．これは，同倫理規定の「教育と啓発」の抜粋である．

以上から，最も不適切なものは②である．

（注）類似問題　H30 Ⅱ-5

 答 ②

**適性科目 Ⅱ-3**　科学研究と産業が密接に連携する今日の社会において，科学者は複数の役割を担う状況が生まれている．このような背景のなか，科学者・研究者が外部との利益関係等によって，公的研究に必要な公正かつ適正な判断が損なわれる，または損なわれるのではないかと第三者から見なされかねない事態を利益相反（Conflict of Interest：COI）という．法律で判断

できないグレーゾーンに属する問題が多いことから，研究活動において利益相反が問われる場合が少なくない．実際に弊害が生じていなくても，弊害が生じているかのごとく見られることも含まれるため，指摘を受けた場合に的確に説明できるよう，研究者及び所属機関は適切な対応を行う必要がある．以下に示す COI に関する（ア）〜（エ）の記述のうち，正しいものは○，誤っているものは×として，最も適切な組合せはどれか．

（ア） 公的資金を用いた研究開発の技術指導を目的に A 教授は Z 社と有償での兼業を行っている．A 教授の所属する大学からの兼業許可では，毎週水曜日が兼業の活動日とされているが，毎週土曜日に Z 社で開催される技術会議に出席する必要が生じた．そこで A 教授は所属する大学の COI 委員会にこのことを相談した．

（イ） B 教授は自らの研究と非常に近い競争関係にある論文の査読を依頼された．しかし，その論文の内容に対して公正かつ正当な評価を行えるかに不安があり，その論文の査読を辞退した．

（ウ） C 教授は公的資金により Y 社が開発した技術の性能試験及び，その評価に携わった．その後 Y 社から自社の株購入の勧めがあり，少額の未公開株を購入した．取引は C 教授の配偶者名義で行ったため，所属する大学の COI 委員会への相談は省略した．

（エ） D 教授は自らの研究成果をもとに，D 教授の所属する大学から兼業許可を得て研究成果活用型のベンチャー企業を設立した．公的資金で購入した D 教授が管理する研究室の設備を，そのベンチャー企業が無償で使用する必要が生じた．そこで D 教授は事前に所属する大学の COI 委員会にこのことを相談した．

|   | ア | イ | ウ | エ |
|---|---|---|---|---|
| ① | ○ | ○ | ○ | ○ |
| ② | ○ | ○ | ○ | × |
| ③ | ○ | ○ | × | ○ |
| ④ | ○ | × | ○ | ○ |
| ⑤ | × | ○ | ○ | ○ |

**解　説**

「技術士倫理綱領」には，「公衆の利益の優先」が記されている．受験者は，自他の幸せな人生のために終生，公益優先であって欲しい．その観点をもてば，容

易に正解に至ると思う.

（ア）　○．土曜日はA教授の大学の兼業活動日ではないので，大学のCOI委員会に相談するのは正しい.

（イ）　○．B教授の研究と非常に近い競争関係の論文を査読した場合，私益優先の評価となりかねないので，査読を辞退することは正しい.

（ウ）　×．Y社の未公開株をC教授の配偶者名で購入した.「厚生労働科学研究におけるCOIの管理に関する指針」には，「研究者と生計を一にする配偶者等についても，（中略）COI委員会等における検討の対象」と記述されている.

（エ）　○．D教授の研究室設備を無償使用させることは，利益供与・私益優先となる恐れがあるので，COI委員会に相談したことは正しい.

以上から，最も適切な組合せは③である.

答　③

---

適性科目
Ⅱ-4

　　　近年，企業の情報漏洩に関する問題が社会的現象となっている.営業秘密等の漏洩は企業にとって社会的な信用低下や顧客への損害賠償等，甚大な損失を被るリスクがある.例えば，石油精製業等を営む会社のポリカーボネート樹脂プラントの設計図面等を，その従業員を通じて競合企業が不正に取得し，さらに中国企業に不正開示した事案では，その図面の廃棄請求，損害賠償請求等が認められる（知財高裁　平成23.9.27）など，基幹技術など企業情報の漏えい事案が多発している.また，サイバー空間での窃取，拡散など漏えい態様も多様化しており，抑止力向上と処罰範囲の整備が必要となっている.

　営業秘密に関する次の（ア）～（エ）の記述について，正しいものは○，誤っているものは×として，最も適切な組合せはどれか.

（ア）　顧客名簿や新規事業計画書は，企業の研究・開発や営業活動の過程で生み出されたものなので営業秘密である.

（イ）　製造ノウハウやそれとともに製造過程で発生する有害物質の河川への垂れ流しといった情報は，社外に漏洩してはならない営業秘密である.

（ウ）　刊行物に記載された情報や特許として公開されたものは，営業秘密に該当しない.

（エ）　技術やノウハウ等の情報が「営業秘密」として不正競争防止法で保護さ

れるためには，（1）秘密として管理されていること，（2）有用な営業上又は技術上の情報であること，（3）公然と知られていないこと，の3つの要件のどれか1つに当てはまれば良い．

|   | ア | イ | ウ | エ |
|---|---|---|---|---|
| ① | ○ | ○ | × | × |
| ② | ○ | × | ○ | × |
| ③ | × | × | ○ | ○ |
| ④ | × | ○ | × | ○ |
| ⑤ | ○ | × | ○ | ○ |

**解　説**

不正競争防止法第2条第6項に「この法律において『営業秘密』とは，秘密として管理されている生産方法，販売方法その他の事業活動に有用な技術上又は営業上の情報であって，公然と知られていないものをいう．」と定義されている．

（ア）　○．顧客名簿や新規事業計画書は，「事業活動に有用な営業上の情報」である．

（イ）　×．有害物質の河川への垂れ流しといった情報は，「事業活動に有用な技術上又は営業上の情報」ではないので，営業秘密ではない．

（ウ）　○．「刊行物に記載された情報や特許として公開されたもの」は，営業秘密ではない．

（エ）　×．「営業秘密」として保護されるためには，3つの要件すべてに当てはまらなければならない．

以上から，最も適切な組合せは②である．

（注）類似問題　H30 Ⅱ-7

答 ②

**適性科目 Ⅱ-5**　ものづくりに携わる技術者にとって，知的財産を理解することは非常に大事なことである．知的財産の特徴の一つとして，「もの」とは異なり「財産的価値を有する情報」であることが挙げられる．情報は，容易に模倣されるという特質をもっており，しかも利用されることにより消費されるということがないため，多くの者が同時に利用することができる．こうしたことから知的財産権制度は，創作者の権利を保護するため，元来自由利用できる情報を，社会が必要とする限度で自由を制限する制度ということがで

きる.

以下に示す（ア）～（コ）の知的財産権のうち，産業財産権に含まれないものの数はどれか.

（ア）　特許権（発明の保護）

（イ）　実用新案権（物品の形状等の考案の保護）

（ウ）　意匠権（物品のデザインの保護）

（エ）　著作権（文芸，学術等の作品の保護）

（オ）　回路配置利用権（半導体集積回路の回路配置利用の保護）

（カ）　育成者権（植物の新品種の保護）

（キ）　営業秘密（ノウハウや顧客リストの盗用など不正競争行為を規制）

（ク）　商標権（商品・サービスで使用するマークの保護）

（ケ）　商号（商号の保護）

（コ）　商品等表示（不正競争防止法）

①　4　　②　5　　③　6　　④　7　　⑤　8

## 解　説

知的財産基本法での「知的財産」とは，発明，考案，植物の新品種，意匠，著作物その他の人間の創造的活動により生み出されるもの，商標，商号その他事業活動に用いられる商品又は役務を表示するもの及び営業秘密その他の事業活動に有用な技術上又は営業上の情報をいう.

同じく「知的財産権」とは，特許権，実用新案権，育成者権，意匠権，著作権，商標権その他の知的財産に関して法令により定められた権利又は法律上保護される利益に係る権利をいう. この知的財産権のうち，（ア）特許権，（イ）実用新案権，（ウ）意匠権および（ク）商標権の4つを「産業財産権」といい，他に（エ）著作権，（オ）回路配置利用権，（カ）育成者権，（キ）営業秘密，（ケ）商号，（コ）商品等表示などが含まれる.

（ア）～（コ）に示された知的財産権の中で産業財産権に含まれるものは4つであるので，それに含まれないものの数は6つである. 以上から，正解は③である.

（注）類似問題　H30 II-6

答 ③

**適性科目**
**II-6**　　　我が国の「製造物責任法（PL法）」に関する次の記述のうち，最も不適切なものはどれか.

① この法律は，製造物の欠陥により人の生命，身体又は財産に係る被害が生じた場合における製造業者等の損害賠償の責任について定めることにより，被害者の保護を図り，もって国民生活の安定向上と国民経済の健全な発展に寄与することを目的としている.

② この法律において，製造物の欠陥に起因する損害についての賠償責任を製造業者等に対して追及するためには，製造業者等の故意あるいは過失の有無は関係なく，その欠陥と損害の間に相当因果関係が存在することを証明する必要がある.

③ この法律には「開発危険の抗弁」という免責事由に関する条項がある. これにより，当該製造物を引き渡した時点における科学・技術知識の水準で，欠陥があることを認識することが不可能であったことを製造事業者等が証明できれば免責される.

④ この法律に特段の定めがない製造物の欠陥による製造業者等の損害賠償の責任については，民法の規定が適用される.

⑤ この法律は，国際的に統一された共通の規定内容であるので，海外に製品を輸出，現地生産等の際には我が国のPL法の規定に基づけばよい.

---

**解　説**

① 適切. この文章は，同法第1条（目的）に示されている.

② 適切. 同法第3条の逐条解説（製造物責任の要件）に，「製造物の欠陥に起因する損害についての賠償責任を製造業者に対して追及するためには，製造物の欠陥によって当該損害が生じたといえること，すなわち欠陥と損害の間に相当因果関係が存在すること（民法第416条の類推適用）が必要である.」と記述されている.

③ 適切. 同法第4条（免責事由）に，製造物を引き渡した時点における科学・技術知識の水準によっては，欠陥があることを認識することが不可能であったことを製造事業者等が証明したときは免責されるものとする旨が記述されている.

④ 適切. 同法第6条の逐条解説（民法の適用）には，「本法に特段の定めがない事項については，民法の規定が適用される」ことを明らかにしている.

⑤　不適切．製造物責任法は国内法であり，対象国にも同様の法律がある場合は，その法律を遵守しなければならない．

最も不適切なものは，⑤である．

（注）類似問題　H29 Ⅱ-8

 答 ⑤

**適性科目 Ⅱ-7**　製品安全性に関する国際安全規格ガイド【ISO／IEC Guide51（JIS Z 8051）】の重要な指針として「リスクアセスメント」があるが，2014年（JISは2015年）の改訂で，そのプロセス全体におけるリスク低減に焦点が当てられ，詳細化された．その下図中の（ア）～（エ）に入る語句の組合せとして，最も適切なものはどれか．

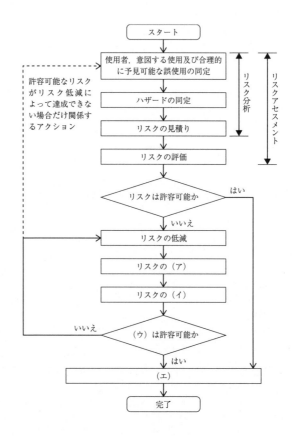

| | ア | イ | ウ | エ |
|---|---|---|---|---|
| ① | 見積り | 評価 | 発生リスク | 妥当性確認及び文書化 |
| ② | 同定 | 評価 | 発生リスク | 合理性確認及び記録化 |
| ③ | 見積り | 検証 | 残留リスク | 妥当性確認及び記録化 |
| ④ | 見積り | 評価 | 残留リスク | 妥当性確認及び文書化 |
| ⑤ | 同定 | 検証 | 発生リスク | 合理性確認及び文書化 |

### 解　説

　製品の安全性に関するリスクアセスメントにおいて，リスクが許容可能でない場合は，リスクを低減しなければならない．安全とは，「許容できないリスクが存在しないこと（許容できないリスクからの解放）」であり，許容可能なリスクになるまで，リスクの低減と評価・判定を繰り返す必要がある．

　製品安全性に関する国際安全規格ガイド【ISO／IEC Guide51（JIS Z 8051）】には，「リスクアセスメント及びリスク低減の反復プロセス」が示されており，そのフローチャートに関する設問である．その流れは，「リスクの低減」→「リスクの見積り」→「リスクの評価」→「残留リスクは許容可能か」の判定→判定で「はい」の場合は→「妥当性確認及び文書化」に進む．同判定が「いいえ」の場合は，「リスクの低減」に戻る．

　したがって，（ア）は「見積り」，（イ）は「評価」，（ウ）は「残留リスク」，（エ）は「妥当性確認及び文書化」が正しく，最も適切な組合せは④である．

　（注）類似問題　R1再Ⅱ-12

 答 ④

---

適性科目
Ⅱ-8

　労働災害の実に9割以上の原因が，ヒューマンエラーにあると言われている．意図しないミスが大きな事故につながるので，現在では様々な研究と対策が進んでいる．

　ヒューマンエラーの原因を知るためには，エラーに至った過程を辿る必要がある．もし仮にここで，ヒューマンエラーはなぜ起こるのかを知ったとしても，すべての状況に当てはまるとは限らない．だからこそ，人はどのような過程においてエラーを起こすのか，それを知る必要がある．

　エラーの原因はさまざまあるが，しかし，エラーの原因を知れば知るほど，実はヒューマンエラーは「事故の原因ではなく結果」なのだということを知ること

になる.

　次の（ア）～（シ）の記述のうち，ヒューマンエラーに該当しないものの数はどれか.

（ア）　無知・未経験・不慣れ

（イ）　危険軽視・慣れ

（ウ）　不注意

（エ）　連絡不足

（オ）　集団欠陥

（カ）　近道・省略行動

（キ）　場面行動本能

（ク）　パニック

（ケ）　錯覚

（コ）　高齢者の心身機能低下

（サ）　疲労

（シ）　単調作業による意識低下

① 0　　② 1　　③ 2　　④ 3　　⑤ 4

---

**解　説**

　不安全行動とは，労働者本人または関係者の安全を阻害する可能性のある行動をいう.手間や労力，時間やコストを省くことを優先し，つい「これくらいは大丈夫だろう」，「面倒くさい」，「皆がやっているから」，「（作業を早く進めるためには）仕方がない」などと考えたり，「長年経験しているから大丈夫」，「自分が事故を起こすはずはない」など慣れや過信から，「あるべき姿」を逸脱する安易な行動がとられた結果，労働災害に発展するケースが少なくない.

　なお,自らとった行動が,意図しない結果をもたらすことを「ヒューマンエラー」といい，これには「危険軽視・慣れ」，「不注意」，「無知・未経験・不慣れ」，「近道・省略行動」，「高齢者の心身機能低下」，「錯覚」，「場面行動本能」，「パニック」，「連絡不足」，「疲労」，「単調作業による意識低下」，「集団欠陥」の12種類がある.これらは,（ア）～（シ）のすべてに該当するので,該当しないものの数は0である.

答 ①

**適性科目 Ⅱ-9**　企業は，災害や事故で被害を受けても，重要業務が中断しないこと，中断しても可能な限り短い期間で再開することが望まれている．事業継続は企業自らにとっても，重要業務中断に伴う顧客の他社への流出，マーケットシェアの低下，企業評価の低下などから企業を守る経営レベルの戦略的課題と位置づけられる．事業継続を追求する計画を「事業継続計画（BCP：Business Continuity Plan）」と呼ぶ．以下に示すBCPに関する（ア）～（エ）の記述のうち，正しいものは○，誤っているものを×として，最も適切な組合せはどれか．

（ア）　事業継続の取組みが必要なビジネスリスクには，大きく分けて，突発的に被害が発生するもの（地震，水害，テロなど）と段階的かつ長期間に渡り被害が継続するもの（感染症，水不足，電力不足など）があり，事業継続の対策は，この双方のリスクによって違ってくる．

（イ）　我が国の企業は，地震等の自然災害の経験を踏まえ，事業所の耐震化，予想被害からの復旧計画策定などの対策を進めてきており，BCPについても，中小企業を含めてほぼ全ての企業が策定している．

（ウ）　災害により何らかの被害が発生したときは，災害前の様に業務を行うことは困難となるため，すぐに着手できる業務から優先順位をつけて継続するよう検討する．

（エ）　情報システムは事業を支える重要なインフラとなっている．必要な情報のバックアップを取得し，同じ災害で同時に被災しない場所に保存する．特に重要な業務を支える情報システムについては，バックアップシステムの整備が必要となる．

|   | ア | イ | ウ | エ |
|---|---|---|---|---|
| ① | × | ○ | × | ○ |
| ② | × | × | ○ | ○ |
| ③ | ○ | × | × | ○ |
| ④ | ○ | ○ | × | × |
| ⑤ | × | ○ | ○ | × |

**解　説**

リスク管理にかかわる事業継続計画BCPに関する設問で，令和元年度も同様の出題があったのでBCPに携わったことがない受験者は薄い本でよいので一読をおすすめする．

（ア）　○．内閣府のWebサイト（http://www.bousai.go.jp/kyoiku/kigyou/keizoku/sk.html）に，個別リスクに関するガイドライン等では「突発的に被害が発生するリスク（地震，水害，テロなど）に関するガイドライン」と「段階的かつ長期間に渡り被害が継続するリスク（新型インフルエンザを含む感染症，水不足，電力不足など）に関するガイドライン」を分けていて，対策が異なることを示している．

（イ）　×．内閣府の「平成29年度 企業の事業継続及び防災の取組に関する実態調査」では，大企業は64.0％，中小企業は31.8％が策定済みとなっている．

（ウ）　×．事業継続に与える影響が大きい重要業務を優先し，早急に災害前の業務に復旧することを考えるべきである．

（エ）　○．情報システムの考え方として正しい説明である．高速鉄道関連の情報システムが，その国の東部にあり，バックアップシステムが同西部に設置されている例などが挙げられる．

以上より，○，×，×，○となり最も適切な組合せは③である．

（注）類似問題　R1 Ⅱ-13

答 ③

**適性科目 Ⅱ-10**

　　　近年，地球温暖化に代表される地球環境問題の抑止の観点から，省エネルギー技術や化石燃料に頼らない，エネルギーの多様化推進に対する関心が高まっている．例えば，各種機械やプラントなどのエネルギー効率の向上を図り，そこから排出される廃熱を回生することによって，化石燃料の化学エネルギー消費量を減らし，温室効果ガスの削減が行われている．とりわけ，環境負荷が小さい再生可能エネルギーの導入が注目されているが，現在のところ，急速な普及に至っていない．さまざまな課題を抱える地球規模でのエネルギー資源の解決には，主として「エネルギーの安定供給（Energy Security）」，「環境への適合（Environment）」，「経済効率性（Economic Efficiency）」の3Eの調和が大切である．

　エネルギーに関する次の（ア）～（エ）の記述について，正しいものは○，誤っているものは×として，最も適切な組合せはどれか．

（ア）　再生可能エネルギーとは，化石燃料以外のエネルギー源のうち永続的に利用することができるものを利用したエネルギーであり，代表的な再生可能エネルギー源としては太陽光，風力，水力，地熱，バイオマスなどが挙げられる．

（イ）　スマートシティやスマートコミュニティにおいて，地域全体のエネルギー需給を最適化する管理システムを，「地域エネルギー管理システム」（CEMS：Community Energy Management System）という．

（ウ）　コージェネレーション（Cogeneration）とは，熱と電気（または動力）を同時に供給するシステムをいう．

（エ）　ネット・ゼロ・エネルギー・ハウス（ZEH）は，高効率機器を導入することなどを通じて大幅に省エネを実現したうえで，再生可能エネルギーにより，年間の消費エネルギー量を正味でゼロとすることを目指す住宅をいう．

|   | ア | イ | ウ | エ |
|---|---|---|---|---|
| ① | ○ | ○ | ○ | ○ |
| ② | × | ○ | ○ | ○ |
| ③ | ○ | × | ○ | ○ |
| ④ | ○ | ○ | × | ○ |
| ⑤ | ○ | ○ | ○ | × |

## 解　説

環境にかかわるエネルギー源に関する用語の意味を問う多面的な設問である．日頃から新聞などで用語などに接していれば解答できる問題である．

（ア）　○．再生可能エネルギーの正しい説明である．

（イ）　○．地域エネルギー管理システムの正しい説明である．目指す技術部門によっては聞き慣れない地域エネルギー管理システムの用語に加え，英文の綴り，略称までを問う難問であるが，英文綴りの正誤を問うような設問は今まで出題されていないので安心されたい．

（ウ）　○．コージェネレーションの正しい説明である．これも用語知識の有無を問う，日頃，エネルギー関連に携わる機会がない受験者にとっては難問であろう．

（エ）　○．ネット・ゼロ・エネルギー・ハウスの正しい説明である．

以上より，○，○，○，○となり，最も適切な組合せは①である．

答　①

**適性科目 Ⅱ-11**

　　近年，我が国は急速な高齢化が進み，多くの高齢者が快適な社会生活を送るための対応が求められている．また，東京オリンピック・パラリンピックや大阪万博などの国際的なイベントが開催される予定があり，世界各国から多くの人々が日本を訪れることが予想される．これらの現状や今後の予定を考慮すると年齢，国籍，性別及び障害の有無などにとらわれず，快適に社会生活を送るための環境整備は重要である．その取組の一つとして，高齢者や障害者を対象としたバリアフリー化は活発に進められているが，バリアフリーは特別な対策であるため汎用性が低くなるので過剰な投資となることや，特別な対策を行うことで利用者に対する特別な意識が生まれる可能性があるなどの問題が指摘されている．バリアフリーの発想とは異なり，国籍，年齢，性別及び障害の有無などに関係なく全ての人が分け隔てなく使用できることを設計段階で考慮するユニバーサルデザインという考え方がある．ユニバーサルデザインは，1980年代に建築家でもあるノースカロライナ州立大学のロナルド・メイス教授により提唱され，我が国でも「ユニバーサルデザイン2020行動計画」をはじめ，交通設備をはじめとする社会インフラや，多くの生活用品にその考え方が取り入れられている．

　以下の（ア）〜（キ）に示す原則のうち，その主旨の異なるものの数はどれか．

（ア）　公平な利用（誰にでも公平に利用できること）

（イ）　利用における柔軟性（使う上での自由度が高いこと）

（ウ）　単純で直感に訴える利用法（簡単に直感的にわかる使用法となっていること）

（エ）　認知できる情報（必要な情報がすぐ理解できること）

（オ）　エラーに対する寛大さ（うっかりミスや危険につながらないデザインであること）

（カ）　少ない身体的努力（無理な姿勢や強い力なしに楽に使用できること）

（キ）　接近や利用のためのサイズと空間（接近して使えるような寸法・空間となっている）

① 0　　② 1　　③ 2　　④ 3　　⑤ 4

**解　説**

　ユニバーサルデザインの7原則に関する設問で，この7原則は問題文中にあるロナルド・メイス教授により提唱された．7原則を知らずとも不適切な文か否かで判断できると考える．種々の翻訳があるので，7原則と主旨が異なるか否かを

問うことにしたと推量する.

　（ア）～（キ）すべてが7原則の主旨と一致するので，主旨が異なるものの数は0であり①が正答である.

 答 ①

**適性科目 Ⅱ-12**　　「製品安全に関する事業者の社会的責任」は，ISO26000（社会的責任に関する手引き）2.18にて，以下のとおり，企業を含む組織の社会的責任が定義されている.

　組織の決定および活動が社会および環境に及ぼす影響に対して次のような透明かつ倫理的な行動を通じて組織が担う責任として，
　　―健康および社会の繁栄を含む持続可能な発展に貢献する
　　―ステークホルダー（利害関係者）の期待に配慮する
　　―関連法令を遵守し，国際行動規範と整合している
　　―その組織全体に統合され，その組織の関係の中で実践される

　製品安全に関する社会的責任とは，製品の安全・安心を確保するための取組を実施し，さまざまなステークホルダー（利害関係者）の期待に応えることを指す.
　以下に示す（ア）～（キ）の取組のうち，不適切なものの数はどれか.
　（ア）　法令等を遵守した上でさらにリスクの低減を図ること
　（イ）　消費者の期待を踏まえて製品安全基準を設定すること
　（ウ）　製造物責任を負わないことに終始するのみならず製品事故の防止に努めること
　（エ）　消費者を含むステークホルダー（利害関係者）とのコミュニケーションを強化して信頼関係を構築すること
　（オ）　将来的な社会の安全性や社会的弱者にも配慮すること
　（カ）　有事の際に迅速かつ適切に行動することにより被害拡大防止を図ること
　（キ）　消費者の苦情や紛争解決のために，適切かつ容易な手段を提供すること
　①　0　　②　1　　③　2　　④　3　　⑤　4

**解　説**

技術士第一次試験で，たびたび取り上げられているISO26000に関する設問で

ある．前問と同じく「製品安全に関する事業者の社会的責任」を知らずとも不適切な文か否かで判断できると考える．この文言は経済産業省が2012年に発行した「製品安全に関する事業者ハンドブック」の表1-1「製品安全に関する事業者の社会的責任」に同じ文が記載されている．

（ア）～（キ）　すべて適切．「製品安全に関する事業者の社会的責任」に記載されている．

したがって，不適切なものの数は 0 であり①が正答である．

（注）類似問題　R 1　Ⅱ-14，H29 Ⅱ-11

 ①

---

**適性科目 Ⅱ-13**

労働者が情報通信技術を利用して行うテレワーク（事業場外勤務）は，業務を行う場所に応じて，労働者の自宅で業務を行う在宅勤務，労働者の属するメインのオフィス以外に設けられたオフィスを利用するサテライトオフィス勤務，ノートパソコンや携帯電話等を活用して臨機応変に選択した場所で業務を行うモバイル勤務に分類がされる．

いずれも，労働者が所属する事業場での勤務に比べて，働く時間や場所を柔軟に活用することが可能であり，通勤時間の短縮及びこれに伴う精神的・身体的負担の軽減等のメリットが有る．使用者にとっても，業務効率化による生産性の向上，育児・介護等を理由とした労働者の離職の防止や，遠隔地の優秀な人材の確保，オフィスコストの削減等のメリットが有る．

しかし，労働者にとっては，「仕事と仕事以外の切り分けが難しい」や「長時間労働になり易い」などが言われている．使用者にとっては，「情報セキュリティの確保」や「労務管理の方法」など，検討すべき問題・課題も多い．

テレワークを行う場合，労働基準法の適用に関する留意点について（ア）～（エ）の記述のうち，正しいものは○，誤っているものは×として，最も適切な組合せはどれか．

（ア）　労働者がテレワークを行うことを予定している場合，使用者は，テレワークを行うことが可能な勤務場所を明示することが望ましい．

（イ）　労働時間は自己管理となるため，使用者は，テレワークを行う労働者の労働時間について，把握する責務はない．

（ウ）　テレワーク中，労働者が労働から離れるいわゆる中抜け時間については，自由利用が保証されている場合，休憩時間や時間単位の有給休暇として扱うことが可能である．

（エ） 通勤や出張時の移動時間中のテレワークでは，使用者の明示又は黙示の指揮命令下で行われるものは労働時間に該当する．

|   | ア | イ | ウ | エ |
|---|---|---|---|---|
| ① | ○ | ○ | ○ | ○ |
| ② | ○ | ○ | ○ | × |
| ③ | ○ | ○ | × | ○ |
| ④ | ○ | × | ○ | ○ |
| ⑤ | × | ○ | ○ | ○ |

**解　説**

　COVID-19のためテレワークを行っている受験者も多いと考えるが，テレワークに対する労働基準法の適用に関する設問である．就業経験のない学生には難問と受けとられるかもしれないが，常識に従って解答すればよい．なお，この内容は厚生労働省発行の「情報通信技術を利用した事業場外勤務の適切な導入及び実施のためのガイドライン〈概要〉」に記載してある．Ⅱ-11にもあてはまるが，時の話題が出題されることも多い．テレワークについては総務省が「テレワークセキュリティガイドライン」，経済産業省が「テレワーク時における秘密情報管理のポイント（Q&A解説）」などを発行していることにも注意されたい．

（ア）（ウ）（エ）　○．上記のガイドラインに同様の記載がある．

（イ）　×．上記のガイドラインに労働時間の適正な把握として「使用者はテレワークを行う労働者の労働時間についても適正に把握する責務を有する」とある．

以上から，○，×，○，○となり，最も適切な組合せは④である．

（注）類似問題　H29 Ⅱ-5

**答 ④**

---

適性科目
**Ⅱ-14**
　先端技術の一つであるバイオテクノロジーにおいて，遺伝子組換え技術の生物や食品への応用研究開発及びその実用化が進んでいる．

以下の遺伝子組換え技術に関する（ア）～（エ）の記述のうち，正しいものは○，誤っているものは×として，最も適切な組合せはどれか．

（ア）　遺伝子組換え技術は，その利用により生物に新たな形質を付与することができるため，人類が抱える様々な課題を解決する有効な手段として期待

されている．しかし，作出された遺伝子組換え生物等の形質次第では，野生動植物の急激な減少などを引き起こし，生物の多様性に影響を与える可能性が危惧されている．

（イ）　遺伝子組換え生物等の使用については，生物の多様性へ悪影響が及ぶことを防ぐため，国際的な枠組みが定められている．日本においても，「遺伝子組換え生物等の使用等の規制による生物の多様性の確保に関する法律」により，遺伝子組換え生物等を用いる際の規制措置を講じている．

（ウ）　安全性審査を受けていない遺伝子組換え食品等の製造・輸入・販売は，法令に基づいて禁止されている．

（エ）　遺伝子組換え食品等の安全性審査では，組換え DNA 技術の応用による新たな有害成分が存在していないかなど，その安全性について，食品安全委員会の意見を聴き，総合的に審査される．

|  | ア | イ | ウ | エ |
|---|---|---|---|---|
| ① | ○ | ○ | ○ | ○ |
| ② | ○ | ○ | ○ | × |
| ③ | ○ | ○ | × | ○ |
| ④ | ○ | × | ○ | ○ |
| ⑤ | × | ○ | ○ | ○ |

## 解　説

遺伝子組換え技術に関する設問であるが，受験者はこの機会に遺伝子組換えに加え最近話題になっているゲノム編集についても理解しておくことをおすすめする．

（ア）　○．正しい記述である．作出された遺伝子組換え生物が野生動植物の急激な減少などを引き起こさないか，生物多様性への影響についてのリスク評価を実施している．

（イ）　○．正しい記述である．「遺伝子組換え生物等の使用等の規制による生物の多様性の確保に関する法律」は2000年にカナダのモントリオールで開催された生物多様性条約特別締約国会議再開会合で採択されたカルタヘナ議定書により，通称「カルタヘナ法」と呼ばれている．

（ウ）　○．審査を受けていない遺伝子組換え食品等や，これを原材料に用いた食品等の製造・輸入・販売は，食品衛生法に基づいて禁止されている．

（エ）　○．厚生労働省では，組換え DNA 技術の応用による新たな有害成分が

存在していないかなど，遺伝子組換え食品等の安全性について，食品安全委員会の意見を聴き，総合的に審査をしている．

以上から，○，○，○，○となり，最も適切な組合せは①である．

（注）類似問題　H25 Ⅱ-11

 答 ①

**適性科目 Ⅱ-15**

　内部告発は，社会や組織にとって有用なものである．すなわち，内部告発により，組織の不祥事が社会に明らかとなって是正されることによって，社会が不利益を受けることを防ぐことができる．また，このような不祥事が社会に明らかになる前に，組織内部における通報を通じて組織が情報を把握すれば，問題が大きくなる前に組織内で不祥事を是正し，組織自らが自発的に不祥事を行ったことを社会に明らかにすることができ，これにより組織の信用を守ることにも繋がる．

　このように，内部告発が社会や組織にとってメリットとなるものなので，不祥事を発見した場合には，積極的に内部告発をすることが望まれる．ただし，告発の方法等については，慎重に検討する必要がある．

　以下に示す（ア）～（カ）の内部告発をするにあたって，適切なものの数はどれか．

（ア）　自分の抗議が正当であることを自ら確信できるように，あらゆる努力を払う．

（イ）　「倫理ホットライン」などの組織内手段を活用する．

（ウ）　同僚の専門職が支持するように働きかける．

（エ）　自分の直属の上司に，異議を知らしめることが適当な場合はそうすべきである．

（オ）　目前にある問題をどう解決するかについて，積極的に且つ具体的に提言すべきである．

（カ）　上司が共感せず冷淡な場合は，他の理解者を探す．

①　6　　　②　5　　　③　4　　　④　3　　　⑤　2

---

**解　説**

　内部告発に関する設問である．問題文の6つの行動は「第3版 科学技術者の倫理 その考え方と事例」（Charles E. Harris, Jr ほか著，日本技術士会訳編，丸善，2008）に内部告発に考慮しなければならない事項として記載されている．この設

問に対して読者は色々とご意見があるかもしれない.

　「上司」の記述が2か所ある. 上司といっても十人十色, 百人百様であり, 読者が上司として抱く具体像も千差万別であろう. その結果, 設問にある行動への評価も, まちまちだと思う.

　また組合の成り立ちの違い (ユニオンショップ制の日本と, 職能別組合の欧米) を認識しなければ「同僚の専門職が支持するように働きかける」は, 日本国内ではピンと来ない.

　設問は, 普遍的な内容ではないかもしれないが, 受験者は多様な考え方の1つとして, この書籍の内容を知っておくことも必要かもしれない.

　（ア）～（カ）　すべて適切. 「第3版 科学技術者の倫理 その考え方と事例」の記載に一致する.

　したがって, 適切なものの数は6で, 正答は①である.

　（注）類似問題　R1再Ⅱ-5, H30Ⅱ-8　答①

# 令和元年度（再試験）

（3月7日再試験分）

# 基礎・適性科目の問題と模範解答

# 基礎科目
## 1群 設計・計画に関するもの

（全6問題から3問題を選択解答）

**基礎科目 I-1-1**　次の各文章における □ の中の記号として，最も適切なものはどれか．

1） $n$ 個の非負の実数 $a_1,\ a_2,\ \cdots,\ a_n$ に関して

$$\sqrt[n]{a_1 a_2 \cdots a_n} \quad \boxed{\text{ア}} \quad \frac{a_1 + a_2 + \cdots + a_n}{n}$$

の関係が成り立つ．

2） $0 < \theta \leqq \pi/2$ において

$$\frac{\sin\theta}{\theta} \quad \boxed{\text{イ}} \quad \frac{2}{\pi}$$

の関係が成り立つ．

3） ある実数区間 $R$ で微分可能な連続関数 $f(x)$ が定義され，$f(x)$ の $x$ での2階微分 $f''(x)$ につき，$f''(x) > 0$ であるものとする．このとき実数区間 $R$ に属する異なる2点 $x_1,\ x_2$ について

$$f\left[\frac{x_1 + x_2}{2}\right] \quad \boxed{\text{ウ}} \quad \frac{f(x_1) + f(x_2)}{2}$$

の関係が成り立つ．

|   | ア | イ | ウ |
|---|---|---|---|
| ① | $\leqq$ | $=$ | $=$ |
| ② | $\leqq$ | $\geqq$ | $=$ |
| ③ | $=$ | $\leqq$ | $<$ |
| ④ | $<$ | $=$ | $\geqq$ |
| ⑤ | $\leqq$ | $\geqq$ | $<$ |

## 解　説

数式の基本的問題である．

1）$\boxed{\text{ア} \leqq}$

　数の集合の中間的な値を「平均」といい，一般的には算術平均をいう．実際は算術平均，相乗平均，調和平均，対数平均など用途に合わせ，さまざまな種類の平均がある．

　左辺の式は相乗平均（幾何平均）であり，右辺は算術平均（相加平均）である．相乗平均は同じデータ集合の算術平均以下となる．ただし，全数値が同じ値の場合のみ両者が等しくなる．

2）$\boxed{\text{イ} \geqq}$

　$0 < \theta \leqq \pi/2$ において $\dfrac{\sin \theta}{\theta}$ をみると下図のようになる．

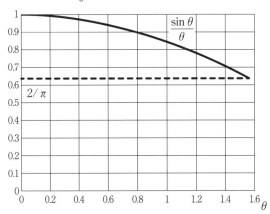

　$\theta = 0$ のときは $\dfrac{\sin \theta}{\theta}$ は成り立たない．

$$\lim_{\theta \to 0} \frac{\sin \theta}{\theta} = 1$$

　$\theta = \pi/2$ のときは $\dfrac{\sin \theta}{\theta} = \dfrac{2}{\pi}$ である．

3）$\boxed{\text{ウ} <}$

　$y = f(x)$ という連続関数において，$f'(x)$ はその導関数である．簡単に述べると具体的な値 $a$ を $x$ に代入したと仮定すると，$x = a$ における接線の傾き，すなわち $f(x)$ の変化状態を知ることができる．

同様に，2階微分$f''(x)$は$f'(x)$の導関数である．すなわち$f''(x)$の値を調べることで，微分する前の$f'(x)$の変化状態を知ることができる．すなわち題意の$f''(x) > 0$は当該区間に変曲点がなく，常に$x$の値が増加しているものである．

説明のため，当該条件に合致する$y = f(x) = x^3$とした場合の図を下記した．

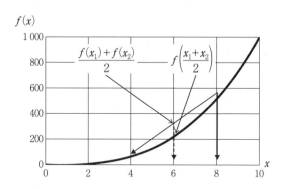

ここで$x_1 = 4$，$x_2 = 8$と仮定すると

$$f\left[\frac{x_1 + x_2}{2}\right] = f(6) = 216$$

$$\frac{f(x_1) + f(x_2)}{2} = 288$$

となり

$$f\left[\frac{x_1 + x_2}{2}\right] < \frac{f(x_1) + f(x_2)}{2}$$

という形で例示できる．

以上から，上から順に≦，≧，＜となり，最も適切な組合せは⑤である．

 答 ⑤

基礎科目
I-1-2

計画・設計の問題では，合理的な案を選択するために，最適化の手法が用いられることがある．これについて述べた次の文章の □ に入る用語の組合せとして，最も適切なものはどれか．ただし，以下の文中で，「案」を記述するための変数を設計変数と呼ぶこととする．

最適化問題の中で，目的関数や制約条件がすべて設計変数の線形関数で表現されている問題を線形計画問題といい，　ア　などの解法が知られている．設計変数，目的関数，制約条件の設定は必ずしも固定的なものでなく，主問題に対して　イ　が定義できる場合，制約条件と設計変数の関係を逆にして与えることができる．

また，最適化に基づく意思決定問題で，目的関数はただ一つとは限らない．複数の主体（利害関係者など）の目的関数が異なる場合に，これらを並列させることもあるし，また例えばリスクの制約のもとで，利益の最大化を目的関数にする問題を，あらためて利益の最大化とリスクの最小化を並列させる問題としてとらえなおすことなどもできる．こういう問題を多目的最適化という．この問題では，設計変数を変化させたときに，ある目的関数は改良できても，他の目的関数は悪化する結果になることがある．こういう対立状況を　ウ　と呼び，この状況下にある解集合（どの方向に変化させても，すべての目的関数を同時に改善させることができない設計変数の領域）のことを　エ　という．

|     | ア | イ | ウ | エ |
|-----|-----|-----|-----|-----|
| ① | シンプレックス法 | 逆問題 | トレードオン | パレート解 |
| ② | シンプレックス法 | 逆問題 | トレードオフ | アクティブ解 |
| ③ | シンプレックス法 | 双対問題 | トレードオフ | パレート解 |
| ④ | コンプレックス法 | 逆問題 | トレードオン | アクティブ解 |
| ⑤ | コンプレックス法 | 双対問題 | トレードオン | パレート解 |

**解　説**

線形計画法は，数理計画法において，いくつかの一次不等式および一次等式を満たす変数の値の中で，ある一次式を最大化または最小化する値を求める手法である．方法としては「　ア　シンプレックス法　」，「カーマーカー法」，「内点法」などが知られる．

主問題では，目的関数は $n$ 個の変数を線形に組み合わせたものである．$m$ 個の制約条件があり，それぞれが $n$ 個の変数の線形な組合せの上限を定めている．一方，主問題の補問題を指す「　イ　双対問題　」という概念を用いると，どちらか一方の解法が両方の問題の解法となり，数理計画法における解答，すなわち目的関数を確定させることができる．

題意のとおり，最適化については各人やその現象把握など色々な目的や志向があるため，適用できる目的関数はただ１つではないのが現実である．一般社会で

「あちらを立てればこちらが立たず」ということわざを使う場面は正にそれである．

そして，「あちらを立てればこちらが立たず」は，あれもこれも両方の利益を得られるということは業務の中ではそうあることではなく，大抵片方を選べば，もう片方の選択による利得は得られないことが多い．このことを経済用語では ウ トレードオフ という．そうなると，見出せる解の中から相対的に利潤・リスクを天秤にかけるために，最適化問題において，理想的な解にできるだけ近く，目的関数どうしのバランスの異なる解の群を エ パレート解 という．

なお，パレート解は，経済学者ヴィルフレド・パレートによって定義された概念である．近代経済学（ミクロ経済学）の中でも資源配分に関する概念の１つにパレート効率性というものがあり，これに関係する．多目的最適化問題における解の優越関係，具体的には「他のどの解にも優越されないような解集合」として定義される．ある目的関数の高い解や別の目的関数の小さい解など，その解の群にはさまざまな形相が混じる．

紛らわしい語彙に引っかからなければ，比較的簡単である． 答 ③

---

基礎科目 I-1-3

下図は，システム信頼性解析の一つである FTA（Fault Tree Analysis）図である．図で，記号 a は AND 機能を表し，その下流（下側）の事象が同時に生じた場合に上流（上側）の事象が発現することを意味し，記号 b は OR 機能を表し，下流の事象のいずれかが生じた場合に上流の事象が発現することを意味する．事象 A が発現する確率に最も近い値はどれか．図中の最下段の枠内の数値は，最も下流で生じる事象の発現確率を表す．なお，記号の下流側の事象の発生はそれぞれ独立事象とする．

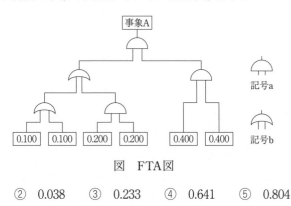

図　FTA図

① 0.036　② 0.038　③ 0.233　④ 0.641　⑤ 0.804

## 解　説

　FTA とは，故障・事故の分析手法である．フォールトツリーアナリシス，故障の木解析，フォールトの木解析，故障木解析と日本語訳で称することもある．基本事象は独立であることが題意で示されているので，基本事象の重複がないことを前提に発生確率を算出する．

　記号 a：AND

　例えば，このユニットにおける発現確率の合計は

　　$0.200 \times 0.200 = 0.040$

となる．

　記号 b：OR

　例えば，このユニットにおける発現確率の合計は

　　$1 - (1 - 0.100) \times (1 - 0.100) = 0.190$

となる．

　これらを同様に計算すると下図の数値となる．

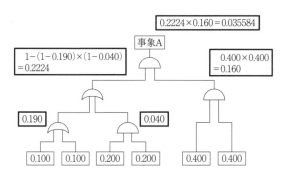

　以上から，事象 A の発生確率に最も近い値は①の0.036となり，正答は①である．

 答　①

**基礎科目**
**I -1-4**

大規模プロジェクトの工程管理の方法の一つである PERT に関する次の（ア）～（エ）の記述について，それぞれの正誤の組合せとして，最も適切なものはどれか．

（ア） PERT では，プロジェクトを構成する作業の先行関係を表現するのに，矢線と結合点（ノード）とからなるアローダイヤグラムを用い，これに基づいて作業工程を計画・管理する．

（イ） アローダイヤグラムにて，結合点（ノード）i，結合点（ノード）j 間の矢線で表される作業 ij を考える．なお，矢線の始点を i，終点を j とする．このとき，j の最遅結合点時刻と j の最早結合点時刻の時間差が，作業 ij の所要時間と等しい場合，この作業はクリティカルな作業となる．

（ウ） プロジェクト全体の工期を遅延させないためには，クリティカルパス上の作業は，遅延が許されない．

（エ） プロジェクト全体の工期の短縮のためには，余裕のあるクリティカルでない作業を短縮することが必要になる．

|  | ア | イ | ウ | エ |
|---|---|---|---|---|
| ① | 誤 | 正 | 正 | 誤 |
| ② | 正 | 正 | 正 | 誤 |
| ③ | 正 | 誤 | 誤 | 誤 |
| ④ | 誤 | 誤 | 誤 | 正 |
| ⑤ | 誤 | 正 | 正 | 正 |

**解　説**

大規模プロジェクトは元来進捗状況の把握が難しいうえに，ある工程で完成した部品がないと次工程に移れない問題や，先に作って待っている見かけ上の滞留などが発生するため，プロジェクト全体の見通しが立ちにくい．そこで，プロジェクト全体を把握しながら，各工程の流れとその工程にかかる日数を図解する方法として PERT 図（Program Evaluation and Review Technique）を使う．大規模かつ少量生産で複雑なプロジェクトに向いている．

よく使われる PERT 図は線表を矢印で相互接続した図，すなわちアローダイヤグラムである．次図のとおり，工程 No.1 から No.8 までの間の作業にかかる日数を示している．従来からこのようなアローダイヤグラムを用いた出題は多い．

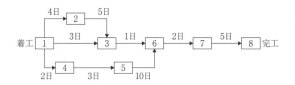

（ア）　正．題意のとおり，アローダイヤグラム自体がこの構成である．

（イ）　正．題意のとおり，ここでいう「クリティカルな作業」，「クリティカルパス」とはプロジェクト全体のスケジュールを決定している作業の連なりのことを指す．

　　　工程 No.1 から No.3 までの作業日程を上述の図を参考に例示すると
　　　・工程 No.1 ⇒ 工程 No.3 の部品の日程の場合は 3 日
　　　・工程 No.1 ⇒ 工程 No.2 ⇒ 工程 No.3 の部品の日程の場合は計 9 日
となる．この場合は，クリティカルな作業は工程 No.1 ⇒ 工程 No.2 ⇒ 工程 No.3 であり，工程 No.1 ⇒ 工程 No.3 の場合はどこかで 6 日間滞留することになる．

（ウ）　正．題意のとおり．上述のように「クリティカルな作業」の作業日程が延びると，全体の作業日程が延びることになる．

（エ）　誤．「クリティカルな作業」でない作業日程を短縮しても，工程内滞留の日数が延びるだけで，全体の作業日程を減少することにはならない．

以上から，上から順に正，正，正，誤となり，最も適切な組合せは②である．

 **答 ②**

---

**基礎科目 I-1-5**　ある工業製品の安全率を x とする（ただし x ≧ 1）．この製品の期待損失額は，製品に損傷が生じる確率とその際の経済的な損失額の積として求められ，それぞれ損傷が生じる確率は $1/(1+4x)$，経済的な損失額は90億円である．一方，この製品を造るための材料費やその調達を含む製造コストは，$10x$ 億円となる．この場合に製造にかかる総コスト（期待損失額と製造コストの合計）を最小にする安全率 x として，最も適切なものはどれか．

①　1.00　　②　1.25　　③　1.50　　④　1.75　　⑤　2.00

## 解　説

題意より以下の式が構築できる.

- 期待損失額：$L$

  損傷が生じる確率 $\{1/(1+4x)\}$ と経済的損失額（90億円）の積

  $$L\,[億円] = 90 \cdot \frac{1}{1+4x}$$

- 製造コスト：$W$

  $$W\,[億円] = 10x$$

となると

$$総コスト\ T\,[億円] = L + W = 90 \cdot \frac{1}{1+4x} + 10x$$

$$= \frac{90}{1+4x} + 10x$$

$T$ の最小値を見出すことが目的であるから

$$\frac{\mathrm{d}T}{\mathrm{dx}} = -\frac{360}{(1+4x)^2} + 10 = 0 \qquad \therefore \quad x = 1.25$$

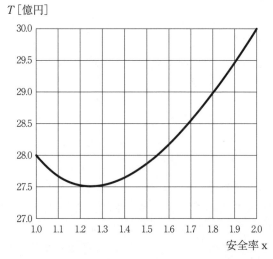

$T\,[億円]$

安全率 $x$

　この前後の数値を代入して安全率 $x$ を1.25とし前後の値を式に代入することで，$T$ が最小値となることを確認する.

　以上から，安全率 $x = 1.25$ が最小で，最も適切なものは②である.

　なお，式を組み立てたものの微分に戸惑った場合，選択肢の5項目を代入することで解答に到達できる.

|  | 安全率 x | T［億円］ |
|---|---|---|
| ① | 1.00 | 28.00 |
| ② | 1.25 | 27.50 |
| ③ | 1.50 | 27.86 |
| ④ | 1.75 | 28.75 |
| ⑤ | 2.00 | 30.00 |

（注）類似問題　H20 Ⅰ-1-5

🔓 答 ②

保全に関する次の記述の□に入る語句の組合せとして，最も適切なものはどれか.

設備や機械など主にハードウェアからなる対象（以下，アイテムと記す）について，それを使用及び運用可能状態に維持し，又は故障，欠点などを修復するための処置及び活動を保全と呼ぶ．保全は，アイテムの劣化の影響を緩和し，かつ，故障の発生確率を低減するために，規定の間隔や基準に従って前もって実行する　ア　保全と，フォールトの検出後にアイテムを要求通りの実行状態に修復させるために行う　イ　保全とに大別される．また　ア　保全は定められた　ウ　に従って行う　ウ　保全と，アイテムの物理的状態の評価に基づいて行う状態基準保全とに分けられる．さらに，　ウ　保全には予定の時間間隔で行う　エ　保全，アイテムが予定の累積動作時間に達したときに行う　オ　保全がある.

|  | ア | イ | ウ | エ | オ |
|---|---|---|---|---|---|
| ① | 予防 | 事後 | 劣化基準 | 状態監視 | 経時 |
| ② | 状態監視 | 経時 | 時間計画 | 定期 | 予防 |
| ③ | 状態監視 | 事後 | 劣化基準 | 定期 | 経時 |
| ④ | 定期 | 経時 | 時間計画 | 状態監視 | 事後 |
| ⑤ | 予防 | 事後 | 時間計画 | 定期 | 経時 |

**解　説**

単純に保全といってもさまざまな内容がある．JIS Z 8141（生産管理用語）やJIS Z 8115（ディペンダビリティ）で示している内容を概説する.

- 事後保全：壊れてから修理する（故障修理）.
  通常事後保全と緊急保全がある. 修理技術の向上もこれによるところがあるが，受身的な保全である.
- 予防保全：壊れないように管理する（設備監視）.
  遠隔監視や定期検査，設備導入の管理や故障の可能性を察知し機器を早めに交換するのがこれにあたる. 予防保全には時間計画保全（定められた時間計画に従って行われる予防保全）と，状態監視保全（状態監視に基づく予防保全）がある.
- 時間計画保全：上述のように定められた時間間隔で行う予防保全の一形態である.
  定期保全（予定された時間間隔で行う予防保全業務）と，経時保全（管理する対象,すなわちアイテムが累積動作時間に達したときに行う予防保全業務）で構成される.
- 改良保全：壊れないように改造する. 壊れてもすぐ復帰できるように改造する.
  機械の性能向上，信頼性向上のための運用監視や予備機を保有することで故障時にバックアップ体制を構築するのもこれにあたる.
- 保全予防：壊れない設備を造る（設備開発）.
  自主的に問題を解決できるように，設備を造り込んだり運用ノウハウを盛り込んだりという，システム構築を図る活動.

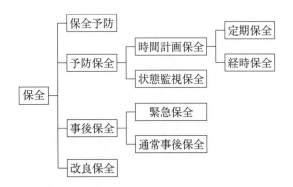

ここで出題内容から以下のように判定する.
- 「規定の間隔や基準に従ってアイテムの機能劣化や故障の確率を低減するために行う」： ア 予防 保全

- 「フォールトの検出後にアイテムを要求機能遂行状態にする」： イ 事後 保全
- 「定められた時間計画に従って行われる予防保全」： ウ 時間計画 保全
- 時間計画保全の中にある「予定された時間間隔で行う」： エ 定期 保全
- 時間計画保全の中にある「アイテムが累積動作時間に達したときに行う」： オ 経時 保全

以上から，語句の組合せとして最も適切なものは⑤である．

（注）類似問題　H26 Ⅰ-1-5

 答 ⑤

（全 6 問題から 3 問題を選択解答）

基礎科目
I -2-1

情報セキュリティ対策に関する記述として，最も適切なものはどれか．

① パスワードを設定する場合は，パスワードを忘れないように，単純で短いものを選ぶのが望ましい．

② パソコンのパフォーマンスを落とさないようにするため，ウィルス対策ソフトウェアはインストールしなくて良い．

③ 実在の企業名から送られてきたメールの場合は，フィッシングの可能性は低いため，信用して添付ファイルを開いて構わない．

④ インターネットにおいて様々なサービスを利用するため，ポートはできるだけ開いた状態にし，使わないポートでも閉じる必要はない．

⑤ システムに関連したファイルの改ざん等を行うウィルスも存在するため，ウィルスに感染した場合にはウィルス対策ソフトウェアでは完全な修復が困難な場合がある．

## 解 説

① 不適切．第三者の PC やネットワークに侵入する方法として，アルファベットや数字を次々と変化させてパスワードを生成し，侵入できるまでこれを繰り返す「総当たり攻撃」がある．パスワードが短いと生成したパスワードが短時間で正規のパスワードに一致し，侵入される危険性が高くなる．

② 不適切．日々新しい悪意のあるウィルスが作成され，ウィルス対策ソフトウェアもそれに対抗するために日々更新されている．したがって，ウィルス対策ソフトウェアをインストールしないと，新しく生成される悪意あるウィルスに対抗できなくなり，PC やネットワークのシステムダウン，データ流出などの重大な被害を受ける恐れがある．

③ 不適切．悪意があるメールは，実在する企業名を詐称する場合もある．し

たがって，フィッシングなどの危険性があるので安易に添付ファイルを開いてはならない．

④　不適切．ポートとは，TCP や UDP プロトコルにおいて，同一の IP アドレスに対して互いに異なるサービスを提供するプログラムなどを識別するためのポート番号のことであり，0 から65535番までの番号が割り振られている．外部と，ウィルスが混入されたプログラムとの間の通信を行うポートを遮断すれば，ウィルスが混入されたプログラムは作動しない可能性が高いので，必要のないポートは閉じておくことが必要である．

⑤　適切．ウィルスによりすでにシステムが改ざんされてしまった場合は，改ざん前の状態が安全な場所に保管されていない限り，元の状態に復旧することは困難である．

（注）類似問題　H30 Ⅰ-2-1，H29 Ⅰ-2-1，H27 Ⅰ-2-5

答　⑤

---

**基礎科目**

**Ⅰ-2-2**

　　　自然数 a，b に対して，その最大公約数を記号 gcd（a，b）で表す．ここでは，ユークリッド互除法と行列の計算によって，$ax+by=$ gcd（a，b）を満たす整数 x，y を計算するアルゴリズムを，$a=$ 108，b=57の例を使って説明する．まず，ユークリッド互除法で割り算を繰り返し，次の式（1）〜（4）を得る．

$$108 \div 57 = 1 \quad 余り51（1）$$
$$57 \div 51 = 1 \quad 余り6（2）$$
$$51 \div 6 = 8 \quad 余り3（3）$$
$$6 \div 3 = 2 \quad 余り0（4）$$

したがって，gcd（108，57）＝ $\boxed{\text{ア}}$ である．

式（1）（2）は行列を使って，

$$\begin{bmatrix} 57 \\ 51 \end{bmatrix} = \begin{bmatrix} 0 & 1 \\ 1 & -1 \end{bmatrix} \begin{bmatrix} 108 \\ 57 \end{bmatrix}$$

式（2）（3）は行列を使って，

$$\begin{bmatrix} 51 \\ 6 \end{bmatrix} = \begin{bmatrix} 0 & 1 \\ 1 & -1 \end{bmatrix} \begin{bmatrix} 57 \\ 51 \end{bmatrix}$$

式（3）（4）は行列を使って，

$$\begin{bmatrix} 6 \\ 3 \end{bmatrix} = \begin{bmatrix} 0 & 1 \\ 1 & -8 \end{bmatrix} \begin{bmatrix} 51 \\ 6 \end{bmatrix}$$ と書けるので，

$$A = \begin{bmatrix} 0 & 1 \\ 1 & -8 \end{bmatrix}\begin{bmatrix} 0 & 1 \\ 1 & -1 \end{bmatrix}\begin{bmatrix} 0 & 1 \\ 1 & -1 \end{bmatrix} = \begin{bmatrix} -1 & 2 \\ x & y \end{bmatrix}$$

と置くと，

$x = \boxed{\text{イ}}$ ，$y = \boxed{\text{ウ}}$ であり，

$108 \times \boxed{\text{イ}} + 57 \times \boxed{\text{ウ}} = \boxed{\text{ア}}$ を満たす．

$\boxed{\text{ア}} \sim \boxed{\text{ウ}}$ に入る最も適切な値の組合せはどれか．

|     | ア | イ | ウ |
|-----|-----|-----|-----|
| ① | 6 | −1 | 2 |
| ② | 6 | 1 | −2 |
| ③ | 6 | 1 | 2 |
| ④ | 3 | 9 | −17 |
| ⑤ | 3 | −10 | 19 |

## 解　説

ユークリッド互除法の原理は，自然数 a と b（ただし a ＞ b とする）において

- a を b で除したときの余り $r_1$ と除数 b の最大公約数が a と b の最大公約数に等しい．
- 同様に，b を $r_1$ で除した余り $r_2$ と除数 $r_1$ の最大公約数も a と b の最大公約数に等しい．
- これを繰り返して，余りが 0 となるときの除数が最大公約数である．

出題では式（4）のときに余りが 0 となり，そのときの除数が 3 なので，最大公約数 gcd(108,57)＝3 である．

次に A に隣接する右側の行列の積を計算すると

$$\begin{bmatrix} 0 & 1 \\ 1 & -8 \end{bmatrix}\begin{bmatrix} 0 & 1 \\ 1 & -1 \end{bmatrix}\begin{bmatrix} 0 & 1 \\ 1 & -1 \end{bmatrix}$$

$$= \begin{bmatrix} 1 & -1 \\ -8 & 9 \end{bmatrix}\begin{bmatrix} 0 & 1 \\ 1 & -1 \end{bmatrix} = \begin{bmatrix} -1 & 2 \\ 9 & -17 \end{bmatrix}$$

この値が A の最も右側の行列に等しいので，比較すると x＝9，y＝−17 となる．
よって $\boxed{\text{ア } 3}$ ，$\boxed{\text{イ } 9}$ ，$\boxed{\text{ウ } -17}$ なので，正答は④である．

（注）類似問題　H26 I -2-2

 答 ④

**基礎科目 I-2-3**

　　　B（バイト）は，データの大きさや記憶装置の容量を表す情報量の単位である．　1KB（キロバイト）は，10進数を基礎とした記法では$10^3$B（＝1 000B），2進数を基礎とした記法では$2^{10}$B（＝1 024B）の情報量を表し，この二つの記法が混在して使われている．10進数を基礎とした記法で容量が720KB（キロバイト）と表されるフロッピーディスク（記録媒体）の容量を，2進数を基礎とした記法で表すと，

$$720 \times \left[\frac{1\,000}{1\,024}\right] \approx 720 \times 0.9765 \approx 703.1$$

より，概算値で703KB（キロバイト）となる．

　　1TB（テラバイト）も，10進数を基礎とした記法では$10^{12}$B（＝1 000$^4$B），2進数を基礎とした記法では$2^{40}$B（＝1 024$^4$B）の情報量を表し，この二つの記法が混在して使われている．10進数を基礎とした記法で容量が2TB（テラバイト）と表されるハードディスクの容量を，2進数を基礎とした記法で表したとき，最も適切なものはどれか．

① 1.6TB　　② 1.8TB　　③ 2.0TB　　④ 2.2TB　　⑤ 2.4TB

---

**解　説**

　　出題より10進数における2テラバイトは，2TB＝$2 \times 10^{12}$B であり，2進数における1テラバイトは1TB＝$1 \times 2^{40}$B である．

　　したがって，10進数における2テラバイトは，2進数では

$$2 \times \frac{10^{12}}{2^{40}} = 2 \times \frac{1\,000^4}{1\,024^4} = 2 \times 0.9095 \fallingdotseq 1.82\text{TB}$$

よって正答は②である．

（注）類似問題　H27 I-2-4

 答 ②

---

**基礎科目 I-2-4**

　　　計算機内部では，数は0と1の組合せで表される．絶対値が$2^{-126}$以上$2^{128}$未満の実数を，符号部1文字，指数部8文字，仮数部23文字の合計32文字の0，1から成る単精度浮動小数点表現として，以下の手続き（1）～（4）によって変換する．

（1）　実数を，$0 \leqq x < 1$である$x$を用いて$\pm 2^\alpha \times (1 + x)$の形に変形する．

（2）　符号部1文字を，符号が正（＋）のとき0，負（－）のとき1と定める．

（3）　指数部8文字を，$\alpha + 127$の値を2進数に直した文字列で定める．

（4） 仮数部23文字を，$x$の値を2進数に直したときの0，1の列を小数点以下順に並べたもので定める．

例えば，－6.5を表現すると，

$-6.5 = -2^2 \times (1+0.625)$であり，

符号部は，符号が負（－）なので1，

指数部は，

$2+127 = 129 = (10000001)_2$より10000001，

仮数部は，$0.625 = \dfrac{1}{2} + \dfrac{1}{2^3} = (0.101)_2$より

10100000000000000000000である．

実数13.0をこの方式で表現したとき，最も適切なものはどれか．

| | 符号部 | 指数部 | 仮数部 |
|---|---|---|---|
| ① | 1 | 10000010 | 10100000000000000000000 |
| ② | 1 | 10000001 | 10010000000000000000000 |
| ③ | 0 | 10000001 | 10010000000000000000000 |
| ④ | 0 | 10000001 | 10100000000000000000000 |
| ⑤ | 0 | 10000010 | 10100000000000000000000 |

## 解　説

実数13.0を問題に従い表現する．

（1） 実数13.0は，$2^3 \times (1+0.625)$と表せる．

（2） 実数13.0の符号は正なので，符号部1文字は0と表せる．

（3） （1）の2の3乗の3に127を加算すると130．130を2進数に変換すると（10000010）なので，指数部8文字は10000010と表せる．

（4） （1）の0.625を2進数に変換したときの値は

$$0.625 = \frac{1}{2} + \frac{1}{8} = (0.101)_2$$

より，仮数部23文字は

10100000000000000000000と表せる．

以上より，正答は⑤である．

（注） 類似問題　H29 Ⅰ-2-2

 答 ⑤

**基礎科目 I -2-5**

100万件のデータを有するデータベースにおいて検索を行ったところ，結果として次のデータ件数を得た．

- 「情報」という語を含む　　　　65万件
- 「情報」という語と
　「論理」という語の両方を含む　55万件

「論理」という語を含まないデータ件数を k とするとき，k がとりうる値の範囲を表す式として最も適切なものはどれか．

① 10万 ≦ k ≦ 45万
② 10万 ≦ k ≦ 55万
③ 10万 ≦ k ≦ 65万
④ 45万 ≦ k ≦ 65万
⑤ 45万 ≦ k ≦ 90万

**解　説**

100万件のデータは，「情報」を含む／含まない，「論理」を含む／含まないにより，4通りに分類される．そのデータの件数を以下のとおりとする．「情報」と「論理」の両方を含むデータの件数を A，「情報」を含み「論理」を含まないデータの件数を B，「情報」を含まず「論理」を含むデータの件数を C，「情報」と「論理」のいずれも含まないデータの件数を D とする．

問題より，A = 55万件，A + B = 65万件，A + B + C + D = 100万件である．これより下式が導かれる．

　B = 65万件 − A = 10万件
　C + D = 100万件 − (A + B) = 35万件

「論理」を含まない件数を k とすると k = B + D となる．この k の取りうる範囲は以下のとおりである．

上記より B = 10万件と固定なので，k が最も小さくなるのは D = 0 件，C = 35万件のときである．すなわち

　k の最小値
　= B + D = 10万件 + 0 万件 = 10万件

同様に k が最も大きくなるのは C = 0 万件，D = 35万件のときである．すなわち

k の最大値

= B + D = 10万件 + 35万件 = 45万件

よって，正答は①である．

（注）類似問題　H25 Ⅰ-2-4

---

**基礎科目 Ⅰ-2-6**　集合 A を A ={a, b, c, d}，集合 B を B ={α, β}，集合 C を C ={0, 1} とする．集合 A と集合 B の直積集合 A×B から集合 C への写像 f：A×B → C の総数はどれか．

①　32　　②　64　　③　128　　④　256　　⑤　512

---

## 解　説

集合 A と集合 B の直積により 8 個の元をもつ集合：

A×B ={aα, bα, cα, dα, aβ, bβ, cβ, dβ}

が生成される．

8 個の元が，集合 C への写像により，0 と 1 からなる 8 個の数字の列：

f(aα), f(bα), f(cα), f(dα),

f(aβ), f(bβ), f(cβ), f(dβ)

で表せる．

そのような数字の列は以下の256個である．

00000000, 00000001, 00000010,

00000011, …, 11111111

よって，写像の総数は256個であり，正答は④である．

# 基礎科目
## 3群 解析に関するもの

（全6問題から3問題を選択解答）

**基礎科目 I-3-1**

関数 $f(x)$ とその導関数 $f'(x)$ が，次の関係式を満たすとする．

$$f'(x) = 1 + \{f(x)\}^2$$

$f(0) = 1$ のとき，$f(x)$ の $x = 0$ における2階微分係数 $f''(0)$ と3階微分係数 $f'''(0)$ の組合せとして適切なものはどれか．

① $f''(0) = 2$，$f'''(0) = 4$

② $f''(0) = 2$，$f'''(0) = 6$

③ $f''(0) = 2$，$f'''(0) = 8$

④ $f''(0) = 4$，$f'''(0) = 12$

⑤ $f''(0) = 4$，$f'''(0) = 16$

---

### 解　説

関数 $f(x)$ とその導関数 $f'(x)$ が下記関係で与えられることから

$$f'(x) = 1 + \{f(x)\}^2$$

2階微分した二次導関数 $f''(x)$ および3階微分した三次導関数 $f'''(x)$ は下記式で表される．

$$f''(x) = 2f(x)f'(x)$$

$$f'''(x) = 2\left[\{f'(x)\}^2 + f''(x)f(x)\right]$$

したがって，$f(0) = 1$ であることから

$$f'(0) = 1 + 1 = 2$$

$$f''(0) = 2 \times 1 \times 2 = 4$$

$$f'''(0) = 2(4 + 4 \times 1) = 16$$

よって，本問の2階微分係数 $f''(0)$ と3階微分係数 $f'''(0)$ の組合せは下記となる．

① 誤．$f''(0) = 2$, $f'''(0) = 4$

② 誤．$f''(0) = 2$, $f'''(0) = 6$

③ 誤．$f''(0) = 2$, $f'''(0) = 8$

④　誤．$f''(0) = 4$，$f'''(0) = 12$

⑤　正．$f''(0) = 4$，$f'''(0) = 16$

ゆえに，正答は⑤である．

答　⑤

---

**基礎科目 I -3-2**

　座標 $(x, y, z)$ で表される3次元直交座標系に，点 A $(6, 5, 4)$ 及び平面 S：$x + 2y - z = 0$ がある．点 A を通り平面 S に垂直な直線と平面 S との交点 B の座標はどれか．

①　$(1, 1, 3)$　　②　$(4, 1, 6)$　　③　$(3, 2, 7)$

④　$(2, 1, 4)$　　⑤　$(5, 3, 5)$

---

### 解　説

平面 S の法線ベクトルは $\vec{n} = (1, 2, -1)$ となる．点 A $(6, 5, 4)$ から平面 S に垂線 $\ell$ を下ろし，その交点を点 B $(x_0, y_0, z_0)$ とする．垂線 $\ell$ の方向ベクトルは法線ベクトルに平行であり，$\ell$ の直線の式は点 A を通ることから下記式で表される．ただし，$t$ は媒介変数である．

$$\frac{x-6}{1} = \frac{y-5}{2} = \frac{z-4}{-1} = t \tag{1}$$

直線 $\ell$ が点 B を通ることから

$$\begin{cases} x_0 = 6 + t \\ y_0 = 5 + 2t \\ z_0 = 4 - t \end{cases} \tag{2}$$

点 B は平面 S：$x + 2y - z = 0$ 上の点であることから

$$x_0 + 2y_0 - z_0 = (6 + t) + 2(5 + 2t) - (4 - t)$$
$$= 12 + 6t = 0$$
$$\therefore \quad t = -2$$

（2）に代入して

$$x_0 = 6 + t = 6 - 2 = 4$$
$$y_0 = 5 + 2t = 5 - 4 = 1$$
$$z_0 = 4 - t = 4 + 2 = 6$$

したがって，B 点の座標は $(4, 1, 6)$ となり，②が正答となる．

答　②

**基礎科目**
**I -3-3**

数値解析の精度を向上する方法として，最も不適切なものはどれか．

① 有限要素解析において，できるだけゆがんだ要素ができないように要素分割を行った．

② 有限要素解析において，高次要素を用いて要素分割を行った．

③ 有限要素解析において，解の変化が大きい領域の要素分割を細かくした．

④ 丸め誤差を小さくするために，計算機の浮動小数点演算を単精度から倍精度に変更した．

⑤ Newton 法などの反復計算において，反復回数が多いので収束判定条件を緩和した．

**━━━━━━━━━━━━　解　説　━━━━━━━━━━━━**

① 適切．ゆがんだ要素は内部メッシュ生成処理の不安定さを招いたり，解析計算の収束性や精度を低下させたりする原因となる．

② 適切．曲げ応力状態の表現で，高次要素の適用で粗い分割でも精度を向上できる．

③ 適切．解の変化が大きい領域は細分化して誤差を少なくする．

④ 適切．丸め誤差は計算誤差の原因となり，浮動小数点演算で誤差を減少する．

⑤ 不適切．Newton 法では反復回数の上限を与えて無限ループを回避する．

（注）類似問題　H26 I -3-2

 答 ⑤

**基礎科目**
**I -3-4**

シンプソンの 1/3 数値積分公式（2 次のニュートン・コーツの閉公式）を用いて次の定積分を計算した結果として，最も近い値はどれか．

$$S = \int_{-1}^{1} \frac{1}{x+3}\,dx$$

ただし，シンプソンの 1/3 数値積分公式における重み係数は，区間の両端で 1/3，区間の中点で 4/3 である．

① 0.653　② 0.663　③ 0.673　④ 0.683　⑤ 0.693

---

解　説

シンプソンの 1/3 数値積分公式は，関数 $f(x)$ が 3 次関数以下のとき，$f(a)$，$f((a+b)/2)$，$f(b)$ の 3 点における値から積分値 $S$ は下記式で与えられる．ただし $h = (b-a)/2$ とする．

$$S = \int_a^b f(x)\,\mathrm{d}x$$

$$= \frac{h}{3}\{f(a) + 4f((a+b)/2) + f(b)\} \tag{1}$$

題意より，$a = -1$，$b = 1$，$f(x) = \dfrac{1}{x+3}$ であるから，$h = 1$ であり，3 点の値は下記となる．

$$f(a) = f(-1) = \frac{1}{-1+3} = \frac{1}{2}$$

$$f((a+b)/2) = f(0) = \frac{1}{0+3} = \frac{1}{3}$$

$$f(b) = f(1) = \frac{1}{1+3} = \frac{1}{4}$$

上記の値を（1）式に代入して，積分値 $S$ を求めると

$$S = \frac{1}{3}\left[\frac{1}{2} + 4 \times \frac{1}{3} + \frac{1}{4}\right] = \frac{1}{3} \times \frac{6+16+3}{12}$$

$$= \frac{25}{36} = 0.694\ldots$$

したがって，積分値 $S$ に最も近い値は，⑤の0.693である．

（注）類似問題　H30 Ⅰ-3-1, H28 Ⅰ-3-1

 答 ⑤

---

 **基礎科目 Ⅰ-3-5**　固有振動数及び固有振動モードに関する次の記述のうち，最も適切なものはどれか．

① 弾性変形する構造体の固有振動数は，構造体の材質のみによって定まる．

② 管路の気柱振動の固有振動数は両端の境界条件に依存しない．

③ 単振り子の固有振動数は，おもりの質量の平方根に反比例する．

④ 熱伝導の微分方程式は時間に関する 2 階微分を含まないので，固有振動数による自由振動は発生しない．

⑤ 平板の弾性変形については，常に固有振動モードが 1 つだけ存在する．

## 解　説

① 不適切．弾性変形する構造体の固有振動数はそのばね定数（材質に依存）と質量で定まるから不適切である．

② 不適切．管路の気柱振動の固有振動数は，両端の境界条件である開閉状態で定まるから不適切である．

③ 不適切．単振り子の固有振動数は，振り子の糸の長さの平方根に反比例するから不適切である．

④ 適切．通常の熱伝導は時間に関して放射状に熱が伝わるため，自由振動は発生しないから適切である．

⑤ 不適切．平板の弾性変形は，$X$ 方向，$Y$ 方向それぞれの梁の振動モード形の組合せで現れるため，多数の振動モードが存在するから不適切である．

 答 ④

令和元年度（再）基礎科目

**基礎科目 I -3-6**
　右図に示すように，遠方で $y$ 方向に応力 $\sigma\,(>0)$ を受け，軸の長さ $a$ と $b$ の楕円孔（$a>b$）を有する無限平板がある．楕円孔の縁（点 A）での応力状態（$\sigma_x$, $\sigma_y$, $\tau_{xy}$）として適切なものは，次のうちどれか．

① $\sigma_x=0,\quad \sigma_y<3\sigma,\quad \tau_{xy}=0$

② $\sigma_x=0,\quad \sigma_y>3\sigma,\quad \tau_{xy}=0$

③ $\sigma_x=0,\quad \sigma_y>3\sigma,\quad \tau_{xy}>0$

④ $\sigma_x>0,\quad \sigma_y<3\sigma,\quad \tau_{xy}=0$

⑤ $\sigma_x>0,\quad \sigma_y>3\sigma,\quad \tau_{xy}=0$

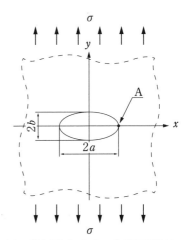

図　楕円孔を有する無限平板が応力を受けている状態

## 解　説

　無限平板を $y$ 軸方向に引っ張ると，楕円孔から十分離れたところでは，一様な応力 $\sigma$ が生じるが，楕円孔の中心を通る $x$ 軸方向の断面には，下図のような応力が生じる．これは，板の幅全体で受けていた応力を孔の部分ではその直径 $2a$ を除く幅で受けることになり，孔の縁の点 A に応力が集中するためである．

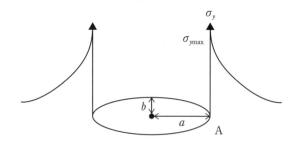

　点 A での $y$ 軸方向の応力 $\sigma_{y\mathrm{max}}$ は下記の式で近似される．

$$\sigma_{y\mathrm{max}} = \sigma\left(1 + 2\sqrt{\frac{a}{\rho}}\right) = \sigma\left\{1 + 2\left(\frac{a}{b}\right)\right\} \tag{1}$$

　ここで，$\rho$ は長軸部の曲率半径で，上記の関係は下記楕円の式の微分値 $\mathrm{d}y/\mathrm{d}x$，$\mathrm{d}^2y/\mathrm{d}x^2$ から導かれる．

$$\frac{x^2}{a^2} + \frac{y^2}{b^2} = 1$$

　点 A での曲率半径 $\rho$ は次式で $y=0$，$x=a$ とおいて与えられる．

$$\frac{1}{\rho} = \frac{\dfrac{\mathrm{d}^2y}{\mathrm{d}x^2}}{\left\{1 + \left(\dfrac{\mathrm{d}y}{\mathrm{d}x}\right)^2\right\}^{\frac{3}{2}}} = \frac{b^4 a^4}{(b^4 a^2)^{\frac{3}{2}}} = \frac{a}{b^2}$$

　よって，（1）式が成立する．

　（1）式において，楕円の長辺が $a$，短辺が $b$ であることから，$a/b > 1$ であり

$$\sigma_{y\mathrm{max}} = \sigma\left(1 + 2\sqrt{\frac{a}{\rho}}\right) = \sigma\left\{1 + 2\left(\frac{a}{b}\right)\right\} > 3\sigma$$

となる．

　次に，孔の周辺は応力が作用していない自由境界面となる．一般に，表面に荷重が作用していない境界表面（自由境界）上では，次の条件が常に成り立つ．

- 表面に垂直な方向（$x$）の垂直応力成分は $\sigma_x = 0$

・表面に垂直な方向 $(x)$ に関係するせん断応力成分は $\tau_{xy}=0$

したがって，応力状態 $(\sigma_x,\ \sigma_y,\ \sigma_z)$ として

① $\sigma_x=0,\ \sigma_y<3\sigma,\ \tau_{xy}=0\ \Rightarrow\ \sigma_y<3\sigma$ が誤り

② $\sigma_x=0,\ \sigma_y>3\sigma,\ \tau_{xy}=0\ \Rightarrow$ 正しい

③ $\sigma_x=0,\ \sigma_y>3\sigma,\ \tau_{xy}>0\ \Rightarrow\ \tau_{xy}>0$ が誤り

④ $\sigma_x>0,\ \sigma_y<3\sigma,\ \tau_{xy}=0\ \Rightarrow\ \sigma_y<3\sigma$ が誤り

⑤ $\sigma_x>0,\ \sigma_y>3\sigma,\ \tau_{xy}=0\ \Rightarrow\ \sigma_x>0$ が誤り

以上より，正答は②となる．

（注）類似問題　H23 Ⅰ-3-2

答

（全6問題から3問題を選択解答）

<table>
<tr><td>基礎科目<br>Ⅰ-4-1</td><td>次の化合物のうち，極性であるものはどれか．</td></tr>
</table>

① 二酸化炭素　　② ジエチルエーテル　　③ メタン
④ 三フッ化ホウ素　　⑤ 四塩化炭素

## 解　説

　この設問は化合物が極性を有するか否かを求めている．そもそも極性とは何か，どのような場合に生じるかを考えていく．極性というと，電荷の＋極や－極，磁極（磁荷）のN極やS極を思い浮かべるのではないだろうか．物質あるいは化合物における極性も同じで，電荷や磁荷の偏りを考え，本問では電荷の偏りを考える．この偏りが生じる原因は化合物の分子構造（三次元的な構造も含む）と原子あるいは基のもつ性質に起因する．この視点からそれぞれの化合物をみていく．

　① 不適切．二酸化炭素の分子構造はO＝C＝Oで，炭素を中心に左右対称な位置に酸素が配置し，炭素と酸素が二重結合を形成している．二酸化炭素の分子内をみると，CとOの電気陰性度の差により電荷の偏りは生じているが，二酸化炭素分子全体では，Cを中心とした対称性構造のために電荷の偏りは生じない．よって，分子全体をみると極性はないことになり，本問の解答としては不適切となる．

　② 適切．ジエチルエーテルの分子構造は$C_2H_5$-O-$C_2H_5$で酸素を中心にエチル基が配置した構造である．エチル基は電荷を注入する性質を有する基で，C-O-Cは直線（180°）ではなく110°の結合角を有するために電荷の偏りを打ち消すことができない．よって，分子全体として電荷の偏りが生じ，極性が現れる．この化合物は溶剤としても重要で，エーテルといえばジエチルエーテル（エチルエーテル）を指す．よって，本問の解答としては適切となる．

　③ 不適切．メタンの分子構造は正四面体の中心に炭素が，各頂点の位置に水

素が配置している．炭素と水素の結合は4つあり，いずれも等価である．H
とCの電気陰性度の差により炭素に電荷の偏りが生じるが，分子全体では
電荷の偏りは生じない．よって，極性はないことになり，本問の解答として
は不適切．

④　不適切．三フッ化ホウ素の分子構造は，正三角形の中心にホウ素，各頂点
にフッ素が配置した構造である．3つあるB-Fの結合は等価で，電荷的に
は偏りが生じないように考えられる．ここで注目すべきはフッ素の性質であ
る．フッ素は電気陰性度が最も高く，自分の方へ電子を引き寄せる性質をも
つ．これにより，フッ素がマイナスに荷電（$\delta$－と書く）し，ホウ素はプラ
スに荷電（$\delta$＋と書く）する分子内に電荷分布が生じ，分子内に極性が現れ
る．このように，フッ素の電気陰性度により生じる電荷分布は正三角形の分
子構造で相殺され，分子全体では極性は生じない．ホウ素も周期律表の孤児
といわれ特徴的な化合物を多く作る元素である．よって，本問の解答として
は不適切となる．

⑤　不適切．四塩化炭素の分子構造はメタンと同じ正四面体の中心に炭素が，
各頂点に塩素が配置している．塩素も前問のフッ素に比べて電気陰性度は小
さいものの，炭素と塩素の間ではその差により電荷の偏りは結合間で生じる
が，塩素が均一に配置しているために分子全体として電荷の偏りがなく極性
は生じない．よって，本問の解答としては不適切となる．

以上のように，極性は物質の性質の1つを決める要素であり，物質に極性のあ
る・なしを覚えるのではなく，その考え方，見方を身に付けることで応用範囲が
広がる．

 答 ②

---

**基礎科目 Ⅰ-4-2**

次の物質a〜cを，酸としての強さ（酸性度）の強い順に左から
並べたとして，最も適切なものはどれか．

　　a　フェノール，　b　酢酸，　c　塩酸

①　a － b － c
②　b － a － c
③　c － b － a
④　b － c － a
⑤　c － a － b

解　説

　酸と塩基の定義は水溶液中でのプロトンの授受で定義するブレンステッド・ローリーの定義がよく用いられる．これは，プロトン（水素イオン）を与えるのが酸で，酸・塩基は独立して存在せず，酸塩基反応はプロトンの授受となる．ここで，問いかけている酸としての強さ，酸性度について考えてみる．酸塩基にはpH（ペーハー）が用いられ，これは水素イオン濃度（実際は活量）を表している．この設問でいう酸性度は酸の解離の度合いを表し，解離平衡時の定数（$K_a$）を指している．通常は，$K_a$の対数の逆数（$-\log K_a$）をとり$pK_a$で表される．このことはわかっていても，本問で取り上げた物質の値の$pK_a$は知らない方が大多数かもしれない．考え方としてプロトンをどのくらい解離しているかを考えていく．解離平衡は以下のようになる．比べるのは$K_a$の値である．

$$C_6H_5\text{-}OH \rightleftarrows C_6H_5\text{-}O^- + H^+$$
$$K_a = [C_6H_5\text{-}O^-][H^+]/[C_6H_5\text{-}OH]$$
$$CH_3COOH \rightleftarrows CH_3COO^- + H^+$$
$$K_a = [CH_3COO^-][H^+]/[CH_3COOH]$$
$$HCl \rightleftarrows Cl^- + H^+$$
$$K_a = [Cl^-][H^+]/[HCl]$$

　本問では，塩酸は最も解離度が高いことがわかる．具体的には，1 M〔mol/L〕溶液で塩酸の約80％，0.1M では塩酸の93％が解離する．酢酸は弱酸とはいえフェノールより強い酸である．$pK_a$で比較すると，酢酸が4.56，フェノールが9.82で，酢酸の方が強い酸である．これに対して，塩酸は−8.0で著しく酸解離定数が大きく強い酸であることがわかる．

　以上のことを踏まえて，解答の選択肢をみると，強い順に塩酸→酢酸→フェノールで並んでいるのは③であり，これが本問の正解となる．

　（注）類似問題　H30 I -4-2

 答 ③

---

| 基礎科目<br>I -4-3 | 標準反応エントロピー（$\Delta_r S^\ominus$）と標準反応エンタルピー（$\Delta_r H^\ominus$）を組合せると，標準反応ギブズエネルギー（$\Delta_r G^\ominus$）は， |
|---|---|

$$\Delta_r G^\ominus = \boxed{\phantom{ア}ア\phantom{ア}} - \boxed{\phantom{イ}イ\phantom{イ}}$$

で得ることができる．$\boxed{\phantom{xx}}$に入る文字式の組合せとして，最も適切なものはどれか．ただし，$T$は絶対温度である．

|   | ア | イ |
|---|---|---|
| ① | $\Delta_r H^{\ominus}$ | $\Delta_r S^{\ominus}$ |
| ② | $\Delta_r H^{\ominus}$ | $T \times \Delta_r S^{\ominus}$ |
| ③ | $\Delta_r H^{\ominus}$ | $T^2 \times \Delta_r S^{\ominus}$ |
| ④ | $T \times \Delta_r H^{\ominus}$ | $\Delta_r S^{\ominus}$ |
| ⑤ | $T^2 \times \Delta_r H^{\ominus}$ | $\Delta_r S^{\ominus}$ |

## 解　説

　この問題は推理力や計算力を問うものではなく，残念ながら記憶力により到達する以外に道はない．記憶に留めやすいように，できるだけ整理された形で頭に入れる工夫が必要と思われる．

　ある材料，またはそれを構成する物質のエントロピー $S$，エンタルピー $H$，ギブズエネルギー $G$ の間の関係は，次のように定義されている．

$$H = G + T \times S \tag{1}$$

（1）式は定義なので記憶する以外ないが，エンタルピー $H$（熱含量ともいう）は考えている系全体のもつ熱的エネルギー，エントロピー $S$ は系の微視的構造または構成粒子の配置の規則性を示す量で，$T$ を乗じて熱的エネルギーに換算したもの，ギブズエネルギー $G$ は定圧変化において系がなし得る最大の仕事量を熱的エネルギーに換算したものである．（1）式を言葉で表すと

| 系の全エネルギー | ＝ | 系が仕事に使えるエネルギー |

＋ 系の構造にかかわり仕事に使えないエネルギー

となり，系の全体のエネルギーは，系の構成粒子の構造・状態に依存して仕事（エネルギー供給）に使えないエネルギーと，仕事に使えるエネルギーとに分けられると理解しておきたい．

　$\Delta_r$ は反応（reaction）に伴う変化量，$G^{\ominus}$ の $\ominus$ は標準状態（例：大気圧 25℃）を表すので，（1）式は（2）式となり，移項して（3）式となる．

$$\Delta_r H^{\ominus} = \Delta_r G^{\ominus} + T \times \Delta_r S^{\ominus} \tag{2}$$

$$\Delta_r G^{\ominus} = \Delta_r H^{\ominus} - T \times \Delta_r S^{\ominus} \tag{3}$$

（3）式は，②に一致する．

 答 ②

**基礎科目 I-4-4**

下記の部品及び材料とそれらに含まれる主な元素の組合せとして，最も適切なものはどれか.

| | リチウムイオン二次電池正極材 | 光ファイバー | ジュラルミン | 永久磁石 |
|---|---|---|---|---|
| ① | Co | Si | Cu | Zn |
| ② | C | Zn | Fe | Cu |
| ③ | C | Zn | Fe | Si |
| ④ | Co | Si | Cu | Fe |
| ⑤ | Co | Cu | Si | Fe |

**解　説**

本問は，平成29年度の基礎科目試験問題 I-4-4の一部を変更して出題されており，民生用，産業用を問わず広く使われている部品と材料に関する基礎知識を問うものである．主成分と重要な添加物を表にまとめたので，材料に関する常識として記憶しておくことをおすすめしたい．

| 部品または材料 | 材　質 | 主成分 | 添加物 |
|---|---|---|---|
| リチウムイオン二次電池正極材 | コバルト酸リチウム | Co, Li, O | なし |
| 光ファイバー | 石英ガラス | Si, O | なし |
| ジュラルミン | アルミニウム合金 | Al | Cu, Mg, Mn |
| 永久磁石 | 遷移元素金属 | Fe | Co, Ni, Ba |

平成29年度の基礎科目試験問題 I-4-4で「乾電池負極材」であったものが，旭化成株式会社の吉野彰博士がノーベル賞に輝いて話題を集めた，「リチウムイオン二次電池正極」に置き換わっている．ちなみに負極材としてはリチウムを含有する炭化物 $LiC_6$ や珪化物 $Li_{4.4}Si$ などが開発されている．光ファイバーでは，ガラス系が用いられるのは遠距離通信用で，短距離用にはもっぱらプラスチック系が用いられている．ジュラルミンより強度が高い超ジュラルミンが知られているが，主成分や添加物は同じでその配合比（添加量）が異なるだけである．永久磁石材料も多種多様であるが，主成分はすべて鉄（Fe）である．

光ファイバー，ジュラルミン，永久磁石の主成分元素または主添加物が，上表

に示した Si, Cu, Fe であることがわかれば，リチウムイオン二次電池の正極材の主成分はわからなくても，問題の正解に達することができる．すなわち，2, 3, 4 列が Si, Cu, Fe であるのは④のみであるから，正答は④となり，正極材の主な元素も Co となって矛盾がないことがわかる．過去問を学習しておく効果がみられる良い例であろう．

（注）類似問題　H29 Ⅰ-4-4

🔓答 ④

基礎科目
Ⅰ-4-5

　タンパク質を構成するアミノ酸は20種類あるが，アミノ酸１個に対して DNA を構成する塩基３つが１組となって１つのコドンを形成して対応し，コドンの並び方，すなわち DNA 塩基の並び方がアミノ酸の並び方を規定することにより，遺伝子がタンパク質の構造と機能を決定する．しかしながら，DNA の塩基は４種類あることから，可能なコドンは $4×4×4＝64$ 通りとなり，アミノ酸の数20をはるかに上回る．この一見して矛盾しているような現象の説明として，最も適切なものはどれか．

① コドン塩基配列の１つめの塩基は，タンパク質の合成の際にはほとんどの場合，遺伝情報としての意味をもたない．

② 生物の進化に伴い，１種類のアミノ酸に対して１種類のコドンが対応するように，$64－20＝44$ のコドンはタンパク質合成の鋳型に使われる遺伝子には存在しなくなった．

③ $64－20＝44$ のコドンのほとんどは20種類のアミノ酸に振分けられ，１種類のアミノ酸に対していくつものコドンが存在する．

④ 64のコドンは，DNA から RNA が合成される過程において配列が変化し，１種類のアミノ酸に対して１種類のコドンに収束する．

⑤ 基本となるアミノ酸は20種類であるが，生体内では種々の修飾体が存在するので，$64－20＝44$ のコドンがそれらの修飾体に使われる．

--------

### 解　説

　本問は，遺伝子のコドンに関する設問である．ゲノム上に存在するタンパク質をコードする遺伝子は，メッセンジャー RNA に転写され，さらにタンパク質に翻訳される．その際に各コドンが指定するアミノ酸が割り当てられる．64通りのコドンのうち，３つはアミノ酸を指定せず，タンパク質合成の終了を指示する終止コドンとして機能する．残りの61のコドンは20種類のアミノ酸のいずれかを指

定するために使われるが，1種類のアミノ酸に対して1つのコドンしか存在しないものもあれば，最大で6つのコドンが存在するものもある.

① 不適切. コドンを形成する3つの塩基は，3つが1組になってアミノ酸を指定する. コドン塩基配列の1つめの塩基もアミノ酸の指定に関与する.

② 不適切. 1種類のアミノ酸に対して複数のコドンが存在する場合がある. また，上記のように64のコドンのうち，61は20種類のアミノ酸の指定にすべて使われる.

③ 最も適切. 44のコドンのうち，3つは終止コドンになる. 残り41のコドンは，コドンが1つしか存在しないメチオニンとトリプトファンを除いた18種類のアミノ酸のいずれかを指定する.

④ 不適切. DNAからRNAへの転写過程では，塩基としてチミンの代わりにウラシルが使用されるようになるが，配列は変化しない.

⑤ 不適切. 20種類のアミノ酸を用いてタンパク質が合成された後に，リン酸化や糖鎖付加などの修飾を受ける. 修飾されたアミノ酸を直接指定するコドンは存在しない.

以上から，最も適切なものは③である.

（注）類似問題　H28 Ⅰ-4-5

 答 ③

基礎科目
Ⅰ-4-6

組換えDNA技術の進歩はバイオテクノロジーを革命的に変化させ，ある生物のゲノムから目的のDNA断片を取り出して，このDNAを複製し，塩基配列を決め，別の生物に導入して機能させることを可能にした. 組換えDNA技術に関する次の記述のうち，最も適切なものはどれか.

① 組換えDNA技術により，大腸菌によるインスリン合成に成功したのは1990年代後半である.

② ポリメラーゼ連鎖反応（PCR）では，ポリメラーゼが新たに合成した全DNA分子が次回の複製の鋳型となるため，30回の反復増幅過程によって最初の鋳型二本鎖DNAは30倍に複製される.

③ ある遺伝子の翻訳領域が，1つの組織から調製したゲノムライブラリーには存在するのに，その同じ組織からつくったcDNAライブラリーには存在しない場合がある.

④ 6塩基の配列を識別する制限酵素EcoRIでゲノムDNAを切断すると，生

じる DNA 断片は正確に $4^6$ 塩基対の長さになる.

⑤　DNA の断片はゲル電気泳動によって陰極に向かって移動し，大きさにしたがって分離される.

---

## 解　説

本問は，組換え DNA 技術に関する設問である.

①　不適切. ヒト型インスリンの大腸菌による合成は1978年に成功した. ジェネンテック社（米国）によるもので，これが組換え DNA 技術によって生産された初めての医薬品である.

②　不適切. PCR では特定の塩基配列が複製され，1回の増幅で1分子の二本鎖 DNA が2分子になる. したがって，理論上では30回の反復増幅では $2^{30}$ 倍に増幅されることになる. ただし，実際には反応効率が100％でないなどの理由により，理論どおりには増幅されない.

③　最も適切. ゲノム上のすべての遺伝子が転写されているのではなく，一部の遺伝子が転写されてメッセンジャー RNA になる. したがって，メッセンジャー RNA を逆転写して合成される cDNA ライブラリーには，転写されている遺伝子の翻訳領域しか含まれていない. そのために，ゲノムライブラリーに存在する遺伝子の翻訳領域が，cDNA ライブラリーには存在しないケースが生じる. ちなみに，どの遺伝子が転写されるかは，組織や発生過程などによって異なっている.

④　不適切. 制限酵素は，特定の塩基配列を認識して DNA を切断する酵素で，組換え DNA 実験に用いられる. EcoRI の場合，5′-GAATTC-3′ という6塩基からなる配列を認識して，GとAの間で切断する. この配列が出現する頻度は，$4^6$分の1，すなわち4096塩基対に1回となるが，実際に切断されて生じる DNA 断片の長さは，必ずしも $4^6$ 塩基対ちょうどにはならない.

⑤　不適切. DNA 分子のリン酸基は負の電荷をもっているため，ゲル電気泳動を行うと DNA は陰極ではなく陽極に向かって移動する. その際に，DNA 分子の大きさによってゲル中での移動速度が異なっており，小さな分子ほど早く移動するので，大きさに従って分離される.

以上から，最も適切なものは③である.

（注）類似問題　H29 Ⅰ-4-6

　答　③

（全6問題から3問題を選択解答）

**基礎科目 I -5-1** 気候変動に関する次の記述の，□□□に入る語句の組合せとして，最も適切なものはどれか．

　気候変動の影響に対処するには，温室効果ガスの排出の抑制等を図る「　ア　」に取り組むことが当然必要ですが，既に現れている影響や中長期的に避けられない影響による被害を回避・軽減する「　イ　」もまた不可欠なものです．気候変動による影響は様々な分野・領域に及ぶため関係者が多く，さらに気候変動の影響が地域ごとに異なることから，　イ　策を講じるに当たっては，関係者間の連携，施策の分野横断的な視点及び地域特性に応じた取組が必要です．気候変動の影響によって気象災害リスクが増加するとの予測があり，こうした気象災害へ対処していくことも「　イ　」ですが，その手法には様々なものがあり，　ウ　を活用した防災・減災（Eco-DRR）もそのひとつです．具体的には，遊水効果を持つ湿原の保全・再生や，多様で健全な森林の整備による森林の国土保全機能の維持などが挙げられます．これは　イ　の取組であると同時に，　エ　の保全にも資する取組でもあります．　イ　策を講じるに当たっては，複数の効果をもたらすよう施策を推進することが重要とされています．

（環境省「令和元年版 環境・循環型社会・生物多様性白書」より抜粋）

| | ア | イ | ウ | エ |
|---|---|---|---|---|
| ① | 緩和 | 適応 | 生態系 | 生物多様性 |
| ② | 削減 | 対応 | 生態系 | 地域資源 |
| ③ | 緩和 | 適応 | 地域人材 | 地域資源 |
| ④ | 緩和 | 対応 | 生態系 | 生物多様性 |
| ⑤ | 削減 | 対応 | 地域人材 | 地域資源 |

## 解　説

「令和元年版 環境・循環型社会・生物多様性白書」の第1部「総合的な施策等に関する報告」の「はじめに」に以下のような記述がある.

「気候変動の影響に対処するには，温室効果ガスの排出の抑制等を図る「ア 緩和」に取り組むことが当然必要ですが，既に現れている影響や中長期的に避けられない影響による被害を回避・軽減する「イ 適応」もまた不可欠なものです．気候変動による影響は様々な分野・領域に及ぶため関係者が多く，更に気候変動の影響が地域ごとに異なることから，イ 適応策を講じるに当たっては，関係者間の連携，施策の分野横断的な視点及び地域特性に応じた取組が必要です．気候変動の影響によって気象災害リスクが増加するとの予測があり，こうした気象災害へ対応していくことも「イ 適応」ですが，その手法には様々なものがあり，ウ 生態系を活用した防災・減災（Eco‐DRR）もそのひとつです．具体的には，遊水効果を持つ湿原の保全・再生や，多様で健全な森林の整備による森林の国土保全機能の維持を通じて，自然が持つ防災・減災機能を生かすといったことが挙げられます．これは，イ 適応の取組であると同時に，人口減少が進む我が国における課題への対応，すなわち社会資本の老朽化等の社会構造の変化に伴い生じる課題への対応にもなり，更にはエ 生物多様性の保全にも資する取組でもあります．イ 適応策を講じるに当たっては，複数の効果をもたらすよう施策を推進することが重要とされています.」

答 ①

---

**基礎科目 I-5-2**　廃棄物処理・リサイクルに関する我が国の法律及び国際条約に関する次の記述のうち，最も適切なものはどれか.

① 家電リサイクル法（特定家庭用機器再商品化法）では，エアコン，テレビ，洗濯機，冷蔵庫など一般家庭や事務所から排出された家電製品について，小売業者に消費者からの引取り及び引き取った廃家電の製造者等への引渡しを義務付けている.

② バーゼル条約（有害廃棄物の国境を越える移動及びその処分の規制に関するバーゼル条約）は，開発途上国から先進国へ有害廃棄物が輸出され，環境汚染を引き起こした事件を契機に採択されたものであるが，リサイクルが目的であれば，国境を越えて有害廃棄物を取引することは規制されてはいない.

③　容器包装リサイクル法（容器包装に係る分別収集及び再商品化の促進等に関する法律）では，PETボトル，スチール缶，アルミ缶の３品目のみについて，リサイクル（分別収集及び再商品化）のためのすべての費用を，商品を販売した事業者が負担することを義務付けている．

④　建設リサイクル法（建設工事に係る資材の再資源化等に関する法律）では，特定建設資材を用いた建築物等に係る解体工事又はその施工に特定建設資材を使用する新築工事等の建設工事のすべてに対して，その発注者に対し，分別解体等及び再資源化等を行うことを義務付けている．

⑤　循環型社会形成推進基本法は，焼却するごみの量を減らすことを目的にしており，3Rの中でもリサイクルを最優先とする社会の構築を目指した法律である．

---

## 解　説

①　適切．家電リサイクル法ではこの「家電４品目」と呼ばれる家電製品について，有用な部分や材料をリサイクルし，廃棄物を減量するとともに，資源の有効利用を推進するために，小売業者に消費者からの引取りや製造者等への引渡しを義務付けている．

②　不適切．ヨーロッパ先進国のごみがアフリカの途上国へ捨てられ，環境汚染を引き起こした事件を契機に採択されたもので，「開発途上国から先進国へ輸出された」は誤り．また，リサイクルが目的でも有害廃棄物を取引することは原則的に規制の対象となっている．

③　不適切．容器包装リサイクル法の対象品目はガラス製容器，紙製容器包装，PETボトル，プラスチック製容器包装であり，スチール缶，アルミ缶は対象外である．

④　不適切．建設リサイクル法で分別解体および再資源化を義務付けている建設工事はすべてではなく，床面積や工事請負代金といった規模の基準を超すものが対象となっている．

⑤　不適切．リデュース，リユース，リサイクルの3Rの中ではごみの発生，資源の消費を元から減らすリデュースが最優先と定められている．

（注）類似問題　H24 Ⅰ-5-1

答①

**基礎科目 I -5-3**

（A）原油，（B）輸入一般炭，（C）輸入 LNG（液化天然ガス），（D）廃材（絶乾）を単位質量当たりの標準発熱量が大きい順に並べたとして，最も適切なものはどれか．ただし，標準発熱量は資源エネルギー庁エネルギー源別標準発熱量表による．

① A＞B＞C＞D
② B＞A＞D＞C
③ C＞A＞B＞D
④ C＞B＞D＞A
⑤ D＞C＞B＞A

**解　説**

エネルギー源別標準発熱量表によると，2018年度標準発熱量（総発熱量）は計量単位がエネルギー源ごとに異なり，以下のようになっている．

（A）原油：38.26MJ/L

　　　比重0.85なので38.26÷0.85＝45.01MJ/kg

（B）輸入一般炭：26.08MJ/kg

（C）輸入 LNG（液化天然ガス）：54.70MJ/kg

（D）廃材（絶乾）：17.06MJ/kg（絶乾）

単位質量当たりの標準発熱量を大きい順に並べると C＞A＞B＞D となる．

（注）類似問題　H24 I -5-2

 答 ③

**基礎科目 I -5-4**

政府の総合エネルギー統計（2017年度）において，我が国の一次エネルギー供給量に占める再生可能エネルギー（水力及び未活用エネルギーを含む）の比率として最も適切なものはどれか．ただし，未活用エネルギーには，廃棄物発電，廃タイヤ直接利用，廃プラスチック直接利用の「廃棄物エネルギー回収」，RDF（Refuse Derived Fuel），廃棄物ガス，再生油，RPF（Refuse Paper & Plastic Fuel）の「廃棄物燃料製品」，廃熱利用熱供給，産業蒸気回収，産業電力回収の「廃棄エネルギー直接利用」が含まれる．

① 44%　② 22%　③ 11%　④ 2 %　⑤ 0.5%

## 解　説

総合エネルギー統計（2017年度）のエネルギー源別一次エネルギー国内供給の比率は以下のとおり．

（ア）石油：39.0%

（イ）石炭：25.1%

（ウ）天然ガス・都市ガス：23.4%

（エ）原子力：1.4%

（オ）水力：3.5%

（カ）水力を除く再生可能エネルギー：4.7%

（キ）未活用エネルギー：3.0%

水力および未活用エネルギーを含む再生可能エネルギーの比率は

（オ）＋（カ）＋（キ）＝11.2%

（注）類似問題　R1 I -5-3，H28 I -5-4

  答 ③

---

**基礎科目 I -5-5**　次の（ア）～（オ）の科学史及び技術史上の著名な業績を，年代の古い順に左から並べたとして，最も適切なものはどれか．

（ア）　ジェームズ・ワットによるワット式蒸気機関の発明

（イ）　チャールズ・ダーウィン，アルフレッド・ラッセル・ウォレスによる進化の自然選択説の発表

（ウ）　福井謙一によるフロンティア軌道理論の発表

（エ）　周期彗星（ハレー彗星）の発見

（オ）　アルベルト・アインシュタインによる一般相対性理論の発表

①　ア－イ－エ－ウ－オ

②　エ－ア－イ－ウ－オ

③　ア－エ－オ－イ－ウ

④　エ－ア－イ－オ－ウ

⑤　ア－イ－エ－オ－ウ

## 解　説

（ア）　ジェームズ・ワットによるワット式蒸気機関の発明は1769年．

（イ）　チャールズ・ダーウィン，アルフレッド・ラッセル・ウォレスによる進

化の自然選択説の発表は1859年.

（ウ）　福井謙一によるフロンティア軌道理論の発表は1952年.

（エ）　周期彗星（ハレー彗星）の発見は1705年.

（オ）　アルベルト・アインシュタインによる一般相対性理論の発表は1916年.

年代の古い順に並べると，エーアーイーオーウとなる.

（注）　類似問題　H30 Ⅰ-5-5，H25 Ⅰ-5-6

  答 ④

**基礎科目 Ⅰ-5-6**　科学技術とリスクの関わりについての次の記述のうち，最も不適切なものはどれか.

① リスク評価は，リスクの大きさを科学的に評価する作業であり，その結果とともに技術的可能性や費用対効果などを考慮してリスク管理が行われる.

② リスクコミュニケーションとは，リスクに関する，個人，機関，集団間での情報及び意見の相互交換である.

③ リスクコミュニケーションでは，科学的に評価されたリスクと人が認識するリスクの間に隔たりはないことを前提としている.

④ レギュラトリーサイエンスは，科学技術の成果を支える信頼性と波及効果を予測及び評価し，リスクに対して科学的な根拠を与えるものである.

⑤ レギュラトリーサイエンスは，リスク管理に関わる法や規制の社会的合意の形成を支援することを目的としており，科学技術と社会の調和を実現する上で重要である.

## 解　説

① 適切. リスク評価はリスク解析とともにリスクアセスメントを構成し，リスク管理の中核をなす活動で，対策を実施すべきリスクを明らかにするとともに，優先順位を決めることが必要である.

② 適切. リスクコミュニケーションはリスクの性質，大きさ，重要性について，利害関係のある個人，機関，集団が，情報や意見を交換することである.

③ 不適切. 専門家がリスクを科学的に正確な表現をすることと，人（公衆）の認識枠組みに適した表現が必ずしも一致しないことが，リスクコミュニケーションの効果に影響を与える要因として認識することが重要である.

④ 適切. レギュラトリーサイエンスは，国の科学技術基本計画に「科学技術

の成果を人と社会に役立てることを目的に，根拠に基づく的確な予測，評価，判断を行い，科学技術の成果を人と社会との調和の上で最も望ましい姿に調整するための科学」と記載されている．

⑤　適切．レギュラトリーサイエンスは，社会的に安全性に対する関心が高く，行政の関与や影響が強い医薬品や食品の分野を重点に適用が進められている．

（注）類似問題　H28 Ⅰ-5-5，H25 Ⅰ-5-5

 ③

# 適 性 科 目

Ⅱ　次の15問題を解答せよ．（解答欄に1つだけマークすること．）

**適性科目 Ⅱ-1**　次の技術士第一次試験適性科目に関する次の記述の，〔　　　〕に入る語句の組合せとして，最も適切なものはどれか．

適性科目試験の目的は，法及び倫理という〔　ア　〕を遵守する適性を測ることにある．

技術士第一次試験の適性科目は，技術士法施行規則に規定されており，技術士法施行規則では「法第四章の規定の遵守に関する適性に関するものとする」と明記されている．この法第四章は，形式としては〔　イ　〕であるが，〔　ウ　〕としての性格を備えている．

|     | ア | イ | ウ |
| --- | --- | --- | --- |
| ① | 社会規範 | 倫理規範 | 法規範 |
| ② | 行動規範 | 法規範 | 倫理規範 |
| ③ | 社会規範 | 法規範 | 倫理規範 |
| ④ | 行動規範 | 倫理規範 | 行動規範 |
| ⑤ | 社会規範 | 行動規範 | 倫理規範 |

## 解　説

技術士第一次試験の受験の手引きや，技術士法施行規則第5条第3項に記述されている，適性試験の試験内容に関する出題である．技術士法第4章には，「技術士等の義務」として「信用失墜行為の禁止」，「秘密保持義務」，「公益確保の責務」，「技術士の名称表示の場合の義務」，「資質向上の責務」（いわゆる「3義務2責務」）が記載されており，それを「規範」の観点から問う設問である．

法や倫理は，「社会規範」といえる．「法規範」や「社会規範」は規範の典型で，道徳および「倫理」もある種の規範である．

技術士法は，その名のとおり「法規範」であるが，その第4章は，技術士としての適性に関する内容であり「倫理規範」としての性格を備えている．

以上から，$\boxed{\text{ア 社会規範}}$，$\boxed{\text{イ 法規範}}$，$\boxed{\text{ウ 倫理規範}}$となり，$\boxed{\phantom{aa}}$に入る語句の組合せとして，最も適切なものは③である．

🔓 **答 ③**

---

**適性科目 Ⅱ-2**　技術士及び技術士補は，技術士法第四章（技術士等の義務）の規定の遵守を求められている．次に掲げる記述について，第四章の規定に照らして適切なものの数を選べ．

（ア）技術士は，その登録を受けた技術部門に関しては，充分な知識及び技能を有しているので，その登録部門以外に関する知識及び技能の水準を重点的に向上させなければならない．

（イ）技術士等は，顧客から受けた業務を誠実に実施する義務を負っている．顧客の指示が如何なるものであっても，守秘義務を優先させ，指示通りに実施しなければならない．

（ウ）技術は日々変化，進歩している．技術士は，常に，その業務に関して有する知識及び技能の水準を向上させ，名称表示している専門技術業務領域の能力開発に努めなければならない．

（エ）技術士等は，職務上の助言あるいは判断を下すとき，利害関係のある第三者又は組織の意見をよく聞くことが肝要であり，多少事実からの判断と差異があってもやむを得ない．

（オ）技術士等は，その業務を行うに当たっては，公共の安全，環境の保全その他の公益を害することのないよう努めなければならないが，顧客の利益を害する場合は守秘義務を優先する必要がある．

（カ）技術士等の秘密保持義務は，技術士又は技術士補でなくなった後においても守らなければならない．

（キ）企業に所属している技術士補は，顧客がその専門分野能力を認めた場合は，技術士補の名称を表示して技術士に代わって主体的に業務を行ってよい．

① 0　② 1　③ 2　④ 3　⑤ 4

---

**解　説**

技術士法第4章（3義務2責務）に関しては，毎年出題されている．また，それに関する記述の正誤を問う問題の出題も多い．同法第4章は暗記できるくらい

に何度も読んで理解を深めることが望ましい.

- （ア） 不適切. まずは，登録を受けた部門の資質向上を図るべきである.「資質向上の責務」に関する設問である.

- （イ） 不適切. 守秘義務以外にも「公益確保の責務」などを果たさなければならない.「守秘義務」と「公益確保の責務」のトレードオフに関する設問である.

- （ウ） 適切.「技術士の名称表示の場合の義務」と「資質向上の責務」に関する設問である.

- （エ） 不適切. ファクト・ファインディングした事実に基づく判断を重要視すべきである.「信用失墜行為の禁止」に関する設問である.

- （オ） 不適切. いかなる場合でも，「公益確保の責務」を果たさなければならない.「守秘義務」と「公益確保の責務」のトレードオフに関する設問である.

- （カ） 適切.「秘密保持義務」に関する設問である.

- （キ） 不適切.「技術士補は，第2条第1項に規定する業務について技術士を補助する場合を除くほか，技術士補の名称を表示して当該業務を行ってはならない.」（同法第47条）とあるとおり，あくまで技術士を補助する業務に限定される.「技術士補の業務の制限等」に関する設問である.

　以上から，第4章の規定に照らして適切なものは，（ウ），（カ）の2つとなり，正答は③である.

　（注）類似問題　H30 II-2, H29 II-2, H28 II-1

 ③

令和元年度（再）適性科目

**適性科目 II-3**　現在，多くの企業や組織が倫理の重要性を認識するようになり，「倫理プログラム」と呼ばれる活動の一環として，倫理規程・行動規範等を作成し，それに準拠した行動をとることを求めている.（ア）～（オ）の説明に倫理規程・行動規範等制定の狙いに含まれるものは○，含まれないものは×として，最も適切な組合せはどれか.

- （ア） 一般社会と集団組織との「契約」に関する明確な意思表示
- （イ） 集団組織のメンバーが目指すべき理想の表明
- （ウ） 倫理的な行動に関する実践的なガイドラインの提示
- （エ） 集団組織の将来メンバーを教育するためのツール
- （オ） 集団組織の在り方そのものを議論する機会の提供

|   | ア | イ | ウ | エ | オ |
|---|----|----|----|----|----|
| ① | ○ | ○ | ○ | ○ | ○ |
| ② | ○ | ○ | ○ | ○ | × |
| ③ | ○ | × | ○ | ○ | ○ |
| ④ | ○ | ○ | × | ○ | ○ |
| ⑤ | ○ | ○ | ○ | × | ○ |

## 解 説

（ア）　○．行動規範等は，一般社会と集団組織との「契約」に関する明確な意思表示になる．

（イ）　○．行動規範等は，集団組織のメンバーが目指すべき理想の表明になる．

（ウ）　○．行動規範等は，倫理的な行動に関する実践的なガイドラインの提示になる．

（エ）　○．行動規範等は，集団組織の将来メンバーを教育するためのツールになる．

（オ）　○．行動規範等は，集団組織の在り方そのものを議論する機会の提供になる．

（注）類似問題　H28 Ⅱ-3

 答 ①

---

適性科目
Ⅱ-4

　　次に示される事例において，技術士としてふさわしい行動に関する次の（ア）～（オ）の記述について，ふさわしい行動を○，ふさわしくない行動を×として，最も適切な組合せはどれか．

　構造設計技術者である技術者Ａはあるオフィスビルの設計を担当し，その設計に基づいて工事は完了した．しかし，ビルの入居が終わってから，技術者Ａは自分の計算の見落としに気づき，嵐などの厳しい環境の変化によってそのビルが崩壊する可能性があることを認識した．そのような事態になれば，オフィスの従業員や周辺住民など何千人もの人を危険にさらすことになる．そこで技術者Ａは依頼人にその問題を報告した．

　依頼人は市の担当技術者Ｂと相談した結果，３ケ月程度の期間がかかる改修工事を実施することにした．工事が完了するまでの期間，嵐に対する監視通報システムと，ビルを利用するオフィスの従業員や周辺住民に対する不測の事故発生時の退避計画が作成された．技術者Ａの観点から見ても，この工事を行えば構造

上の不安を完全に払拭することができるし，退避計画も十分に実現可能なもので
あった．

　しかし，依頼人は，改修工事の事実をオフィスの従業員や周辺住民に知らせる
ことでパニックが起こることを懸念し，改修工事の事実は公表しないで，ビルに
人がいない時間帯に工事を行うことを強く主張した．

（ア）　業務に関連する情報を依頼主の同意なしに開示することはできないの
　　　で，技術者Aは改修工事の事実を公表しないという依頼主の主張に従った．

（イ）　公衆の安全，健康，及び福利を守ることを最優先すべきだと考え，技術
　　　者Aは依頼人の説得を試みた．

（ウ）　パニックが原因で公衆の福利が損なわれることを懸念し，技術者Bは
　　　改修工事の事実を公表しないという依頼主の主張に従った．

（エ）　公衆の安全，健康，及び福利を守ることを最優先すべきだと考え，技術
　　　者Bは依頼人の説得を試みた．

（オ）　オフィスの従業員や周辺住民の「知る権利」を重視し，技術者Bは依
　　　頼人の説得を試みた．

|   | ア | イ | ウ | エ | オ |
|---|---|---|---|---|---|
| ① | × | ○ | × | ○ | ○ |
| ② | ○ | × | ○ | × | ○ |
| ③ | ○ | ○ | × | ○ | × |
| ④ | × | × | ○ | ○ | ○ |
| ⑤ | ○ | ○ | × | × | ○ |

解　説

（ア）（ウ）　ふさわしくない．技術士は，その業務を行うにあたっては，公共
　　　の安全，環境の保全その他の公益を害することのないよう努めなければな
　　　らないので，依頼主の説得を試みるべきである．

（イ）（エ）（オ）　ふさわしい．技術士は，その業務を行うにあたっては，公共
　　　の安全，環境の保全その他の公益を害することのないよう努めなければな
　　　らないので，依頼主の説得は適切な行動である．

（ア）～（オ）は，×，○，×，○，○であり，①が正答である．

　（注）類似問題　H28 Ⅱ-6

 答 ①

**適性科目 Ⅱ-5** 公益通報（警笛鳴らし（Whistle Blowing）とも呼ばれる）が許される条件に関する次の（ア）～（エ）の記述について，正しいものは○，誤っているものは×として，最も適切な組合せはどれか．

（ア） 従業員が製品のユーザーや一般大衆に深刻な被害が及ぶと認めた場合には，まず直属の上司にそのことを報告し，自己の道徳的懸念を伝えるべきである．

（イ） 直属の上司が，自己の懸念や訴えに対して何ら有効なことを行わなかった場合には，即座に外部に現状を知らせるべきである．

（ウ） 内部告発者は，予防原則を重視し，その企業の製品あるいは業務が，一般大衆，又はその製品のユーザーに，深刻で可能性が高い危険を引き起こすと予見される場合には，合理的で公平な第三者に確信させるだけの証拠を持っていなくとも，外部に現状を知らせなければならない．

（エ） 従業員は，外部に公表することによって必要な変化がもたらされると信じるに足るだけの十分な理由を持たねばならない．成功をおさめる可能性は，個人が負うリスクとその人に振りかかる危険に見合うものでなければならない．

|   | ア | イ | ウ | エ |
|---|---|---|---|---|
| ① | × | ○ | × | ○ |
| ② | ○ | × | ○ | × |
| ③ | ○ | × | × | ○ |
| ④ | × | × | ○ | ○ |
| ⑤ | ○ | ○ | × | × |

---

**解　説**

公益通報，内部告発，警笛鳴らし，公益通報者保護法に関しては，繰り返し出題されている．アメリカでは，「警笛鳴らし（Whistle Blowing）」といい，日本では，「内部告発」といわれることが多い．労働者は，「個人の利益」，「所属する組織の利益」，「公益（公衆の利益）」を考えなければならない．これらのトリレンマやジレンマに陥ることもある．

2004年制定，2006年施行の公益通報者保護法（全11条）は，関係法が多く，技術者には理解が難しいところがある．そこでは，「通報者」，「通報事項（その真実性）」，「通報先」の３点に特に注意して理解を深めることが望ましい．実社会にあっては，上記の３つの利益をすべて守れるように粘り強く努力するとともに，

不断のコミュニケーションによって共感，協調してくれるコミュニティを形作ることが大切である．

(ア)　適切．まずは企業内部での改善努力を求める意味で，最初にそれが選択されるべきである（通報先）．

(イ)　不適切．企業内の公益通報窓口が有効に機能している場合は，まずは企業内部での改善努力をすべきであり，即座に外部通報するのは望ましくない（通報先）．

(ウ)　不適切．通報対象事実，つまり告発内容の正当性を立証できる根拠，証拠が必要である（通報事項）．

(エ)　適切．告発が成功する可能性があり，不適切な報復行為（リスク）から従業員が保護される必要がある（通報者）．

以上から，(ア)～(エ)は，○，×，×，○である．

（注）類似問題　H30 Ⅱ-8，H28 Ⅱ-10，H27 Ⅱ-9

答 ③

令和元年度（再）適性科目

---

**適性科目 Ⅱ-6**

　　　　日本学術会議は，科学者が，社会の信頼と負託を得て，主体的かつ自律的に科学研究を進め，科学の健全な発達を促すため，平成18年10月3日に，すべての学術分野に共通する基本的な規範である声明「科学者の行動規範について」を決定，公表した．

その後，データのねつ造や論文盗用といった研究活動における不正行為の事案が発生したことや，東日本大震災を契機として科学者の責任の問題がクローズアップされたこと，いわゆるデュアルユース問題について議論が行われたことから，平成25年1月25日，同声明の改訂が行われた．次の「科学者の行動規範」に関する(ア)～(エ)の記述について，正しいものは○，誤っているものは×として，最も適切な組合せはどれか．

(ア)　「科学者」とは，所属する機関に関わらず，人文・社会科学から自然科学までを包含するすべての学術分野において，新たな知識を生み出す活動，あるいは科学的な知識の利活用に従事する研究者，専門職業者を意味する．

(イ)　科学者は，常に正直，誠実に行動し，自らの専門知識・能力・技芸の維持向上に努め，科学研究によって生み出される知の正確さや正当性を科学的に示す最善の努力を払う．

(ウ)　科学者は，自らの研究の成果が，科学者自身の意図に反して悪用される可能性のある場合でも，社会の発展に寄与すると判断される場合は，速や

かに研究の実施，成果の公表を積極的に行うよう努める.

（エ）　科学者は，責任ある研究の実施と不正行為の防止を可能にする公正な環境の確立・維持も自らの重要な責務であることを自覚し，科学者コミュニティ及び自らの所属組織の研究環境の質的向上，並びに不正行為抑止の教育啓発に継続的に取組む.

|  | ア | イ | ウ | エ |
|---|---|---|---|---|
| ① | ○ | ○ | ○ | ○ |
| ② | × | ○ | ○ | ○ |
| ③ | ○ | × | ○ | ○ |
| ④ | ○ | ○ | × | ○ |
| ⑤ | ○ | ○ | ○ | × |

## 解　説

（ア）　「科学者の行動規範」の前文に，「「科学者」とは，所属する機関に関わらず，人文・社会科学から自然科学までを包含するすべての学術分野において，新たな知識を生み出す活動，あるいは科学的な知識の利活用に従事する研究者，専門職業者を意味する.」とある.　ゆえに正しい.

（イ）　「科学者の行動規範」の2（科学者の姿勢）に，「科学者は，常に正直，誠実に判断，行動し，自らの専門知識・能力・技芸の維持向上に努め，科学研究によって生み出される知の正確さや正当性を科学的に示す最善の努力を払う.」とある.「誠実に判断，行動し」の「判断」が抜けているが，正しい.

（ウ）　「科学者の行動規範」の6（科学研究の利用の両義性）には，「科学者は，自らの研究の成果が，科学者自身の意図に反して，破壊的行為に悪用される可能性もあることを認識し，研究の実施，成果の公表にあたっては，社会に許容される適切な手段と方法を選択する.」とある.　研究の結果が悪用される可能性があるときには，社会に許容される適切な手段を選択しなければならない.　ゆえに誤っている.

（エ）　「科学者の行動規範」の8（研究環境の整備及び教育啓発の徹底）には，「科学者は，責任ある研究の実施と不正行為の防止を可能にする公正な環境の確立・維持も自らの重要な責務であることを自覚し，科学者コミュニティ及び自らの所属組織の研究環境の質的向上，ならびに不正行為抑止の教育啓発に継続的に取り組む.　また，これを達成するために社会の理解

と協力が得られるよう努める.」とある. 設問には, 最後の一文はないが, 正しい.

（ア）,（イ）,（エ）が正しく,（ウ）が誤っているので, 正答は④である.

（注）類似問題　H26 Ⅱ-2

答 ④

**適性科目 Ⅱ-7**　　製造物責任法（PL法）に関する次の（ア）～（オ）の記述のうち, 正しいものの数はどれか.

（ア）　この法律において「製造物」とは, 製造又は加工された動産であるが, 不動産のうち, 戸建て住宅構造の耐震規準違反については, その重要性から例外的に適用される.

（イ）　この法律において「欠陥」とは, 当該製造物の特性, その通常予見される使用形態, その製造業者等が当該製造物を引き渡した時期その他の当該製造物に係る事情を考慮して, 当該製造物が通常有するべき安全性を欠いていることをいう.

（ウ）　この法律で規定する損害賠償の請求権には, 消費者保護を優先し, 時効はない.

（エ）　原子炉の運転等により生じた原子力損害については,「原子力損害の賠償に関する法律」が適用され, この法律の規定は適用されない.

（オ）　製造物の欠陥による製造業者等の損害賠償の責任については, この法律の規定によるほか, 民法の規定による.

① 1　　② 2　　③ 3　　④ 4　　⑤ 5

**解　説**

これまでも, 製造物責任法（PL法）に関して, 記述内容が同法の対象となるか否かを判断する設問は, 繰り返し出題されている. 同法は全6条からなる法律であり, Webサイト（電子政府（e-Gov）など）にも載っているので, 通読し理解しておくことが望まれる.

（ア）「この法律において「製造物」とは, 製造又は加工された動産をいう.」（製造物責任法第2条）と規定されている. 土地建物（不動産）は製造物責任法の「製造物」に該当しないので, 正しくない.

（イ）　この記述は，製造物責任法第2条第2項の条文のとおりなので，正しい．

（ウ）　製造物責任は，「被害者が損害及び賠償義務者を知ったときから3年間行わないとき，または製造物を引き渡したときから10年を経過したときは時効によって消滅する」ので，正しくない（製造物責任法第5条第1項）．

（エ）　民法上，製造物の「物」とは，空間の一部を占める有形的存在としての「有体物」をいうものと定義されていることから（民法第85条），「運転」などの「無体物」は，「製造物」の範囲に含まれない．正しい．

（オ）　「製造物の欠陥による製造業者等の損害賠償の責任については，製造物責任法の規定によるほか，民法の規定による．」（製造物責任法第6条）と規定されているので，正しい．

以上の5つの記述の中で正しいのは，（イ），（エ），（オ）の3つである．

（注）類似問題　R1 II-3，H30 II-9，H29 II-8　　　　 ③

---

**適性科目 II-8**

　　ものづくりに携わる技術者にとって，特許法を理解することは非常に大事なことである．特許法の第1条には，「この法律は，発明の保護及び利用を図ることにより，発明を奨励し，もって産業の発達に寄与することを目的とする」とある．発明や考案は，目に見えない思想，アイディアなので，家や車のような有体物のように，目に見える形でだれかがそれを占有し，支配できるというものではない．したがって，制度により適切に保護がなされなければ，発明者は，自分の発明を他人に盗まれないように，秘密にしておこうとすることになる．しかしそれでは，発明者自身もそれを有効に利用することができないばかりでなく，他の人が同じものを発明しようとして無駄な研究，投資をすることとなってしまう．そこで，特許制度は，こういったことが起こらぬよう，発明者には一定期間，一定の条件のもとに特許権という独占的な権利を与えて発明の保護を図る一方，その発明を公開して利用を図ることにより新しい技術を人類共通の財産としていくことを定めて，これにより技術の進歩を促進し，産業の発達に寄与しようというものである．

　　特許の要件に関する次の（ア）〜（エ）の記述について，正しいものは○，誤っているものは×として，最も適切な組合せはどれか．

（ア）　「発明」とは，自然法則を利用した技術的思想の創作のうち高度なものであること

（イ）　公の秩序，善良の風俗又は公衆の衛生を害するおそれがないこと
（ウ）　産業上利用できる発明であること
（エ）　国内外の刊行物等で発表されていること

| | ア | イ | ウ | エ |
|---|---|---|---|---|
| ① | × | ○ | ○ | × |
| ② | ○ | × | ○ | ○ |
| ③ | × | ○ | × | ○ |
| ④ | ○ | ○ | ○ | × |
| ⑤ | ○ | ○ | × | × |

解　説

　知的財産権に関する出題は，ここ数年繰り返し出題されているが，特許権を含む著作権や商標権などの幅広い出題となっている．本問は特許法に絞り，特許法上の「特許の要件」を対象とした設問である．
（ア）「特許法は，技術的なアイディアである「発明」，つまり技術的思想にかかる創作のうち，高度なものを保護すると同時に創造を奨励し，権利を活用し産業を活性化するための法律」であるので，正しい．
（イ）「公序良俗に反するものでないこと」は，特許の要件である．正しい．
（ウ）「産業上利用できるものであること（産業上の利用可能性）」は，特許の要件である．正しい．
（エ）「先に出願されていないものであること（先願）」は，特許の要件である．公知のものは，特許にならないので，誤っている．
以上，（ア），（イ），（ウ）が正しく，（エ）が誤っているので，正答は④である．

（注）類似問題　H28 Ⅱ-11

 答 ④

適性科目 Ⅱ-9

　IoT・ビッグデータ・人工知能（AI）等の技術革新による「第4次産業革命」は我が国の生産性向上の鍵と位置付けられ，これらの技術を活用し著作物を含む大量の情報の集積・組合せ・解析により付加価値を生み出すイノベーションの創出が期待されている．
　こうした状況の中，情報通信技術の進展等の時代の変化に対応した著作物の利用の円滑化を図るため，「柔軟な権利制限規定」の整備についての検討が文化審

議会著作権分科会においてなされ，平成31年1月1日に，改正された著作権法が施行された．

著作権法第30条の4（著作物に表現された思想又は感情の享受を目的としない利用）では，著作物は，技術の開発等のための試験の用に供する場合，情報解析の用に供する場合，人の知覚による認識を伴うことなく電子計算機による情報処理の過程における利用等に供する場合その他の当該著作物に表現された思想又は感情を自ら享受し又は他人に享受させることを目的としない場合には，その必要と認められる限度において，利用することができるとされた．具体的な事例として，次の（ア）～（カ）のうち，上記に該当するものの数はどれか．

（ア）　人工知能の開発に関し人工知能が学習するためのデータの収集行為，人工知能の開発を行う第三者への学習用データの提供行為

（イ）　プログラムの著作物のリバース・エンジニアリング

（ウ）　美術品の複製に適したカメラやプリンターを開発するために美術品を試験的に複製する行為や複製に適した和紙を開発するために美術品を試験的に複製する行為

（エ）　日本語の表記の在り方に関する研究の過程においてある単語の送り仮名等の表記の方法の変遷を調査するために，特定の単語の表記の仕方に着目した研究の素材として著作物を複製する行為

（オ）　特定の場所を撮影した写真などの著作物から当該場所の3DCG映像を作成するために著作物を複製する行為

（カ）　書籍や資料などの全文をキーワード検索して，キーワードが用いられている書籍や資料のタイトルや著者名・作成者名などの検索結果を表示するために書籍や資料などを複製する行為

①　2　　　②　3　　　③　4　　　④　5　　　⑤　6

---

## 解　説

2019年1月1日に施行された改正著作権法に関する問題で，最近の法改正は出題される可能性が高いので注意されたい．本改正に関し2019年秋に文化庁より「デジタル化・ネットワーク化の進展に対応した柔軟な権利制限規定に関する基本的な考え方（著作権法第30条の4，第47条の4及び第47条の5関係）」と題する冊子が発行され，改正に伴う種々の疑問に答えている．

本問はこの冊子に記載の著作権法第30条の4に関するもので，本項は「著作物は，当該著作物に表現された思想又は感情を自ら享受し又は他人に享受させるこ

とを目的としない場合には，その必要と認められる限度において，利用すること
ができること」とするために新設された．解答にあたっては，これに該当するか
を考えていただきたい．今後，著作権法第47条の4および第47条の5についても
出題の可能性があるのでこの冊子を一読することをおすすめする．

（ア）　該当する．人工知能の開発のための学習用データとして著作物をデータ
ベースに記録する行為は，「著作物に表現された思想又は感情を享受」す
ることを目的としない行為に該当し，第三者に提供する行為についても，
当該学習用データの利用が人工知能の開発という目的に限定されている限
りは，「著作物に表現された思想又は感情を享受」することを目的としな
い著作物の利用に該当する．

（イ）　該当する．リバース・エンジニアリングは調査解析目的のプログラムの
実行等によってその機能を享受することに向けられた利用行為ではないこ
とから，「著作物に表現された思想又は感情」の「享受」を目的としない
利用に該当する．

（ウ）　該当する．美術品の複製に適したカメラやプリンター，もしくは複製に
適した和紙を開発するために美術品を試験的に複製する行為は，開発中の
機器や和紙が求められる機能・性能を満たすものであるか否かを確認する
ことをもっぱらの目的として行われるもので，当該著作物の視聴等を通じ
て，視聴者等の知的・精神的欲求を満たすという効用を得ることに向けら
れた行為ではない．いずれも「著作物に表現された思想又は感情」の「享
受」を目的としない利用に該当する．

（エ）　該当する．研究の素材として著作物を複製する行為は，研究の素材とし
て著作物を利用するものであり，「著作物に表現された思想又は感情」の「享
受」を目的としない利用に該当する．

（オ）　該当する．特定の場所を撮影した写真などの著作物からその構成要素に
関わる情報を抽出して当該場所の3DCG映像を作成する行為は，当該著
作物の視聴等を通じて，視聴者等の知的・精神的欲求を満たすという効用
を得ることに向けられた行為ではないことから，「著作物に表現された思
想又は感情」の「享受」を目的としない利用に該当する．

（カ）　該当する．書籍や資料などの文章中にキーワードが存在するか否かを検
索する行為は，当該著作物の視聴等を通じて，視聴者等の知的・精神的欲
求を満たすという効用を得ることに向けられた行為ではない．キーワード
検索を行うために書籍や資料などを複製する行為は，「著作物に表現され

　　た思想又は感情」の「享受」を目的としない利用に該当する．
以上より，該当するものの数は 6 つである．

**適性科目**
**Ⅱ-10**
　　文部科学省・科学技術学術審議会は，研究活動の不正行為に関する特別委員会による研究活動の不正行為に関するガイドラインをまとめ，2006年（平成18年）に公表し，2014年（平成26年）改定された．
以下の記述はそのガイドラインからの引用である．

> 　「研究活動とは，先人達が行った研究の諸業績を踏まえた上で，観察や実験等によって知り得た事実やデータを素材としつつ，自分自身の省察・発想・アイディア等に基づく新たな知見を創造し，知の体系を構築していく行為である．」
> 　「不正行為とは，……（中略）……．具体的には，得られたデータや結果の捏造，改ざん，及び他者の研究成果等の盗用が，不正行為に該当する．このほか，他の学術誌等に既発表又は投稿中の論文と本質的に同じ論文を投稿する二重投稿，論文著作者が適正に公表されない不適切なオーサーシップなどが不正行為として認識されるようになってきている．」

　　捏造，改ざん，盗用（ひょうせつ（剽窃）ともいう）は，それぞれ英語ではFabrication，Falsification，Plagiarism というので，研究活動の不正を FFP と略称する場合がある．FFP は研究の公正さを損なう不正行為の代表的なもので，違法であるか否かとは別次元の問題として，取組が必要である．
　　次の（ア）～（エ）の記述について，正しいものは○，誤っているものは×として，最も適切な組合せはどれか．
（ア）　科学的に適切な方法により正当に得られた研究成果が結果的に誤りであった場合，従来それは不正行為には当たらないと考えるのが一般的であったが，このガイドラインが出た後はそれらも不正行為とされるようになった．
（イ）　文部科学省は税金を科学研究費補助金などの公的資金に充てて科学技術の振興を図る立場なので，このような不正行為に関するガイドラインを公表したが，個人が自らの資金と努力で研究活動を行い，その成果を世の中に公表する場合には，このガイドラインの内容を考慮する必要はない．

（ウ）　同じ研究成果であっても，日本語と英語で別々の学会に論文を発表する場合には，上記ガイドラインの二重投稿には当たらない．

（エ）　研究者Aは研究者Bと共同で研究成果をまとめ，連名で英語の論文を執筆し発表した．その後Aは単独で，日本語で本を執筆することになり，当該論文の一部を翻訳して使いたいと考え，Bに相談して了解を得た．

| | ア | イ | ウ | エ |
|---|---|---|---|---|
| ① | × | ○ | × | ○ |
| ② | × | × | × | ○ |
| ③ | ○ | × | × | ○ |
| ④ | ○ | ○ | ○ | × |
| ⑤ | × | × | ○ | ○ |

**解　説**

研究不正に関する設問である．ガイドラインの内容が設問中にあるので，常識で考えれば解答できる問題である．

（ア）　×．ガイドラインに，「新たな研究成果により従来の仮説や研究成果が否定されることは，研究活動の本質でもあって，科学的に適切な方法により正当に得られた研究成果が結果的に誤りであったとしても，それは不正行為には当たらない．」とある．

（イ）　×．個人が自らの資金と努力で研究活動を行った成果でも，ガイドラインに従わない場合，「捏造，改ざん，盗用」を許すことになり，誤った研究成果を世に流布することになる．

（ウ）　×．言語は別でも同じ内容の論文を別の学会で発表することは「二重投稿」にあたる．

（エ）　○．執筆範囲を分担しても，共同で発表した論文は双方が著者としての権利を有する．よって，当該論文の一部を翻訳して使う場合には，相手の了解を得る行為が必要である．

以上より，×，×，×，○となり，最も適切な組合せは②である．

（注）類似問題　H29 Ⅱ-14，H27 Ⅱ-7，H26 Ⅱ-3

 答 ②

**適性科目 II-11**　　IPCC（気候変動に関する政府間パネル）の第5次評価報告書第1作業部会報告書では「近年の地球温暖化が化石燃料の燃焼等による人間活動によってもたらされたことがほぼ断定されており，現在増え続けている地球全体の温室効果ガスの排出量の大幅かつ持続的削減が必要である」とされている．

次の温室効果ガスに関する記述について，正しいものは○，誤っているものは×として，最も適切な組合せはどれか．

- （ア）　温室効果ガスとは，地球の大気に蓄積されると気候変動をもたらす物質として，京都議定書に規定された物質で，二酸化炭素（$CO_2$）とメタン（$CH_4$），亜酸化窒素（一酸化二窒素／$N_2O$）のみを指す．
- （イ）　低炭素社会とは，化石エネルギー消費等に伴う温室効果ガスの排出を大幅に削減し，世界全体の排出量を自然界の吸収量と同等のレベルとしていくことにより，気候に悪影響を及ぼさない水準で大気中の温室効果ガス濃度を安定化させると同時に，生活の豊かさを実感できる社会をいう．
- （ウ）　カーボン・オフセットとは，社会の構成員が，自らの責任と定めることが一般に合理的と認められる範囲の温室効果ガスの排出量を認識し，主体的にこれを削減する努力を行うとともに，削減が困難な部分の排出量について，他の場所で実現した温室効果ガスの排出削減・吸収量等を購入すること又は他の場所で排出削減・吸収を実現するプロジェクトや活動を実現すること等により，その排出量の全部を埋め合わせた状態をいう．
- （エ）　カーボン・ニュートラルとは，社会の構成員が，自らの温室効果ガスの排出量を認識し，主体的にこれを削減する努力を行うとともに，削減が困難な部分の排出量について，他の場所で実現した温室効果ガスの排出削減・吸収量等を購入すること又は他の場所で排出削減・吸収を実現するプロジェクトや活動を実現すること等により，その排出量の全部又は一部を埋め合わせる取組みをいう．

|   | ア | イ | ウ | エ |
|---|---|---|---|---|
| ① | × | ○ | × | × |
| ② | × | × | ○ | ○ |
| ③ | × | ○ | ○ | ○ |
| ④ | ○ | ○ | × | × |
| ⑤ | ○ | ○ | ○ | ○ |

## 解　説

出題頻度の多い地球温暖化に関する用語の設問で，日頃から意識してテレビや新聞等をみておけば（ア）を除き解答することができる．

（ア）　×．京都議定書で削減目標が定められた温室効果ガスは二酸化炭素（$CO_2$），メタン（$CH_4$），亜酸化窒素（$N_2O$）のみではなく，他にハイドロフルオロカーボン類（HFCs），パーフルオロカーボン類（PFCs），六フッ化硫黄（$SF_6$）がある．本問は京都議定書に規定された物質が IPCC 第 5 次評価報告書第 1 次作業部会報告書にある温室効果ガスなのか，京都議定書に規定された温室効果ガスの種類は何か，そして，それらの組成式，別名まで問う難問である．

（イ）　○．正しい記述である．我慢するのではなく「生活の豊かさを実感できる社会」とあることに注意．

（ウ）　×．この説明はカーボン・ニュートラルの説明である．

（エ）　×．この説明はカーボン・オフセットの説明である．

以上より，×，○，×，×となり，最も適切な組合せは①である．

（注）類似問題　H30 II -13，H23 II -14

答　①

---

**適性科目 II -12**　　技術者にとって安全確保は重要な使命の一つである．2014年に国際安全規格「ISO / IEC Guide51」（JIS Z 8051：2015）が改定されたが，これは機械系や電気系の各規格に安全を導入するためのガイド（指針）を示すものである．日本においては各 ISO / IEC 規格の JIS 化版に伴い必然的にその内容は反映されているが，規制法令である労働安全衛生法にも，その考え方が導入されている．国際安全規格の「安全」に関する次の（ア）～（オ）の記述について，不適切なものの数はどれか．

（ア）「安全」とは，絶対安全を意味するものではなく，「リスク」（危害の発生確率及びその危害の度合いの組合せ）という数量概念を用いて，許容不可能な「リスク」がないことをもって，「安全」と規定している．この「安全」を達成するために，リスクアセスメント及びリスク低減の反復プロセスが必要である．

（イ）　リスクアセスメントのプロセスでは，製品によって，危害を受けやすい状態にある消費者，その他の者を含め，製品又はシステムにとって被害を受けそうな"使用者"，及び"意図する使用及び合理的予見可能な誤使用"

を同定し，さらにハザードを同定する．そのハザードから影響を受ける使用者グループへの「リスク」がどれくらい大きいか見積もり，リスクの評価をする．

（ウ）　リスク低減プロセスでは，リスクアセスメントでのリスクが許容可能でない場合，リスク低減策を検討する．そして，再度，リスクを見積もり，リスクの評価を実施し，その「残留リスク」が許容可能なレベルまで反復する．許容可能と評価した最終的な「残留リスク」は妥当性を確認し文書化する．

（エ）　リスク低減方策には，設計段階における方策と使用段階における方策がある．設計段階では，本質安全設計，ガード及び保護装置，最終使用者のための使用上の情報の3方策がある．この方策には優先順位付けはなく，本質的安全設計方策の検討を省略して，安全防護策や使用上の情報を方策として検討し採用することができる．

（オ）　リスク評価の考え方として，「ALARPの原則」がある．ALARPとは，「合理的に実効可能なリスク低減方策を講じてリスクを低減する」という意味であり，リスク軽減を更に行なうことが実際的に不可能な場合，又は費用と比べて改善効果が甚だしく不釣合いな場合だけ，リスクが許容可能となる．

①　0　　②　1　　③　2　　④　3　　⑤　4

<hr>

**解　説**

　これも出題頻度の多いリスクに関する設問である．JIS Z 8051：2015は10ページ余の規格であるので目を通しておくとよい．また，リスクに関する用語も勉強しておくこと．下記にJIS Z 8051：2015の図をもとに作成した図を示すので参考にされたい．

（ア）　適切．JIS Z 8051：2015に用語の定義として「安全（safety）は許容不可能なリスクがないこと」とある．

（イ）　適切．正しい説明である．JIS Z 8051：2015の「図2－リスクアセスメント及びリスク低減の反復プロセス」に同様の記述がある．

（ウ）　適切．正しい説明である．JIS Z 8051：2015の「図2－リスクアセスメント及びリスク低減の反復プロセス」に同様の記述がある．最後に文書化する点に注意されたい．

（エ）　不適切．3方策に優先順位はないとあるが，本質的安全設計を優先する

よう JIS Z 8051:2015でも推奨している.

（オ）　適切. ALARP（as low as reasonably practicable）の原則は，許容できないリスクと無視できるリスクの間に ALARP 領域を設け，この領域では合理的に実行可能なリスク低減措置を講じている考え方である．この問題は平成30年度の適性試験問題Ⅱ-11，令和元年度のⅡ-11の設問と同じ内容でたびたび出題されている.

以上から，不適切なものの数は1つである.

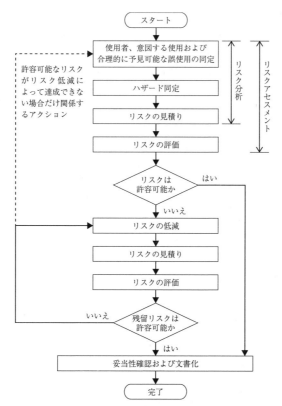

図　リスクアセスメントおよび
リスク低減の反復プロセス
（JIS Z 8051:2015の図をもとに作成）

（注）類似問題　H29 Ⅱ-12，H25 Ⅱ-5，H24 Ⅱ-10

 答 ②

**適性科目 II -13**

現在，地球規模で地球温暖化が進んでいる．気候変動に関する政府間パネル（IPCC）第5次評価報告書（AR5）によれば，将来，温室効果ガスの排出量がどのようなシナリオにおいても，21世紀末に向けて，世界の平均気温は上昇し，気候変動の影響のリスクが高くなると予測されている．国内においては，日降水量100mm以上及び200mm以上の日数は1901～2017年において増加している一方で，日降水量1.0mm以上の日数は減少している．今後も比較的高水準の温室効果ガスの排出が続いた場合，短時間強雨の頻度がすべての地域で増加すると予測されている．また，経済成長に伴う人口・建物の密集，都市部への諸機能の集積や地下空間の大規模・複雑な利用等により，水害や土砂災害による人的・物的被害は大きなものとなるおそれがあり，復旧・復興に多大な費用と時間を要することとなる．水害・土砂災害から身を守るための以下（ア）～（オ）の記述で不適切と判断されるものの数はどれか．

（ア）　水害・土砂災害から身を守るには，まず地域の災害リスクを知ることが大事である．ハザードマップは，水害・土砂災害等の自然災害による被害を予測し，その被害範囲を地図として表したもので，災害の発生が予測される範囲や被害程度，さらには避難経路，避難場所などの情報が地図上に図示されている．

（イ）　気象庁は，大雨や暴風などによって発生する災害の防止・軽減のため，気象警報・注意報や気象情報などの防災気象情報を発表している．これらの情報は，防災関係機関の活動や住民の安全確保行動の判断を支援するため，災害に結びつくような激しい現象が予想される数日前から「気象情報」を発表し，その後の危険度の高まりに応じて注意報，警報，特別警報を段階的に発表している．

（ウ）　危険が迫っていることを知ったら，適切な避難行動を取る必要がある．災害が発生し，又は発生するおそれがある場合，災害対策基本法に基づき市町村長から避難準備・高齢者等避難開始，避難勧告，避難指示（緊急）が出される．避難勧告等が発令されたら速やかに避難行動をとる必要がある．

（エ）　災害が起きてから後悔しないよう，非常用の備蓄や持ち出し品の準備，家族・親族間で災害時の安否確認方法や集合場所等の確認，保険などによる被害への備えをしっかりとしておく．

（オ）　突発的な災害では，避難勧告等の発令が間に合わないこともあり，避難勧告等が発令されなくても，危険を感じたら自分で判断して避難行動をと

ることが大切なことである．

① 0　　② 1　　③ 2　　④ 3　　⑤ 4

## 解　説

　2019年秋に大きな被害を及ぼした水害・土砂災害に関する設問で，このように最近起きた事件は出題の対象となりやすいので留意されたい．常識で考えて解答できる問題であるが，内閣府が2018年 5 月に「水害・土砂災害から家族と地域を守るには」と題した小冊子を Web に掲載しているので参考にされるとよい．

　（ア）　適切．同様の文言が「水害・土砂災害から家族と地域を守るには」に記されている．

　（イ）　適切．同様の文言が「水害・土砂災害から家族と地域を守るには」に記されている．

　（ウ）　適切．同様の文言が「水害・土砂災害から家族と地域を守るには」に記されている．

　（エ）　適切．同様の文言が「水害・土砂災害から家族と地域を守るには」に記されている．

　（オ）　適切．同様の文言が「水害・土砂災害から家族と地域を守るには」に記されている．

以上から，不適切なものの数は 0 である．

　（注）類似問題　H26 Ⅱ-10

 答 ①

**適性科目 Ⅱ-14**　　2015年に国連で「2030アジェンダ」が採択された．これを鑑み，日本では2016年に「持続可能な開発目標（SDGs）実施指針」が策定された．「持続可能な開発目標（SDGs）実施指針」の一部を以下に示す．□に入る語句の組合せとして，最も適切なものはどれか．

　地球規模で人やモノ，資本が移動するグローバル経済の下では，一国の経済危機が瞬時に他国に連鎖するのと同様，気候変動，自然災害，□ ア □といった地球規模の課題もグローバルに連鎖して発生し，経済成長や社会問題にも波及して深刻な影響を及ぼす時代になってきている．

　このような状況を踏まえ，2015年 9 月に国連で採択された持続可能な開発のための2030アジェンダ（「2030アジェンダ」）は，□ イ □の開発に関する課題にとどまらず，世界全体の経済，社会及び□ ウ □の三側面を，不可分のものとして調

和させる統合的取組として作成された．2030アジェンダは，先進国と開発途上国が共に取り組むべき国際社会全体の普遍的な目標として採択され，その中に持続可能な開発目標（SDGs）として ｜ エ ｜ のゴール（目標）と169のターゲットが掲げられた．

　このような認識の下，関係行政機関相互の緊密な連携を図り，SDGs の実施を総合的かつ効果的に推進するため，内閣総理大臣を本部長とし，全閣僚を構成員とする SDGs 推進本部が，2016年 5 月20日に内閣に設置された．同日開催された推進本部第一回会合において，SDGs の実施のために我が国としての指針を策定していくことが決定された．

|     | ア       | イ         | ウ     | エ  |
| --- | -------- | ---------- | ------ | --- |
| ①   | 国際紛争 | 先進国     | 環境   | 15  |
| ②   | 感染症   | 先進国     | 教育   | 15  |
| ③   | 感染症   | 開発途上国 | 環境   | 17  |
| ④   | 国際紛争 | 開発途上国 | 教育   | 17  |
| ⑤   | 感染症   | 開発途上国 | 教育   | 17  |

## 解　説

　本問は正答としていた選択肢の表現の一部に誤植が判明し，適切な選択肢がなかったことから，日本技術士会から不適切な出題として扱われている．ここでは，③の誤植である「感染性」を「感染症」と置き換えて説明する．

　2015年 9 月に国連で採択され，2030年の目標達成に向けて、2020年 1 月に「行動の10年（Decade of Action）」がスタートした持続可能な開発目標，SDGs に関する設問である．このような時事用語で技術に関連するものはどのようなものか，用語辞典などで勉強しておくとよい．本問は「持続可能な開発目標（SDGs）実施指針」の序文の穴埋めで（エ）を除き特段の知識がなくとも常識の範囲で解答できると考える．（エ）は数値を問う問題で正しい値を記憶していないと解答できないようにみえるが，他の選択肢を正しく選べば17を類推できる．また，2019年12月に「SDGs 実施指針改訂版」が公表されたので，今後，出題される可能性は高いと考えるべきであろう．

　（ア）「感染症」と「持続可能な開発目標（SDGs）実施指針」に記してある．

　（イ）「開発途上国」と「持続可能な開発目標（SDGs）実施指針」に記してある．

　（ウ）「環境」と「持続可能な開発目標（SDGs）実施指針」に記してある．

　（エ）「17」と「持続可能な開発目標（SDGs）実施指針」に記してあり，かつ

SDGs の目標は17ある.

以上から,最も適切なものは③である.

（注）類似問題　R1 Ⅱ-15

  答 ③

**※本問は試験後,技術士会から下記のとおり公表された.**

> ※Ⅱ-14については,正答としていた選択肢の表現の一部に誤植が判明し,
> 的確な選択肢がなかったことから,不適切な出題として,受験者全員に得点
> を与えます.

適性科目
**Ⅱ-15**

　人工知能（AI）の利活用は世界で急速に広がっている.日本政府もその社会的実用化に向けて,有識者を交えた議論を推進している.議論では「人工知能と人間社会について検討すべき論点」として6つの論点（倫理的,法的,経済的,教育的,社会的,研究開発的）をまとめているが,次の（ア）～（エ）の記述のうちで不適切と判断されるものの数はどれか.

（ア）　人工知能技術は,人にしかできないと思われてきた高度な思考や推論,行動を補助・代替できるようになりつつある.その一方で,人工知能技術を応用したサービス等によって人の心や行動が操作・誘導されたり,評価・順位づけされたり,感情,愛情,信条に働きかけられるとすれば,そこには不安や懸念が生じる可能性がある.

（イ）　人工知能技術の利活用によって,生産性が向上する.人と人工知能技術が協働することは人間能力の拡張とも言え,新しい価値観の基盤となる可能性がある.ただし,人によって人工知能技術や機械に関する価値観や捉え方は違うことを認識し,様々な選択肢や価値の多様性について検討することが大切である.

（ウ）　人工知能技術はビッグデータの活用でより有益となる.その利便性と個人情報保護（プライバシー）を両立し,萎縮効果を生まないための制度（法律,契約,ガイドライン）の検討が必要である.

（エ）　人工知能技術の便益を最大限に享受するには,人工知能技術に関するリテラシーに加えて,個人情報保護に関するデータの知識,デジタル機器に関するリテラシーなどがあることが望ましい.ただし,全ての人がこれら

を有することは現実には難しく，いわゆる人工知能技術デバイドが出現する可能性がある．

① 0　　② 1　　③ 2　　④ 3　　⑤ 4

## 解　説

問題文にある「人工知能と人間社会に関する懇談会」報告書は2017年3月に上梓された．人工知能は各部門に関係する話題の先端技術であり，最近出された報告書であることから出題されたと考える．受験者はこのような新技術を特定分野の技術と捉えるのでなく，自分の技術分野でどのように利用するかを考えておくと，アンテナが敏感になりニュースなどを目にしたときに技術の意味を考えるようになる．

（ア）　適切．同報告書の「倫理的論点」に同様の記述がある．

（イ）　適切．同報告書の「倫理的論点」に同様の記述がある．

（ウ）　適切．同報告書の「法的論点」に同様の記述がある．ただし，問題文に「人工知能技術はビッグデータの活用でより有益となる」とあるがスパースモデリングなど，ビッグデータを活用しない人工知能の技術開発も進められていることに注意されたい．

（エ）　適切．同報告書の「社会的論点」に同様の記述がある．

以上から，不適切なものの数は0である．

# 令和元年度

# 基礎・適性科目
## の問題と模範解答

# 基礎科目
## 1群 設計・計画に関するもの

（全6問題から3問題を選択解答）

**基礎科目 I-1-1**　最適化問題に関する次の（ア）から（エ）の記述について，それぞれの正誤の組合せとして，最も適切なものはどれか．

（ア）　線形計画問題とは，目的関数が実数の決定変数の線形式として表現できる数理計画問題であり，制約条件が線形式であるか否かは問わない．

（イ）　決定変数が2変数の線形計画問題の解法として，図解法を適用することができる．この方法は2つの決定変数からなる直交する座標軸上に，制約条件により示される（実行）可能領域，及び目的関数の等高線を描き，最適解を図解的に求める方法である．

（ウ）　制約条件付きの非線形計画問題のうち凸計画問題については，任意の局所的最適解が大域的最適解になるといった性質を持つ．

（エ）　決定変数が離散的な整数値である最適化問題を整数計画問題という．整数計画問題では最適解を求めることが難しい問題も多く，問題の規模が大きい場合は遺伝的アルゴリズムなどのヒューリスティックな方法により近似解を求めることがある．

|   | ア | イ | ウ | エ |
|---|---|---|---|---|
| ① | 正 | 正 | 誤 | 誤 |
| ② | 正 | 誤 | 正 | 誤 |
| ③ | 誤 | 正 | 誤 | 正 |
| ④ | 誤 | 誤 | 正 | 正 |
| ⑤ | 誤 | 正 | 正 | 正 |

### 解　説

　数理計画問題における最適化問題は，特定の集合上で定義された実数値関数または整数値関数で，その値が最小ないし最大となる状態を解析する問題である．1940年代に線形計画法が登場して以降，最適化の主要な議論を引き起こした．

（ア）　誤．線形計画問題とは，最適化問題において，目的関数が線形関数で，なおかつ線形関数の等式と不等式で制約条件が記述できる問題である．よって「制約条件が線形式であるか否かは問わない」は誤りである．

（イ）　正．題意のとおり．図解法はわかりやすい解法で，日常的に用いられることが多い．

（ウ）　正．線形計画問題では線形（不）等式制約は凸多面体（実行可能領域という）を定義する．目的関数も線形なので，すべての局所的最適解は実行可能領域の境界上に現れ，大域的最適解になる．同様に，非線形計画問題でも凸最適化問題では最適化が容易である．

（エ）　正．決定するべき整数となる条件は，実際の現象ではままあることである．この場合，図解法で解こうとしても有意な解が得られないこともまま生じる．このような場面では，一定レベルの精度は得られないとしても特定の計算問題に依存しないヒューリスティックな手法を用い正解に近い解を得るのが，実用上現実的である．

　以上から，上から順に誤，正，正，正となり，最も適切な組合せは⑤である．

**基礎科目 I-1-2**　ある問屋が取り扱っている製品Aの在庫管理の問題を考える．製品Aの1年間の総需要はd〔単位〕と分かっており，需要は時間的に一定，すなわち，製品Aの在庫量は一定量ずつ減少していく．この問屋は在庫量がゼロになった時点で発注し，1回当たりの発注量q〔単位〕（ただしq≦d）が時間遅れなく即座に納入されると仮定する．このとき，年間の発注回数はd/q〔回〕，平均在庫量はq/2〔単位〕となる．1回当たりの発注費用は発注量q〔単位〕には無関係でk〔円〕，製品Aの平均在庫量1単位当たりの年間在庫維持費用（倉庫費用，保険料，保守費用，税金，利息など）をh〔円/単位〕とする．

　年間総費用C(q)〔円〕は1回当たりの発注量q〔単位〕の関数で，年間総発注

費用と年間在庫維持費用の和で表すものとする．このとき年間総費用 C（q）［円］を最小とする発注量を求める．なお，製品 A の購入費は需要 d ［単位］には比例するが，1 回当たりの発注量 q ［単位］とは関係がないので，ここでは無視する．

k＝20 000 ［円］，d＝1 350 ［単位］，h＝15 000 ［円／単位］とするとき，年間総費用を最小とする 1 回当たりの発注量 q ［単位］として最も適切なものはどれか．

① 50 単位　　② 60 単位　　③ 70 単位　　④ 80 単位　　⑤ 90 単位

## 解　説

文意から年間総費用 C を以下に示す．

C（q）＝年間総発注費用＋年間在庫維持費用

ここで，年間総発注費用は 1 回当たりの発注費用と年間発注回数の積，年間在庫維持費用は，1 単位当たりの年間在庫維持費用と平均在庫量との積であるから，これを式にし，上記に示す値を代入すると

$$C（q）= k \times \frac{d}{q} + h \times \frac{q}{2}$$

$$= 20\,000 \times \frac{1\,350}{q} + 15\,000 \times \frac{q}{2}$$

となる．

もちろん，この式に①〜⑤の値を入れて愚直に計算する手法もあるが，出題意図を推察し，C（q）が最小の値になるようにこの式を q で微分する．

$$\frac{dC}{dq} = -27\,000\,000 \times q^{-2} + 7\,500 = 0$$

$$q^2 = 27\,000\,000 / 7\,500$$

ここで q は正数であるから q＝60 であり，上記選択内容に合致した値を選ぶことができる．

なお念のため，上記記載の 60 単位前後の値を上記式に代入して確認すると確実である．

C（50）＝915 000　　C（60）＝900 000

C（70）≒910 714

となるから年間総費用最小の条件は q＝60 によって達成され，最も適切なのは②である．

題意を読み取り，式を立てることができるなら，比較的簡単である．

 答 ②

**基礎科目**
**I -1-3**

　設計者が製作図を作成する際の基本事項に関する次の（ア）〜（オ）の記述について，それぞれの正誤の組合せとして，最も適切なものはどれか．

（ア）　工業製品の高度化，精密化に伴い，製品の各部品にも高い精度や互換性が要求されてきた．そのため最近は，形状の幾何学的な公差の指示が不要となってきている．

（イ）　寸法記入は製作工程上に便利であるようにするとともに，作業現場で計算しなくても寸法が求められるようにする．

（ウ）　限界ゲージとは，できあがった品物が図面に指示された公差内にあるかどうかを検査するゲージのことをいう．

（エ）　図面は投影法において第二角法あるいは第三角法で描かれる．

（オ）　図面の細目事項は，表題欄，部品欄，あるいは図面明細表に記入される．

|   | ア | イ | ウ | エ | オ |
|---|---|---|---|---|---|
| ① | 誤 | 誤 | 誤 | 正 | 正 |
| ② | 誤 | 正 | 正 | 正 | 誤 |
| ③ | 正 | 誤 | 正 | 誤 | 正 |
| ④ | 正 | 正 | 誤 | 正 | 誤 |
| ⑤ | 誤 | 正 | 正 | 誤 | 正 |

━━━━━━━━━━ **解　説** ━━━━━━━━━━

　日頃，二次元や三次元の図面作成に関わる人には基本的な出題で，確実な知識を要求している．

（ア）　誤.工業製品の高度化・精密化に伴い,高精度や互換性が要求されている．形状自体を規定する高精度の情報伝達は CAD による電子データの活用・流通により担保されるようになった．しかし，生産性の高い設計，互換性や機能性の確保・検討，加工手法・加工機械の検討・選定に対しては設計技術者が製造者に示す技術的内容はさらに高度化している．例えば，製造工程を一部ないしは全部移管する場合でも，設計意図や技術的内容は細かい伝達が必要である．このように，今なお幾何学的な公差は重要な図面記載内容となっている．

（イ）　正.寸法記入は，製作工程上でも製品検査でも便利なように，作業工程や品質確保を考慮した作図を心がけること．

　　2010年の JIS 改定により，「重複寸法の宣言」，「参考寸法の記載」が積

極的に認められるようになった．その目的は
- 重複寸法の宣言で，第三者への注意促進
- 参考寸法の記入で，加工作業や計測作業の効率向上

である．ただし，重複寸法の記載は CAD 化図面では生じ難いものの，単品の設計と製造でまれに残る手書き図面や現場での図面修正対応では「重複寸法」，「参考寸法」の修正抜けや漏れが生じる懸念があるため，使用時は留意すべきである．

（ウ）　正．寸法管理，例えば穴と軸がはまり合う場所で用いる「はめあい方式」のごとく，量産される単純形状部品の公差（寸法差）の管理用測定器として限界ゲージを用いる．あらかじめ設計上許容される寸法誤差範囲（許容限界寸法）の上限と下限のゲージを作成し，製品寸法がこの大小 2 つのゲージの間にあるかどうかを検査する．

（エ）　誤．題意に示す「図面」は平面投影図のうち，いわゆる「三面図」のことである．これらの図面は正面図，平面図，側面図など 3 部分に分けて表す手法の代表的なもので，JIS では第三角法の使用が規定されている．

　　　ただし諸外国では歴史的経緯で当初第一角法が採用された国もあり，現在でも造船分野では第一角法を用いる場面もあるため，ISO では第一角法・第三角法の両方が規定されているが，いずれにせよ第二角法は用いない．

（オ）　正．図面には，左下隅に表題欄を設け，図面番号，図名，企業（団体）名，責任者の署名，図面作成年月日，尺度，投影法などを記入する．組立図などに関しては，部品欄と図面明細表が必要である．

以上から，誤，正，正，誤，正となり，正答は⑤である．

（注）類似問題　H29 Ⅰ-1-5，H26 Ⅰ-1-6　　🔓 **答** ⑤

---

**基礎科目 Ⅰ-1-4**　　材料の強度に関する次の記述の，□□□に入る語句の組合せとして，最も適切なものはどれか．

　下図に示すように，真直ぐな細い針金を水平面に垂直に固定し，上端に圧縮荷重が加えられた場合を考える．荷重がきわめて　ア　ならば針金は真直ぐな形のまま純圧縮を受けるが，荷重がある限界値を　イ　と真直ぐな変形様式は不安定となり，　ウ　形式の変形を生じ，横にたわみはじめる．この種の現象は　エ　と呼ばれる．

圧縮荷重

細い針金

図　上端に圧縮荷重を加えた場合の水平面に
　　垂直に固定した細い針金

|   | ア | イ | ウ | エ |
|---|---|---|---|---|
| ① | 小 | 下回る | ねじれ | 座屈 |
| ② | 大 | 下回る | ねじれ | 共振 |
| ③ | 小 | 越す | ねじれ | 共振 |
| ④ | 大 | 越す | 曲げ | 共振 |
| ⑤ | 小 | 越す | 曲げ | 座屈 |

**解　説**

　本事例は振動モードの現象ではなく，静力学における「部材が圧縮力を受ける
とき，急に面外にはみ出し，材料強度より遥かに小さい値で耐力低下を起こす現
象」，すなわち エ 座屈 である.

　上記は「圧縮荷重を受ける長柱の曲げ座屈荷重に関する座屈」である．断面の
単位面積当たりの荷重がきわめて ア 小 ならば，まず真直ぐな形を針金は保つ.
しかし，座屈荷重に達するまでに柱に生じる応力は弾性限度内にあると仮定して
導かれたオイラーの式が示すように，一定量を イ 越す 荷重（座屈荷重）を受
けると座屈を始める．材質，強度は同じとし，矢印の方向圧縮荷重を加えたとき，
細い部材と太い部材では，細長い柱の方が壊れやすい.

　この場合，材料が塑性挙動を示す軟鉄，すなわち針金を用いることから，実現象では複雑な事例をつい想定してしまうが，上記のように単純な柱形状で理論上理想的な荷重付与の場合，座屈は長柱の ウ 曲げ として，現象面として現れ，針金断面側にねじれさせるモードは生じない.

　以上から， ア 小 ， イ 越す ， ウ 曲げ ， エ 座屈 となり，正答は⑤である.

答 ⑤

---

**基礎科目 I-1-5**

　ある銀行に1台の ATM があり，この ATM を利用するために到着する利用者の数は1時間当たり平均40人のポアソン分布に従う. また，この ATM での1人当たりの処理に要する時間は平均40秒の指数分布に従う. このとき，利用者が ATM に並んでから処理が終了するまで系内に滞在する時間の平均値として最も近い値はどれか.

トラフィック密度（利用率）＝到着率÷サービス率
平均系内列長＝トラフィック密度÷（1－トラフィック密度）
平均系内滞在時間＝平均系内列長÷到着率

① 68秒　② 72秒　③ 85秒　④ 90秒　⑤ 100秒

---

**解　説**

　情報処理技術では基本的な問題である待ち行列理論に関する問題で，他部門の人には用語がややわかりにくいが，よく出題される.「どれくらい混んでいるか」から「どれくらい待つか」を求めるのが本問の趣旨である.

　ATM の来客数のように離散的な事象に対しては，
- ポアソン分布：離散的な事象（ここではランダムに来客があること）に対し所与時間内での生起回数（事項が処理される回数. 本問の場合は利用者の来客数）の確率
- 指数分布：離散的な事象に対し生起期間（事項が処理される時間. 本問の場合は利用者が端末を使っている時間）の確率

このように，分布形態が明確に定義されていることが算出の前提である.

　本問中の用語・計算式に従う.
- 「単位時間当たりの平均到着人数」は，本問では1時間当たりの利用者数，

すなわち40人に相当する.

到着率 $\lambda$ は, $\lambda = 40/3,600 = 1/90$ 秒$^{-1}$ である.

- サービス率 $\mu$ は, 1つのATM機が「単位時間に（間断なく）サービスできる処理人数」を示し, このATMの1人当たりの平均処理時間40秒の逆数となる.

サービス率 $\mu$ は, $\mu = 1/40$ 秒$^{-1}$ である.

ここから, 以下のとおり算出できる.

$$\text{トラフィック密度 } \rho = \frac{\text{到着率 } \lambda}{\text{サービス率 } \mu} = \frac{1/90}{1/40} = \frac{4}{9}$$

$$\text{平均系内列長 } R = \frac{\text{トラフィック密度 } \rho}{1 - \text{トラフィック密度 } \rho} = \frac{4/9}{5/9} = \frac{4}{5}$$

平均系内列長 $R$ は利用者がATM前の行列に並び始めてから, 自分の番が来るまで機械の前で並んでいる人数に相当する.

本問の条件に合わせると,「利用者がATMに並んでから処理が終了するまで系内に滞在する時間の平均値」が, 平均系内滞在時間 $T$ である.

$$\text{平均系内滞在時間 } T = \frac{\text{平均系内列長 } R}{\text{到着率 } \lambda} = \frac{4/5}{1/90} = \frac{90 \times 4}{5} = 72 \text{ 秒}$$

であり, 選ぶべきは②である.

（注）類似問題　H29 I-1-1, H27 I-1-2, H23 I-1-2

  答 ②

---

**基礎科目 I-1-6**

次の（ア）～（ウ）の説明が対応する語句の組合せとして, 最も適切なものはどれか.

（ア）　ある一変数関数 $f(x)$ が $x = 0$ の近傍において何回でも微分可能であり, 適当な条件の下で以下の式

$$f(x) = \sum_{k=0}^{\infty} \frac{f^{(k)}(0)}{k!} x^k$$

が与えられる.

（イ）　ネイピア数（自然対数の底）を $e$, 円周率を $\pi$, 虚数単位（－1の平方根）を $i$ とする. このとき

$$e^{i\pi} + 1 = 0$$

の関係が与えられる.

（ウ）　関数 $f(x)$ と $g(x)$ が，$c$ を端点とする開区間において微分可能で

$\lim_{x \to c} f(x) = \lim_{x \to c} g(x) = 0$　あるいは

$\lim_{x \to c} f(x) = \lim_{x \to c} g(x) = \infty$ のいずれかが満たされるとする．このとき，$f(x)$，

$g(x)$ の 1 階微分を $f'(x)$，$g'(x)$ として，$g'(x) \neq 0$ の場合に，$\lim_{x \to c} \dfrac{f'(x)}{g'(x)} = L$

が存在すれば，

$\lim_{x \to c} \dfrac{f(x)}{g(x)} = L$ である．

|   | ア | イ | ウ |
|---|---|---|---|
| ① | ロピタルの定理 | オイラーの等式 | フーリエ級数 |
| ② | マクローリン展開 | フーリエ級数 | オイラーの等式 |
| ③ | マクローリン展開 | オイラーの等式 | ロピタルの定理 |
| ④ | フーリエ級数 | ロピタルの定理 | マクローリン展開 |
| ⑤ | フーリエ級数 | マクローリン展開 | ロピタルの定理 |

## 解　説

　解析学に用いる数学の問題である．高校数学，理工学系大学初年の習得範囲ではあるが，日頃関わらない人にはやや難解である．

（ア）　マクローリン展開：関数 $f(x)$ を多項式で近似する手法としてテイラー展開を用いることが多い．「$f(x)$ の 0 を中心としたテイラー展開」は多用され，これを特にマクローリン展開という．

（イ）　オイラーの等式：複素関数論における，任意の実数 $\varphi$ [rad] に対して成り立つ「オイラーの公式」$e^{i\varphi} = \cos\varphi + i\sin\varphi$ の特別な事例（$\varphi = \pi$）である．

（ウ）　ロピタルの定理：出題内容のとおり，不定形の極限を微分で求めるための定理である．

答 ③

令和元年度 基礎科目

（全6問題から3問題を選択解答）

**基礎科目 I-2-1**　基数変換に関する次の記述の，□□□に入る表記の組合せとして，最も適切なものはどれか．

　私たちの日常生活では主に10進数で数を表現するが，コンピュータで数を表現する場合，「0」と「1」の数字で表す2進数や，「0」から「9」までの数字と「A」から「F」までの英字を使って表す16進数などが用いられる．10進数，2進数，16進数は相互に変換できる．例えば10進数の15.75は，2進数では$(1111.11)_2$，16進数では$(F.C)_{16}$である．同様に10進数の11.5を2進数で表すと　ア　，16進数で表すと　イ　である．

|  | ア | イ |
|---|---|---|
| ① | $(1011.1)_2$ | $(B.8)_{16}$ |
| ② | $(1011.0)_2$ | $(C.8)_{16}$ |
| ③ | $(1011.1)_2$ | $(B.5)_{16}$ |
| ④ | $(1011.0)_2$ | $(B.8)_{16}$ |
| ⑤ | $(1011.1)_2$ | $(C.8)_{16}$ |

---
**解　説**
---

　小数点以下を含む10進数を2進数に変換する場合は，小数点以下の数字が0になるまで2の$N$乗の数字を乗じ，次に2進数に変換し，最後に$N$桁右にシフトすればよい．

　出題の11.5は，2の1乗，すなわち2を乗ずれば$11.5 \times 2 = 23$となり，小数点以下の数字が0となる．次に23を2進数に変換すると$(10111)_2$となる．最後に1桁右にシフトすると式（1）となる．

$$(1011.1)_2 \tag{1}$$

　同様に小数点以下を含む10進数を16進数に変換する場合は，小数点以下の数字が0となるまで16の$N$乗の数字を乗じ，次に16進数に変換し，最後に$N$桁右に

シフトすればよい.

　出題の11.5は，16の1乗，すなわち16を乗ずれば11.5×16＝184となり，小数点以下の数字が0となる. 次に184を16進数に変換すると (B8)₁₆ となる. 最後に1桁右にシフトすると式（2）となる.

　　　(B.8)₁₆　　　　　　　　　　　　　　　　　　　　　　　（2）

　式（1），（2）と出題中の①から⑤を比較すると，正答は①である.

　（注）類似問題　H27 Ⅰ-2-3, H25 Ⅰ-2-5　　　　　　　　　 ①

**基礎科目 Ⅰ-2-2**　　二分探索木とは，各頂点に1つのキーが置かれた二分木であり，任意の頂点 $v$ について次の条件を満たす.

（1）　$v$ の左部分木の頂点に置かれた全てのキーが，$v$ のキーより小さい.
（2）　$v$ の右部分木の頂点に置かれた全てのキーが，$v$ のキーより大きい.

　以下では空の二分探索木に，8，12，5，3，10，7，6の順に相異なるキーを登録する場合を考える. 最初のキー8は二分探索木の根に登録する. 次のキー12は根の8より大きいので右部分木の頂点に登録する. 次のキー5は根の8より小さいので左部分木の頂点に登録する. 続くキー3は根の8より小さいので左部分木の頂点5に分岐して大小を比較する. 比較するとキー3は5よりも小さいので，頂点5の左部分木の頂点に登録する. 以降同様に全てのキーを登録すると下図に示す二分探索木を得る.

　キーの集合が同じであっても，登録するキーの順番によって二分探索木が変わることもある. 下図と同じ二分探索木を与えるキーの順番として，最も適切なものはどれか.

①　8，5，7，12，3，10，6
②　8，5，7，10，3，12，6
③　8，5，6，12，3，10，7
④　8，5，3，10，7，12，6
⑤　8，5，3，12，6，10，7

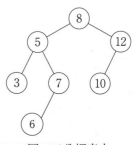

図　二分探索木

## 解　説

①　適切．理由は以下のとおりである．

　最初のキーが8なので，根に8が登録される．次のキー5は根8より小さいので根の左部分木の頂点に5が登録される．次のキー7は根8より小さく，その左部分木の頂点5よりは大きいので，頂点5の右部分木の頂点に7が登録される．次のキー12は根8よりも大きいので根の右部分木の頂点に12が登録される．次のキー3は根8よりも小さく，その左部分木の頂点5よりも小さいので，頂点5の左部分木の頂点に3が登録される．次のキー10は根8より大きくその右部分木の頂点12よりは小さいので，頂点12の左部分木の頂点に10が登録される．最後の6は根8より小さく，その左部分木の頂点5よりは大きく，その右部分木の頂点7よりは小さいので，頂点7の左部分木の頂点に6が登録される．

　以上をまとめると，出題の二分探索木の図とすべて等しいので適切である．

②　不適切．理由は以下のとおりである．

　最初のキーが8なので，根に8が登録される．次のキー5は根8より小さいので根8の左部分木の頂点に5が登録される．次のキー7は根8より小さく，その左部分木の頂点5よりは大きいので，頂点5の右部分木の頂点に7が登録される．

　以上までは，出題の二分探索木の図とすべて等しい．しかし，次のキー10は根8よりも大きいので根8の右部分木の頂点に10が登録される．この結果は，出題の二分探索木の図では根8の右部分木の頂点が12であることとは異なる．

③　不適切．理由は以下のとおりである．

　最初のキーが8なので，根に8が登録される．次のキー5は根8より小さいので根8の左部分木の頂点に5が登録される．

　以上までは，出題の二分探索木の図と等しい．しかし次のキー6は，根8よりも小さくその左部分木の頂点5よりは大きいので，頂点5の右部分木の頂点に6が登録される．この結果は，出題の二分探索木の図では根8の左部分木の頂点5の右部分木の頂点が7であることとは異なる．

④　不適切．理由は以下のとおりである．

　最初のキーが8なので，根に8が登録される．次のキー5は根8より小さいので左部分木の頂点に5が登録される．次のキー3は根8よりは小さく，根8の左部分木の頂点5よりも小さいので，頂点5の左部分木の頂点に3が登録される．

　以上までは，出題の二分探索木の図とすべて等しい．しかし次のキー10は，根8よりも大きいので，根8の右部分木の頂点に10が登録される．この結果は，出題の二分探索木の図では根8の右部分木の頂点が12であることとは異なる．

⑤ 不適切．理由は以下のとおりである．

　最初のキーが8なので，根に8が登録される．次のキー5は根8より小さいので根8の左部分木の頂点に5が登録される．次のキー3は根8より小さく，根8の左部分木の頂点5よりも小さいので，頂点5の左部分木の頂点に3が登録される．次のキー12は根8より大きいので根8の右部分木の頂点に12が登録される．

　以上までは，出題の二分探索木の図とすべて等しい．しかし次のキー6は，根8よりも小さく，根8の左部分木の頂点5よりも大きいので，頂点5の右部分木の頂点に6が登録される．この結果は，出題の二分探索木の図では頂点5の右部分木の頂点が7であることとは異なる．

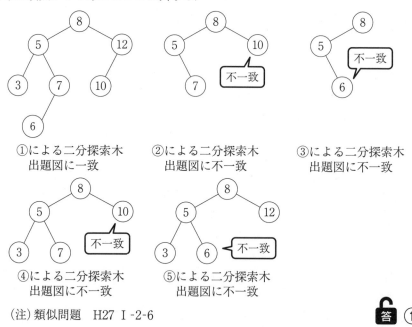

①による二分探索木
出題図に一致

②による二分探索木
出題図に不一致

③による二分探索木
出題図に不一致

④による二分探索木
出題図に不一致

⑤による二分探索木
出題図に不一致

（注）類似問題　H27 I-2-6

答 ①

---

**基礎科目 I-2-3**

　表1は，文書A〜文書F中に含まれる単語とその単語の発生回数を示す．ここでは問題を簡単にするため，各文書には単語1，単語2，単語3の3種類の単語のみが出現するものとする．各文書の特性を，出現する単語の発生回数を要素とするベクトルで表現する．文書Aの特性を表すベクトルは $\vec{A}=(7, 3, 2)$ となる．また，ベクトル $\vec{A}$ のノルムは，$\|\vec{A}\|_2 = \sqrt{7^2+3^2+2^2} = \sqrt{62}$ と計算できる．

2つの文書Xと文書Y間の距離を（式1）により算出すると定義する．2つの文書の類似度が高ければ，距離の値は0に近づく．文書Aに最も類似する文書はどれか．

表1　文書と単語の発生回数

|  | 文書A | 文書B | 文書C | 文書D | 文書E | 文書F |
|---|---|---|---|---|---|---|
| 単語1 | 7 | 2 | 70 | 21 | 1 | 7 |
| 単語2 | 3 | 3 | 3 | 9 | 2 | 30 |
| 単語3 | 2 | 0 | 2 | 6 | 3 | 20 |

$$\text{文書Xと文書Yの距離} = 1 - \frac{\vec{X} \cdot \vec{Y}}{||\vec{X}||_2 \, ||\vec{Y}||_2} \tag{式1}$$

（式1）において，
$\vec{X} = (x_1, x_2, x_3)$，$\vec{Y} = (y_1, y_2, y_3)$ であれば，
$\vec{X} \cdot \vec{Y} = x_1 \cdot y_1 + x_2 \cdot y_2 + x_3 \cdot y_3$，
$||\vec{X}||_2 = \sqrt{x_1^2 + x_2^2 + x_3^2}$，$||\vec{Y}||_2 = \sqrt{y_1^2 + y_2^2 + y_3^2}$

① 文書B　② 文書C　③ 文書D　④ 文書E　⑤ 文書F

## 解　説

題意に従い，各文書のノルム，文書Aと他の文書との積 $\vec{A} \cdot \vec{Y}$，（式1）で定義される文書Aと他の文書との距離を計算して**表2**にまとめる．

表2　文書Aと他の文書との距離の計算

|  | 各文書のノルム $||\vec{A}||_2$ | 文書Aとの積 $\vec{A} \cdot \vec{Y}$ | 文書Aと他の文書との距離 |
|---|---|---|---|
| 文書A | $\sqrt{7^2+3^2+2^2} = \sqrt{62}$ | — | — |
| 文書B | $\sqrt{2^2+3^2+0^2} = \sqrt{13}$ | $7 \cdot 2 + 3 \cdot 3 + 2 \cdot 0 = 23$ | $1 - 23/(\sqrt{62} \cdot \sqrt{13}) = 0.1899$ |
| 文書C | $\sqrt{70^2+3^2+2^2} = \sqrt{4\,913}$ | $7 \cdot 70 + 3 \cdot 3 + 2 \cdot 2 = 503$ | $1 - 503/(\sqrt{62} \cdot \sqrt{4\,913}) = 0.0886$ |
| 文書D | $\sqrt{21^2+9^2+6^2} = \sqrt{558}$ | $7 \cdot 21 + 3 \cdot 9 + 2 \cdot 6 = 186$ | $1 - 186/(\sqrt{62} \cdot \sqrt{558}) = 0$ |
| 文書E | $\sqrt{1^2+2^2+3^2} = \sqrt{14}$ | $7 \cdot 1 + 3 \cdot 2 + 2 \cdot 3 = 19$ | $1 - 19/(\sqrt{62} \cdot \sqrt{14}) = 0.3551$ |
| 文書F | $\sqrt{7^2+30^2+20^2} = \sqrt{1\,349}$ | $7 \cdot 7 + 3 \cdot 30 + 2 \cdot 20 = 179$ | $1 - 179/(\sqrt{62} \cdot \sqrt{1\,349}) = 0.3811$ |

表より，文書Aと他の文書との距離が最も小さいのは文書Dであり，その値は0である．よって正答は③である．

**答 ③**

**基礎科目 I-2-4**

次の表現形式で表現することができる数値として，最も不適切なものはどれか．

数値　　::＝整数｜小数｜整数 小数
小数　　::＝小数点 数字列
整数　　::＝数字列｜符号 数字列
数字列　::＝数字｜数字列 数字
符号　　::＝＋｜－
小数点　::＝ .
数字　　::＝0｜1｜2｜3｜4｜5｜6｜7｜8｜9

ただし，上記表現形式において，::＝は定義を表し，｜は OR を示す．

①　－19.1　　②　.52　　③　－.37　　④　4.35　　⑤　－125

---

**解　説**

①　適切．－19.1 は，符号「－」，数字列「19」，小数点「.」，数字「1」から構成される．

「符号 数字列」は整数と定義されるので，「－19」は整数である．（1）

単一の数字も数字列と定義されるので「1」は数字列であり，「小数点 数字列」は小数と定義されているので，

「.1」は小数である．　　　　　　　　　　　　　　　　　　　　（2）

（1），（2）を合わせると「整数 小数」となり，この組合せは定義により数値である．

②　適切．定義より「小数点 数字列」は小数なので，「.52」は小数である．小数は定義により数値である．

③　不適切．「符号 数字列」は整数と定義されているが，「符号 小数点」は定義されていない．したがって，「－.37」は数値として不適切である．

④　適切．「4」は 1 文字であっても定義により数字列なので整数である．「.35」は「小数点 数字列」なので小数である．「整数 小数」は定義により数値である．

⑤　適切．「符号 数字列」は整数と定義されているので，「－125」は整数である．整数は定義により数値である．

（注）類似問題　H29 I-2-5，H24 I-2-2

🔓答 ③

**基礎科目 I-2-5**

次の記述の，□□□□に入る値の組合せとして，最も適切なものはどれか．

同じ長さの2つのビット列に対して，対応する位置のビットが異なっている箇所の数をそれらのハミング距離と呼ぶ．ビット列「0101011」と「0110000」のハミング距離は，表1のように考えると4であり，ビット列「1110001」と「0001110」のハミング距離は ア である．4ビットの情報ビット列「X1 X2 X3 X4」に対して，「X5 X6 X7」を X5＝X2＋X3＋X4 mod 2，X6＝X1＋X3＋X4 mod 2，X7＝X1＋X2＋X4 mod 2（mod 2は整数を2で割った余りを表す）と置き，これらを付加したビット列「X1 X2 X3 X4 X5 X6 X7」を考えると，任意の2つのビット列のハミング距離が3以上であることが知られている．このビット列「X1 X2 X3 X4 X5 X6 X7」を送信し通信を行ったときに，通信過程で高々1ビットしか通信の誤りが起こらないという仮定の下で，受信ビット列が「0100110」であったとき，表2のように考えると「1100110」が送信ビット列であることがわかる．同じ仮定の下で，受信ビット列が「1001010」であったとき，送信ビット列は イ であることがわかる．

表1　ハミング距離の計算

| 1つめのビット列 | 0 | 1 | 0 | 1 | 0 | 1 | 1 |
|---|---|---|---|---|---|---|---|
| 2つめのビット列 | 0 | 1 | 1 | 0 | 0 | 0 | 0 |
| 異なるビット位置と個数計算 | | | 1 | 2 | | 3 | 4 |

表2　受信ビット列が「0100110」の場合

| 受信ビット列の正誤 | 送信ビット列 | | | | | | | ⇒ | X1, X2, X3, X4 に対応する付加ビット列 | | |
|---|---|---|---|---|---|---|---|---|---|---|---|
| | X1 | X2 | X3 | X4 | X5 | X6 | X7 | | X2＋X3＋X4 mod2 | X1＋X3＋X4 mod2 | X1＋X2＋X4 mod2 |
| 全て正しい | 0 | 1 | 0 | 0 | 1 | 1 | 0 | | 1 | 0 | 1 |
| X1のみ誤り | 1 | 1 | 0 | 0 | 同上 | | | 一致 | 1 | 1 | 0 |
| X2のみ誤り | 0 | 0 | 0 | 0 | 同上 | | | | 0 | 0 | 0 |
| X3のみ誤り | 0 | 1 | 1 | 0 | 同上 | | | | 0 | 1 | 1 |
| X4のみ誤り | 0 | 1 | 0 | 1 | 同上 | | | | 0 | 1 | 0 |
| X5のみ誤り | 0 | 1 | 0 | 0 | 0 | 1 | 0 | | 1 | 0 | 1 |
| X6のみ誤り | 同上 | | | | 1 | 0 | 0 | | 同上 | | |
| X7のみ誤り | 同上 | | | | 1 | 1 | 1 | | 同上 | | |

|  | ア | イ |
|---|---|---|
| ① | 5 | 「1001010」 |
| ② | 5 | 「0001010」 |
| ③ | 5 | 「1101010」 |
| ④ | 7 | 「1001010」 |
| ⑤ | 7 | 「1011010」 |

**解　説**

　本問の表1の考え方に従い，ビット列「1110001」と「0001110」のハミング距離を求め，**表3**に結果を示す．表3よりハミング距離は7となる．すなわち□内のアは7である．

表3　ハミング距離の計算

| 1つ目のビット列 | 1 | 1 | 1 | 0 | 0 | 0 | 1 |
|---|---|---|---|---|---|---|---|
| 2つ目のビット列 | 0 | 0 | 0 | 1 | 1 | 1 | 0 |
| 異なるビット位置と個数計算 | 1 | 2 | 3 | 4 | 5 | 6 | 7 |

　次に本問の表2の考え方に従い，受信ビット列が「1001010」であったときの送信ビット列を求め，**表4**に結果を示す．表4よりX3のみが誤っていると仮定した場合に対し，受信したビット列内のX5，X6，X7とX1，X2，X3，X4に対する付加ビット列とが一致している．したがって，□内のイは「1011010」である．

表4　受信ビット列が「1001010」の場合

| 受信ビット列の正誤 | 送信ビット列 | | | | | | | ⇒ | X1, X2, X3, X4 に対する付加ビット列 | | |
|---|---|---|---|---|---|---|---|---|---|---|---|
|  | X1 | X2 | X3 | X4 | X5 | X6 | X7 |  | X2＋X3＋X4 mod2 | X1＋X3＋X4 mod2 | X1＋X2＋X4 mod2 |
| すべて正しい | 1 | 0 | 0 | 1 | 0 | 1 | 0 |  | 1 | 0 | 0 |
| X1 のみ誤り | 0 | 0 | 0 | 1 | 同上 | | |  | 1 | 1 | 1 |
| X2 のみ誤り | 1 | 1 | 0 | 1 | 同上 | | |  | 0 | 0 | 1 |
| X3 のみ誤り | 1 | 0 | 1 | 1 | 同上 | | | 一致 | 0 | 1 | 0 |
| X4 のみ誤り | 1 | 0 | 0 | 0 | 同上 | | |  | 0 | 1 | 1 |
| X5 のみ誤り | 1 | 0 | 0 | 1 | 1 | 1 | 0 |  | 1 | 0 | 0 |
| X6 のみ誤り | 同上 | | | | 0 | 0 | 0 |  | 同上 | | |
| X7 のみ誤り | 同上 | | | | 0 | 1 | 1 |  | 同上 | | |

上記ア，イの結果と出題中の①から⑤を比較すると正答は⑤である.

答 ⑤

**基礎科目 I-2-6**

　スタックとは，次に取り出されるデータ要素が最も新しく記憶されたものであるようなデータ構造で，後入れ先出しとも呼ばれている．スタックに対する基本操作を次のように定義する．
- 「PUSH n」　スタックに整数データ n を挿入する．
- 「POP」　スタックから整数データを取り出す．

空のスタックに対し，次の操作を行った.
PUSH 1，PUSH 2，PUSH 3，PUSH 4，POP，POP，PUSH 5，POP，POP
このとき，最後に取り出される整数データとして，最も適切なものはどれか.
　① 1　　② 2　　③ 3　　④ 4　　⑤ 5

**解　説**

　PUSH n や POP 命令により，スタックに挿入されるデータ，スタックから取り出されるデータ，スタックに挿入・取り出し命令後のアドレス（スタックポインタ）を**表1**にまとめる.

表1　スタックの動作と挿入，取り出しデータ

| 命令 | PUSH 1 | PUSH 2 | PUSH 3 | PUSH 4 | POP | POP | PUSH 5 | POP | POP |
|---|---|---|---|---|---|---|---|---|---|
| スタックの動作 | アドレスを1増加しメモリ1に1を挿入 | アドレスを1増加しメモリ2に2を挿入 | アドレスを1増加しメモリ3に3を挿入 | アドレスを1増加しメモリ4に4を挿入 | メモリ4から4を取り出しアドレスを1減少 | メモリ3から3を取り出しアドレスを1減少 | アドレスを1増加しメモリ3に5を挿入 | メモリ3から5を取り出しアドレスを1減少 | メモリ2から2を取り出しアドレスを1減少 |
| 命令後のアドレス | 1 | 2 | 3 | 4 | 3 | 2 | 3 | 2 | 1 |
| メモリ1 | 1 | 1 | 1 | 1 | 1 | 1 | 1 | 1 | 1 |
| メモリ2 | | 2 | 2 | 2 | 2 | 2 | 2 | 2 | |
| メモリ3 | | | 3 | 3 | 3 | | 5 | | |
| メモリ4 | | | | 4 | | | | | |
| メモリ5 | | | | | | | | | |
| 取り出しデータ | | | | | 4 | 3 | | 5 | 2 |

　表1より，最後の POP で取り出されるデータは2である．本問の①〜⑤の中では②とのみ一致しているので，正答は②である.

　（注）類似問題　H26 I-2-4

答 ②

# 基礎科目

## 3群 解析に関するもの

（全6問題から3問題を選択解答）

**基礎科目 I-3-1**

3次元直交座標系 $(x, y, z)$ におけるベクトル
$$\mathbf{V} = (V_x, V_y, V_z)$$
$$= (\sin(x+y+z), \cos(x+y+z), z)$$
の $(x, y, z) = (2\pi, 0, 0)$ における発散

$\mathrm{div}\mathbf{V} = \dfrac{\partial V_x}{\partial x} + \dfrac{\partial V_y}{\partial y} + \dfrac{\partial V_z}{\partial z}$ の値として，最も適切なものはどれか．

① $-2$　② $-1$　③ $0$　④ $1$　⑤ $2$

---

### 解　説

　ベクトル $\mathbf{V}$ の要素 $V_x$, $V_y$, $V_z$ は，与えられたベクトル式からそれぞれ下記の式となる．

$$V_x = \sin(x+y+z) \quad V_y = \cos(x+y+z) \quad V_z = z$$

　また，$x$, $y$, $z$ の値は，$x = 2\pi$, $y = 0$, $z = 0$ で，互いに独立であることから，発散の式における各要素の偏微分値は，各変数 $x$, $y$, $z$ で微分して下記となる．

$$\frac{\partial V_x}{\partial x} = \cos(x+y+z) = \cos(2\pi) = 1$$

$$\frac{\partial V_y}{\partial y} = -\sin(x+y+z) = -\sin(2\pi) = 0$$

$$\frac{\partial V_z}{\partial z} = 1$$

　したがって

$$\mathrm{div}\mathbf{V} = \frac{\partial V_x}{\partial x} + \frac{\partial V_y}{\partial y} + \frac{\partial V_z}{\partial z} = 1 + 0 + 1 = 2$$

となり，正答は⑤である．

　（注）類似問題　H30 I-3-2, H20 I-3-5

  答 ⑤

**基礎科目**
**I -3-2**

座標 $(x, y)$ と変数 $r, s$ の間には，次の関係があるとする．
$$x = g(r, s)$$
$$y = h(r, s)$$

このとき，関数 $z = f(x, y)$ の $x, y$ による偏微分と $r, s$ による偏微分は，次式によって関連付けられる．

$$\begin{bmatrix} \dfrac{\partial z}{\partial r} \\ \dfrac{\partial z}{\partial s} \end{bmatrix} = [J] \begin{bmatrix} \dfrac{\partial z}{\partial x} \\ \dfrac{\partial z}{\partial y} \end{bmatrix}$$

ここに $[J]$ はヤコビ行列と呼ばれる2行2列の行列である．$[J]$ の行列式として，最も適切なものはどれか．

① $\dfrac{\partial x}{\partial r}\dfrac{\partial x}{\partial s} + \dfrac{\partial y}{\partial r}\dfrac{\partial y}{\partial s}$　　② $\dfrac{\partial x}{\partial r}\dfrac{\partial x}{\partial s} - \dfrac{\partial y}{\partial r}\dfrac{\partial y}{\partial s}$

③ $\dfrac{\partial y}{\partial r}\dfrac{\partial y}{\partial s} - \dfrac{\partial x}{\partial r}\dfrac{\partial x}{\partial s}$　　④ $\dfrac{\partial x}{\partial r}\dfrac{\partial y}{\partial s} + \dfrac{\partial y}{\partial r}\dfrac{\partial x}{\partial s}$

⑤ $\dfrac{\partial x}{\partial r}\dfrac{\partial y}{\partial s} - \dfrac{\partial y}{\partial r}\dfrac{\partial x}{\partial s}$

**解　説**

関数 $z = f(x, y)$ は $x, y$ が $r, s$ の関数であることから合成関数であり，いずれの関数関係も微分可能であれば，合成関数の偏微分公式より下記が導かれる．

$$\frac{\partial z}{\partial r} = \frac{\partial z}{\partial x}\frac{\partial x}{\partial r} + \frac{\partial z}{\partial y}\frac{\partial y}{\partial r}$$

$$\frac{\partial z}{\partial s} = \frac{\partial z}{\partial x}\frac{\partial x}{\partial s} + \frac{\partial z}{\partial y}\frac{\partial y}{\partial s}$$

上記関係をベクトルで表すと

$$\begin{bmatrix} \dfrac{\partial z}{\partial r} \\ \dfrac{\partial z}{\partial s} \end{bmatrix} = \begin{bmatrix} \dfrac{\partial z}{\partial x}\dfrac{\partial x}{\partial r} + \dfrac{\partial z}{\partial y}\dfrac{\partial y}{\partial r} \\ \dfrac{\partial z}{\partial x}\dfrac{\partial x}{\partial s} + \dfrac{\partial z}{\partial y}\dfrac{\partial y}{\partial s} \end{bmatrix}$$

$$= \begin{bmatrix} \dfrac{\partial z}{\partial x}, \dfrac{\partial z}{\partial y} \end{bmatrix}\begin{bmatrix} \dfrac{\partial x}{\partial r} & \dfrac{\partial x}{\partial s} \\ \dfrac{\partial y}{\partial r} & \dfrac{\partial y}{\partial s} \end{bmatrix} = \begin{bmatrix} \dfrac{\partial x}{\partial r} & \dfrac{\partial y}{\partial r} \\ \dfrac{\partial x}{\partial s} & \dfrac{\partial y}{\partial s} \end{bmatrix}\begin{bmatrix} \dfrac{\partial z}{\partial x} \\ \dfrac{\partial z}{\partial y} \end{bmatrix}$$

ゆえにヤコビ行列［$J$］は

$$[J] = \begin{bmatrix} \dfrac{\partial x}{\partial r} & \dfrac{\partial y}{\partial r} \\ \dfrac{\partial x}{\partial s} & \dfrac{\partial y}{\partial s} \end{bmatrix}$$ となり，行列式で表すと

$$|J| = \begin{vmatrix} \dfrac{\partial x}{\partial r} & \dfrac{\partial y}{\partial r} \\ \dfrac{\partial x}{\partial s} & \dfrac{\partial y}{\partial s} \end{vmatrix} = \dfrac{\partial x}{\partial r}\dfrac{\partial y}{\partial s} - \dfrac{\partial y}{\partial r}\dfrac{\partial x}{\partial s}$$

したがって，⑤が正答である．
（注）類似問題　H24 I-3-3，H21 I-3-5

 答 ⑤

**基礎科目 I-3-3**　物体が粘性のある流体中を低速で落下運動するとき，物体はその速度に比例する抵抗力を受けるとする．そのとき，物体の速度を $v$，物体の質量を $m$，重力加速度を $g$，抵抗力の比例定数を $k$，時間を $t$ とすると，次の方程式が得られる．

$$m\dfrac{dv}{dt} = mg - kv$$

ただし $m, g, k$ は正の定数である．物体の初速度がどんな値でも，十分時間が経つと一定の速度に近づく．この速度として最も適切なものはどれか．

① $\dfrac{mg}{k}$ 　② $\dfrac{2mg}{k}$ 　③ $\dfrac{\sqrt{mg}}{k}$ 　④ $\sqrt{\dfrac{mg}{k}}$ 　⑤ $\sqrt{\dfrac{2mg}{k}}$

**解　説**

十分時間が経つと物体の速度は一定の速度に近づくことから，$\dfrac{dv}{dt} \to 0$ となり，このとき
$mg - kv = 0$ となる．ここから速度 $v$ は

$$v = \dfrac{mg}{k}$$

に近づくことになる．
したがって，①が正答である．

 答 ①

**基礎科目 I-3-4**

　　ヤング率 $E$，ポアソン比 $\nu$ の等方性線形弾性体がある．直交座標系において，この弾性体に働く垂直応力の3成分を $\sigma_{xx}$, $\sigma_{yy}$, $\sigma_{zz}$ とし，それによって生じる垂直ひずみの3成分を $\varepsilon_{xx}$, $\varepsilon_{yy}$, $\varepsilon_{zz}$ とする．いかなる組合せの垂直応力が働いてもこの弾性体の体積が変化しないとすると，この弾性体のポアソン比 $\nu$ として，最も適切な値はどれか．

　　ただし，ひずみは微小であり，体積変化を表す体積ひずみ $\varepsilon$ は，3成分の垂直ひずみの和（$\varepsilon_{xx} + \varepsilon_{yy} + \varepsilon_{zz}$）として与えられるものとする．また，例えば垂直応力 $\sigma_{xx}$ によって生じる垂直ひずみは，$\varepsilon_{xx} = \sigma_{xx}/E$, $\varepsilon_{yy} = \varepsilon_{zz} = -\nu\sigma_{xx}/E$ で与えられるものとする．

① 1/6　　② 1/4　　③ 1/3　　④ 1/2　　⑤ 1

**解 説**

　　体積ひずみ $\varepsilon$ は垂直ひずみの3成分 $\varepsilon_{xx}$, $\varepsilon_{yy}$, $\varepsilon_{zz}$ の和で与えられることから

$$\varepsilon = \varepsilon_{xx} + \varepsilon_{yy} + \varepsilon_{zz}$$

と表され，各垂直ひずみは $\varepsilon_{xx} = \sigma_{xx}/E$, $\varepsilon_{yy} = \varepsilon_{zz} = -\nu\sigma_{xx}/E$ で与えられることから

$$\begin{aligned}
\varepsilon &= \varepsilon_{xx} + \varepsilon_{yy} + \varepsilon_{zz} \\
&= \sigma_{xx}/E - \nu\sigma_{xx}/E - \nu\sigma_{xx}/E \\
&= (1-2\nu)\sigma_{xx}/E
\end{aligned}$$

となる．

　　ここで，問題から「いかなる組合せの垂直応力が働いてもこの弾性体の体積が変化しないとする」条件から，体積ひずみ $\varepsilon$ は0となる．

　　このことから，下記式が $\sigma_{xx}$ のいかなる値においても成立するためには

$$\varepsilon = (1-2\nu)\sigma_{xx}/E = 0$$

$1-2\nu = 0$ が成立することが必要十分条件となり，$\nu = 1/2$ となる．

　　したがって，正答は④である．

　　(注) 類似問題　H25 I-3-1，H20 I-3-3

答 ④

**基礎科目 I-3-5**

　　下図に示すように，左端を固定された長さ $l$，断面積 $A$ の棒が右端に荷重 $P$ を受けている．この棒のヤング率を $E$ としたとき，棒全体に蓄えられるひずみエネルギーはどのように表示されるか．次のうち，最も適切なものはどれか．

令和元年度　基礎科目

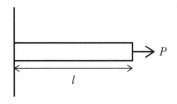

図　荷重を受けている棒

① $Pl$　　② $\dfrac{Pl}{E}$　　③ $\dfrac{Pl^2}{A}$　　④ $\dfrac{P^2l}{2EA}$　　⑤ $\dfrac{P^2}{2EA^2}$

解　説

　外力で物体を変形させるに要した仕事が物体の内部エネルギーとして蓄えられる.

　本問では，棒が右端で外力 $P$ を受け，その結果，棒が軸方向に $d\lambda$ だけ伸びたとすると，外力 $P$ のした仕事 $dW$ は次式で与えられる.

　　$dW = Pd\lambda$

　したがって，荷重 $P$ により棒全体が $0$ から $\lambda_0$ まで伸びたときの仕事 $W$ は下記式となる.

　　$W = \displaystyle\int_0^{\lambda_0} Pd\lambda$

　棒のヤング率を $E$，垂直応力 $\sigma$，垂直ひずみ $\varepsilon$ とし，断面積 $A$，棒の長さ $l$ のとき下記関係式が成立する.

　　$\sigma = \dfrac{P}{A}$，　$\varepsilon = \dfrac{\lambda}{l}$

　垂直応力 $\sigma$ と垂直ひずみ $\varepsilon$ の関係は $\sigma = E\varepsilon$ であることから，上式を代入して $P$ について解けば

　　$P = \dfrac{EA\lambda}{l}$

　したがって，全仕事量 $W$ は

　　$W = \displaystyle\int_0^{\lambda_0} Pd\lambda = \int_0^{\lambda_0} \dfrac{EA\lambda}{l}\,d\lambda = \dfrac{EA}{2l}\lambda_0^2 = \dfrac{1}{2}\cdot\dfrac{EA\lambda_0}{l}\lambda_0 = \dfrac{1}{2}P\lambda_0$

　ここで $\lambda_0 = Pl/EA$ であることから

$$W = \frac{P^2 l}{2EA}$$

この仕事量が棒全体に蓄えられるひずみエネルギーとなり，④が正答となる．

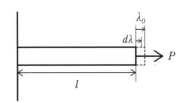

図　荷重を受けている棒の伸び

（注）類似問題　H25 Ⅰ-3-5，H21 Ⅰ-3-3

 答 ④

基礎科目
Ⅰ-3-6

　　　下図に示すように長さ$l$，質量$M$の一様な細長い棒の一端を支点とする剛体振り子がある．重力加速度を$g$，振り子の角度を$\theta$，支点周りの剛体の慣性モーメントを$I$とする．剛体振り子が微小振動するときの運動方程式は

$$I \frac{d^2\theta}{dt^2} = -Mg \frac{l}{2} \theta$$

となる．これより角振動数は

$$\omega = \sqrt{\frac{Mgl}{2I}}$$

となる．この剛体振り子の周期として，最も適切なものはどれか．

① $2\pi\sqrt{\dfrac{l}{g}}$　② $2\pi\sqrt{\dfrac{3l}{2g}}$　③ $2\pi\sqrt{\dfrac{2l}{3g}}$

④ $2\pi\sqrt{\dfrac{2g}{3l}}$　⑤ $2\pi\sqrt{\dfrac{3g}{2l}}$

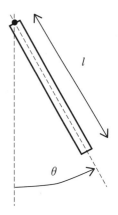

図　剛体振り子

## 解　説

振り子の周期 $T$ は，角振動数が $\omega$ のとき，$T = 2\pi/\omega$ で求められる．

したがって，$\omega = \sqrt{\dfrac{Mgl}{2I}}$ を代入して

$$T = \frac{2\pi}{\omega} = 2\pi\sqrt{\frac{2I}{Mgl}}$$

棒の支点の周りの慣性モーメント $I$ は，支点からの距離が $x$ から $x+dx$ における部分質量が $Mdx/l$ となることから

$$I = \int_0^l x^2 \frac{M}{l} dx = \frac{1}{3}Ml^2$$

となる．したがって，剛体振り子の周期 $T$ は

$$T = \frac{2\pi}{\omega} = 2\pi\sqrt{\frac{2I}{Mgl}} = 2\pi\sqrt{\frac{2Ml^2/3}{Mgl}} = 2\pi\sqrt{\frac{2l}{3g}}$$

となり，③が正答となる．

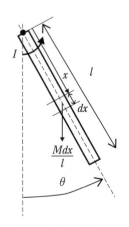

図　剛体振り子の慣性モーメント $I$

 答 ③

# 基礎科目
## 4群 材料・化学・バイオに関するもの

（全6問題から3問題を選択解答）

**基礎科目 Ⅰ-4-1**　ハロゲンに関する次の（ア）～（エ）の記述について，正しいものの組合せとして，最も適切なものはどれか．

（ア）　ハロゲン化水素の水溶液の酸としての強さは，強いものから HF，HCl，HBr，HI の順である．

（イ）　ハロゲン原子の電気陰性度は，大きいものから F，Cl，Br，I の順である．

（ウ）　ハロゲン化水素の沸点は，高いものから HF，HCl，HBr，HI の順である．

（エ）　ハロゲン分子の酸化力は，強いものから $F_2$，$Cl_2$，$Br_2$，$I_2$ の順である．

①　ア，イ　　②　ア，ウ　　③　イ，ウ　　④　イ，エ　　⑤　ウ，エ

---

## 解　説

　現在では膨大な数の物質が知られているが，それを構成する元素は非公認の元素を含めても118種である．これらの元素はメンデレーエフの周期（律）表で整理されている．この表は縦軸が族，横軸が周期と呼ばれる．族は化学的な性質が類似の元素からなり，周期は左から右へ移動していくと化学的な性質が周期的に変化していく．ハロゲンを考える場合，まず周期表での位置を思い浮かべていただきたい．この中で，ハロゲン元素は希ガスの左側の17族に位置し，1電子を獲得すると希ガスの電子配置をとり安定化できることから陰イオンになりやすく，また2原子で分子を構成しやすい．また，常温常圧でフッ素と塩素は気体，臭素は液体，ヨウ素は固体である．この他のハロゲン元素としてアスタチン，テネシンがある．ハロゲン元素の化学的性質を系統的に知っている必要がある．このことを踏まえて各問をみていく．文にはハロゲン元素とハロゲン化水素のことが述べられているので注意されたい．

　（ア）　誤り．酸の強さは酸解離定数（$K_a = [H^+] \cdot [A^-]/[HA]$，もしくは $pK_a = -\log K_a$）の大小で表される．ハロゲン化水素水溶液の $pK_a$ はハロゲンの原子番号の上昇とともに減少する（酸として強くなる）ので，HF を最

も強い酸とする本問の記述は誤りである．本問の記述は，弱いものからの
順になっている．

（イ）　正しい．電気陰性度は電子を引き付ける能力のことで，ハロゲン元素は
先に述べたように1電子を獲得すると希ガスの電子配置をとり安定化でき
るので電気陰性度は高い．その大きさは記述のとおりである．よって本問
の記述は正しい．

（ウ）　誤り．沸点は分子量に比例する傾向がある．ただし，分子間相互作用等
により必ずしもそうならない場合がある．ハロゲン化水素の沸点も分子量
に比例しない．HF が +19.4℃，HCl が -85.05℃，HBr が -66.72℃，そし
て HI が -35.4℃ である．本問の記述は誤りである．このことを知ってい
る方も少ないかもしれないが，この記述に惑わされず保留して次問に進ん
でいただきたい．

（エ）　正しい．ハロゲン分子の酸化力（酸化剤としての力，相手を酸化し自身
は還元される）は $Br_2 + 2KI \rightarrow 2KBr + I_2$ の反応に代表されるように，周
期の上位の元素の方が強い酸化力を有していることを意味している．これ
は，電子を引っ張る力（電気陰性度）とも関係している．あるいは水との
反応を考えてもよい．よって本問の記述は正しい．

以上のことから，正しいものの組合せは（イ）と（エ）であり，④が正解であ
る．本問と類似の化学的な性質を系統的に問う問題としてアルカリ金属元素（周
期表の1族）やアルカリ土類金属（周期表の2族）に対しても考えられる．

 答 ④

**基礎科目**
**I -4-2**

同位体に関する次の（ア）～（オ）の記述について，それぞれの
正誤の組合せとして，最も適切なものはどれか．

（ア）　陽子の数は等しいが，電子の数は異なる．

（イ）　質量数が異なるので，化学的性質も異なる．

（ウ）　原子核中に含まれる中性子の数が異なる．

（エ）　放射線を出す同位体は，医療，遺跡の年代測定などに利用されている．

（オ）　放射線を出す同位体は，放射線を出して別の原子に変わるものがある．

|     | ア | イ | ウ | エ | オ |
| --- | --- | --- | --- | --- | --- |
| ① | 正 | 正 | 誤 | 誤 | 誤 |
| ② | 正 | 正 | 正 | 正 | 誤 |
| ③ | 誤 | 誤 | 正 | 誤 | 誤 |
| ④ | 誤 | 正 | 誤 | 正 | 正 |
| ⑤ | 誤 | 誤 | 正 | 正 | 正 |

## 解　説

　元素の性質は原子番号（陽子の個数）で決まる．陽子の数が変われば別の元素となる．これに対して同位体とは，陽子の数は同じで，中性子の数が異なる元素で，陽子数と中性子数との和が質量数と呼ばれる．ここで，陽子数と電子数は等しく電気的には中性になっている．その一例として，水素（陽子数＝1），重水素（デューテリウム：陽子数＝1，中性子数＝1），そして，三重水素（トリチウム：陽子数＝1，中性子数＝2）があり，水素としての性質は同じであるが，中性子が増えた分だけ原子核の安定性が変わり放射性を有するようになる．これはウラニウムでも同じで，化学的性質が類似であり化学的性質での分離が難しいので，核燃料物質は遠心分離機を用いて分離，濃縮する．

　同位体に似た言葉に同素体がある．これは同じ物質（あるいは元素）で，結晶形が異なるものを指す．例えば，炭素であることには変わりないが，グラファイト，ダイヤモンド，無定形炭素等がその一例であり，用語に惑わされないようにしていただきたい．このことを踏まえて各問をみていく．

（ア）　誤り．同位体において陽子の数と電子の数は等しく（電気的に中性を保つ），異なるのは中性子数である．よって本問の記述は誤りである．

（イ）　誤り．同位体において質量数が異なるという記述は正しい．しかし，後半の記述の質量数が異なることにより化学的な性質が異なるとする記述は誤りである．同位体においては化学的な性質が類似であることが化学的な性質による分離を困難にしている．よって本問の記述は誤りである．

（ウ）　正しい．同位体において原子核中に含まれる中性子数が異なるとする記述は正しい．

（エ）　正しい．放射線を出す同位体（放射性同位体）は，放射線である $\gamma$ 線を利用した癌治療（コバルト線源）等医療分野，$^{14}C$ を用いた文化財等の年代測定をはじめ，地質学的な年代測定等に用いられている．よって本問の記述は正しい．

（オ）　正しい．放射性同位体の中には，$\alpha$ 線や $\beta$ 線を出しながら原子核が崩壊（$\alpha$ 崩壊や $\beta$ 崩壊）して異なる元素になる物質がある．その一例にウラン（U）やプルトニウム（Pu）がある．崩壊するときに質量欠損（質量がエネルギーに変換されることによる）を起こすことで取り出したエネルギーは，発電等に利用（原子力発電）される．よって本問の記述は正しい．

以上のことから，誤ったものは（ア）と（イ），正しいものは（ウ）と（エ），（オ）であり，適切な組合せは⑤となる．

（注）類似問題　H28 I-4-2

**答 ⑤**

---

**基礎科目 I-4-3**　質量分率がアルミニウム 95.5 [%]，銅 4.50 [%] の合金組成を物質量分率で示す場合，アルミニウムの物質量分率 [%] 及び銅の物質量分率 [%] の組合せとして，最も適切なものはどれか．ただし，アルミニウム及び銅の原子量は，27.0 及び 63.5 である．

|   | アルミニウム | 銅 |
|---|---|---|
| ① | 95.0 | 4.96 |
| ② | 96.0 | 3.96 |
| ③ | 97.0 | 2.96 |
| ④ | 98.0 | 1.96 |
| ⑤ | 99.0 | 0.96 |

---

**解　説**

合金中の濃度の表し方に関する基礎的知識を問うものであるが，同じ内容を表すのに多くの表現（用語）が使われているのが実情であり，紛らわしいので注意が肝要である．

「質量分率」と「物質量分率」という用語が用いられているが，質量分率は，質量パーセント濃度，重量パーセント濃度等とも呼ばれ，一方，物質量分率はモル分率とも呼ばれる．

$$\frac{ある元素の質量}{ある元素の原子量} = ある元素の物質量$$

の関係にあり，アルミニウムと銅の物質量（旧モル数）の和が合金の物質量であるから，合金中のアルミニウムの物質量分率は

$$= \frac{\text{アルミニウムの物質量}}{\text{アルミニウムの物質量} + \text{銅の物質量}} \times 100 \, [\%]$$

で表される．

　与えられた数字を入れて 4 桁目まで計算し，四捨五入して 3 桁まで求めると

$$\text{アルミニウムの物質量分率} = \frac{\dfrac{95.5}{27.0}}{\dfrac{95.5}{27.0} + \dfrac{4.50}{63.5}} \times 100 = 98.0$$

銅の物質量分率も同様に計算して 1.96 が得られる．

以上から，最も適切な組合せは④である．

答 ④

**基礎科目**
**I -4-4**
　　　物質に関する次の記述のうち，最も適切なものはどれか．

① 炭酸ナトリウムはハーバー・ボッシュ法により製造され，ガラスの原料として使われている．

② 黄リンは淡黄色の固体で毒性が少ないが，空気中では自然発火するので水中に保管する．

③ 酸化チタン（IV）の中には光触媒としてのはたらきを顕著に示すものがあり，抗菌剤や防汚剤として使われている．

④ グラファイトは炭素の同素体の 1 つで，きわめて硬い結晶であり，電気伝導性は悪い．

⑤ 鉛は鉛蓄電池の正極，酸化鉛（II）はガラスの原料として使われている．

---

**解　説**

---

　本問は，各種の有用無機材料を取り上げ，それらの特性についての基礎知識を問うものである．

①では，ガラスの原料としても使われる炭酸ナトリウムの製法は，**ソルベー法**
　が正しい．ベルギーのエルネスト・ソルベーにより石灰石（炭酸カルシウ
　ム），食塩，アンモニア，水を原料とし，電気分解を用いない製法として開
　発された．ハーバー・ボッシュ法はドイツのハーバーとボッシュ両氏により
　開発されたアンモニアの製法である．

②では，毒性が少ないは誤りで，**強い毒性がある**のが黄リンの特徴である．初期のマッチに使用された黄リンがその後使用禁止にされ，赤リンに置き換えられた理由である．

③は，酸化チタン（Ⅳ）の特性の正しい記述である．

④では，**きわめて柔らかい結晶であり電気伝導性は良い**のがグラファイトの特徴であり，きわめて硬い結晶であり，電気伝導性は悪いというのは，同じ炭素の同素体であるダイヤモンドの特性を記述しており，誤りである．

⑤では，鉛（金属）が使用されるのは負極が正しく，正極は誤りである．導電性のある酸化鉛（Ⅳ）$PbO_2$ が正極に使われる．

以上から，最も適切な記述は③となる．

答 ③

**基礎科目 Ⅰ-4-5**　DNA の変性に関する次の記述の，□□□ に入る語句の組合せとして，最も適切なものはどれか．

DNA 二重らせんの 2 本の鎖は，相補的塩基対間の ア によって形成されているが，熱や強アルカリで処理をすると，変性して一本鎖になる．しかし，それぞれの鎖の基本構造を形成している イ 間の ウ は壊れない．DNA 分子の半分が変性する温度を融解温度といい，グアニンと エ の含量が多いほど高くなる．熱変性した DNA をゆっくり冷却すると，再び二重らせん構造に戻る．

|   | ア | イ | ウ | エ |
|---|---|---|---|---|
| ① | ジスルフィド結合 | グルコース | 水素結合 | ウラシル |
| ② | ジスルフィド結合 | ヌクレオチド | ホスホジエステル結合 | シトシン |
| ③ | 水素結合 | グルコース | ジスルフィド結合 | ウラシル |
| ④ | 水素結合 | ヌクレオチド | ホスホジエステル結合 | シトシン |
| ⑤ | ホスホジエステル結合 | ヌクレオチド | ジスルフィド結合 | シトシン |

**━━━━━━━━━ 解　説 ━━━━━━━━━**

本問は，DNA の構造と変性に関する設問である．

ア 水素結合：DNA 分子では，アデニン（A）とチミン（T），グアニン（G）とシトシン（C）とが塩基対を形成する．これらの塩基対は，非共有結合性の引力的相互作用である水素結合によって相補的に結合しており，DNA の二重らせ

ん構造を形成する.

イ ヌクレオチド, ウ ホスホジエステル結合：DNA は，ヌクレオチドがホスホジエステル結合によって鎖状に結合して形成される高分子である．ちなみに，選択肢の中の「ジスルフィド結合」は，タンパク質においてアミノ酸のシステインの SH 基同士が結合する共有結合である．

エ シトシン：アデニンとチミンの間の水素結合は 2 つ，グアニンとシトシンの間の水素結合は 3 つなので，グアニンとシトシンの間の水素結合の方が強い．そのために，グアニンとシトシンの含量が多いほど相補的塩基対間の水素結合を切るために必要なエネルギーは大きくなり，融解温度が高くなる．

以上から，□ に入る語句は，ア 水素結合，イ ヌクレオチド，ウ ホスホジエステル結合，エ シトシン となり，組合せとして最も適切なものは④である．

（注）類似問題　H28 Ⅰ-4-6，H24 Ⅰ-4-5

答 ④

**基礎科目 Ⅰ-4-6**　タンパク質に関する次の記述の，□ に入る語句の組合せとして，最も適切なものはどれか．

タンパク質を構成するアミノ酸は ア 種類あり，アミノ酸の性質は，イ の構造や物理化学的性質によって決まる．タンパク質に含まれるそれぞれのアミノ酸は，隣接するアミノ酸と ウ をしている．タンパク質には，等電点と呼ばれる正味の電荷が 0 となる pH があるが，タンパク質が等電点よりも高い pH の水溶液中に存在すると，タンパク質は エ に帯電する．

| | ア | イ | ウ | エ |
|---|---|---|---|---|
| ① | 15 | 側鎖 | ペプチド結合 | 正 |
| ② | 15 | アミノ基 | エステル結合 | 負 |
| ③ | 20 | 側鎖 | ペプチド結合 | 負 |
| ④ | 20 | 側鎖 | エステル結合 | 正 |
| ⑤ | 20 | アミノ基 | ペプチド結合 | 正 |

**解　説**

本問は，タンパク質およびそれを構成するアミノ酸に関する設問である．タンパク質はアミノ酸が鎖状に重合してできた生体高分子で，構成するアミノ酸の数

や種類，配列などによってタンパク質の構造や性質，機能などが決まる．

$\boxed{\text{ア 20}}$：タンパク質を構成するアミノ酸は20種類ある．

$\boxed{\text{イ 側鎖}}$：アミノ酸の構造は，中心となる $\alpha$ −炭素原子の4本の共有結合に水素原子・カルボキシ基・アミノ基・側鎖が結合したものである．20種類のアミノ酸はそれぞれ異なる側鎖を有しており，各アミノ酸の性質は側鎖によって決まる．

$\boxed{\text{ウ ペプチド結合}}$：隣り合うアミノ酸のカルボキシ基とアミノ基のペプチド結合によってアミノ酸が重合し，それが鎖状に連なり，タンパク質を構成する．

$\boxed{\text{エ 負}}$：タンパク質の電荷はタンパク質分子のアミノ酸側鎖の荷電状態によって決まり，水溶液の pH によって変化する．電荷が0となる pH を等電点といい，各タンパク質に固有の値である．タンパク質は，等電点より低い pH（酸性側）では正に，高い pH（アルカリ性側）では負に荷電する．

以上から，$\boxed{\phantom{000}}$ に入る語句は，$\boxed{\text{ア 20}}$，$\boxed{\text{イ 側鎖}}$，$\boxed{\text{ウ ペプチド結合}}$，$\boxed{\text{エ 負}}$ となり，組合せとして最も適切なものは③である．

(注) 類似問題　H30 Ⅰ-4-6，H29 Ⅰ-4-5，H25 Ⅰ-4-5

 答 ③

（全6問題から3問題を選択解答）

基礎科目
I -5-1

　　　　　大気汚染に関する次の記述の，□□□に入る語句の組合せとして，最も適切なものはどれか．

　我が国では，1960年代から1980年代にかけて工場から大量の ア 等が排出され，工業地帯など工場が集中する地域を中心として著しい大気汚染が発生しました．その対策として，大気汚染防止法の制定（1968年），大気環境基準の設定（1969年より順次），大気汚染物質の排出規制，全国的な大気汚染モニタリングの実施等の結果， ア と一酸化炭素による汚染は大幅に改善されました．

　1970年代後半からは大都市地域を中心とした都市・生活型の大気汚染が問題となりました．その発生源は，工場・事業場のほか年々増加していた自動車であり，特にディーゼル車から排出される イ や ウ の対策が重要な課題となり，より一層の対策の実施や国民の理解と協力が求められました．

　現在においても， イ や炭化水素が反応を起こして発生する エ の環境基準達成率は低いレベルとなっており，対策が求められています．

|  | ア | イ | ウ | エ |
|---|---|---|---|---|
| ① | 硫黄酸化物 | 光化学オキシダント | 浮遊粒子状物質 | 二酸化炭素 |
| ② | 窒素酸化物 | 光化学オキシダント | 二酸化炭素 | 浮遊粒子状物質 |
| ③ | 硫黄酸化物 | 窒素酸化物 | 浮遊粒子状物質 | 光化学オキシダント |
| ④ | 窒素酸化物 | 硫黄酸化物 | 二酸化炭素 | 光化学オキシダント |
| ⑤ | 硫黄酸化物 | 窒素酸化物 | 浮遊粒子状物質 | 二酸化炭素 |

## 解　説

　1960年代からの高度成長期に大規模な工業地帯の造成が進められた．燃料の石炭・石油には硫黄分が多く含まれ，排ガス脱硫装置がない工場設備のため，ア 硫黄酸化物（亜硫酸ガス）による大気汚染公害が発生した．対策として公害対策基本法，大気汚染防止法等の法的規制，燃焼装置の改善，低硫黄燃料や脱硫

装置設置などにより急速に改善された.

　一方，1970年代に入り，急速なモータリゼーションの普及から，自動車が新たな大気汚染の発生源になってきた．特に燃料を細かな噴霧として燃焼させるディーゼルエンジンは，気体として燃焼させるガソリンエンジンと異なり，黒煙や ウ 浮遊粒子状物質 が発生しやすく，高温高圧燃焼により イ 窒素酸化物 の発生が多いという問題がある．また，窒素酸化物や炭化水素が太陽光により酸化力の強い物質を発生する エ 光化学オキシダント も問題となった．環境基準が決められている6つの大気汚染物質の中でも，光化学オキシダントは達成率がほぼ0ときわめて低い．

　(注) 類似問題　H26 Ⅰ-5-1

答 ③

基礎科目
Ⅰ-5-2

　　　　環境保全，環境管理に関する次の記述のうち，最も不適切なものはどれか．

① 　我が国が提案し実施している二国間オフセット・クレジット制度とは，途上国への優れた低炭素技術等の普及や対策実施を通じ，実現した温室効果ガスの排出削減・吸収への我が国の貢献を定量的に評価し，我が国の削減目標の達成に活用する制度である．

② 　地球温暖化防止に向けた対策は大きく緩和策と適応策に分けられるが，適応策は地球温暖化の原因となる温室効果ガスの排出を削減して地球温暖化の進行を食い止め，大気中の温室効果ガス濃度を安定させる対策のことをいう．

③ 　カーボンフットプリントとは，食品や日用品等について，原料調達から製造・流通・販売・使用・廃棄の全過程を通じて排出される温室効果ガス量を二酸化炭素に換算し，「見える化」したものである．

④ 　製品に関するライフサイクルアセスメントとは，資源の採取から製造・使用・廃棄・輸送など全ての段階を通して環境影響を定量的，客観的に評価する手法をいう．

⑤ 　環境基本法に基づく環境基準とは，大気の汚染，水質の汚濁，土壌の汚染及び騒音に係る環境上の条件について，それぞれ，人の健康を保護し，及び生活環境を保全する上で維持されることが望ましい基準をいう．

## 解　説

① 適切．二国間オフセット・クレジット制度（BOCM：The Bilateral Offset Credit Mechanism）は，低炭素技術や製品，システム，サービス，インフラを二国間の相手国に提供することで排出削減量を評価し削減目標の達成に活用する制度．正しい．

② 不適切．地球温暖化防止対策は，温暖化の原因となる温室効果ガスの排出の削減や吸収で温暖化の進行を食い止める緩和策と，温暖化により生じる自然環境分野や産業経済活動分野等への影響の軽減と備えを目的とした適応策に分けられる．「地球温暖化の原因となる温室効果ガスの排出を削減して地球温暖化の進行を食い止め」の記述は緩和策なので間違い．

③ 適切．環境改善のツールの１つ，記載のとおり正しい．

④ 適切．環境影響評価手法の１つ，正しい．環境アセスメントとの違いを理解しておくとよい．

⑤ 適切．環境基本法第16条に記載のとおり，正しい．

（注）類似問題　H30 Ⅰ-5-2，H25 Ⅰ-5-3，H22 Ⅰ-5-2，H18 Ⅰ-5-3

 答 ②

---

**基礎科目　Ⅰ-5-3**

　2015年７月に経済産業省が決定した「長期エネルギー需要見通し」に関する次の記述のうち，最も不適切なものはどれか．

① 2030年度の電源構成に関して，総発電電力量に占める原子力発電の比率は20−22％程度である．

② 2030年度の電源構成に関して，総発電電力量に占める再生可能エネルギーの比率は22−24％程度である．

③ 2030年度の電源構成に関して，総発電電力量に占める石油火力発電の比率は25−27％程度である．

④ 徹底的な省エネルギーを進めることにより，大幅なエネルギー効率の改善を見込む．これにより，2013年度に比べて2030年度の最終エネルギー消費量の低下を見込む．

⑤ エネルギーの安定供給に関連して，2030年度のエネルギー自給率は，東日本大震災前を上回る水準（25％程度）を目指す．ただし，再生可能エネルギー

及び原子力発電を，それぞれ国産エネルギー及び準国産エネルギーとして，エネルギー自給率に含める．

---

**解　説**

「長期エネルギー需給見通し」は，エネルギー基本計画の安全性，安定供給，経済効率性及び環境適合の4つの基本的視点から2030年度のエネルギー需給構造の見通しを作成したものである．最終エネルギー消費を2013年度比で50百万kl程度の省エネルギーによって，2030年度のエネルギー需要を326百万kl程度と見込み，エネルギー自給率は24.3%程度に改善を見込む．エネルギー起源$CO_2$排出量は，2013年度総排出量比21.9%減となる．電源構成は石油3%程度，石炭26%程度，LNG27%程度，原子力20～22%程度，再生可能エネルギー22～24%程度を見込んでいる．

① 適切．上記のとおり，正しい．

② 適切．上記のとおり，正しい．

③ 不適切．石油火力発電の比率は3%程度で正しくない．石油火力発電は化石燃料発電の中でも一番コストが高く，資源の中東依存度低減のため必要最小限とする．

④ 適切．上記のとおり，正しい．

⑤ 適切．上記のとおり，正しい．

（注）類似問題　H28 I-5-4

答 ③

---

**基礎科目**

**I-5-4**　総合エネルギー統計によれば，2017年度の我が国における一次エネルギー国内供給は20 095PJであり，その内訳は，石炭5 044PJ，石油7 831PJ，天然ガス・都市ガス4 696PJ，原子力279PJ，水力710PJ，再生可能エネルギー（水力を除く）938PJ，未活用エネルギー596PJである．ただし，石油の非エネルギー利用分の約1 600PJを含む．2017年度の我が国のエネルギー起源二酸化炭素（$CO_2$）排出量に最も近い値はどれか．ただし，エネルギー起源二酸化炭素（$CO_2$）排出量は，燃料の燃焼で発生・排出される$CO_2$であり，非エネルギー利用由来分を含めない．炭素排出係数は，石炭24t－C/TJ，石油19t－C/TJ，天然ガス・都市ガス14t－C/TJとする．t－Cは炭素換算トン（Cの原子量12），t－$CO_2$は$CO_2$換算トン（$CO_2$の分子量44）である．P（ペタ）は10の15乗，T（テラ）は10の12乗，M（メガ）は10の6乗の接頭辞で

ある.

① 100 Mt−CO₂ ② 300 Mt−CO₂ ③ 500 Mt−CO₂

④ 1 100 Mt−CO₂ ⑤ 1 600 Mt−CO₂

## 解　説

　燃料の使用によるエネルギー起源二酸化炭素（$CO_2$）排出量は，燃料使用量を基準とすると（燃料種ごとの）燃料使用量×エネルギーの使用の合理化等に関する法律（省エネ法）の換算係数（単位使用量当たりの発熱量）×地球温暖化対策推進法（温対法）の炭素排出係数（単位発熱量当たりの炭素排出量）×（$CO_2$換算トン/C換算トン＝44/12）で表される．これをエネルギー供給量（発熱量）基準で計算すると，（燃料種ごとの）燃料発熱量×温対法の炭素排出係数（単位発熱量当たりの炭素排出量）×（$CO_2$換算トン/C換算トン＝44/12）で算出できる．

石炭起源$CO_2$：

$$\frac{5\,044 \times 24}{1\,000} \times \frac{44}{12} = 444\ \text{Mt} - CO_2 \tag{1}$$

石油起源$CO_2$：$\dfrac{(7\,831 - 1\,600) \times 19}{1\,000} \times \dfrac{44}{12} = 434\ \text{Mt} - CO_2$ （2）

天然ガス・都市ガス起源$CO_2$：

$$\frac{4\,696 \times 14}{1\,000} \times \frac{44}{12} = 241\ \text{Mt} - CO_2 \tag{3}$$

合計（1）＋（2）＋（3）＝1 119 Mt−$CO_2$

答 ④

基礎科目
I -5-5

科学と技術の関わりは多様であり，科学的な発見の刺激により技術的な応用がもたらされることもあれば，革新的な技術が科学的な発見を可能にすることもある．こうした関係についての次の記述のうち，最も不適切なものはどれか.

① 原子核分裂が発見されたのちに原子力発電の利用が始まった.

② ウイルスが発見されたのちに種痘が始まった.

③ 望遠鏡が発見されたのちに土星の環が確認された.

④ 量子力学が誕生したのちにトランジスターが発明された.

⑤ 電磁波の存在が確認されたのちにレーダーが開発された.

## 解　説

① 適切. 原子核分裂は1938年にオットー・ハーン（独）により発見された. 史上初の原子力発電は1951年にアメリカで行われ, 実用の原子力発電所としては1954年にソビエト連邦に建設された.

② 不適切. 種痘は1796年にエドワード・ジェンナー（英）がウイルスの存在を知らずに天然痘のワクチンとして考案した. ウイルスは1892年にドミトリー・イワノフスキー（露）やマルティヌス・ベイエリンク（蘭）により, 細菌が通過できないフィルターを用いてもろ過できない物質として発見されたので正しくない.

③ 適切. 望遠鏡は1608年にオランダで初めて作られたとされ, この情報をもとに天体観測を始めたガリレオ・ガリレイ（伊）により1610年に土星の環が観測された.

④ 適切. 量子力学は微視的な物理現象を研究する理論で1920年代半ばに誕生したとされる. この理論をもとに1947年にベル研究所（米）でトランジスターが発明された.

⑤ 適切. 電磁波は1888年にハインリヒ・ヘルツ（独）がその存在を確認し, レーダーは1930年代にドイツとイギリスで実用化された.

答 ②

基礎科目
I -5-6

特許法と知的財産基本法に関する次の記述のうち, 最も不適切なものはどれか.

① 特許法において, 発明とは, 自然法則を利用した技術的思想の創作のうち高度のものをいう.

② 特許法とは, 発明の保護と利用を図ることで, 発明を奨励し, 産業の発達に寄与することを目的とする法律である.

③ 知的財産基本法において, 知的財産には, 商標, 商号その他事業活動に用いられる商品又は役務を表示するものも含まれる.

④ 知的財産基本法は, 知的財産の創造, 保護及び活用に関し, 基本理念及びその実現を図るために基本となる事項を定めたものである.

⑤ 知的財産基本法によれば, 国は, 知的財産の創造, 保護及び活用に関する施策を策定し, 実施する責務を有しない.

### 解 説

　知的財産には，特許権や著作権等の創作意欲の促進を目的とした「知的創造物についての権利」と，商標権や商号等の使用者の信用維持を目的とした「営業上の標識についての権利」があり，創作した人の財産として保護する基本事項を知的財産基本法に定め，詳細を特許法，実用新案法，意匠法，商標法等で定めている．

① 適切．特許法第2条の（定義）どおりで正しい．

② 適切．特許法第1条の（目的）どおりで正しい．

③ 適切．知的財産基本法第2条の（定義）どおりで正しい．

④ 適切．知的財産基本法第1条の（目的）どおりで正しい．

⑤ 不適切．知的財産基本法第5条（国の責務）に，「国は，前二条に規定する知的財産の創造，保護及び活用に関する基本理念（以下「基本理念」という．）にのっとり，知的財産の創造，保護及び活用に関する施策を策定し，及び実施する責務を有する．」と記載されており不適切．

（注）類似問題　H27 I -5-5, H19 I -5-5, H18 I -5-5

 答 ⑤

# 適 性 科 目

Ⅱ 次の15問題を解答せよ．（解答欄に１つだけマークすること．）

**適性科目 Ⅱ-1** 技術士法第４章に関する次の記述の，[        ]に入る語句の組合せとして，最も適切なものはどれか．

（信用失墜行為の禁止）

第44条 技術士又は技術士補は，技術士若しくは技術士補の信用を傷つけ，又は技術士及び技術士補全体の不名誉となるような行為をしてはならない．

（技術士等の秘密保持 [ ア ]）

第45条 技術士又は技術士補は，正当の理由がなく，その業務に関して知り得た秘密を漏らし，又は盗用してはならない．技術士又は技術士補でなくなった後においても，同様とする．

（技術士等の[ イ ]確保の[ ウ ]）

第45条の２ 技術士又は技術士補は，その業務を行うに当たっては，公共の安全，環境の保全その他の[ イ ]を害することのないよう努めなければならない．

（技術士等の名称表示の場合の[ ア ]）

第46条 技術士は，その業務に関して技術士の名称を表示するときは，その登録を受けた[ エ ]を明示してするものとし，登録を受けていない[ エ ]を表示してはならない．

（技術士補の業務の[ オ ]等）

第47条 技術士補は，第２条第１項に規定する業務について技術士を補助する場合を除くほか，技術士補の名称を表示して該当業務を行ってはならない．

２ 前条の規定は，技術士補がその補助する技術士の業務に関してする技術士補の名称の表示について[ カ ]する．

（技術士の[ キ ]向上の[ ウ ]）

第47条の２ 技術士は，常に，その業務に関して有する知識及び技能の水準を向上させ，その他その[ キ ]の向上を図るよう努めなければならない．

| | ア | イ | ウ | エ | オ | カ | キ |
|---|---|---|---|---|---|---|---|
| ① | 義務 | 公益 | 責務 | 技術部門 | 制限 | 準用 | 能力 |
| ② | 責務 | 安全 | 義務 | 専門部門 | 制約 | 適用 | 能力 |
| ③ | 義務 | 公益 | 責務 | 技術部門 | 制約 | 適用 | 資質 |
| ④ | 責務 | 安全 | 義務 | 専門部門 | 制約 | 準用 | 資質 |
| ⑤ | 義務 | 公益 | 責務 | 技術部門 | 制限 | 準用 | 資質 |

## 解　説

　本問は，技術士法第4章「技術士等の義務」に定めている技術士の3つの「義務」及び2つの「責務」，並びに技術士補の1つの「制限」に関する設問である．

　この内容については確実に理解，記憶をしていることが必要である．技術士法第4章の条文に基づき，ア 義務，イ 公益，ウ 責務，エ 技術部門，オ 制限，カ 準用，キ 資質となり，□に入る語句の組合せとして，最も適切なものは⑤である．

　(注) 類似問題　H30 Ⅱ-1，H29 Ⅱ-1，H26 Ⅱ-1

 答 ⑤

---

**適性科目 Ⅱ-2**　平成26年3月，文部科学省科学技術・学術審議会の技術士分科会は，「技術士に求められる資質能力」について提示した．次の文章を読み，下記の問いに答えよ．

　技術の高度化，統合化等に伴い，技術者に求められる資質能力はますます高度化，多様化している．

　これらの者が業務を履行するために，技術ごとの専門的な業務の性格・内容，業務上の立場は様々であるものの，（遅くとも）35歳程度の技術者が，技術士資格の取得を通じて，実務経験に基づく専門的学識及び高等の専門的応用能力を有し，かつ，豊かな創造性を持って複合的な問題を明確にして解決できる技術者（技術士）として活躍することが期待される．

　このたび，技術士に求められる資質能力（コンピテンシー）について，国際エンジニアリング連合（IEA）の「専門職としての知識・能力」（プロフェッショナル・コンピテンシー，PC）を踏まえながら，以下の通り，キーワードを挙げて示す．これらは，別の表現で言えば，技術士であれば最低限備えるべき資質能力である．

> 　技術士はこれらの資質能力をもとに，今後，業務履行上必要な知見を深め，技術を修得し資質向上を図るように，十分な継続研さん（CPD）を行うことが求められる．

　次の（ア）〜（キ）のうち，「技術士に求められる資質能力」で挙げられているキーワードに含まれるものの数はどれか．
（ア）　専門的学識
（イ）　問題解決
（ウ）　マネジメント
（エ）　評価
（オ）　コミュニケーション
（カ）　リーダーシップ
（キ）　技術者倫理
①　3　　②　4　　③　5　　④　6　　⑤　7

## 解　説

　本問は，「技術士に求められる資質能力（コンピテンシー）」に関する設問である．
　技術士法第2条の技術士の定義には，「「技術士」とは，第32条第1項の登録を受け，技術士の名称を用いて，科学技術（人文科学のみに係るものを除く．）に関する高等の専門的応用能力を必要とする事項についての計画，研究，設計，分析，試験，評価又はこれらに関する指導の業務を行う者をいう．」と定められている．
　この技術士の定義から，技術士に求められる資質能力には，専門とする技術分野の「（ア）専門的学識」，複合的な問題に対する「（イ）問題解決」，技術士としての管理能力を発揮する「（ウ）マネジメント」，成果やその波及効果の適切な「（エ）評価」が必要で，さらに，取りまとめと業務遂行するための「（カ）リーダーシップ」，多様な関係者との意思疎通が十分にできる「（オ）コミュニケーション」の能力が重要である．このほか，技術者としての「（キ）技術者倫理」の遵守は，必須の資質能力である．
　以上から，（ア）〜（キ）の全てが該当し，「技術士に求められる資質能力」で，挙げられているキーワードに含まれるものの数は7つとなり，正答は⑤である．

　答　⑤

**適性科目 Ⅱ-3**　製造物責任（PL）法の目的は，その第1条に記載されており，「製造物の欠陥により人の生命，身体又は財産に係る被害が生じた場合における製造業者等の損害賠償の責任について定めることにより，被害者の保護を図り，もって国民生活の安定向上と国民経済の健全な発展に寄与する」とされている．次の（ア）～（ク）のうち，「PL法上の損害賠償責任」に該当しないものの数はどれか．

（ア）　自動車輸入業者が輸入販売した高級スポーツカーにおいて，その製造工程で造り込まれたブレーキの欠陥により，運転者及び歩行者が怪我をした場合．

（イ）　建設会社が造成した宅地において，その不適切な基礎工事により，建設された建物が損壊した場合．

（ウ）　住宅メーカーが建築販売した住宅において，それに備え付けられていた電動シャッターの製造時の欠陥により，住民が怪我をした場合．

（エ）　食品会社経営の大規模養鶏場から出荷された鶏卵において，それがサルモネラ菌におかされ，食中毒が発生した場合．

（オ）　マンションの管理組合が発注したエレベータの保守点検において，その保守業者の作業ミスにより，住民が死亡した場合．

（カ）　ロボット製造会社が製造販売した作業用ロボットにおいて，それに組み込まれたソフトウェアの欠陥により暴走し，工場作業者が怪我をした場合．

（キ）　電力会社の電力系統において，その変動（周波数等）により，需要家である工場の設備が故障した場合．

（ク）　大学ベンチャー企業が国内のある湾内で養殖し，出荷販売した鯛において，その養殖場で汚染した菌により食中毒が発生した場合．

① 8　② 7　③ 6　④ 5　⑤ 4

---

**解説**

（ア）　該当する．「製造工程で造り込まれたブレーキの欠陥」は「製造物の欠陥」に該当し，そのブレーキの欠陥により運転者及び歩行者が怪我をした場合は，「PL法上の損害賠償責任」に該当する．

（イ）　該当しない．PL法上の「製造物」とは，製造又は加工された動産であり，宅地，建物等の不動産が損壊した場合は，「PL法上の損害賠償責任」に該当しない．

（ウ）　該当する．電動シャッターは不動産に付加した動産で，その電動シャッ

ターの製造時の欠陥により住民が怪我をした場合は，「PL 法上の損害賠償
責任」に該当する．

（エ）　該当しない．鶏卵は未加工の農林水産物であり，鶏卵による食中毒が発
生した場合は，「PL 法上の損害賠償責任」には該当しない．

（オ）　該当しない．エレベータの保守点検の作業ミスにより住民が死亡した場
合は，「製造物の欠陥」によるものではないので，「PL 法上の損害賠償責任」
には該当しない．

（カ）　該当する．ソフトウェアが組み込まれたロボットは製造された動産であ
り，そのソフトウェアの欠陥によりロボットが暴走し，工場作業者が怪我
をした場合は，「PL 法上の損害賠償責任」に該当する．

（キ）　該当しない．電気は無形のエネルギーで，「PL 法上の損害賠償責任」に
は該当しない．

（ク）　該当しない．対象となる鯛は未加工の農林水産物で，その食中毒が発生
した場合は，「PL 法上の損害賠償責任」に該当しない．

以上から，「PL 法上の損害賠償責任」に該当しないものの数は，（イ），（エ），
（オ），（キ），（ク）の5つとなり，正答は④である．

　（注）類似問題　H28 Ⅱ-7，H26 Ⅱ-7

**答 ④**

**適性科目 Ⅱ-4**　　個人情報保護法は，高度情報通信社会の進展に伴い個人情報の利
用が著しく拡大していることに鑑み，個人情報の適正な取扱に関
し，基本理念及び政府による基本方針の作成その他の個人情報の保
護に関する施策の基本となる事項を定め，国及び地方公共団体の責務等を明らか
にするとともに，個人情報を取扱う事業者の遵守すべき義務等を定めることによ
り，個人情報の適正かつ効果的な活用が新たな産業の創出並びに活力ある経済社
会及び豊かな国民生活の実現に資するものであることその他の個人情報の有用性
に配慮しつつ，個人の権利利益を保護することを目的としている．

　法では，個人情報の定義の明確化として，①指紋データや顔認識データのよう
な，個人の身体の一部の特徴を電子計算機の用に供するために変換した文字，番
号，記号その他の符号，②旅券番号や運転免許証番号のような，個人に割り当て
られた文字，番号，記号その他の符号が「個人識別符号」として，「個人情報」
に位置付けられる．

　次に示す（ア）～（キ）のうち，個人識別符号に含まれないものの数はどれか．

（ア）　DNA を構成する塩基の配列

（イ）　顔の骨格及び皮膚の色並びに目，鼻，口その他の顔の部位の位置及び形状によって定まる容貌

（ウ）　虹彩の表面の起伏により形成される線状の模様

（エ）　発声の際の声帯の振動，声門の開閉並びに声道の形状及びその変化

（オ）　歩行の際の姿勢及び両腕の動作，歩幅その他の歩行の態様

（カ）　手のひら又は手の甲若しくは指の皮下の静脈の分岐及び端点によって定まるその静脈の形状

（キ）　指紋又は掌紋

① 0　② 1　③ 2　④ 3　⑤ 4

（右側縦書き）令和元年度 適性科目

### 解　説

「個人識別符号」は，個人の身体の一部の特徴から特定の個人を識別するものとして，改正個人情報保護法の第2条第2項第一号に定められ，具体的には改正個人情報保護法施行令第1条に規定されている．

本問の（ア）〜（キ）はいずれも同施行令第1条のイ〜トに該当しているので，「個人識別符号」に含まれないものの数は0となり，正答は①である．

答 ①

**適性科目 II -5**　産業財産権制度は，新しい技術，新しいデザイン，ネーミングなどについて独占権を与え，模倣防止のために保護し，研究開発へのインセンティブを付与したり，取引上の信用を維持することによって，産業の発展を図ることを目的にしている．これらの権利は，特許庁に出願し，登録することによって，一定期間，独占的に実施（使用）することができる．

従来型の経営資源である人・物・金を活用して利益を確保する手法に加え，産業財産権を最大限に活用して利益を確保する手法について熟知することは，今や経営者及び技術者にとって必須の事項といえる．

産業財産権の取得は，利益を確保するための手段であって目的ではなく，取得後どのように活用して利益を確保するかを，研究開発時や出願時などのあらゆる節目で十分に考えておくことが重要である．

次の知的財産権のうち，「産業財産権」に含まれないものはどれか．

① 特許権　② 実用新案権　③ 意匠権　④ 商標権　⑤ 育成者権

---

## 解　説

知的財産権のうち,「特許権」,「実用新案権」,「意匠権」,「商標権」の4つが「産業財産権」である.

したがって,「産業財産権」に含まれていないものは「育成者権」となり, 正答は⑤である.

(注) 類似問題　H24 Ⅱ-9

 答 ⑤

---

**適性科目 Ⅱ-6**　　次の (ア) ～ (オ) の語句の説明について, 最も適切な組合せはどれか.

(ア)　システム安全

A)　システム安全は, システムにおけるハードウェアのみに関する問題である.

B)　システム安全は, 環境要因, 物的要因及び人的要因の総合的対策によって達成される.

(イ)　機能安全

A)　機能安全とは, 安全のために, 主として付加的に導入された電子機器を含んだ装置が, 正しく働くことによって実現される安全である.

B)　機能安全とは, 機械の目的のための制御システムの部分で実現する安全機能である.

(ウ)　機械の安全確保

A)　機械の安全確保は, 機械の製造等を行う者によって十分に行われることが原則である.

B)　機械の製造等を行う者による保護方策で除去又は低減できなかった残留リスクへの対応は, 全て使用者に委ねられている.

(エ)　安全工学

A)　安全工学とは, 製品が使用者に対する危害と, 生産において作業者が受ける危害の両方に対して, 人間の安全を確保したり, 評価する技術である.

B)　安全工学とは, 原子力や航空分野に代表される大規模な事故や災害を問題視し, ヒューマンエラーを主とした分野である.

（オ）　レジリエンス工学

　　A）　レジリエンス工学は，事故の未然防止・再発防止のみに着目している.

　　B）　レジリエンス工学は，事故の未然防止・再発防止だけでなく，回復力を高めること等にも着目している.

| | ア | イ | ウ | エ | オ |
|---|---|---|---|---|---|
| ① | B | A | A | A | B |
| ② | B | B | B | B | A |
| ③ | A | A | A | B | A |
| ④ | A | B | A | A | B |
| ⑤ | B | A | A | B | A |

**解　説**

（ア）　システム安全：B）が適切.

　A）は，「ハードウェアのみに関する問題」の「のみ」が不適切で，B）の説明は適切である.

（イ）　機能安全：A）が適切.

　機能安全は A）の「電子機器を含んだ装置」により実現されるもので，A）は適切であるが，B）の「機械の目的のための制御システムの部分で実現する安全機能」ではないので，B）は不適切である.

（ウ）　機械の安全確保：A）が適切.

　機械の製造者等による保護方策で除去，低減できなかった残留リスクへの対応は，「全て使用者に委ねられている」のではないので，B）は不適切である. 機械の安全確保は，機械の製造者等によって十分に行われるのが原則であり，A）は適切である.

（エ）　安全工学：A）が適切.

　安全工学は，「大規模な事故や災害を問題視し，ヒューマンエラーを主とした分野」に限定したものではないので，B）は不適切である. A）の説明は，適切である.

（オ）　レジリエンス工学：B）が適切.

　レジリエンス工学は，事故の未然防止・再発防止のみに着目したものではないので，A）の説明は不適切である. さらに，回復力を高めること等にも着目している B）が適切である.

以上から，語句の説明について最も適切な組合せは B），A），A），A），B）

となり，正答は①である．

---

**適性科目 II-7**　我が国で2017年以降，多数顕在化した品質不正問題（検査データの書き換え，不適切な検査等）に対する記述として，正しいものは〇，誤っているものは×として，最も適切な組合せはどれか．

（ア）　企業不祥事や品質不正問題の原因は，それぞれの会社の業態や風土が関係するので，他の企業には，参考にならない．

（イ）　発覚した品質不正問題は，単発的に起きたものである．

（ウ）　組織の風土には，トップのリーダーシップが強く関係する．

（エ）　企業は，すでに企業倫理に関するさまざまな取組を行っている．そのため，今回のような品質不正問題は，個々の組織構成員の問題である．

（オ）　近年顕在化した品質不正問題は，1つの部門内に閉じたものだけでなく，部門ごとの責任の不明瞭さや他部門への忖度といった事例も複数見受けられた．

| | ア | イ | ウ | エ | オ |
|---|---|---|---|---|---|
| ① | × | 〇 | 〇 | × | 〇 |
| ② | × | × | × | × | × |
| ③ | × | 〇 | 〇 | 〇 | 〇 |
| ④ | 〇 | 〇 | 〇 | 〇 | 〇 |
| ⑤ | × | × | 〇 | × | 〇 |

---

**解 説**

（ア）　×．企業不祥事や品質不正問題の原因は，他の企業にも十分に参考となる事項が多い．

（イ）　×．発覚した品質不正問題は，単発的に起きたものではなく，一連の企業不祥事として連続かつ多発的に起きている．

（ウ）　〇．組織の風土には，トップのリーダーシップ，品質へのコミットメントが強く関係している．

（エ）　×．品質不正問題は，個々の組織構成員のみならず，企業の組織全体の問題である．

（オ）　〇．記述のとおりである．

以上から，×，×，○，×，○が最も適切な組合せで，正答は⑤である．

答 ⑤

**適性科目 II-8**　平成24年12月2日，中央自動車道笹子トンネル天井板落下事故が発生した．このような事故を二度と起こさないよう，国土交通省では，平成25年を「社会資本メンテナンス元年」と位置付け，取組を進めている．平成26年5月には，国土交通省が管理・所管する道路・鉄道・河川・ダム・港湾等のあらゆるインフラの維持管理・更新等を着実に推進するための中長期的な取組を明らかにする計画として，「国土交通省インフラ長寿命化計画（行動計画）」を策定した．この計画の具体的な取組の方向性に関する次の記述のうち，最も不適切なものはどれか．

①　全点検対象施設において点検・診断を実施し，その結果に基づき，必要な対策を適切な時期に，着実かつ効率的・効果的に実施するとともに，これらの取組を通じて得られた施設の状態や情報を記録し，次の点検・診断に活用するという「メンテナンスサイクル」を構築する．

②　将来にわたって持続可能なメンテナンスを実施するために，点検の頻度や内容等は全国一律とする．

③　点検・診断，修繕・更新等のメンテナンスサイクルの取組を通じて，順次，最新の劣化・損傷の状況や，過去に蓄積されていない構造諸元等の情報収集を図る．

④　メンテナンスサイクルの重要な構成要素である点検・診断については，点検等を支援するロボット等による機械化，非破壊・微破壊での検査技術，ICT を活用した変状計測等新技術による高度化，効率化に重点的に取組む．

⑤　点検・診断等の業務を実施する際に必要となる能力や技術を，国が施設分野・業務分野ごとに明確化するとともに，関連する民間資格について評価し，当該資格を必要な能力や技術を有するものとして認定する仕組みを構築する．

---

**解　説**

①　適切．「メンテナンスサイクル」の構築に関する適切な内容である．

②　最も不適切．点検の頻度や内容等は，地域の特性に応じた基準等を整備し

て，個別施設ごとにメンテナンスサイクルの実施計画を作成・実施すること
が必要であり，「全国一律とする」ことは最も不適切である．

③　適切．メンテナンスサイクルの取組を通じて，最新の情報基盤の整備と活
用を図ることは適切である．

④　適切．点検・診断において，新技術による高度化，効率化に重点的に取り
組むことは適切である．

⑤　適切．点検・診断等の業務実施の体制を構築，整備することは適切である．

 ②

---

**適性科目**
**II-9**
　　　企業や組織は，保有する営業情報や技術情報を用いて，他社との
差別化を図り，競争力を向上させている．これら情報の中には秘密
とすることでその価値を発揮するものも存在し，企業活動が複雑化
する中，秘密情報の漏洩経路も多様化しており，情報漏洩を未然に防ぐための対
策が企業に求められている．情報漏洩対策に関する次の（ア）～（カ）の記述に
ついて，不適切なものの数はどれか．

（ア）　社内規定等において，秘密情報の分類ごとに，アクセス権の設定に関す
るルールを明確にした上で，当該ルールに基づき，適切にアクセス権の範
囲を設定する．

（イ）　秘密情報を取扱う作業については，複数人での作業を避け，可能な限り
単独作業で実施する．

（ウ）　社内の規定に基づいて，秘密情報が記録された媒体等（書類，書類を綴
じたファイル，USB メモリ，電子メール等）に，自社の秘密情報である
ことが分かるように表示する．

（エ）　従業員同士で互いの業務態度が目に入ったり，背後から上司等の目につ
きやすくするような座席配置としたり，秘密情報が記録された資料が保
管された書棚等が従業員等からの死角とならないようにレイアウトを工夫
する．

（オ）　電子データを暗号化したり，登録された ID でログインした PC からし
か閲覧できないような設定にしておくことで，外部に秘密情報が記録され
た電子データを無断でメールで送信しても，閲覧ができないようにする．

（カ）　自社内の秘密情報をペーパーレスにして，アクセス権を有しない者が秘

密情報に接する機会を少なくする.

① 0　　② 1　　③ 2　　④ 3　　⑤ 4

---

**解　説**

秘密情報の管理に関する設問である．日頃から情報管理に注意を払っていれば常識で考えて解答できる.

（ア）　適切．ルールに従ってアクセス権を「適切」に設定することは適切であり，かつ，ルールが明確であればルールが適切か，随時見直すことができる.

（イ）　不適切．複数人で作業することにより相互牽制を図れるので，単独作業は避けるべきである.

（ウ）　適切．媒体に秘密である旨を明記することは，媒体の作業者に対して取扱注意の意思表示をすることになるので，適切である．複数の媒体がある場合に通し番号を付けることも紛失防止の意味で有効である.

（エ）　適切．従業員の相互牽制になり抑止力として適切である.

（オ）　適切．暗号化したり，閲覧できる PC を制限する等の方策は適切である.

（カ）　適切．秘密情報をペーパーレスにすることは，オフィスへの来訪者等が秘密情報を記載した書類に接する機会を少なくでき，適切である.

以上より不適切なものは1つであり，正答は②である.

  答 ②

---

**適性科目 II-10**

　専門職としての技術者は，一般公衆が得ることのできない情報に接することができる．また技術者は，一般公衆が理解できない高度で複雑な内容の情報を理解でき，それに基づいて一般公衆よりもより多くのことを予見できる．このような特権的な立場に立っているがゆえに，技術者は適正に情報を発信したり，情報を管理したりする重い責任があると言える．次の（ア）〜（カ）の記述のうち，技術者の情報発信や情報管理のあり方として不適切なものの数はどれか.

（ア）　技術者Aは，飲み会の席で，現在たずさわっているプロジェクトの技術的な内容を，技術業とは無関係の仕事をしている友人に話した.

（イ）　技術者Bは納入する機器の仕様に変更があったことを知っていたが，専門知識のない顧客に説明しても理解できないと考えたため，そのことは話題にせずに機器の説明を行った.

（ウ）　顧客は「詳しい話は聞くのが面倒だから説明はしなくていいよ」と言ったが，技術者Cは納入する製品のリスクや，それによってもたらされるかもしれない不利益などの情報を丁寧に説明した．

（エ）　重要な専有情報の漏洩は，所属企業に直接的ないし間接的な不利益をもたらし，社員や株主などの関係者にもその影響が及ぶことが考えられるため，技術者Dは不要になった専有情報が保存されている記憶媒体を速やかに自宅のゴミ箱に捨てた．

（オ）　研究の際に使用するデータに含まれる個人情報が漏洩した場合には，データ提供者のプライバシーが侵害されると考えた技術者Eは，そのデータファイルに厳重にパスワードをかけ，記憶媒体に保存して，利用するとき以外は施錠可能な場所に保管した．

（カ）　顧客から現在使用中の製品について問い合わせを受けた技術者Fは，それに答えるための十分なデータを手元に持ち合わせていなかったが，顧客を待たせないよう，記憶に基づいて問い合わせに答えた．

① 2　　② 3　　③ 4　　④ 5　　⑤ 6

---

**解　説**

技術者の情報発信，情報管理に関する設問で，技術者と公衆の関係をわきまえていれば解答できる．

（ア）　不適切．「飲み会」の席で，「現在」たずさわっているプロジェクトの「技術的な内容」を話すことは適切ではない．相手の友人は「技術業とは無関係の仕事」とあるが，守秘義務を果たすべきである．

（イ）　不適切．専門知識がなくとも仕様を変更したならば顧客に説明するべきである．顧客にわかりやすく，仕様変更の理由を述べて納得していただくのも技術を熟知した技術者の力量である．

（ウ）　適切．「説明不要」と言われても，顧客に想定するリスクや不利益について説明することは適切であり，かつ，技術者Cの信頼を高める行動である．

（エ）　不適切．自宅のゴミ箱に捨てた後に記憶媒体がどのような扱いを受けるかは不明で，リスクを抱えることになる．このような場合は，記憶媒体を物理的に破壊して捨てるべきである．

（オ）　適切．データファイルにパスワードをかけ，施錠可能な場所に保管することは個人情報の管理として適切である．さらに，データファイルを暗号

化する，研究に差し支えないならデータ項目の住所を無意味な A 県 B 市 C 町に置換する等を行うとよい.

（カ）　不適切．顧客を待たせないことも重要であるが，正しい回答の方が重要である．十分なデータが手元にない場合は，その旨を顧客に説明して後ほど回答するべきである．記憶に基づいて誤った回答をすると，訂正するのに多大な労力を必要とするとともに技術者 F への信頼，さらには所属する企業の信頼も失墜することがある.

以上より，不適切なものは 4 つであり，正答は③である.　 答 ③

令和元年度　適性科目

適性科目
**Ⅱ-11**
　　　　事業者は事業場の安全衛生水準の向上を図っていくため，個々の事業場において危険性又は有害性等の調査を実施し，その結果に基づいて労働者の危険又は健康障害を防止するための措置を講ずる必要がある．危険性又は有害性等の調査及びその結果に基づく措置に関する指針について，次の（ア）～（エ）の記述のうち，正しいものは○，誤っているものは×として，最も適切な組合せはどれか.

（ア）　事業者は，以下の時期に調査及びその結果に基づく措置を行うよう規定されている.

　（1）　建設物を設置し，移転し，変更し，又は解体するとき

　（2）　設備，原材料を新規に採用し，又は変更するとき

　（3）　作業方法又は作業手順を新規に採用し，又は変更するとき

　（4）　その他，事業場におけるリスクに変化が生じ，又は生ずるおそれのあるとき

（イ）　過去に労働災害が発生した作業，危険な事象が発生した作業等，労働者の就業に係る危険性又は有害性による負傷又は疾病の発生が合理的に予見可能であるものは全て調査対象であり，平坦な通路における歩行等，明らかに軽微な負傷又は疾病しかもたらさないと予想されたものについても調査等の対象から除外してはならない.

（ウ）　事業者は，各事業場における機械設備，作業等に応じてあらかじめ定めた危険性又は有害性の分類に則して，各作業における危険性又は有害性を特定するに当たり，労働者の疲労等の危険性又は有害性への付加的影響を考慮する.

（エ）　リスク評価の考え方として，「ALARP の原則」がある．ALARP は，合

理的に実行可能なリスク低減措置を講じてリスクを低減することで，リスク低減措置を講じることによって得られる効果に比較して，リスク低減費用が著しく大きく，著しく合理性を欠く場合は，それ以上の低減対策を講じなくてもよいという考え方である．

|  | ア | イ | ウ | エ |
|---|---|---|---|---|
| ① | ○ | × | × | ○ |
| ② | ○ | × | ○ | ○ |
| ③ | ○ | ○ | × | × |
| ④ | ○ | ○ | ○ | × |
| ⑤ | × | × | ○ | ○ |

### 解　説

平成30年の適性試験問題Ⅱ－11と同じく，労働安全衛生法関連の出題である．社会人経験のない学生の受験者にとっては難問になるが，「リスク」に関係する内容については度々出題されるので，薄い本でよいので勉強しておくことを推奨する．

（ア）　○．労働安全衛生法第28条の２第１項に「事業者は，厚生労働省令で定めるところにより，（中略）作業行動その他業務に起因する危険性又は有害性等を調査し，その結果に基づいて，この法律又はこれに基づく命令の規定による措置を講ずる」とあり，労働安全衛生規則第24条の11に「法第28条の２第１項の危険性又は有害性等の調査は，次に掲げる時期に行うものとする」とあり，問題文と同じ内容が記載されている．もし，問題文が「（2）設備,原材料を新規に採用し,又は変更,廃棄するとき」のように「廃棄」が追加されたら国家資格の社会保険労務士でも正答できるだろうかという超難問である．

（イ）　×．厚生労働省の「危険性又は有害性等の調査等に関する指針」に同様の文章があるが，「明らかに軽微な負傷又は疾病しかもたらさないと予想されるものについては,調査等の対象から除外して差し支えない」とあり，問題文の「調査等の対象から除外してはならない」と異なる．

（ウ）　○．上記の指針に同様の文章があり内容が一致している．

（エ）　○．ALARP（as low as reasonably practicable）の原則は，許容できないリスクと無視できるリスクの間に ALARP 領域を設け，この領域では合理的に実行可能なリスク低減措置を講じている考え方である．この問題は平

成30年の適性試験問題Ⅱ-11④と問題文章まで同じである.

以上より, ○, ×, ○, ○となり適切な組合せは②である.

(注)類似問題　H30 Ⅱ-11

  答 ②

**適性科目 Ⅱ-12**　男女雇用機会均等法及び育児・介護休業法やハラスメントに関する次の(ア)~(オ)の記述について, 正しいものは○, 誤っているものは×として, 最も適切な組合せはどれか.

(ア)　職場におけるセクシュアルハラスメントは, 異性に対するものだけではなく, 同性に対するものも該当する.

(イ)　職場のセクシュアルハラスメント対策は, 事業主の努力目標である.

(ウ)　現在の法律では, 産休の対象は, パート, 雇用期間の定めのない正規職員に限られている.

(エ)　男女雇用機会均等法及び育児・介護休業法により, 事業主は, 事業主や妊娠等した労働者やその他の労働者の個々の実情に応じた措置を講じることはできない.

(オ)　産前休業も産後休業も, 必ず取得しなければならない休業である.

| | ア | イ | ウ | エ | オ |
|---|---|---|---|---|---|
| ① | ○ | × | × | × | × |
| ② | × | ○ | × | × | ○ |
| ③ | ○ | × | ○ | ○ | ○ |
| ④ | × | × | ○ | × | × |
| ⑤ | ○ | ○ | × | ○ | ○ |

---

**解　説**

男女雇用機会均等法と育児・介護休業法の改正があり, 2017年1月1日に施行された. 本問は, これらの法律を対象に出題されている. 新法の制定や法改正, それに伴う指針・ガイダンス等は出題されやすいので留意されたい.

(ア)　○. 同性も職場のセクシュアルハラスメントの対象である. 厚生労働省の「事業主が職場における性的な言動に起因する問題に関して雇用管理上講ずべき措置についての指針」に明記されている.

(イ)　×. 職場のセクシュアルハラスメント対策は努力目標ではなく義務である.

（ウ）　×．労働基準法第65条に「使用者」として産休について行うべきことが記してある．アルバイト等を使用する者も「使用者」である．

（エ）　×．男女雇用機会均等法と育児・介護休業法は労働者の個々の実情に応じた措置を講じるよう定めており，「実情に応じた措置を講じることはできない」は誤りである．

（オ）　×．労働基準法第65条には，産前休業については「出産する予定の女性が休業を請求した場合」とあり，取得は必須ではない．ただし，産後休業は取得が必須である．

以上より，○，×，×，×，×となり，正答は①である．

**適性科目**
**Ⅱ-13**
　　　企業に策定が求められている Business Continuity Plan（BCP）に関する次の（ア）～（エ）の記述のうち，誤っているものの数はどれか．

（ア）　BCP とは，企業が緊急事態に遭遇した場合において，事業資産の損害を最小限にとどめつつ，中核となる事業の継続あるいは早期復旧を可能とするために，平常時に行うべき活動や緊急時における事業継続のための方法，手段などを取り決めておく計画である．

（イ）　BCP の対象は，自然災害のみである．

（ウ）　わが国では，東日本大震災や相次ぐ自然災害を受け，現在では，大企業，中堅企業ともに，そのほぼ100％が BCP を策定している．

（エ）　BCP の策定・運用により，緊急時の対応力は鍛えられるが，平常時にはメリットがない．

①　0　　②　1　　③　2　　④　3　　⑤　4

**解　説**

出題頻度の高い，リスクに関連する BCP の設問である．受験者は BCP などのリスク管理に関して薄い本，もしくは冊子を一読されておくことをすすめる．

（ア）　正しい．BCP の正しい説明である．

（イ）　誤り．BCP の対象は，（ア）にもあるように企業が緊急事態に遭遇した場合が対象で，自然災害に限らず，失火，停電，情報漏洩等も対象とすることができる．

（ウ）　誤り．内閣府の「平成29年度　企業の事業継続及び防災の取組に関する

実態調査」によると，約2,000社に対する調査で大企業では64.0%が策定済み，中堅企業では31.8%が策定済みとなっており，100%ではない．

（エ）　誤り．BCPを策定すると避難経路の確保や安全性に平常時も注意するため，整理や整頓等を重視する等，業務の効率化，生産性向上等につながる場合がある．また，緊急時の権限者や応援者の確保について検討しておくことで人材育成や技能伝承を意識し，今後の人材計画につなげる場合もある．

以上より誤りは3つで，正答は④である．　答 ④

**適性科目 Ⅱ-14**

　組織の社会的責任（SR：Social Responsibility）の国際規格として，2010年11月，ISO26000「Guidance on social responsibility」が発行された．また，それに続き，2012年，ISO規格の国内版（JIS）として，JIS Z 26000：2012（社会的責任に関する手引き）が制定された．そこには，「社会的責任の原則」として7項目が示されている．その7つの原則に関する次の記述のうち，最も不適切なものはどれか．

①　組織は，自らが会社，経営及び環境に与える影響について説明責任を負うべきである．

②　組織は，社会及び環境に影響を与える自らの決定及び活動に関して，透明であるべきである．

③　組織は，倫理的に行動すべきである．

④　組織は，法の支配の尊重という原則に従うと同時に，自国政府の意向も尊重すべきである．

⑤　組織は，人権を尊重し，その重要性及び普遍性の両方を認識すべきである．

**解　説**

SRについての設問で，これの規格であるJIS Z 26000の社会的責任の原則を知らないと解答は難しい．ただし，平成29年の適性試験問題Ⅱ-11に類似の問題が出題されているので，過去問は必ず解いておくことをおすすめする．JIS Z 26000に社会的責任の原則として，「説明責任」，「透明性」，「倫理的な行動」，「ステークホルダーの利害の尊重」，「法の支配の尊重」，「国際行動規範の尊重」，「人権の尊重」が記してある．

①　適切．JIS Z 26000に社会的責任の原則として，「説明責任」が記してある．

② 適切．JIS Z 26000に社会的責任の原則として，「透明性」が記してある．

③ 適切．JIS Z 26000に社会的責任の原則として，「倫理的な行動」が記してある．

④ 不適切．JIS Z 26000に社会的責任の原則として，「法の支配の尊重」は記してあるが，「自国政府の意向の尊重」の表現はない．

⑤ 適切．JIS Z 26000に社会的責任の原則として，「人権の尊重」が記してある．

以上より，最も不適切なものは④である．

(注) 類似問題　H29 Ⅱ-11

 答 ④

---

**適性科目 Ⅱ-15**

SDGs（Sustainable Development Goals：持続可能な開発目標）とは，国連持続可能な開発サミットで採択された「誰一人取り残さない」持続可能で多様性と包摂性のある社会の実現のための目標である．次の（ア）～（キ）の記述のうち，SDGsの説明として正しいものの数はどれか．

（ア）　SDGsは，開発途上国のための目標である．

（イ）　SDGsの特徴は，普遍性，包摂性，参画型，統合性，透明性である．

（ウ）　SDGsは，2030年を年限としている．

（エ）　SDGsは，17の国際目標が決められている．

（オ）　日本におけるSDGsの取組は，大企業や業界団体に限られている．

（カ）　SDGsでは，気候変動対策等，環境問題に特化して取組が行われている．

（キ）　SDGsでは，モニタリング指標を定め，定期的にフォローアップし，評価・公表することを求めている．

① 0　　② 1　　③ 2　　④ 3　　⑤ 4

---

**解説**

最近目につく，持続可能な開発目標，SDGsに関する設問である．このような時事用語で技術に関連するものはどのようなものか，用語辞典などで勉強しておくとよい．また，本問中に「2030年」と「17の国際目標」と数字があり，この数値は正しいのか，正確な値を覚えていないと不安になるであろうが，今までの適性問題の文章には，受験者が覚えていないような違った数値を記載して誤りを見つける設問はない．

（ア）　誤り．開発途上国だけではなく，先進国もともに取り組まなければなら

ない.

（イ）　正しい. 普遍性，包摂性，参画型，統合性，透明性はSDGsの英文では Implementation Principles（実施原則）であるが，経済産業省の「SDGs 経営ガイド」にはこの5項目を特徴と記している. この5項目は他にも応用が効くという「普遍性」，関係者を結集し多様な場所での活用や幅広い業界での導入，活躍という意味で「参画型」，経済・社会・環境の3要素を含める「統合性」，社会の全ての人に配慮を払う，誰一人取り残さない「包摂性」，さらに製品・サービスを広く伝える努力をしている意味での「透明性と説明責任」である.

（ウ）　正しい. SDGsは2030年を目標達成の期限としている.

（エ）　正しい. SDGsは17の国際目標を掲げている.

（オ）　誤り. SDGs の取組は大企業や業界団体のみならず，政府，国際機関，企業，NGO，市民社会などにも広がっている.

（カ）　誤り. SDGs は環境問題に特化したものではなく，貧困，飢餓等，17の目標に対する取組が行われている.

（キ）　正しい. SDGs のモニタリングに関する適切な記述である.

以上より，正しいものの数は4つで，⑤が正答である.

（注）類似問題　H30 Ⅰ-5-1

## 基礎科目 合格のポイント（まとめ）

### 1．選択する分野等を試験前に決める．

　5群から6問ずつ計30問出題される，受験者は各群から3問，合計15問を選択し，そのうち8問に正解すれば，つまり正答率50%以上で合格となる．試験中に選択に迷って時間をロスしないよう準備する．

### 2．過去問題を学習する．

① 令和4年度の試験では，過去問題の類似問題が5群合計30問中21問（70%）出題された．

② 本書により過去問題を学習し，5群中どの群で重点的に得点するかを決める．同じく，強化すべき弱点分野を見つける．

③ タイマーで，過去問題を解く時間を測定し，1問平均4分以内で解けるようにする．

④ 設問の方法（適切選び，不適切選び，組合せ選び）に慣れる．

### 3．計算問題は1問4分で解く能力を鍛錬する．

① 式，文章の差異に着目し，全てを計算しなくても解答できる場合がある．

② 簡単な問題から着手し，時間のかかる計算問題は後回しにする．

### 4．忘れかけた分野は復習する．

　学窓を離れて時間の経った受験者は，2群の情報・論理に関するもの，3群の解析（数学，物理学等）に関するもの，4群の材料・化学・バイオ（材料特性，化学，生物学等）に関するものを復習するとよい．これらの分野は，平成24年度まで実施されていた「共通科目（数学，物理学，化学，生物学，地学）」に相当している．

### 5．直観力を磨く．

　直観的に正解でないものがわかることがある．これで5択を2択程度に絞り込める．

# 基礎・適性科目
# の問題と模範解答

# 基礎科目
## 1群 設計・計画に関するもの

（全6問題から3問題を選択解答）

**基礎科目 I-1-1**　下図に示される左端から右端に情報を伝達するシステムの設計を考える．図中の数値及び記号 X（X＞0）は，構成する各要素の信頼度を示す．また，要素が並列につながっている部分は，少なくともどちらか一方が正常であれば，その部分は正常に作動する．ここで，図中のように，同じ信頼度 X を持つ要素を配置することによって，システム A 全体の信頼度とシステム B 全体の信頼度が同等であるという．このとき，図中のシステム A 全体の信頼度及びシステム B 全体の信頼度として，最も近い値はどれか．

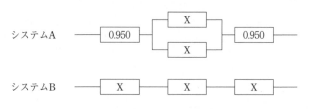

図　システム構成図と各要素の信頼度

①　0.835　　②　0.857　　③　0.901　　④　0.945　　⑤　0.966

## 解　説

信頼度の計算は，類似問題がよく出ている．

［例1］　$R_A$ と $R_B$ を信頼度とすると下図の直列システム全体の信頼度 R は，R＝$R_A$×$R_B$

$$—\boxed{R_A}—\boxed{R_B}—$$

［例2］　下図の並列システム全体の信頼度 R' は，R'=1－(1－R$_A$)(1－R$_B$)

したがって，設問のシステム A 全体の信頼度 R$_t$ は

$\qquad$ R$_t$＝0.95×|1－(1－X)(1－X)|×0.95

また，設問のシステム B 全体の信頼度 R$_s$ は

$\qquad$ R$_s$＝X×X×X（ただし信頼度は定義から 0＜X）

システム A とシステム B の信頼度が同じという題意から

$\qquad$ R$_t$＝R$_s$

$\qquad$∴　0.95×|1－(1－X)(1－X)|×0.95＝X$^3$

この式を解くと，X(X＋1.869)(X－0.966)＝0となる．0＜Xであるから X≒0.966
となり，R$_t$≒0.901を導出できる．

以上から，最も近い値は③となる．

（注）類似問題 H28-Ⅰ-1-1，H26-Ⅰ-1-4

　答　③

---

**基礎科目**
**Ⅰ-1-2**

設計開発プロジェクトのアローダイアグラムが下図のように作成
された．ただし，図中の矢印のうち，実線は要素作業を表し，実線
に添えた p や a1 などは要素作業名を意味し，同じく数値はその要
素作業の作業日数を表す．また，破線はダミー作業を表し，○内の数字は状態番
号を意味する．このとき，設計開発プロジェクトの遂行において，工期を遅れさ
せないために，特に重点的に進捗状況管理を行うべき要素作業群として，最も適
切なものはどれか．

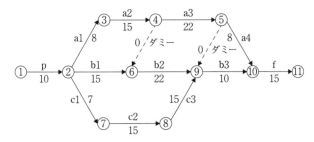

図　アローダイアグラム（arrow diagram：矢線図）

① （p, a1, a2, a3, b2, b3, f)
② （p, c1, c2, c3, b3, f)
③ （p, b1, b2, b3, f)
④ （p, a1, a2, b2, b3, f)
⑤ （p, a1, a2, a3, a4, f)

## 解 説

アローダイアグラムは，工程を開始するための前段階に，作業の進行状況を的確に把握するのに役立つ．ダミー作業がある場合，矢印の後端部までの事象（工程）が完了しない限り，矢印の先端の事象（工程）を完了できない．特に工程の余裕がない場合は，アローダイアグラムを活用して，クリティカルパスに着目した日程短縮を検討する．

経路A：① ⇒ ② ⇒ ③ ⇒ ④ ⇒ ⑤ ⇒ ⑩ ⇒ ⑪
各工程　　　 10　　　 8　　　15　　　22　　　 8　　　15
累計　　　　10　　　18　　　33　　　55　　　63　　　78

※1：経路Aは，ダミーの影響を受けないので滞留はない．

経路B：① ⇒ ② ⇒ ⑥ ⇒ ⑨ ⇒ ⑩ ⇒ ⑪
各工程　　　 10　　 15　 8　22　 0　10　　　 15
累計　　　　10　　 25　33　55　55　65　　　 80

※2：経路Aの①から④までの日数は33日，経路Bの①から⑥までの日数は25日．
　　　よって，⑥のところで④からのダミーの影響を受け8日作業が滞留する．

※3：経路Aの①から⑤までの日数は55日，経路Bの①から⑨までの日数は55日．
　　　よって，⑨のところで⑤からのダミーの影響は受けない．

経路C：① ⇒ ② ⇒ ⑦ ⇒ ⑧ ⇒ ⑨ ⇒ ⑩ ⇒ ⑪
各工程　　　 10　　　 7　　　15　　　15　 8　10　　　 15
累計　　　　10　　　17　　　32　　　47　55　65　　　 80

※4：経路Aの①から⑤までの日数は55日，経路Cの①から⑨までの日数は47日．
　　　よって，⑨のところで⑤からのダミーの影響を受け8日作業が滞留する．

滞留が生じる工程が後段の状態番号にない（万が一遅延しても滞留日数を少なくすることで遅延を吸収できる）要素作業名は，上記の記号を追いかけると以下のようになる．

　（p, a1, a2, a3, b2, b3, f)

ここでa3，b2は同じ日数であるが，a3が遅れると⑨での遅延を生じ，b2が

遅れると全体日程に影響する関係にあり，双方とも監理すべき対象になる.

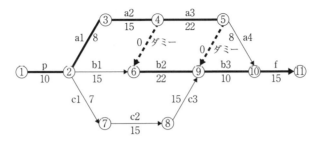

以上から，最も適切な要素作業群は①となる.

（注）類似問題 H28-Ⅰ-1-4，H25-Ⅰ-1-4，H23-Ⅰ-1-3

 答 ①

**基礎科目 Ⅰ-1-3** 人に優しい設計に関する次の（ア）～（ウ）の記述について，それぞれの正誤の組合せとして，最も適切なものはどれか.

（ア）バリアフリーデザインとは，障害者，高齢者等の社会生活に焦点を当て，物理的な障壁のみを除去するデザインという考え方である.

（イ）ユニバーサルデザインとは，施設や製品等について新しい障壁が生じないよう，誰にとっても利用しやすく設計するという考え方である.

（ウ）建築家ロン・メイスが提唱したバリアフリーデザインの7原則は次のとおりである. 誰もが公平に利用できる，利用における自由度が高い，使い方が簡単で分かりやすい，情報が理解しやすい，ミスをしても安全である，身体的に省力で済む，近づいたり使用する際に適切な広さの空間がある.

| | ア | イ | ウ |
|---|---|---|---|
| ① | 正 | 正 | 誤 |
| ② | 誤 | 正 | 誤 |
| ③ | 誤 | 誤 | 正 |
| ④ | 正 | 誤 | 誤 |
| ⑤ | 正 | 正 | 正 |

**解 説**

ノースカロライナ州立大学のロナルド・メイス氏（Ronald Lawrence Mace,

1941〜1998年）は，1985年に公式にユニバーサルデザインの概念を提唱した．自らも障がいをもちながら健常者と一緒に建築学・プロダクトデザインの教鞭をとっていた彼は，自己の経験を踏まえ，「すべての人が人生のある時点で何らかの障がいをもつ」と発想した．

一口に障がいといっても，視覚，聴覚，肢体，知的など複数の内容がある．また，同じ障がいでも程度の差がある．さらに，すべての人には怪我などで一時的に障がいをもつ可能性もある．ユニバーサルデザインはデザインの対象を障がい者に限定せず，障がいの有無，年齢，性別，国籍，人種にかかわらずすべての人が気持ちよく使えるデザインを計画する考え方である．

ここで，「バリアフリーデザイン」との差異を考える．バリアフリーデザインは高齢者や身体障がい者など社会生活弱者の行動を妨げ障害となるものを生活しやすいよう除去していく，過去の反省に立った事後改善活動の一環という見方もできる．一方，「ユニバーサルデザイン」は上述のように，計画段階当初からの立案実施を図り，しかも高齢者や身体障がい者など社会生活弱者に限定することなく，すべての人が対象となる概念であるため，「バリアフリーデザイン」の概念に比べより広範囲で，かつプロダクトデザイン的視点が強いものである．

（ア）　誤．バリアフリーデザインの概念が障がい者・高齢者等の社会生活に焦点を当てたところから始まったことは，題意のとおりであるが，その対象は物理的（ハード的）障害に限らない．障がい等をもつ「隣人」への配慮・考え方の啓発教育活動はソフト的な考え方であり，これもバリアフリーデザインの概念に含まれる．

（イ）　正．ユニバーサルデザインの概念では，「すべての人」，つまり「誰にとっても」利用しやすくし，企画・設計段階まで立ち返って行うことが含まれる．

（ウ）　誤．ユニバーサルデザインの7原則（7条件ともいう）は下記のとおりである．いくつかの邦訳があるため表現には複数の事例が見られるが，下記の記載がよく見られる表記である．

1．どんな人でも公平に使えること．
　　（公平な利用・Equitable use）

2．使ううえでの柔軟性があること．
　　（利用における柔軟性・Flexibility in use）

3．使い方が簡単で自明であること．
　　（単純で直感的な利用・Simple and intuitive）

4．必要な情報がすぐにわかること．

（認知できる情報・Perceptible information）

5．うっかりミスを許容できること．

（失敗に対する寛大さ・Tolerance for error）

6．身体への過度な負担を必要としないこと．

（少ない身体的な努力・Low physical effort）

7．アクセスや利用のための十分な大きさと空間が確保されていること．（接
近や利用のためのサイズと空間・Size and space for approach and use）

1～6までは出題文と同じ意味であるが，7に関してはほんの少し異なるところがある．

問題文では「近づいたり使用する際に適切な広さの空間がある」と記しているが，これでは例えば操作するものの周りに十分人の手が入る設計で配慮していても，操作するスイッチが極端に小さくて，手先が震えるような人だと操作できないと誤作動を誘引し，役に立たないということも起こりうると想起する．操作されるものや手に持つものとして，操作対象となるもののサイズ感の考慮も必要と考えている．つまり「空間（space）のみならず，大きさ（size）も検討する」のが原則である．

※なお，問題文には提唱者の名前が「建築家ロン・メイス」となっているので，一部の受験者は戸惑うかもしれないが，これは Ronald Lawrence Mace 氏の通称である．

以上から，最も適切な組合せは②である．細かいところまで知識をもっていないと，個々の項目は正誤に戸惑う点が多い，やや難易度の高い問題である．

（注）類似問題　H26-Ⅰ-1-1，H24-Ⅰ-1-4  　②

**基礎科目 Ⅰ-1-4**　ある工場で原料 A, B を用いて，製品 1，2 を生産し販売している．製品 1，2 は共通の製造ラインで生産されており，2 つを同時に生産することはできない．下表に示すように製品 1 を 1kg 生産するために原料 A，B はそれぞれ 2kg，1kg 必要で，製品 2 を 1kg 生産するためには原料 A，B をそれぞれ 1kg，3kg 必要とする．また，製品 1，2 を 1kg ずつ生産するために，生産ラインを 1 時間ずつ稼働させる必要がある．原料 A，B の使用量，及び，生産ラインの稼働時間については，1 日当たりの上限があり，それぞ

れ12kg，15kg，7時間である．製品1，2の販売から得られる利益が，それぞれ300万円/kg，200万円/kgのとき，全体の利益が最大となるように製品1，2の生産量を決定したい．1日当たりの最大の利益として，最も適切な値はどれか．

表　製品の製造における原料の制約と
生産ライン稼働時間及び販売利益

|  | 製品1 | 製品2 | 使用上限 |
|---|---|---|---|
| 原料A［kg］ | 2 | 1 | 12 |
| 原料B［kg］ | 1 | 3 | 15 |
| ライン稼働時間［時間］ | 1 | 1 | 7 |
| 利益［万円/kg］ | 300 | 200 | |

① 1 980万円　　② 1 900万円　　③ 1 000万円

④ 1 800万円　　⑤ 1 700万円

## 解　説

線形計画法に関わる問題である．

題意を数式化するため，製品1をX個，製品2をY個生産すると考えると，以下の連立不等式が成立する．

原料A：$2X+Y \leqq 12$　　　　　　　　　　　　　　　　　　（1）

原料B：$X+3Y \leqq 15$　　　　　　　　　　　　　　　　　　（2）

ライン稼働時間：$X+Y \leqq 7$　　　　　　　　　　　　　　（3）

利益：$P=300X+200Y$　　　　　　　　　　　　　　　　　（4）

ここでX，Yが各々0以上の整数である．

これを解くことで最大利益となる条件を求めるのだが，ここでは求める個数が2つの値なのに連立不等式が3式ある（いわゆる不静定問題に近い）．

（1）式，（2）式の解は，$X \leqq 4$，$Y \leqq 4$

（1）式，（3）式の解は，$X \leqq 5$，$Y \leqq 2$

（2）式，（3）式の解は，$X \leqq 3$，$Y \leqq 4$

このように解の判別が困難であるので，作図で求めるのが間違いも少なく容易である．

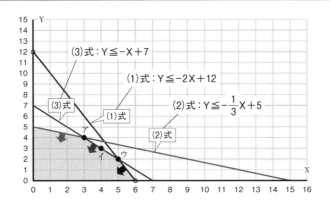

これで最も生産個数が多く，利益が多くなる候補は3個挙げられるため，これらの中から利益Pを比較すると，次の表のとおりになる．

|  | 製品1 X | 製品2 Y | 利益P（万円） | 参　考 |
|---|---|---|---|---|
| ア | 3 | 4 | 1 700 | |
| イ | 4 | 3 | 1 800 | |
| ウ | 5 | 2 | 1 900 | 利益最大 |

以上から，利益最大かつ最も適切な生産量は，製品1が5個・製品2が2個となり，利益最大は1 900万円で正答は②である．

やや難易度が高い問題である．

（注）類似問題　H24-Ⅰ-1-5，H20-Ⅰ-1-4

　 ②

**基礎科目**
**Ⅰ-1-5**

ある製品1台の製造工程において検査をX回実施すると，製品に不具合が発生する確率は，$1/(X+2)^2$になると推定されるものとする．1回の検査に要する費用が30万円であり，不具合の発生による損害が3 240万円と推定されるとすると，総費用を最小とする検査回数として，最も適切なものはどれか．

① 2回　　② 3回　　③ 4回　　④ 5回　　⑤ 6回

**解　説**

この設問の「総費用T（万円）」は，検査費用と不具合の存在による損失期待額の和である．

Xを検査回数として，製品1台ごとにおける損失金額Tは下式になる．

$$T = 30X + 3\,240 \cdot \frac{1}{(X+2)^2}$$

ここではX≧0かつ整数である．

上式Tの微分（すなわちdT/dX）を得ることでXの最小値が算出できる．

しかし，この式の微分は結構面倒でもあり，題意が明確に読め，数式を立てた後は，検査回数Xは整数であることから愚直に算出することで答を導き出す方が容易である．

| | 検査回数<br>回 | 検査費用<br>万円 | 不具合損害<br>万円 | 総費用<br>万円 | 備考 |
|---|---|---|---|---|---|
| ① | 2 | 60.0 | 202.5 | 262.5 | |
| ② | 3 | 90.0 | 129.6 | 219.6 | |
| ③ | 4 | 120.0 | 90.0 | 210.0 | 最小 |
| ④ | 5 | 150.0 | 66.1 | 216.1 | |
| ⑤ | 6 | 180.0 | 50.6 | 230.6 | |

以上から，最も総費用が低廉で，適切な検査回数Xは4回，正答は③である．

（注）類似問題　H15-I-1-3

 答 ③

**基礎科目 I-1-6**　　製造物責任法に関する次の記述の，　　　に入る語句の組合せとして，最も適切なものはどれか．

製造物責任法は，　ア　の　イ　により人の生命，身体又は財産に係る被害が生じた場合における製造業者等の損害賠償の責任について定めることにより，　ウ　の保護を図り，もって国民生活の安定向上と国民経済の健全な発展に寄与することを目的とする．

製造物責任法において　ア　とは，製造又は加工された動産をいう．また，　イ　とは，当該製造物の特性，その通常予見される使用形態，その製造業者等が当該製造物を引き渡した時期その他の当該製造物に係る事情を考慮して，当該製造物が通常有すべき　エ　を欠いていることをいう．

|     | ア     | イ     | ウ     | エ     |
|-----|--------|--------|--------|--------|
| ①   | 製造物  | 故障    | 被害者  | 機能性  |
| ②   | 設計物  | 欠陥    | 製造者  | 安全性  |
| ③   | 設計物  | 破損    | 被害者  | 信頼性  |
| ④   | 製造物  | 欠陥    | 被害者  | 安全性  |
| ⑤   | 製造物  | 破損    | 製造者  | 機能性  |

**解　説**

製造物責任法は俗に PL（Product Liability）法ともいわれる.

本問題は製造物責任法（平成六年七月一日法律第八十五号）の条文そのものに関わるが, 製造物の品質保証に関わる一般知識で立法の骨子自体の設問である.

> （目的）
> **第一条**　この法律は, 製造物の欠陥により人の生命, 身体又は財産に係る被害が生じた場合における製造業者等の損害賠償の責任について定めることにより, 被害者の保護を図り, もって国民生活の安定向上と国民経済の健全な発展に寄与することを目的とする.
>
> （定義）
> **第二条**　この法律において「製造物」とは, 製造又は加工された動産をいう.
> 　**2**　この法律において「欠陥」とは, 当該製造物の特性, その通常予見される使用形態, その製造業者等が当該製造物を引き渡した時期その他の当該製造物に係る事情を考慮して, 当該製造物が通常有すべき安全性を欠いていることをいう.（後略）　　　　　　　　　※下線は筆者による

　ア　は出題意図から製造物とすぐ気がつくだろう. ここで留意すべきはサービス, 不動産, 未加工のものは定義上では製造物に含まれず, 欠陥があっても本法では対象にはならないことである. 　イ　は破損・故障でなくても欠陥があれば, 信頼又は財産に被害が生じる現実を考えると, 欠陥という語句が選定できる. 立法理由から, 本法は製造者の側ではなく消費者保護に立脚したものであるから　ウ　は被害者であることもわかる. 機能性があっても安全性に乏しい（またはその逆）事例には, 現実には製造物が安全であるからこそ顧客に供給できることを考えると, 　エ　は安全性が妥当である.

条文を知らないと, 　エ　は惑わされる可能性があるが, 他の項目が理解できていれば容易に解答できる内容である.

以上から, □□□に入る語句の組合せとして最も適切なものは④である.

（注）過去問題 H27- I -1-4, H25- I -1-1, H20- I -1-2

答　④

（全6問題から3問題を選択解答）

**基礎科目 I-2-1**　情報セキュリティに関する次の記述のうち，最も不適切なものはどれか．

① 外部からの不正アクセスや，個人情報の漏えいを防ぐために，ファイアウォール機能を利用することが望ましい．

② インターネットにおいて個人情報をやりとりする際には，SSL/TLS 通信のように，暗号化された通信であるかを確認して利用することが望ましい．

③ ネットワーク接続機能を備えた IoT 機器で常時使用しないものは，ネットワーク経由でのサイバー攻撃を防ぐために，使用終了後に電源をオフにすることが望ましい．

④ 複数のサービスでパスワードが必要な場合には，パスワードを忘れないように，同じパスワードを利用することが望ましい．

⑤ 無線 LAN への接続では，アクセスポイントは自動的に接続される場合があるので，意図しないアクセスポイントに接続されていないことを確認することが望ましい．

---

## 解　説

① 適切．ファイアウォールは，外部からネットワーク内部への不正なアクセスを防止し，個人情報や企業の営業秘密情報の流出を抑圧する機能である．したがって，ファイアウォール機能を利用することは望ましい．

② 適切．個人情報が流出すると様々な犯罪に悪用されるおそれがある．したがって，インターネットにおいて個人情報をやり取りする場合は，SSL/TLS 通信のような暗号化された通信を用いることが望ましい．

③ 適切．ネットワーク接続機能を備えた IoT 機器は，悪意のある第三者に乗っ取られると，例えば特定のサーバに大量のデータを送り付けて，サーバの機能を停止させる DoS 攻撃などに悪用されるおそれがある．したがって，使

用していないときは電源をオフにすることが望ましい.

④　最も不適切. 複数のサービスで同じパスワードを利用すると，1つのサービスでパスワードが悪意ある第三者に流出すると，他のサービスへも悪意ある第三者に侵入されるおそれがある. したがって，同じパスワードを複数のサービスに利用するのは望ましくない.

⑤　適切. 無線 LAN は，簡単にネットワークに接続できて便利な反面，意図しないアクセスポイントに接続してしまうおそれもある. この場合
- 他人のネットワークを無断で利用してしまう可能性と，
- セキュリティが低いネットワークに接続したために自身の個人情報が流出する恐れがある.

　したがって，意図しないアクセスポイントに接続されていないことを確認することが望ましい.

以上から，最も不適切なものは④である.　🔓答 ④

**基礎科目 I -2-2**

　下図は，人や荷物を垂直に移動させる装置であるエレベータの挙動の一部に関する状態遷移図である. 図のように，エレベータには，「停止中」，「上昇中」，「下降中」の3つの状態がある. 利用者が所望する階を「目的階」とする.「現在階」には現在エレベータが存在している階数が設定される. エレベータの内部には，階数を表すボタンが複数個あるとする.「停止中」状態で，利用者が所望の階数のボタンを押下すると，エレベータは，「停止中」,「上昇中」,「下降中」のいずれかの状態になる.「上昇中」,「下降中」の状態は，「現在階」をそれぞれ1つずつ増加又は減少させる. 最終的にエレベータは，「目的階」に到着する. ここでは，簡単のため，エレベータの扉の開閉の状態，扉の開閉のためのボタン押下の動作，エレベータが目的階へ「上昇中」又は「下降中」に別の階から呼び出される動作，エレベータの故障の状態など，ここで挙げた状態遷移以外は考えないこととする. 図中の状態遷移の「現在階」と「目的階」の条件において，(a), (b), (c), (d), (e) に入る記述として，最も適切な組合せはどれか.

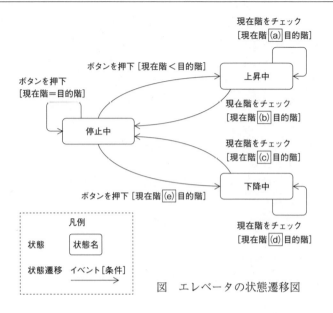

図　エレベータの状態遷移図

|     | a   | b   | c   | d   | e   |
| --- | --- | --- | --- | --- | --- |
| ①  | =   | =   | =   | =   | =   |
| ②  | =   | >   | <   | =   | =   |
| ③  | <   | =   | =   | >   | >   |
| ④  | =   | <   | >   | =   | =   |
| ⑤  | >   | =   | =   | <   | >   |

---

**解　説**

- 題意より，ボタンを押下されて，現在階よりも大きな目的階を指示されると，エレベータは上昇を開始する．
- エレベータが上昇して現在階が大きくなるごとに目的階と比較し，目的階が現在階よりも大きければ上昇を継続するので，(a) は ＜ である．
- 現在階がさらに大きくなり目的階と一致すれば上昇をやめて目的階で停止するので，(b) は ＝ である．
- 同様にボタンを押下されて，現在階よりも小さな目的階を指示されると，エレベータは下降を開始するので，(e) は ＞ である．
- エレベータが下降して現在階が小さくなるごとに目的階と比較し，目的階が現在階よりも小さければ下降を継続するので，(d) は ＞ である．

- 現在階がさらに小さくなり目的階と一致すれば下降をやめて目的階で停止するので，(c)は = である.

以上から，(a)，(b)，(c)，(d)，(e) に入る記述として，最も適切な組合せは③である.

答 ③

基礎科目 I -2-3

　補数表現に関する次の記述の，□□□に入る補数の組合せとして，最も適切なものはどれか.

　一般に，k 桁の n 進数 X について，X の n の補数は $n^k - X$，X の n−1 の補数は $(n^k - 1) - X$ をそれぞれ n 進数で表現したものとして定義する．よって，3 桁の10進数で表現した956の(n＝)10の補数は，$10^3$ から956を引いた $10^3 - 956 = 1000 - 956 = 44$ である．さらに956の(n−1＝10−1＝)9 の補数は，$10^3 - 1$ から956を引いた $(10^3 - 1) - 956 = 1000 - 1 - 956 = 43$ である．同様に 5 桁の 2 進数 $(01011)_2$ の(n＝)2 の補数は ア，(n−1＝2−1＝)1 の補数は イ である.

| | ア | イ |
|---|---|---|
| ① | $(11011)_2$ | $(10100)_2$ |
| ② | $(10101)_2$ | $(11011)_2$ |
| ③ | $(10101)_2$ | $(10100)_2$ |
| ④ | $(10100)_2$ | $(10101)_2$ |
| ⑤ | $(11011)_2$ | $(11011)_2$ |

### 解　説

　題意より，5 桁の 2 進数 $(01011)_2$ の 2 の補数は，$2^5 = (100000)_2$ から $(01011)_2$ を減じたものなので

$$
\begin{array}{r}
(100000)_2 \\
-)\ \ (01011)_2 \\
\hline
(010101)_2
\end{array}
$$

減算結果は 5 桁の 2 進数なので，$2^5$ の桁を削除すると，ア は $(10101)_2$ となる.

　同様に 5 桁の 2 進数 $(01011)_2$ の 1 の補数は，$2^5 = (100000)_2$ から 1 を減じ，さらに $(01011)_2$ を減じたものなので

$$
\begin{array}{r}
(100000)_2 \\
-)\quad (00001)_2 \\
\hline
(011111)_2
\end{array}
\qquad
\begin{array}{r}
(011111)_2 \\
-)\quad (01011)_2 \\
\hline
(010100)_2
\end{array}
$$

減算結果は5桁の2進数なので，$2^5$ の桁を削除すると，[　イ　]は$(10100)_2$ となる．

以上から，[　　]に入る補数の組合せとして，最も適切なものは③である．

 ③

**基礎科目 I -2-4**

次の論理式と等価な論理式はどれか．
$$X = \overline{\overline{A}\cdot\overline{B} + A\cdot B}$$

ただし，論理式中の＋は論理和，・は論理積，$\overline{X}$ は X の否定を表す．また，2変数の論理和の否定は各変数の否定の論理積に等しく，2変数の論理積の否定は各変数の否定の論理和に等しい．

① $X = (A+B)\cdot\overline{(A+B)}$     ② $X = (A+B)\cdot(\overline{A}\cdot\overline{B})$

③ $X = (A\cdot B)\cdot(\overline{A}\cdot\overline{B})$     ④ $X = (A\cdot B)\cdot\overline{(A\cdot B)}$

⑤ $X = (A+B)\cdot\overline{(A\cdot B)}$

---

### 解 説

ド・モルガンの定理により，式（1），（2）が知られる．

$$\overline{(P+Q)} = \overline{P}\cdot\overline{Q} \tag{1}$$
$$\overline{(P\cdot Q)} = \overline{P} + \overline{Q} \tag{2}$$

出題の $X = \overline{\overline{A}\cdot\overline{B} + A\cdot B}$ 中の $\overline{A}\cdot\overline{B}$ と $A\cdot B$ を式（2）の定理を適用すると，式（3）となる．

$$X = \overline{(\overline{A}\cdot\overline{B})}\cdot\overline{(A\cdot B)} \tag{3}$$

式（3）右辺左側の $\overline{(\overline{A}\cdot\overline{B})}$ 中の $\overline{A}$ と $\overline{B}$ を式（2）の定理を適用すると，式（4）となる．

$$X = (\overline{\overline{A}} + \overline{\overline{B}})\cdot\overline{(A\cdot B)} \tag{4}$$

ここで，$\overline{\overline{A}} = A$，$\overline{\overline{B}} = B$ であるから，式（4）は式（5）と書き直せる．

$$X = (A+B)\cdot\overline{(A\cdot B)} \tag{5}$$

以上から，与えられた論理式と等価な論理式は⑤である．

 ⑤

**基礎科目 I-2-5**

　　数式を $a+b$ のように，オペランド（演算の対象となるもの，ここでは1文字のアルファベットで表される文字のみを考える。）の間に演算子（ここでは＋，－，×，÷の4つの2項演算子のみを考える。）を書く書き方を中間記法と呼ぶ。これを $ab+$ のように，オペランドの後に演算子を置く書き方を後置記法若しくは逆ポーランド記法と呼ぶ。中間記法で，$(a+b)×(c+d)$ と書かれる式を下記の図のように数式を表す2分木で表現し，木の根（root）からその周囲を反時計回りに回る順路（下図では▲の方向）を考え，順路が節点の右側を上昇（下図では↑で表現）して通過するときの節点の並び $ab+cd+×$ はこの式の後置記法となっている。後置記法で書かれた式は，先の式のように「$a$ と $b$ を足し，$c$ と $d$ を足し，それらを掛ける」というように式の先頭から読むことによって意味が通じることが多いことや，かっこが不要なため，コンピュータの世界ではよく使われる。中間記法で $a×b+c÷d$ と書かれた式を後置記法に変換したとき，最も適切なものはどれか。

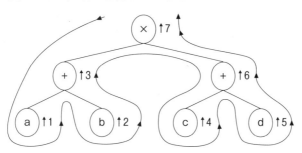

図　式 $(a+b)×(c+d)$ の2分木と後置記法への変換

① $ab×cd÷+$ 　　② $ab×c÷d+$ 　　③ $abc×÷d+$

④ $abc+d÷×$ 　　⑤ $abcd×÷+$

## 解　説

中間記法による $a×b+c÷d$ は

・まずは $a$ と $b$ とを掛け，　　　　　　　　　　　　　　　　　　　　（1）

・次に $c$ を $d$ で除し，　　　　　　　　　　　　　　　　　　　　　　（2）

・最後に（1）と（2）との結果を足し合わせることを意味する。　　　　（3）

題意による後置記法では

　　（1）は $ab×$ と記載し，（2）は $cd÷$ と記載し，

　　（3）は（1）（2）＋と記載する。

以上をまとめると，後置記法では

$ab \times cd \div +$ となる． (4)

以上から，最も適切なものは①である．

**基礎科目**
**I-2-6**

900個の元をもつ全体集合 $U$ に含まれる集合 $A$，$B$，$C$ がある．集合 $A$，$B$，$C$ 等の元の個数は次のとおりである．

$A$ の元　300個
$B$ の元　180個
$C$ の元　128個
$A \cap B$ の元　60個
$A \cap C$ の元　43個
$B \cap C$ の元　26個
$A \cap B \cap C$ の元　9個

このとき，集合 $\overline{A \cup B \cup C}$ の元の個数はどれか．ただし，$\overline{X}$ は集合 $X$ の補集合とする．

① 385個　② 412個　③ 420個
④ 480個　⑤ 488個

**解　説**

集合 $A$，$B$，$C$ を図のように表し，出題の $\overline{A \cup B \cup C}$（図の⑦）を求める前に $A$，$B$，$C$ の和集合である $A \cup B \cup C$（図の①+⑦+①+④+①+④+②）を求める．

図から明らかなように，$A$，$B$，$C$ の和集合 $A \cup B \cup C$ は，

1．$A$ の元である（①+①+④+②）と，

2．$B$ の元から $A$ と $B$ の積集合 $A \cap B$（①+②）を減じた結果の（⑦+①）と，

3．$C$ の元から $A$ と $C$ の積集合 $A \cap C$（④+②）と，$B$ と $C$ の積集合 $B \cap C$（②+①）から $A$ と $B$ と $C$ の積集合 $A \cap B \cap C$（②）を差し引いた結果の（①）とを減じた結果の（①）と，

の和からなる．

以上を式にすると

$A \cup B \cup C = A + (B - A \cap B) + \{C - A \cap C - (B \cap C - A \cap B \cap C)\}$　　　　（1）

式（1）を整理すると，式（2）となる．

$A \cup B \cup C = (A + B + C) - (A \cap B + A \cap C + B \cap C) + A \cap B \cap C$　　　（2）

出題にて与えられた個数を代入すると

$A \cup B \cup C = (300 + 180 + 128) - (60 + 43 + 26) + 9$

　　　　　　　$= 608 - 129 + 9 = 488$　　　　　　　　　　　　　　　　（3）

出題の $\overline{A \cup B \cup C}$ （⑦）は，全体集合 $U$ から $A \cup B \cup C$ を差し引いた値なので

$\overline{A \cup B \cup C} = 900 - 488 = 412$　　　　　　　　　　　　　　　　（4）

である．以上から，正答は②である．

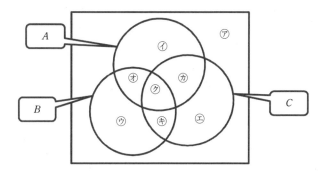

 ②

（全 6 問題から 3 問題を選択解答）

**基礎科目 I -3-1**　一次関数 $f(x)=ax+b$ について定積分 $\displaystyle\int_{-1}^{1} f(x)dx$ の計算式として，最も不適切なものはどれか.

① $\dfrac{1}{4}f(-1)+f(0)+\dfrac{1}{4}f(1)$

② $\dfrac{1}{2}f(-1)+f(0)+\dfrac{1}{2}f(1)$

③ $\dfrac{1}{3}f(-1)+\dfrac{4}{3}f(0)+\dfrac{1}{3}f(1)$

④ $f(-1)+f(1)$

⑤ $2f(0)$

---

### 解　説

台形公式を使って定積分を近似する. 次の図に示すように，$S_1$ は台形の小面積の和となるから，

$$S_1 = h\left[\frac{y_0 + y_N}{2} + \sum_{i=1}^{N-1} y_i\right]$$

となる. これが数値積分の台形公式である.

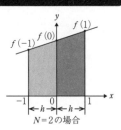

$N=2$ の場合

①　最も不適切. $N=2$ のとき，$h=1$ であるから

$$S_1 = \left[\frac{f(-1)+f(1)}{2} + f(0)\right] = \frac{1}{2}f(-1)+f(0)+\frac{1}{2}f(1)$$

②　適切. ①と同様にして $N=2$ のとき，$h=1$ であるから

$$S_1 = \left[\frac{f(-1)+f(1)}{2} + f(0)\right] = \frac{1}{2}f(-1)+f(0)+\frac{1}{2}f(1)$$

③　適切. シンプソンの公式から

$$S_1 = \frac{h}{3}(y_i + 4y_{i+1} + y_{i+2}) = \frac{1}{3}f(-1) + \frac{4}{3}f(0) + \frac{1}{3}f(1)$$

④　適切．$N=1$ のとき

$$h = \frac{1-(-1)}{N} = \frac{2}{N}$$

から $h=2$ となり，$S_1$ は

$$S_1 = 2\left[\frac{f(-1)+f(1)}{2}\right] = f(-1) + f(1)$$

⑤　適切．$x=-1$, $1$ の区分を等分せずにそのまま近似すると，$N=1$ であるので，$h = 1-(-1) = 2$ となり，$S_1$ は

$$S_1 = h\left[\frac{y_0 + y_N}{2}\right] = 2\left[\frac{f(-1)+f(1)}{2}\right]$$

ここで，$1 \times f(-1)$ は $[-1, 0, f(0), f(-1)]$ の台形の面積である．

$$\frac{f(-1)+f(1)}{2} = f(0)$$

すなわち，$S_1 = 2f(0)$ で近似できる．

以上から，最も不適切なものは①である．

（注）過去問題 H28-Ⅰ-3-1

---

**別 解**

直線 $f(x)$ の区間 $[-h, h]$ における定積分 $\int_{-h}^{h} f(x)\,dx$ は $f(-h)$, $f(h)$ を台形の上辺及び下辺で，高さ $2h$ とした面積 $S = 2h(f(-h)+f(h))/2$ に等しい．ここで，$f(x) = ax + b$ であることから $f(-h) = -ah + b$, $f(h) = ah + b$ となり，$S = h(-ah + b + ah + b) = 2hb$ となる．本題では $h=1$, $b=f(0)$ である．このことから題意の計算式を求めると

①不適切．$\dfrac{1}{4}f(-1) + f(0) + \dfrac{1}{4}f(1) = \dfrac{1}{4}(-ah + b + ah + b) + b = \dfrac{3}{2}b$　…誤答

②適切．$\dfrac{1}{2}f(-1) + f(0) + \dfrac{1}{2}f(1) = \dfrac{1}{2}(-ah + b + ah + b) + b = 2b$　　…正答

③適切．$\dfrac{1}{3}f(-1) + \dfrac{4}{3}f(0) + \dfrac{1}{3}f(1) = \dfrac{1}{3}(-ah + b + ah + b) + \dfrac{4}{3}b = \dfrac{6}{3}b = 2b$ …正答

④適切．$f(-1) + f(1) = -ah + b + ah + b = 2b$ …正答

⑤適切．$2f(0) = 2b$　　　　　　　　　　　…正答

以上より，最も不適切なものは①である．なお，③の式は3点を通る二次関数の定積分から導かれるシンプソンの公式である．

 答 ①

**基礎科目 I -3-2**

$x-y$ 平面において $v=(u,\ v)=(-x^2+2xy,\ 2xy-y^2)$ のとき,$(x,\ y)=(1,2)$ における $\operatorname{div} v = \dfrac{\partial u}{\partial x} + \dfrac{\partial v}{\partial y}$ の値と $\operatorname{rot} v = \dfrac{\partial v}{\partial x} - \dfrac{\partial u}{\partial y}$ の値の組合せとして,最も適切なものはどれか.

① $\operatorname{div} v=2,\ \operatorname{rot} v=-4$　② $\operatorname{div} v=0,\ \operatorname{rot} v=-2$

③ $\operatorname{div} v=-2,\ \operatorname{rot} v=0$　④ $\operatorname{div} v=0,\ \operatorname{rot} v=2$

⑤ $\operatorname{div} v=2,\ \operatorname{rot} v=4$

**解　説**

本問では,$u=-x^2+2xy,\ v=2xy-y^2$ であることから

$$\frac{\partial u}{\partial x} = -2x+2y,\quad \frac{\partial v}{\partial y} = 2x-2y$$

$$\frac{\partial v}{\partial x} = 2y,\quad \frac{\partial u}{\partial y} = 2x$$

になる.ここで,点 (1, 2) では

$$\operatorname{div} v = \frac{\partial u}{\partial x} + \frac{\partial v}{\partial y} = (-2+4)+(2-4)=0$$

$$\operatorname{rot} v = \frac{\partial v}{\partial x} - \frac{\partial u}{\partial y} = 4-2=2$$

となる.

　したがって,$\operatorname{div} v=0,\ \operatorname{rot} v=2$ となり,正答は④である.

　(注) 類似問題 H21- I -3-4

 答 ④

**基礎科目 I -3-3**

行列 $A = \begin{bmatrix} 1 & 0 & 0 \\ a & 1 & 0 \\ b & c & 1 \end{bmatrix}$ の逆行列として,最も適切なものはどれか.

① $\begin{bmatrix} 1 & 0 & 0 \\ a & 1 & 0 \\ ac-b & c & 1 \end{bmatrix}$　② $\begin{bmatrix} 1 & 0 & 0 \\ -a & 1 & 0 \\ ac-b & -c & 1 \end{bmatrix}$

③ $\begin{bmatrix} 1 & 0 & 0 \\ 1-a & 1 & 0 \\ ac-b & 1-c & 1 \end{bmatrix}$ ④ $\begin{bmatrix} 1 & 0 & 0 \\ -a & 1 & 0 \\ ac+b & -c & 1 \end{bmatrix}$

⑤ $\begin{bmatrix} 1 & 0 & 0 \\ a & 1 & 0 \\ ac+b & c & 1 \end{bmatrix}$

**解　説**

行列 $\boldsymbol{A}$ の逆行列を $\boldsymbol{A}^{-1}=\begin{bmatrix} x_{11} & x_{12} & x_{13} \\ x_{21} & x_{22} & x_{23} \\ x_{31} & x_{32} & x_{33} \end{bmatrix}$ とおくと，$\boldsymbol{A}\boldsymbol{A}^{-1}=I$（単位行列）であること

とから，次式が成り立つ.

$$\boldsymbol{A}\boldsymbol{A}^{-1}=\begin{bmatrix} 1 & 0 & 0 \\ a & 1 & 0 \\ b & c & 1 \end{bmatrix}\begin{bmatrix} x_{11} & x_{12} & x_{13} \\ x_{21} & x_{22} & x_{23} \\ x_{31} & x_{32} & x_{33} \end{bmatrix}=\begin{bmatrix} 1 & 0 & 0 \\ 0 & 1 & 0 \\ 0 & 0 & 1 \end{bmatrix}$$

左辺の行列積を演算し各要素を右辺の行列の要素と対比すると下記方程式が導かれる.

$$\begin{bmatrix} x_{11} & x_{12} & x_{13} \\ ax_{11}+x_{21} & ax_{12}+x_{22} & ax_{13}+x_{23} \\ bx_{11}+cx_{21}+x_{31} & bx_{12}+cx_{22}+x_{32} & bx_{13}+cx_{23}+x_{33} \end{bmatrix}=\begin{bmatrix} 1 & 0 & 0 \\ 0 & 1 & 0 \\ 0 & 0 & 1 \end{bmatrix}$$

$x_{11}=1 \qquad x_{12}=0 \qquad x_{13}=0$

$ax_{11}+x_{21}=0 \qquad ax_{12}+x_{22}=1 \qquad ax_{13}+x_{23}=0$

$bx_{11}+cx_{21}+x_{31}=0 \qquad bx_{12}+cx_{22}+x_{32}=0 \qquad bx_{13}+cx_{23}+x_{33}=1$

上記関係から

$$\begin{cases} x_{11}=1 & x_{12}=0 & x_{13}=0 \\ x_{21}=-a & x_{22}=1 & x_{23}=0 \\ x_{31}=ca-b & x_{32}=-c & x_{33}=1 \end{cases}$$

ゆえに逆行列 $\boldsymbol{A}^{-1}$ は下記となり，正答は②である.

$$\boldsymbol{A}^{-1}=\begin{bmatrix} 1 & 0 & 0 \\ -a & 1 & 0 \\ ac-b & -c & 1 \end{bmatrix}$$

 答 ②

基礎科目
Ⅰ-3-4

　　下図は，ニュートン・ラフソン法（ニュートン法）を用いて非線形方程式 $f(x)=0$ の近似解を得るためのフローチャートを示している．図中の（ア）及び（イ）に入れる処理の組合せとして，最も適切なものはどれか．

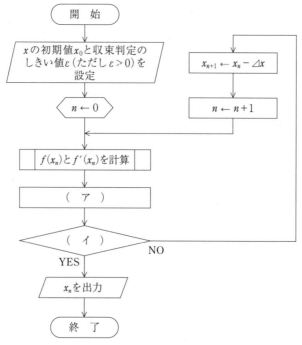

図　ニュートン・ラフソン法のフローチャート

|     | ア | イ |
| --- | --- | --- |
| ① | $\Delta x \leftarrow f(x_n) \cdot f'(x_n)$ | $\lvert \Delta x \rvert < \varepsilon$ |
| ② | $\Delta x \leftarrow f(x_n) / f'(x_n)$ | $\lvert \Delta x \rvert < \varepsilon$ |
| ③ | $\Delta x \leftarrow f'(x_n) / f(x_n)$ | $\lvert \Delta x \rvert < \varepsilon$ |
| ④ | $\Delta x \leftarrow f(x_n) \cdot f'(x_n)$ | $\lvert \Delta x \rvert > \varepsilon$ |
| ⑤ | $\Delta x \leftarrow f(x_n) / f'(x_n)$ | $\lvert \Delta x \rvert > \varepsilon$ |

## 解 説

　ニュートン法は，$f(x)=0$ の近似値 $x_0$ からスタートして，導関数の評価により，反復的に近似値を修正していく方法である．ニュートン法では，$|x_n - x_{n-1}| < \varepsilon$ となったとき，$x_n$ は誤差の限界が $\varepsilon$ の近似解であると考える．

　方程式 $f(x)=0$ の近似解をニュートン法で求める手順は，次のようになる．

　1．初期値 $x_0$ を入力する．

　2．$b = x_0 - \dfrac{f(x_0)}{f'(x_0)}$ を求める．

　3．$|b - x_0| < \varepsilon$ を確かめ，正しければ $b$ を近似解とする．正しくなければ $x_0$ に $b$ の値を入力して，2 に戻る．

　したがって，フローチャートにおける

　（ア）　$\Delta x \leftarrow \dfrac{f(x_n)}{f'(x_n)}$

　（イ）　$|\Delta x| < \varepsilon$

となるので，最も適切なものは②である．

答 ②

基礎科目

I -3-5

　下図に示すように，重力場中で質量 $m$ の質点がバネにつり下げられている系を考える．ここで，バネの上端は固定されており，バネ定数は $k\,(>0)$，重力の加速度は $g$，質点の変位は $u$ とする．次の記述のうち最も不適切なものはどれか．

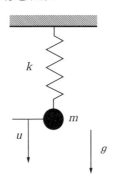

図　重力場中で質点がバネにつり下げられている系

①　質点に作用する力の釣合い方程式は，$ku=mg$ と表すことができる.

②　全ポテンシャルエネルギー（＝内部ポテンシャルエネルギー＋外力のポテンシャルエネルギー）$\Pi_P$ は，

$\Pi_P = \dfrac{1}{2}ku^2 - mgu$ と表すことができる.

③　質点の釣合い位置において，全ポテンシャルエネルギー$\Pi_P$ は最大となる.

④　質点に作用する力の釣合い方程式は，全ポテンシャルエネルギー$\Pi_P$ の停留条件，$\dfrac{d\Pi_P}{du}=0$ から求めることができる.

⑤　全ポテンシャルエネルギー$\Pi_P$ の極値問題として静力学問題を取り扱うことが，有限要素法の固体力学解析の基礎となっている.

### 解　説

①　適切．質点に作用する力の釣り合い方程式は，全ポテンシャルエネルギー$\Pi_P$ の停留条件，$\dfrac{d\Pi_P}{du}=0$ から求めることができる．したがって，$ku=mg$ と表すことができる.

②　適切．$U=0$ を基準点として，重力によるポテンシャルエネルギーは $-mgu$，ばねの力による運動のエネルギーは $\dfrac{ku^2}{2}$ なので，全ポテンシャルエネルギー$\Pi_P$ は

$\Pi_P = \dfrac{1}{2}ku^2 - mgu$

になる.

③　最も不適切．①の方程式 $ku=mg$ を②の全ポテンシャルエネルギーの式に代入すると

$\Pi_P = \dfrac{1}{2}mgu - mgu = -\dfrac{1}{2}mgu$

となり，質点の釣り合い位置において，全ポテンシャルエネルギーは最小となる.

これを図示すると，右図となる.

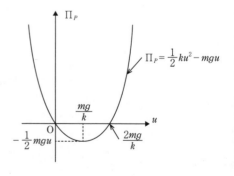

④　適切．①を参照.

⑤　適切．ここで，静力学問題を取り扱うことが，有限要素法の固体力学解析の基礎となっている．

以上から，最も不適切なものは③である．

（注）過去問題 H16- I -3-1

 答 ③

**基礎科目 I -3-6**　長さ 2m，断面積100mm²の弾性体からなる棒の上端を固定し，下端を 4kN の力で下方に引っ張ったとき，この棒に生じる伸びの値はどれか．ただし，この弾性体のヤング率は200GPaとする．なお，自重による影響は考慮しないものとする．

①　0.004mm　　②　0.04mm　　③　0.4mm

④　4mm　　　　⑤　40mm

### 解　説

棒を引っ張ったとき発生する応力 $\sigma$ は

$$\sigma = \frac{P}{A}$$

ここで，$P$：引っ張る力，$A$：断面積である．

したがって

$$\sigma = \frac{4\,[\text{kN}]}{100\,[\text{mm}^2]} = 0.04\,[\text{kN/mm}^2]$$

となる．一方，フックの法則より

$$\varepsilon = \frac{\sigma}{E}$$

ここで，$\varepsilon$：ひずみ，$E$：ヤング率である．

したがって

$$\varepsilon = \frac{0.04\,[\text{kN/mm}^2]}{200\,[\text{GPa}]} = \frac{40\,[\text{N/mm}^2]}{2\times10^{11}\,[\text{N/m}^2]} = \frac{40\times10^6\,[\text{N/m}^2]}{2\times10^{11}\,[\text{N/m}^2]} = 20\times10^{-5}$$

よって，伸び率 $\varDelta L$ は

$$\varDelta L = 2\,000\,[\text{mm}] \times 20\times10^{-5} = 2\times10^3 \times 2\times10^{-4} = 0.4\text{mm}$$

となり，正答は③である．

（注）過去問題 H22- I -3-5

 答 ③

平成30年度　基礎科目

（全6問題から3問題を選択解答）

**基礎科目 Ⅰ-4-1**　次に示した物質の物質量［mol］の中で，最も小さいものはどれか．ただし，（　）の中の数字は直前の物質の原子量，分子量又は式量である．

① 0℃，$1.013×10^5$［Pa］の標準状態で14［L］の窒素（28）

② 10％塩化ナトリウム水溶液200［g］に含まれている塩化ナトリウム（58.5）

③ $3.0×10^{23}$個の水分子（18）

④ 64［g］の銅（63.6）を空気中で加熱したときに消費される酸素（32）

⑤ 4.0［g］のメタン（16）を完全燃焼した際に生成する二酸化炭素（44）

---

**解　説**

　この問題は化学における物質の量の表し方で，原子量は質量数が12の炭素同位体の原子量を12とし，原子数が$6×10^{23}$個，気体の場合の体積は22.4L（標準状態）で，1mol（かつてはモル数，現在は物質量と呼ばれる）と表示される．分子量は分子を構成する原子の原子量の総和で，式量は化学式中の原子の原子量の総和を表している．このことを踏まえて各問題を見ていく．

① 標準状態の1molの気体の体積は22.4Lであるので

14Lの気体の物質量は$\dfrac{14}{22.4}$＝<u>0.625mol</u>である．

② 10％塩化ナトリウム水溶液200g中のNaClの質量は

20gで，物質量は$\dfrac{20}{58.5}$＝<u>0.342mol</u>である．

③ $3.0×10^{23}$個の水分子の物質量は

$\dfrac{3.0×10^{23}個}{6×10^{23}}$＝<u>0.5mol</u>である．

④ 64gの銅を空気中で加熱すると，以下の反応により酸化銅（Ⅱ）が生成する．

$$Cu + \frac{1}{2} O_2 \rightarrow CuO$$

酸素の消費量は銅の半分の物質量で

$$\frac{64}{2 \times 63.6} = \underline{0.50\text{mol}} \text{ である.}$$

⑤ 4.0g のメタンを完全燃焼したときに生成する二酸化炭素の物質量を求める. 生じる反応式は以下のとおりである.

$$CH_4 + 2O_2 \rightarrow 2H_2O + CO_2$$

メタン 1 mol から二酸化炭素 1 mol が生成される. 4 g のメタンは

$$\frac{4}{16} = 0.25\text{mol} \text{ で,} \text{二酸化炭素も} \underline{0.25\text{mol}} \text{ 生成される.}$$

以上から，最も小さな物質量は⑤である.

---

**基礎科目 Ⅰ -4-2**　次の記述のうち，最も不適切なものはどれか．ただし，いずれも常温・常圧下であるものとする．

① 酢酸は弱酸であり，炭酸の酸性度はそれより弱く，フェノールは炭酸より弱酸である．

② 水酸化ナトリウム，水酸化カリウム，水酸化カルシウム，水酸化バリウムは水に溶けて強塩基性を示す．

③ 炭酸カルシウムに希塩酸を加えると，二酸化炭素を発生する．

④ 塩化アンモニウムと水酸化カルシウムの混合物を加熱すると，アンモニアを発生する．

⑤ 塩酸及び酢酸の0.1［mol／L］水溶液は同一の pH を示す．

---

**解　説**

この問題は酸・塩基の強さ，気体の実験室的製法や pH など多岐にわたる問題で幅広い知識が要求される．

① 適切．酢酸，炭酸そしてフェノールの酸性度の比較である．フェノールは極めて弱い酸で，炭酸で遊離することから，この３つの物質の中で最も弱い酸性度である．炭酸は二酸化炭素を水に溶かしたもので，飽和した状態でpH＝5.6（酸性雨の判断基準）である．最後に酢酸であるが，これは炭酸より

強い酸である．よって，この記述は適切である．

② 適切．水酸化ナトリウム及び水酸化カリウムは水に溶けて強塩基性を示す．
水酸化カルシウムは消石灰とも呼ばれ水には難溶（0.16g／水100g）で，水
酸化カリウム等より塩基性は弱い．水酸化バリウムは他のアルカリ土類金属
より水に溶けやすく，バリタ水（あるいは重土水）と呼ばれ強塩基性を示し，
炭酸ガスを吸収する．

③ 適切．希塩酸は強酸であるが，炭酸カルシウムの炭酸は塩酸より弱い酸で
あるから，塩酸を作用させると二酸化炭素が発生する．これは二酸化炭素の
実験室的製法で大量に製造するにはキップの装置を用い，少量である場合に
は三角フラスコ等を用いて製造する．

④ 適切．塩化アンモニウムと水酸化カルシウムの混合物は弱い塩基であるア
ンモニアが発生してくる．これもアンモニアの実験室的製法である．

⑤ 最も不適切．塩酸は水の中ではほぼ完全解離するので0.1mol／Lでは pH＝
－log［HCl］≒1 となる．これに対して，酢酸は完全解離しない（弱酸といわ
れる所以）ので，これより高いpHとなる．よって，この記述は最も不適切で
ある．

以上のことから，最も不適切なものは⑤である．　　　　　🔓 **答 ⑤**

---

**基礎科目**

**I -4-3**　　金属材料の腐食に関する次の記述のうち，最も適切なものはどれ
か．

① 腐食とは，力学的作用によって表面が逐次減量する現象である．

② 腐食は，局所的に生じることはなく，全体で均一に生じる．

③ アルミニウムは表面に酸化物皮膜を形成することで不働態化する．

④ 耐食性のよいステンレス鋼は，鉄にニッケルを5％以上含有させた合金鋼
と定義される．

⑤ 腐食の速度は，材料の使用環境温度には依存しない．

---

**■■■■■■■■■■■■　解　説　■■■■■■■■■■■■**

金属材料の腐食に関する基礎的知識を問うものであるが，先進国における金属
材料の腐食による被害額が GNP の5％に達する事実を知り，強い関心をもって
欲しいものである．

① 不適切．「腐食」とは，周囲の環境（隣接している液体，気体，金属等）と化学反応を起こし，溶解したり腐食生成物（さび）を生成したりすることとされており，力学的作用のみによる表面の減耗は「摩耗」である．

② 不適切．腐食は大きく分けて全面腐食と局所腐食に二分されるが，全面で均一に腐食が生ずるのは，金属材料の形状が単純で，かつその全表面及びそれに隣接する環境も共に均質である場合に限られるので，むしろまれである．局所腐食は，孔食・すき間腐食・粒界腐食・電解腐食等，色々あり，広く観測される現象である．

③ 適切．空気中で約20nm の薄い酸化物皮膜，電解液中における陽極酸化処理により 5〜70$\mu$m の厚い皮膜が形成され，皮膜が破れない範囲で不働態化する．

④ 不適切．ISO 規格では，ステンレス鋼は炭素含有量1.2%以下でクロム含有量が10.5%以下の鋼をいうと定義されている．主成分としてクロム，またはクロムとニッケルを含み，空気中で10〜30Å（1〜3nm）のクロムを主体とする薄いが強固で安定した酸化物皮膜を形成する，錆びにくい合金鋼である．

⑤ 不適切．化学反応である腐食の速度は，反応速度論による反応の速度係数 $k$ に支配されることが知られている．

$k$ は，頻度因子 $A$，活性化エネルギー $E_a$，気体定数 $R$，環境の絶対温度 $T$ を用いて次式（a）で表され，使用環境温度に対する依存度が非常に高いことが分かる．

$$k = A \cdot \exp\left(\frac{-E_a}{RT}\right) \ \cdots\cdots\ (a)$$

温度が10℃上昇すると反応速度がほぼ 2 倍になるという経験則「10℃ 2 倍則」も頭に入れておきたい．

以上から，最も適切なものは③である．　

---

**基礎科目**
**I -4-4**

金属の変形や破壊に関する次の（A）〜（D）の記述の，[　　　]に入る語句の組合せとして，最も適切なものはどれか．

（A）　金属の塑性は，[　ア　]が存在するために原子の移動が比較的容易で，また，移動後も結合が切れないことによるものである．

（B）　結晶粒径が[　イ　]なるほど，金属の降伏応力は大きくなる．

(C) 多くの金属は室温下では変形が進むにつれて格子欠陥が増加し，$\boxed{\text{ウ}}$する．

(D) 疲労破壊とは，$\boxed{\text{エ}}$によって引き起こされる破壊のことである．

|  | ア | イ | ウ | エ |
|---|---|---|---|---|
| ① | 自由電子 | 小さく | 加工軟化 | 繰返し負荷 |
| ② | 自由電子 | 小さく | 加工硬化 | 繰返し負荷 |
| ③ | 自由電子 | 大きく | 加工軟化 | 経年腐食 |
| ④ | 同位体 | 大きく | 加工硬化 | 経年腐食 |
| ⑤ | 同位体 | 小さく | 加工軟化 | 繰返し負荷 |

## 解　説

　本問も，前問に続き金属材料を取り上げ，その加工及び使用時に留意すべき特性についての基礎知識を問うものである．オーム社の「技術士第一次試験　基礎・適性科目　完全制覇」のpp.144～146に，材料の電子構造と諸特性との関係について，要点がまとめられているので参考にされたい．

　(A) では，アが，金属にその特徴である可塑性をもたらす構成要素である場合，自由電子であるか同位体であるかを選択させる問題である．アは自由電子であることは自明といってよいであろう．ちなみに同位体とは，アイソトープ，同位元素とも呼ばれるが，原子核内の陽子の数（正電荷）は同じで中性子の数が異なる元素のことであり，あらゆる元素に存在し金属元素に特有のものではなく，塑性とは無関係である．

　(B) は，結晶粒度の大小と降伏応力の関係を選択させるものであるが，結晶粒の平均粒径 $d$ と降伏応力 $S_y$ との関係が，摩擦応力を $S_0$（材料組成によって決まる定数），比例定数を $k$ として次式（b）で表されることを知っていれば簡単な問題である．

$$S_y = S_0 + k \cdot d^{-(1/2)} \cdots\cdots \text{(b)}$$

　すなわち，降伏応力と摩擦応力の差 $S_y - S_0$ は，平均粒径の平方根に反比例するので，ここではイは小さくとなる．

　(C) 格子欠陥は，金属材料が再結晶温度以下で塑性変形すると，変形の進行に伴って増加する．多くの金属材料にとって室温は再結晶温度以下なので，変形に対する抵抗となる格子欠陥の増加により材料は硬化するので，ウは加工硬化となる．

　(D) 疲労破壊とは，繰返し負荷によって引き起こされる破壊と定義されてい

るので，定義どおり<u>エ</u>は，<u>繰返し負荷</u>を選択することになる．疲労破壊は，繰返し負荷の大きさに加え，回数，繰返し負荷を受ける環境や温度等に強い影響を受けることを頭に入れておきたい．

　以上から，最も適切な組合せは，ア：自由電子，イ：小さく，ウ：加工硬化，エ：繰返し負荷なので，正答は②である．

　（注）過去問題 H23-Ⅰ-4-4

 答 ②

基礎科目
Ⅰ-4-5

　生物の元素組成は地球表面に存在する非生物の元素組成とは著しく異なっている．すなわち，地殻に存在する約100種類の元素のうち，生物を構成するのはごくわずかな元素である．細胞の化学組成に関する次の記述のうち，最も不適切なものはどれか．

① 　水は細菌細胞の重量の約70％を占める．

② 　細胞を構成する総原子数の99％を主要4元素（水素，酸素，窒素，炭素）が占める．

③ 　生物を構成する元素の組成比はすべての生物でよく似ており，生物体中の総原子数の60％以上が水素原子である．

④ 　細胞内の主な有機小分子は，糖，アミノ酸，脂肪酸，ヌクレオチドである．

⑤ 　核酸は動物細胞を構成する有機化合物の中で最も重量比が大きい．

**解　説**

本問は，生物・細胞の化学組成に関する基本的な知識を問う設問である．

① 　適切．細菌細胞の重量の約70％を水が占めている．細菌以外の生物種の細胞も，ほぼ同程度の水を含んでいる．

② 　適切．細胞を構成する主要4元素は，水素，酸素，窒素，炭素であり，原子数では全体の約99％を占めている（重量では約97％）．

③ 　適切．生物を構成する元素の組成比はすべての生物種でほぼ同じである．原子数で最も多い元素は，水や有機化合物全般に含まれる水素であり，全体の約60％を占めている（重量では約10％）．

④ 　適切．細胞内の主な有機小分子は，糖，アミノ酸，脂肪酸，ヌクレオチドである．これらは，それぞれ細胞内の主要な生体高分子である多糖類，タンパク質，脂質，核酸の構成要素である．

⑤ 　最も不適切．動物細胞の重量の70％以上は水である．それ以外は，タンパ

ク質と脂質がほとんどを占めており，核酸の占める重量比はそれらよりも低い．

以上から，最も不適切なものは⑤である．

（注）過去問題 H26-Ⅰ-4-6

 答 ⑤

**基礎科目 Ⅰ-4-6**

タンパク質の性質に関する次の記述のうち，最も適切なものはどれか．

① タンパク質は，20種類の α アミノ酸がペプチド結合という非共有結合によって結合した高分子である．

② タンパク質を構成するアミノ酸はほとんどが D 体である．

③ タンパク質の一次構造は遺伝子によって決定される．

④ タンパク質の高次構造の維持には，アミノ酸の側鎖同士の静電的結合，水素結合，ジスルフィド結合などの非共有結合が重要である．

⑤ フェニルアラニン，ロイシン，バリン，トリプトファンなどの非極性アミノ酸の側鎖はタンパク質の表面に分布していることが多い．

## 解 説

本問は，タンパク質及びそれを構成するアミノ酸の性質に関する設問である．

① 不適切．タンパク質はアミノ酸が鎖状に重合してできた生体高分子である．アミノ酸の構造は，中心となる α−炭素原子の４本の共有結合に水素原子・カルボキシ基・アミノ基・側鎖（R 基）が結合したものである．タンパク質を構成するアミノ酸は20種類あり，それぞれ異なる側鎖を有している．各アミノ酸の性質は側鎖によって決まり，極性（親水性）・非極性（疎水性），塩基性・酸性等の性質に分類される．隣り合うアミノ酸はカルボキシ基とアミノ基のペプチド結合によって重合し，タンパク質を構成する．ペプチド結合は，非共有結合ではなく，共有結合であり，本記述は不適切である．

② 不適切．アミノ酸には L 体と D 体の２つの光学異性体が存在するが，天然のタンパク質を構成するアミノ酸は通常 L 体なので，本記述は不適切である．なお，グリシンは側鎖も水素原子なので，光学異性体は存在しない．

③ 最も適切．タンパク質の構造や機能，性質等は，タンパク質を構成するアミノ酸の数や種類，並び順等によって決まる．タンパク質を構成するアミノ

酸の配列をタンパク質の一次構造といい，遺伝子の塩基配列のコドンによって決定される．

④　不適切．タンパク質の立体構造を高次構造という．アミノ酸の側鎖同士の静電的結合や水素結合，ジスルフィド結合などによって決まる．静電的結合や水素結合は非共有結合である．一方，ジスルフィド結合は，アミノ酸のシステインの側鎖同士が形成する共有結合なので，本記述は不適切である．

⑤　不適切．タンパク質の表面は，通常は水分子に接している．したがって，水分子と親和性の高い極性アミノ酸側鎖がタンパク質表面に分布していることが多く，本記述は不適切である．

以上から，最も適切なものは③である．

（注）類似問題　H29-Ⅰ-4-5，H25-Ⅰ-4-5

平成30年度　基礎科目

（全6問題から3問題を選択解答）

基礎科目
Ⅰ-5-1

「持続可能な開発目標（SDGs）」に関する次の記述のうち，最も不適切なものはどれか．

① 「ミレニアム開発目標（MDGs）」の課題を踏まえ，2015年9月に国連で採択された「持続可能な開発のための2030アジェンダ」の中核となるものである．

② 今後，経済発展が進む途上国を対象として持続可能な開発に関する目標を定めたものであり，環境，経済，社会の三側面統合の概念が明確に打ち出されている．

③ 17のゴールと各ゴールに設定された169のターゲットから構成されており，「ミレニアム開発目標（MDGs）」と比べると，水，持続可能な生産と消費，気候変動，海洋，生態系・森林など，環境問題に直接関係するゴールが増えている．

④ 目標達成のために，多種多様な関係主体が連携・協力する「マルチステークホルダー・パートナーシップ」を促進することが明記されている．

⑤ 日本では，内閣に「持続可能な開発目標（SDGs）推進本部」が設置され，2016年12月に「持続可能な開発目標（SDGs）実施指針」が決定されている．

## 解説

① 適切．平成29年版「環境白書」第1部第1章第1節に記述あり，適切である．

② 最も不適切．平成29年版「環境白書」第1部第1章第1節の2(1)イ項，及び(2)イ項の記述によると，今回採択されたSDGsの大きな特徴の1つに，途上国に限らず先進国を含む全ての国に目標が適用されるというユニバーサリティ（普遍性）があるとしている．設問の記述は，途上国を対象にとあり，最も不適切である．

③ 適切．平成29年版「環境白書」第1部第1章第1節の2(2)ウ項「SDGs

の環境との関わり」に記述あり，適切である．

④　適切．平成29年版「環境白書」第1部第1章第1節の2 (2)イ項「SDGs
の概要及び特徴」に記述あり，適切である．

⑤　適切．日本では，2016年5月20日の閣議決定で SDGs 推進本部が設置され，
同年12月には SDGs 実施指針が策定された．記述は適切である．

以上から，最も不適切なものは②である．　　　　　　　　　　　答　②

**基礎科目**

**I -5-2**

　　事業者が行う環境に関連する活動に関する次の記述のうち，最も
適切なものはどれか．

①　グリーン購入とは，製品の原材料や事業活動に必要な資材を購入する際に，
バイオマス（木材などの生物資源）から作られたものを優先的に購入するこ
とをいう．

②　環境報告書とは，大気汚染物質や水質汚濁物質を発生させる一定規模以上
の装置の設置状況を，事業者が毎年地方自治体に届け出る報告書をいう．

③　環境会計とは，事業活動における環境保全のためのコストやそれによって
得られた効果を金額や物量で表す仕組みをいう．

④　環境監査とは，事業活動において環境保全のために投資した経費が，税
法上適切に処理されているかどうかについて，公認会計士が監査することを
いう．

⑤　ライフサイクルアセスメントとは，企業の生産設備の周期的な更新の機会
をとらえて，その設備の環境への影響の評価を行うことをいう．

**解　説**

①　不適切．グリーン購入とは，製品やサービスを購入する際，購入の必要性
確認後，できる限り環境への負荷が少ないものを優先的に購入することであ
る．設問にあるバイオマス優先購入の記述は，不適切である．

②　不適切．環境報告書とは，事業者が事業活動に係る環境配慮の方針，計画，
体制，及び製品への環境配慮等の状況を記載した文書である．設問にある装
置設置の届出報告書の記述は，不適切である．

③　最も適切．環境会計とは，記述のとおりであり，適切である．

④　不適切．環境監査とは，環境の側面から行う経営管理の方法の1つであり，

企業の定めた環境方針に基づく，環境基準を満たしているかを客観的に評価する体系的なプロセスである．設問にある投資経費の監査との記述は，不適切である．

⑤　不適切．ライフサイクルアセスメントとは，製品の一生涯（ライフサイクル）で，環境に与える影響を分析し，総合評価する手法である．設問にある生産設備の評価手法との記述は，不適切である．

以上から，最も適切なものは③である．

（注）過去問題　H26-Ⅰ-5-2

 答 ③

---

**基礎科目 Ⅰ-5-3**　　石油情勢に関する次の記述の，[　　　]に入る数値又は語句の組合せとして，最も適切なものはどれか．

日本で消費されている原油はそのほとんどを輸入に頼っているが，財務省貿易統計によれば輸入原油の中東地域への依存度（数量ベース）は2017年で約[　ア　]％と高く，その大半は同地域における地政学的リスクが大きい[　イ　]海峡を経由して運ばれている．また，同年における最大の輸入相手国は[　ウ　]である．石油及び石油製品の輸入金額が，日本の総輸入金額に占める割合は，2017年には約[　エ　]％である．

|  | ア | イ | ウ | エ |
|---|---|---|---|---|
| ① | 67 | マラッカ | クウェート | 12 |
| ② | 67 | ホルムズ | サウジアラビア | 32 |
| ③ | 87 | ホルムズ | サウジアラビア | 12 |
| ④ | 87 | マラッカ | クウェート | 32 |
| ⑤ | 87 | ホルムズ | クウェート | 12 |

---

### 解　説

[　ア　]：2017年度，日本の原油輸入量を地域別に見てみると，中東地域への依存度は，87.3％である．したがって，ア＝87となる．

[　イ　]：地政学的リスクが大きい海峡は，イラン沖のホルムズ海峡である．したがって，イ＝ホルムズとなる．

[　ウ　]：2017年度，日本の原油輸入の最大相手国は，32％を占めるサウジアラビアである．したがって，ウ＝サウジアラビアとなる．

| エ |：2017年度，日本の総輸入金額に占める石油および石油製品の輸入金額の割合は，12.46％である．したがって，エ＝12となる．

以上から， | | に入る数値又は語句の組合せとして，最も適切なものは③である．

🔓答 ③

**基礎科目 I -5-4**

我が国を対象とする，これからのエネルギー利用に関する次の記述のうち，最も不適切なものはどれか．

① 電力の利用効率を高めたり，需給バランスを取ったりして，電力を安定供給するための新しい電力送配電網のことをスマートグリッドという．スマートグリッドの構築は，再生可能エネルギーを大量導入するために不可欠なインフラの1つである．

② スマートコミュニティとは，ICT（情報通信技術）や蓄電池などの技術を活用したエネルギーマネジメントシステムを通じて，分散型エネルギーシステムにおけるエネルギー需給を総合的に管理・制御する社会システムのことである．

③ スマートハウスとは，省エネ家電や太陽光発電，燃料電池，蓄電池などのエネルギー機器を組合せて利用する家のことをいう．

④ スマートメーターは，家庭のエネルギー管理システムであり，家庭用蓄電池や次世代自動車といった「蓄電機器」と，太陽光発電，家庭用燃料電池などの「創エネルギー機器」の需給バランスを最適な状態に制御する．

⑤ スマートグリッド，スマートコミュニティ，スマートハウス，スマートメーターなどで用いられる「スマート」は「かしこい」の意である．

**解　説**

① 適切．スマートグリッドとは，電力の流れを供給・需要の両側から制御し，最適化できる送配電網である．したがって，設問の記述は，適切である．

② 適切．スマートコミュニティとは，自家発電や蓄電を含む再生可能エネルギーを最大限に利用し，従来の電力供給と併せて需要・供給を管理，賢くエネルギーを使う社会システムである．したがって，設問の記述は，適切である．

③ 適切．スマートハウスとは，家電や設備機器を情報化し最適制御を行うこ

とで生活者のニーズに応じたサービスを提供する家を指す．したがって，設問の記述は，適切である．

④　最も不適切．スマートメーターとは，従来のアナログ式誘導型電力計とは異なり，電力をデジタルで計測し，メーター内に通信機能をもたせた次世代電力計である．設問の記述にある「家庭のエネルギー管理システムであり，蓄電機器と創エネルギー機器の需給バランスを最適な状態に制御する」は，誤りであり，最も不適切である．

⑤　適切．スマートとは，賢い，頭が切れる，高知識，鋭い，活発，高性能等の意味をもつ．したがって，設問の記述は，適切である．

以上から，最も不適切なものは④である．

 答 ④

**基礎科目**
**I -5-5**
　次の（ア）～（オ）の，社会に大きな影響を与えた科学技術の成果を，年代の古い順から並べたものとして，最も適切なものはどれか．

（ア）　フリッツ・ハーバーによるアンモニアの工業的合成の基礎の確立

（イ）　オットー・ハーンによる原子核分裂の発見

（ウ）　アレクサンダー・グラハム・ベルによる電話の発明

（エ）　ハインリッヒ・R・ヘルツによる電磁波の存在の実験的な確認

（オ）　ジェームズ・ワットによる蒸気機関の改良

①　ウ－エ－オ－イ－ア

②　ウ－オ－ア－エ－イ

③　オ－ウ－エ－ア－イ

④　オ－エ－ウ－イ－ア

⑤　ア－オ－ウ－エ－イ

**解　説**

（ア）　フリッツ・ハーバーによるアンモニアの工業的合成の基礎の確立：1912～1915年

（イ）　オットー・ハーンによる原子核分裂の発見：1938年

（ウ）　アレクサンダー・グラハム・ベルによる電話の発明：1876年

（エ）　ハインリッヒ・R・ヘルツによる電磁波の存在の実験的な確認：1888年

（オ）　ジェームズ・ワットによる蒸気機関の改良：1769年

以上から，年代の古い順に並べると（オ），（ウ），（エ），（ア），（イ）となり，最も適切なものは③である．

🔓**答** ③

**基礎科目 I-5-6**　技術者を含むプロフェッション（専門職業）やプロフェッショナル（専門職業人）の倫理や責任に関する次の記述のうち，最も不適切なものはどれか．

① プロフェッショナルは自らの専門知識と業務にかかわる事柄について，一般人よりも高い基準を満たすよう期待されている．

② 倫理規範はプロフェッションによって異なる場合がある．

③ プロフェッショナルには，自らの能力を超える仕事を引き受けてはならないことが道徳的に義務付けられている．

④ プロフェッショナルの行動規範は変化する．

⑤ プロフェッショナルは，職務規定の中に規定がない事柄については責任を負わなくてよい．

---

**解　説**

① 適切．プロフェッショナル（専門職業人）は，高度な専門知識と業務に関する専門性が要求される．設問の記述は，適切である．

② 適切．プロフェッション（専門職業）は，自律性をもち，職能団体を作り，倫理規範を作るとされる．したがって，それぞれの職能団体によって倫理規範が異なる場合が生ずる．設問の記述は，適切である．

③ 適切．プロフェッショナルには，高度な専門性，自己規制，公共善が求められる．したがって，社会的責任を果たすため，自己能力をよく把握することは，道徳的な義務とされる．設問の記述は，適切である．

④ 適切．プロフェッショナルは，プロフェッションごとの職能団体に属することが多い．行動するに際しては，職能団体が決める規範に従うことが必要とされるが，団体の事情で変化することはあり得る．設問の記述は，適切である．

⑤ 最も不適切．プロフェッショナルに要請される倫理的要素には，例えば，安全の確保といった社会に対する特別な責任を負うという点がある．このよ

うな立場から，プロフェッショナルとして責任を果たすためには，時に規則（規定）に従う以上の態度や振舞いが要求され，成熟した判断力が必要とされる．したがって，設問の規定がない事項については責任を負わなくてよいとの記述は，最も不適切である．

以上から，最も不適切なものは⑤である．

（注）類似問題 H26－Ⅰ－5－5

 答 ⑤

**適 性 科 目**

Ⅱ　次の15問題を解答せよ．（解答欄に1つだけマークすること．）

**適性科目　Ⅱ-1**　技術士法第4章に関する次の記述の，[　　　]に入る語句の組合せとして，最も適切なものはどれか．

技術士法第4章　技術士等の義務
（信用失墜行為の[　ア　]）
第44条　技術士又は技術士補は，技術士若しくは技術士補の信用を傷つけ，又は技術士及び技術士補全体の不名誉となるような行為をしてはならない．
（技術士等の秘密保持[　イ　]）
第45条　技術士又は技術士補は，正当の理由がなく，その業務に関して知り得た秘密を漏らし，又は盗用してはならない．技術士又は技術士補でなくなった後においても，同様とする．
（技術士等の[　ウ　]確保の[　エ　]）
第45条の2　技術士又は技術士補は，その業務を行うに当たっては，公共の安全，環境の保全その他の[　ウ　]を害することのないよう努めなければならない．
（技術士の名称表示の場合の[　イ　]）
第46条　技術士は，その業務に関して技術士の名称を表示するときは，その登録を受けた技術部門を明示してするものとし，登録を受けていない技術部門を表示してはならない．
（技術士補の業務の[　オ　]等）
第47条　技術士補は，第2条第1項に規定する業務について技術士を補助する場合を除くほか，技術士補の名称を表示して当該業務を行ってはならない．
2　前条の規定は，技術士補がその補助する技術士の業務に関してする技術士補の名称の表示について準用する．
（技術士の資質向上の責務）
第47条の2　技術士は，常に，その業務に関して有する知識及び技能の水準を向上させ，その他その資質の向上を図るよう努めなければならない．

|     | ア  | イ  | ウ  | エ  | オ  |
|-----|-----|-----|-----|-----|-----|
| ①  | 制限 | 責務 | 利益 | 義務 | 制約 |
| ②  | 禁止 | 義務 | 公益 | 責務 | 制限 |
| ③  | 禁止 | 義務 | 利益 | 責務 | 制約 |
| ④  | 禁止 | 責務 | 利益 | 義務 | 制限 |
| ⑤  | 制限 | 責務 | 公益 | 義務 | 制約 |

## 解　説

　本問は，技術士法第4章「技術士等の義務」に定めている技術士の3つの「義務」，2つの「責務」および技術士補の業務の1つの「制限」に関する設問である．この内容については確実に理解，記憶をしていることが必要である．

　技術士法第4章の条文に基づき，ア 禁止，イ 義務，ウ 公益，エ 責務，オ 制限となり，□□□に入る語句の組合せとして，最も適切なものは②である．

　（注）類似問題　H29-Ⅱ-1，H26-Ⅱ-1

答 ②

適性科目 Ⅱ-2　技術士及び技術士補は，技術士法第4章（技術士等の義務）の規定の遵守を求められている．次の（ア）～（オ）の記述について，第4章の規定に照らして適切でないものの数はどれか．

（ア）業務遂行の過程で与えられる営業機密情報は，発注者の財産であり，技術士等はその守秘義務を負っているが，当該情報を基に独自に調査して得られた情報の財産権は，この限りではない．

（イ）企業に属している技術士等は，顧客の利益と公衆の利益が相反した場合には，所属している企業の利益を最優先に考えるべきである．

（ウ）技術士等の秘密保持義務は，所属する組織の業務についてであり，退職後においてまでその制約を受けるものではない．

（エ）企業に属している技術士補は，顧客がその専門分野能力を認めた場合は，技術士補の名称を表示して主体的に業務を行ってよい．

（オ）技術士は，その登録を受けた技術部門に関しては，充分な知識及び技能を有しているので，その登録部門以外に関する知識及び技能の水準を重点的に向上させるよう努めなければならない．

①　1　　②　2　　③　3　　④　4　　⑤　5

## 解　説

本問は技術士法第4章「技術士等の義務」の基本的な事項に関する設問である.

（ア）　不適切.　技術士等は，発注者からの情報を基に独自に調査して得られた情報は，正当の理由がなく，漏らし又は盗用してはならない（第45条）.

（イ）　不適切.　企業に属している技術士等は，顧客の利益と公衆の利益が相反した場合は，公衆の利益を最優先に考えなければならない（第45条の2）.

（ウ）　不適切.　技術士等の秘密保持義務は，退職後も遵守する必要がある（第45条）.

（エ）　不適切.　技術士補は，たとえ顧客がその専門分野能力を認めた場合でも，技術士補の名称を表示して主体的に当該業務を行ってはならない（第47条）.

（オ）　不適切.　技術士は，科学技術の進歩が著しく，広範多岐にわたるため，まず，登録を受けた技術部門に関する知識及び技能を向上させ，その他その資質の向上を図るように努めなければならない（第47条の2）.

以上から，（ア）～（オ）はすべて不適切であり，適切でないものの数は5つとなり，正答は⑤である.

　（注）類似問題　H28-Ⅱ-1，H27-Ⅱ-1

答 ⑤

---

**適性科目**
**Ⅱ-3**

「技術士の資質向上の責務」は，技術士法第47条2に「技術士は，常に，その業務に関して有する知識及び技能の水準を向上させ，その他その資質の向上を図るよう努めなければならない.」と規定されているが，海外の技術者資格に比べて明確ではなかった．このため，資格を得た後の技術士の資質向上を図るためのCPD（Continuing Professional Development）は，法律で責務と位置づけられた.

技術士制度の普及，啓発を図ることを目的とし，技術士法により明示された我が国で唯一の技術士による社団法人である公益社団法人日本技術士会が掲げる「技術士CPDガイドライン第3版（平成29年4月発行）」において，□□□に入る語句の組合せとして，最も適切なものはどれか.

技術士CPDの基本

技術業務は，新たな知見や技術を取り入れ，常に高い水準とすべきである．また，継続的に技術能力を開発し，これが証明されることは，技術者の能力証明と

しても意義があることである.

　　ア　は，技術士個人の　イ　としての業務に関して有する知識及び技術の水準を向上させ，資質の向上に資するものである.

　従って，何が　ア　となるかは，個人の現在の能力レベルや置かれている　ウ　によって異なる.

　　ア　の実施の　エ　については，自己の責任において，資質の向上に寄与したと判断できるものを　ア　の対象とし，その実施結果を　エ　し，その証しとなるものを保存しておく必要がある.

　（中略）

　技術士が日頃従事している業務，教職や資格指導としての講義など，それ自体は　ア　とはいえない. しかし，業務に関連して実施した「　イ　としての能力の向上」に資する調査研究活動等は，　ア　活動であるといえる.

| | ア | イ | ウ | エ |
|---|---|---|---|---|
| ① | 継続学習 | 技術者 | 環境 | 記録 |
| ② | 継続学習 | 専門家 | 環境 | 記載 |
| ③ | 継続研鑽 | 専門家 | 立場 | 記録 |
| ④ | 継続学習 | 技術者 | 環境 | 記載 |
| ⑤ | 継続研鑽 | 専門家 | 立場 | 記載 |

**解　説**

　本問は「技術士CPDガイドライン第3版（平成29年4月発行）」のP.3～4「(1) 技術士CPDの基本」からの出題である.

　技術士は，専門職技術者として「技術者論理の徹底」，「科学技術の進歩への関与」，「社会環境変化への対応」，「技術者としての判断力の向上」の視点を重視して継続研鑽に努めることが求められている.

　したがって，ア 継続研鑽は技術士個人のイ 専門家としての知識，技術水準，資質の向上に資するものである. 継続研鑽の内容は，専門家としての能力レベルや置かれているウ 立場によって異なり，継続研鑽の実施結果をエ 記録してその証しとなるものを保存しておく必要がある.

　技術士が日頃従事している業務，教職や業務指導としての講義等はア 継続研鑽ではないが，イ 専門家としての能力向上に関する調査研究活動等はア 継続研鑽活動である.

　以上から，ア 継続研鑽，イ 専門家，ウ 立場，エ 記録となり，

に入る語句の組合せとして，最も適切なものは③である．
　（注）類似問題 H27-Ⅱ-2

**適性科目 Ⅱ-4**　さまざまな工学系学協会が会員や学協会自身の倫理性向上を目指し，倫理綱領や倫理規程等を制定している．それらを踏まえた次の記述のうち，最も不適切なものはどれか．

① 技術者は，倫理綱領や倫理規程等に抵触する可能性がある場合，即時，無条件に情報を公開しなければならない．

② 技術者は，知識や技能の水準を向上させるとともに資質の向上を図るために，組織内のみならず，積極的に組織外の学協会などが主催する講習会などに参加するよう努めることが望ましい．

③ 技術者は，法や規制がない場合でも，公衆に対する危険を察知したならば，それに対応する責務がある．

④ 技術者は，自らが所属する組織において，倫理にかかわる問題を自由に話し合い，行動できる組織文化の醸成に努める．

⑤ 技術者に必要な資質能力には，専門的学識能力だけでなく，倫理的行動をとるために必要な能力も含まれる．

**解　説**

① 最も不適切．技術者は，倫理綱領や倫理規程等に抵触する可能性がある場合には，十分に調査するとともに他の技術者等の見解を確認したうえで，公開することが必要である．

② 適切．記述のとおりである．

③ 適切．公衆に対する危険を察知したときは，法や規制がない場合でも，技術者はそれに対応する責務がある．

④ 適切．技術者は，自ら所属する組織内で，倫理問題を自由に話し合い，行動できる組織文化の醸成が重要である．

⑤ 適切．技術者に必要な資質能力には，専門的学識能力及び倫理的能力が必要である．
　（注）類似問題 H25-Ⅱ-2

 ①

**適性科目 Ⅱ-5**

次の記述は，日本のある工学系学会が制定した行動規範における，［前文］の一部である． ☐ に入る語句の組合せとして，最も適切なものはどれか．

会員は，専門家としての自覚と誇りをもって，主体的に ア 可能な社会の構築に向けた取組みを行い，国際的な平和と協調を維持して次世代，未来世代の確固たる イ 権を確保することに努力する．また，近現代の社会が幾多の苦難を経て獲得してきた基本的人権や，産業社会の公正なる発展の原動力となった知的財産権を擁護するため，その基本理念を理解するとともに，諸権利を明文化した法令を遵守する．

会員は，自らが所属する組織が追求する利益と，社会が享受する利益との調和を図るように努め，万一双方の利益が相反する場合には，何よりも人類と社会の ウ ， エ および福祉を最優先する行動を選択するものとする．そして，広く国内外に眼を向け，学術の進歩と文化の継承，文明の発展に寄与し，オ な見解を持つ人々との交流を通じて，その責務を果たしていく．

| | ア | イ | ウ | エ | オ |
|---|---|---|---|---|---|
| ① | 持続 | 生存 | 安全 | 健康 | 同様 |
| ② | 持続 | 幸福 | 安定 | 安心 | 同様 |
| ③ | 進歩 | 幸福 | 安定 | 安心 | 同様 |
| ④ | 持続 | 生存 | 安全 | 健康 | 多様 |
| ⑤ | 進歩 | 幸福 | 安全 | 安心 | 多様 |

**解 説**

本問は，一般社団法人電気学会行動規範の前文からの出題である．

その概要は，次のとおりである．

会員は，専門家として主体的に ア 持続 可能な社会の構築に向けた取組みを行い，次世代，未来世代の確固たる イ 生存 権を確保することに努力する．

また会員は，何よりも人類と社会の ウ 安全 ， エ 健康 及び福祉を最優先とする行動を選択し オ 多様 な見解をもつ人々との交流を通じて，その責務を果たしていく．

以上から， ア 持続 ， イ 生存 ， ウ 安全 ， エ 健康 ， オ 多様 となり，☐ に入る語句の組合せとして，最も適切なものは④である． **答 ④**

**適性科目 II-6**　ものづくりに携わる技術者にとって，知的財産を理解することは非常に大事なことである．知的財産の特徴の1つとして，「もの」とは異なり「財産的価値を有する情報」であることが挙げられる．情報は，容易に模倣されるという特質を持っており，しかも利用されることにより消費されるということがないため，多くの者が同時に利用することができる．こうしたことから知的財産権制度は，創作者の権利を保護するため，元来自由利用できる情報を，社会が必要とする限度で制限する制度ということができる．

次に示す（ア）〜（ケ）のうち，知的財産権に含まれないものの数はどれか．

（ア）　特許権（「発明」を保護）

（イ）　実用新案権（物品の形状等の考案を保護）

（ウ）　意匠権（物品のデザインを保護）

（エ）　著作権（文芸，学術，美術，音楽，プログラム等の精神的作品を保護）

（オ）　回路配置利用権（半導体集積回路の回路配置の利用を保護）

（カ）　育成者権（植物の新品種を保護）

（キ）　営業秘密（ノウハウや顧客リストの盗用など不正競争行為を規制）

（ク）　商標権（商品・サービスに使用するマークを保護）

（ケ）　商号（商号を保護）

① 0　② 1　③ 2　④ 3　⑤ 4

---

**解　説**

知的財産権は，創作意欲の促進を目的とした「知的創造物についての権利」と使用者の信用維持を目的とした「営業上の標識についての権利」に大別でき，知的財産権をこの区分によって分類し，設問の（ア）〜（ケ）との関係を示すと，次のとおりである．

1．創作意欲の促進：知的創作物についての権利等

特許権……………………（ア）

実用新案権……………（イ）

意匠権…………………（ウ）

著作権…………………（エ）

回路配置利用権……（オ）

育成者権………………（カ）

営業秘密………………（キ）

2．信用の維持：営業上の標識についての権利等

　　　商標権…………………（ク）

　　　商号…………………（ケ）

　　　商品等表示

　　　地理的表示

以上から（ア）〜（ケ）はすべて知的財産権に該当し，知的財産権に含まれないものの数は0となり，正答は①である．

（注）類似問題 H29-Ⅱ-10，過去問題 H22-Ⅱ-7

 答 ①

**適性科目 Ⅱ-7**　近年，企業の情報漏洩に関する問題が社会的現象となっており，営業秘密等の漏洩は企業にとって社会的な信用低下や顧客への損害賠償等，甚大な損失を被るリスクがある．営業秘密に関する次の（ア）〜（エ）の記述について，正しいものは○，誤っているものは×として，最も適切な組合せはどれか．

（ア）営業秘密は現実に利用されていることに有用性があるため，利用されることによって，経費の節約，経営効率の改善等に役立つものであっても，現実に利用されていない情報は，営業秘密に該当しない．

（イ）営業秘密は公然と知られていない必要があるため，刊行物に記載された情報や特許として公開されたものは，営業秘密に該当しない．

（ウ）情報漏洩は，現職従業員や中途退職者，取引先，共同研究先等を経由した多数のルートがあり，近年，サイバー攻撃による漏洩も急増している．

（エ）営業秘密には，設計図や製法，製造ノウハウ，顧客名簿や販売マニュアルに加え，企業の脱税や有害物質の垂れ流しといった反社会的な情報も該当する．

|  | ア | イ | ウ | エ |
|---|---|---|---|---|
| ① | ○ | ○ | ○ | × |
| ② | × | ○ | × | × |
| ③ | ○ | ○ | × | ○ |
| ④ | × | × | ○ | ○ |
| ⑤ | × | ○ | ○ | × |

---

### 解　説

　営業秘密は，不正競争防止法第2条第6項では，「秘密として管理されている生産方法，販売方法その他の事業活動に有用な技術上又は営業上の情報であって，公然と知られていないもの」と定義している．

　ここで営業秘密に定義されている3要件は，次のとおりである．

1．秘密管理性…秘密として管理されていること．
2．有用性…生産方法，販売方法その他の事業活動に有効な技術上又は営業上の情報であること．
3．非公知性…公然と知られていないこと．

（ア）　×．現実に利用されていない情報でも，利用されることによって，経費の節約，経営効率の改善に役立つものは秘密として管理すべき情報であり，営業秘密に該当する．

（イ）　○．刊行物に記載された情報や特許として公開されたものは公然と知られた情報であり，非公知性が認められないため，営業秘密には該当しない．

（ウ）　○．情報漏洩は，記述のように多数のルートがあり，近年，サイバー攻撃による漏洩も急増中である．

（エ）　×．企業の脱税や有害物質の垂れ流し等の反社会的な活動は，法が保護すべき正当な事業活動ではないため，有用性がないので，営業秘密には該当しない．

以上から，×，○，○，×となり，最も適切な組合せは⑤である．　　答⑤

---

**適性科目 Ⅱ-8**

　2004年，公益通報者を保護するために，公益通報者保護法が制定された．公益通報には，事業者内部に通報する内部通報と行政機関及び企業外部に通報する外部通報としての内部告発とがある．企業不祥事を告発することは，企業内のガバナンスを引き締め，消費者や社会全体の利益につながる側面を持っているが，同時に，企業の名誉・信用を失う行為として懲戒処分の対象となる側面も持っている．

　公益通報者保護法に関する次の記述のうち，最も不適切なものはどれか．

①　公益通報者保護法が保護する公益通報は，不正の目的ではなく，労務提供先等について「通報対象事実」が生じ，又は生じようとする旨を，「通報先」に通報することである．

②　公益通報者保護法は，保護要件を満たして「公益通報」した通報者が，解

雇その他の不利益な取扱を受けないようにする目的で制定された.

③ 公益通報者保護法が保護する対象は,公益通報した労働者で,労働者には公務員は含まれない.

④ 保護要件は,事業者内部(内部通報)に通報する場合に比較して,行政機関や事業者外部に通報する場合は,保護するための要件が厳しくなるなど,通報者が通報する通報先によって異なっている.

⑤ マスコミなどの外部に通報する場合は,通報対象事実が生じ,又は生じようとしていると信じるに足りる相当の理由があること,通報対象事実を通報することによって発生又は被害拡大が防止できることに加えて,事業者に公益通報したにもかかわらず期日内に当該通報対象事実について当該労務提供先等から調査を行う旨の通知がないこと,内部通報や行政機関への通報では危害発生や緊迫した危険を防ぐことができないなどの要件が求められる.

## 解 説

① 適切.公衆通報者保護法が保護する「公衆通報」は,同法第2条第1項に記述のとおりに定義されている.

② 適切.公衆通報者保護法は,保護条件を満たして「公衆通報」した通報者が,解雇その他の不利益な取扱を受けないように保護する目的で制定されている(公衆通報者保護法第1条).

③ 最も不適切.「労働者」は,労働基準法第9条に規定する労働者であり,正社員,派遣労働者,アルバイト,パートタイマー等のほか,公務員も含まれている.

④ 適切.「行政機関や事業者外部に通報する場合の保護要件」は,「事業者内部(内部通報)に通報する場合」に比較して厳しくなっている.

⑤ 適切.記述のとおりである.

(注)類似問題 H27-Ⅱ-9

  答 ③

**適性科目**
**Ⅱ-9**　製造物責任法は,製品の欠陥によって生命・身体又は財産に被害を被ったことを証明した場合に,被害者が製造会社などに対して損害賠償を求めることができることとした民事ルールである.製造物責任法に関する次の(ア)~(カ)の記述のうち,不適切なものの数はどれか.

(ア) 製造物責任法には,製品自体が有している特性上の欠陥のほかに,通常

予見される使用形態での欠陥も含まれる．このため製品メーカーは，メーカーが意図した正常使用条件と予見可能な誤使用における安全性の確保が必要である．

（イ）　製造物責任法では，製造業者が引渡したときの科学又は技術に関する知見によっては，当該製造物に欠陥があることを認識できなかった場合でも製造物責任者として責任がある．

（ウ）　製造物の欠陥は，一般に製造業者や販売業者等の故意若しくは過失によって生じる．この法律が制定されたことによって，被害者はその故意若しくは過失を立証すれば，損害賠償を求めることができるようになり，被害者救済の道が広がった．

（エ）　製造物責任法では，テレビを使っていたところ，突然発火し，家屋に多大な損害が及んだ場合，製品の購入から10年を過ぎても，被害者は欠陥の存在を証明ができれば，製造業者等へ損害の賠償を求めることができる．

（オ）　この法律は製造物に関するものであるから，製造業者がその責任を問われる．他の製造業者に製造を委託して自社の製品としている，いわゆるOEM製品とした業者も含まれる．しかし輸入業者は，この法律の対象外である．

（カ）　この法律でいう「欠陥」というのは，当該製造物に関するいろいろな事情（判断要素）を総合的に考慮して，製造物が通常有すべき安全性を欠いていることをいう．このため安全性にかかわらないような品質上の不具合は，この法律の賠償責任の根拠とされる欠陥には当たらない．

①　2　　②　3　　③　4　　④　5　　⑤　6

---

## 解　説

　試験で出題頻度の高い，製造物責任法（以下：PL法）に関する出題である．法令の条文を正確に記憶することはできないが，所轄する省庁の法令に関するガイド等を一読されるとよい．消費者庁のWebサイトに「製造物責任（PL）法の逐条解説」がある．

（ア）　適切．PL法第2条の2に「この法律において「欠陥」とは，当該製造物の特性，その通常予見される使用形態，その製造業者等が当該製造物を引き渡した時期その他の当該製造物に係る事情を考慮して，当該製造物が通常有すべき安全性を欠いていることをいう」とある．市販の電気製品等の取扱説明書巻頭に誤使用を防ぐための禁止事項，注意事項が多数列記さ

れていることに留意されたい.

（イ）不適切．PL法第4条に「製造業者等は，次の各号に掲げる事項を証明したときは，同条に規定する賠償の責めに任じない.」とあり，第一号に「当該製造物をその製造業者等が引き渡した時における科学又は技術に関する知見によっては，当該製造物にその欠陥があることを認識することができなかったこと.」とある.

（ウ）不適切．PL法第3条に「ものの欠陥により他人の生命，身体又は財産を侵害したときは，これによって生じた損害を賠償する責めに任ずる.」とあり，PL法では欠陥により損害が生じたことを立証すればよい.「故意若しくは過失の立証」が必要なのは民法の規定である.

（エ）不適切．PL法第5条に「第3条に規定する損害賠償の請求権は，被害者又はその法定代理人が損害及び賠償義務者を知った時から三年間行わないときは，時効によって消滅する．その製造業者等が当該製造物を引き渡した時から十年を経過したときも，同様とする.」とあり，10年を過ぎるとPL法で損害賠償は請求できない．しかし，民法により製造業者等の「故意若しくは過失の立証」を行えば損害の賠償を請求できる.

（オ）不適切．PL法第2条の3の第三号に「当該製造物の製造，加工，輸入又は販売に係る形態その他の事情からみて，当該製造物にその実質的な製造業者と認めることができる氏名等の表示をした者」とあり，輸入業者も含まれる.

（カ）適切．PL法第1条に「この法律は，製造物の欠陥により人の生命，身体又は財産に係る被害が生じた場合における製造業者等の損害賠償の責任について定めることにより，被害者の保護を図り～」とあり，安全性に係らないような品質上の不具合はPL法の範囲外である．ただし，品質上の不具合による損害は民法で賠償を要求できることに注意されたい.

以上から，不適切なものは（イ），（ウ），（エ），（オ）の4個であり，正答は③である.

（注）類似問題 H29-Ⅱ-8，H26-Ⅱ-7

 答 ③

2007年5月，消費者保護のために，身の回りの製品に関わる重大事故情報の報告・公表制度を設けるために改正された「消費生活用製品安全法（以下，消安法という.）」が施行された．さらに，2009

年4月，経年劣化による重大事故を防ぐために，消安法の一部が改正された．消安法に関する次の（ア）～（エ）の記述について，正しいものは〇，誤っているものは×として，最も適切な組合せはどれか．

（ア）　消安法は，重大製品事故が発生した場合に，事故情報を社会が共有することによって，再発を防ぐ目的で制定された．重大製品事故とは，死亡，火災，一酸化炭素中毒，後遺障害，治療に要する期間が30日以上の重傷病をさす．

（イ）　事故報告制度は，消安法以前は事業者の協力に基づく任意制度として実施されていた．消安法では製造・輸入事業者が，重大製品事故発生を知った日を含めて10日以内に内閣総理大臣（消費者庁長官）に報告しなければならない．

（ウ）　消費者庁は，報告受理後，一般消費者の生命や身体に重大な危害の発生及び拡大を防止するために，1週間以内に事故情報を公表する．この場合，ガス・石油機器は，製品欠陥によって生じた事故でないことが完全に明白な場合を除き，また，ガス・石油機器以外で製品起因が疑われる事故は，直ちに，事業者名，機種・型式名，事故内容等を記者発表及びウエブサイトで公表する．

（エ）　消安法で規定している「通常有すべき安全性」とは，合理的に予見可能な範囲の使用等における安全性で，絶対的な安全性をいうものではない．危険性・リスクをゼロにすることは不可能であるか著しく困難である．全ての商品に「危険性・リスク」ゼロを求めることは，新製品や役務の開発・供給を萎縮させたり，対価が高額となり，消費者の利便が損なわれることになる．

|  | ア | イ | ウ | エ |
|---|---|---|---|---|
| ① | × | 〇 | 〇 | 〇 |
| ② | 〇 | × | 〇 | 〇 |
| ③ | 〇 | 〇 | × | 〇 |
| ④ | 〇 | 〇 | 〇 | × |
| ⑤ | 〇 | 〇 | 〇 | 〇 |

**解　説**

前問と同じく法令の問題であるが，こちらは法の精神でなく，法の条文の一言一句まで問う形の難問であるが，今までの出題例では法の精神を問い，法の文言

の間違いを問う設問はなかったので安心されたい．消費生活用製品安全法は2014年に改正され2017年の4月1日が施行日になっている．このように，試験の1～2年前の法令改正に基づく出題が多いことに注意されたい．

(ア) ○．再発を防ぐとは明記していない．消費生活用製品安全法第2条の6に「この法律において「重大製品事故」とは，製品事故のうち，発生し，又は発生するおそれがある危害が重大であるものとして，当該危害の内容又は事故の態様に関し政令で定める要件に該当するものをいう．」とあり，消費生活用製品安全法施行令第5条に問題文の文意と同じ内容が記載されている．

(イ) ○．消費生活用製品安全法第35条に「消費生活用製品の製造又は輸入の事業を行う者は，その製造又は輸入に係る消費生活用製品について重大製品事故が生じたことを知ったときは，当該消費生活用製品の名称及び型式，事故の内容並びに当該消費生活用製品を製造し，又は輸入した数量及び販売した数量を内閣総理大臣に報告しなければならない．」とあり，その2に「前項の規定による報告の期限及び様式は，内閣府令で定める．」とある．消費生活用製品安全法の規定に基づく重大事故報告等に関する内閣府令の第3条に「法第三十五条第一項の規定による報告をしようとする者は，その製造又は輸入に係る消費生活用製品について重大製品事故が生じたことを知った日から起算して十日以内に，様式第一による報告書を消費者庁長官に提出しなければならない．」とある．

(ウ) ○．消費者庁の「消費生活用製品安全法に基づく製品事故情報報告・公表制度の解説～事業者用ハンドブック 2018～」に「重大製品事故の公表までのフロー図」があり，問題文と同じ内容が図示されている．「ガス・石油機器は～完全に明白な場合を除き」「ガス・石油機器以外で～疑われる事故」とわかりづらい言い回しの問題文章が縷々記されている場合は，法令等の文章に確実に合わせるために面倒な言い回しになっているのではないかと推測することも受験のテクニックである．

(エ) ○．消費生活用製品安全法では「通常有すべき安全性」を規定しておらず，条文に「通常有すべき安全性」の文言もないので×となるが，受験者に消費生活用製品安全法の条文の意味を問う設問と考えると，このような些末な点を国家試験で問うとは考えられない．（ウ）で示した解説に「PL法は，製品の出荷時における技術水準等を考慮し，当該製品が通常有すべき安全性を欠いていることを「欠陥」と捉えているのに対し，消費生活用

製品安全法は，製品の不具合が生じた時点において，当該製品が通常有すべき安全性を欠いていることを「欠陥」と捉えています」とあり，PL法は「科学又は技術に関する知見によっては，当該製造物にその欠陥があることを認識することができなかったこと」で免責を受けられる．このことからもすべての商品に「危険性・リスク」ゼロを求めてはいない．この考え方，及び「危険性・リスク」ゼロを求めることによる新製品に対する開発の萎縮，高額化など（エ）に記された内容は消費生活用製品安全法の条文で「通常有すべき安全性」を規定していないという些末な事項のみが不適切である．ここでは，出題者の意図を推察して，（エ）を○とする．

以上から，○，○，○，○となり，最も適切な組合せは⑤である．

 答 ⑤

**適性科目 Ⅱ-11** 　労働安全衛生法における安全並びにリスクに関する次の記述のうち，最も不適切なものはどれか．

① リスクアセスメントは，事業者自らが職場にある危険性又は有害性を特定し，災害の重篤度（危害のひどさ）と災害の発生確率に基づいて，リスクの大きさを見積もり，受け入れ可否を評価することである．

② 事業者は，職場における労働災害発生の芽を事前に摘み取るために，設備，原材料等や作業行動等に起因するリスクアセスメントを行い，その結果に基づいて，必要な措置を実施するように努めなければならない．なお，化学物質に関しては，リスクアセスメントの実施が義務化されている．

③ リスク低減措置は，リスク低減効果の高い措置を優先的に実施することが必要で，次の順序で実施することが規定されている．

（1） 危険な作業の廃止・変更等，設計や計画の段階からリスク低減対策を講じること

（2） インターロック，局所排気装置等の設置等の工学的対策

（3） 個人用保護具の使用

（4） マニュアルの整備等の管理的対策

④ リスク評価の考え方として，「ALARPの原則」がある．ALARPは，合理的に実行可能なリスク低減措置を講じてリスクを低減することで，リスク低減措置を講じることによって得られるメリットに比較して，リスク低減費用

が著しく大きく合理性を欠く場合はそれ以上の低減対策を講じなくてもよい
という考え方である.

⑤　リスクアセスメントの実施時期は，労働安全衛生法で次のように規定され
ている.

（1）　建築物を設置し，移転し，変更し，又は解体するとき

（2）　設備，原材料等を新規に採用し，又は変更するとき

（3）　作業方法又は作業手順を新規に採用し，又は変更するとき

（4）　その他危険性又は有害性等について変化が生じ，又は生じるおそれが
あるとき

---

**解　説**

2016年に改正された労働安全衛生法関連の出題である. 社会人経験のない学生
の受験者にとっては難問になるが，「リスク」については度々出題されるので，
何らかの勉強をすることを推奨する.

①　適切. 労働安全衛生法に「リスクアセスメント」の文言は明記されていな
いが，概ね，正しい記述である.

②　適切. 労働安全衛生法第53条の3で化学物質の有害性の調査を事業者に
義務付けている.

③　最も不適切. 労働安全衛生法に「リスク低減措置」の文言はないが，厚生
労働省の2006年発行の「危険性又は有害性等の調査等に関する指針」に「リ
スク低減措置の検討及び実施」の項があり，「危険な作業の廃止・変更等，
設計や計画の段階から労働者の就業に係る危険性又は有害性を除去又は低減
する措置」→「インターロック，局所排気装置等の設置等の工学的対策」→「マ
ニュアルの整備等の管理的対策」→「個人用保護具の使用」の順序で実施す
るよう記載していて，（3）と（4）の順序が逆である.

④　適切. ALARA（as low as reasonably achievable）の原則は1977年の勧告で
国際放射線防護委員会が示した，放射線防護の基本的な考え方の概念で，「合
理的に達成可能な限り低く」低減措置を講じることである.

⑤　適切. （1）～（4）の文言は労働安全衛生法に明記されていないが，同法
第28条の2においてリスクアセスメントを行うことを定め，労働安全衛生規則
第24条の11において，実施時期について問題文と同じ文言が記載されている.

以上から，最も不適切なものは③である.

（注）類似問題 H23-Ⅱ-6

答 ③

**適性科目 Ⅱ-12**　　我が国では人口減少社会の到来や少子化の進展を踏まえ，次世代の労働力を確保するために，仕事と育児・介護の両立や多様な働き方の実現が急務となっている．

この仕事と生活の調和（ワーク・ライフ・バランス）の実現に向けて，職場で実践すべき次の（ア）〜（コ）の記述のうち，不適切なものの数はどれか．

（ア）　会議の目的やゴールを明確にする．参加メンバーや開催時間を見直す．必ず結論を出す．

（イ）　事前に社内資料の作成基準を明確にして，必要以上の資料の作成を抑制する．

（ウ）　キャビネットやデスクの整理整頓を行い，書類を探すための時間を削減する．

（エ）　「人に仕事がつく」スタイルを改め，業務を可能な限り標準化，マニュアル化する．

（オ）　上司は部下の仕事と労働時間を把握し，部下も仕事の進捗報告をしっかり行う．

（カ）　業務の流れを分析した上で，業務分担の適正化を図る．

（キ）　周りの人が担当している業務を知り，業務負荷が高いときに助け合える環境をつくる．

（ク）　時間管理ツールを用いてスケジュールの共有を図り，お互いの業務効率化に協力する．

（ケ）　自分の業務や職場内での議論，コミュニケーションに集中できる時間をつくる．

（コ）　研修などを開催して，効率的な仕事の進め方を共有する．

①　0　　②　1　　③　2　　④　3　　⑤　4

---

**解　説**

この設問は内閣府の仕事と生活の調和推進室が発行した「ワーク・ライフ・バランスの実現に向けた「3つの心構え」と「10の実践」」をもとにしている．（ア）を除き，日常の業務に対する心構えを考えると解答できる設問である．

（ア）　適切．上記内閣府の資料と一言一句違わない記述である．最後の「必ず結論を出す」に違和感をもつ受験者も多いと思うが，政府は「徹夜してでも結論を出す」方がワーク・ライフ・バランスの実現につながると考えている．

（イ）〜（コ）　適切．上記内閣府の資料と一言一句違わない記述である．

以上から，不適切なものは 0 個であり，正答は①である．

答 ①

**適性科目 Ⅱ-13**　環境保全に関する次の記述について，正しいものは○，誤っているものは×として，最も適切な組合せはどれか．

（ア）　カーボン・オフセットとは，日常生活や経済活動において避けることができない $CO_2$ 等の温室効果ガスの排出について，まずできるだけ排出量が減るよう削減努力を行い，どうしても排出される温室効果ガスについて，排出量に見合った温室効果ガスの削減活動に投資すること等により，排出される温室効果ガスを埋め合わせるという考え方である．

（イ）　持続可能な開発とは「環境と開発に関する世界委員会」（委員長：ブルントラント・ノルウェー首相（当時））が1987年に公表した報告書「Our Common Future」の中心的な考え方として取り上げた概念で，「将来の世代の欲求を満たしつつ，現在の世代の欲求も満足させるような開発」のことである．

（ウ）　ゼロエミッション（Zero emission）とは，産業により排出される様々な廃棄物・副産物について，他の産業の資源などとして再活用することにより社会全体として廃棄物をゼロにしようとする考え方に基づいた，自然界に対する排出ゼロとなる社会システムのことである．

（エ）　生物濃縮とは，生物が外界から取り込んだ物質を環境中におけるよりも高い濃度に生体内に蓄積する現象のことである．特に生物が生活にそれほど必要でない元素・物質の濃縮は，生態学的にみて異常であり，環境問題となる．

|   | ア | イ | ウ | エ |
|---|---|---|---|---|
| ① | × | ○ | ○ | ○ |
| ② | ○ | × | ○ | ○ |
| ③ | ○ | ○ | × | ○ |
| ④ | ○ | ○ | ○ | × |
| ⑤ | ○ | ○ | ○ | ○ |

**解　説**

　出題頻度の高い環境分野に関する設問である．受験者は一般的な用語を正確に理解しておくことが求められる．

（ア）　○．環境省の Web サイト

　　（https://www.env.go.jp/earth/ondanka/mechanism/carbon_offset.html）
　　に同じ文章が記載してある．

（イ）　○．外務省の Web サイト

　　（https://www.mofa.go.jp/mofaj/gaiko/kankyo/sogo/kaihatsu.html）
　　に同じ文章が記載してある．このような問題は受験者にとって難問で，「環境と開発に関する世界委員会」なのか違う名称の委員会なのか，委員長は「ブルントラント・ノルウェー首相」なのか違う人か，はたまた，この人は当時ノルウェー首相だったのか，1987年は正しいのかと悩まされる点は多数あるが，今まで，このような点を突いた設問はないので安堵されたい．

（ウ）　○．環境ビジネス用語辞典の Web サイト

　　（http://www.eco-words.net/international/post-95.html）
　　に同様の文章が記載してある．

（エ）　○．国立環境研究所の環境展望台の Web サイト

　　（http://tenbou.nies.go.jp/learning/note/theme 2 _3.html）
　　に同様の文章が記載してある．

以上から，すべて適切であり，正答は⑤である．

 　⑤

**適性科目 Ⅱ-14**

　　多くの事故の背景には技術者等の判断が関わっている．技術者として事故等の背景を知っておくことは重要である．事故後，技術者等の責任が刑事裁判でどのように問われたかについて，次に示す事例のうち，実際の判決と異なるものはどれか．

①　2006年，シンドラー社製のエレベーター事故が起き，男子高校生がエレベーターに挟まれて死亡した．この事故はメンテナンスの不備に起因している．裁判では，シンドラー社元社員の刑事責任はなしとされた．

②　2005年，JR 福知山線の脱線事故があった．事故は電車が半径304m のカーブに制限速度を超えるスピードで進入したために起きた．直接原因は運転手のブレーキ使用が遅れたことであるが，当該箇所に自動列車停止装置（ATS）が設置されていれば事故にはならなかったと考えられる．この事故では，JR

西日本の歴代 3 社長は刑事責任を問われ有罪となった.

③　2004年，六本木ヒルズの自動回転ドアに 6 歳の男の子が頭を挟まれて死亡した．製造メーカーの営業開発部長は，顧客要求に沿って設計した自動回転ドアのリスクを十分に顧客に開示していないとして，森ビル関係者より刑事責任が重いとされた.

④　2000年，大阪で低脂肪乳を飲んだ集団食中毒事件が起き，被害者は 1 万3000人を超えた．事故原因は，停電事故が起きた際に，脱脂粉乳の原料となる生乳をプラント中に高温のまま放置し，その間に黄色ブドウ球菌が増殖しエンテロトキシン A に汚染された脱脂粉乳を製造したためとされている．この事故では，工場関係者の刑事責任が問われ有罪となった.

⑤　2012年，中央自動車道笹子トンネルの天井板崩落事故が起き，9 名が死亡した．事故前の点検で設備の劣化を見抜けなかったことについて，「中日本高速道路」と保守点検を行っていた会社の社長らの刑事責任が問われたが，「天井板の構造や点検結果を認識しておらず，事故を予見できなかった」として刑事責任はなしとされた.

### 解　説

マスコミを賑わした事故の刑事裁判結果を問う問題で，今までにない難問である．難問であるがために，本問は出題ミスを生じ，受験者全員に得点を与えることになった（日本技術士会の Web サイト参照）．受験者は日頃から新聞等により，事故の結末に興味をもっていただきたい．判決理由も設問の範囲であることに注意すること．また，裁判には刑事と民事があることにも注意すること.

①　同一．シンドラー社の元社員は2018年 1 月に東京高裁判決が 1 審無罪を支持し検察側が上告を断念して，無罪が確定している.

②　異なる．2017年 6 月に最高裁第 2 小法廷は指定弁護士側の上告を棄却しJR 西日本の歴代 3 社長の無罪が確定している.

③　同一．東京地裁は2005年 9 月，森ビル関係者には禁固10月，執行猶予 3 年の判決を言い渡し，製造メーカーの営業開発部長には，禁固 1 年 2 月，執行猶予 3 年のより重い刑を課している.

④　同一．雪印乳業（株）の Web サイトに「平成15年 5 月27日，大阪地方裁判所において平成12年の食中毒事件の判決が言い渡され，元大樹工場長には，業務上過失致傷で禁固 2 年，執行猶予 3 年，食品衛生法違反で罰金12万円，また元大樹工場製造課主任には業務上過失致傷で禁固 1 年 6 ヶ月，執行猶予

２年の処分となりました．この判決に双方異議申し立てがなく，食中毒事件に関する刑事責任処分は，平成15年6月10日をもって確定いたしました.」とある.

⑤　異なる. 2018年3月18日，問題文にある「中日本高速道路」と保守点検を行っていた会社の社長らは不起訴処分となった．不起訴は不当と遺族は2018年8月1日に，検察審査会に審査を申し立てた．検察審査会はこれにより，刑事裁判として起訴するか審査中である．審査結果によっては起訴され，有罪となる可能性があるため，「刑事責任はなし」ではない.

以上から，異なるものが②と⑤の２つとなり，正答はない.

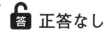 **答 正答なし**

※本問は試験後，技術士会から下記のとおり公表された.

> Ⅱ-14の問題は，選択肢のそれぞれの事例に関して，刑事裁判における判決内容を問うものであり，選択肢⑤の事例は不起訴処分とされ刑事裁判にあたらない事案であるとともに，試験日現在検察審査会に審査の申し立てがなされていることから，不適格な選択肢であったため不適切な出題と判断しました.

**適性科目 Ⅱ-15**

近年，さまざまな倫理促進の取組が，行為者の萎縮に繋がっているとの懸念から，行為者を鼓舞し，動機付けるような倫理の取組が求められている．このような動きについて書かれた次の文章において，□□□に入る語句の組合せのうち，最も適切なものはどれか.

国家公務員倫理規程は，国家公務員が，許認可等の相手方，補助金等の交付を受ける者など，国家公務員が ア から金銭・物品の贈与や接待を受けたりすることなどを禁止しているほか，割り勘の場合でも ア と共にゴルフや旅行などを行うことを禁止しています.

しかし，このように倫理規程では公務員としてやってはいけないことを述べていますが，人事院の公務員倫理指導の手引では，倫理規程で示している倫理を「 イ の公務員倫理」とし，「 ウ の公務員倫理」として，「公務員としてやった方が望ましいこと」や「公務員として求められる姿勢や心構え」を求めています.

技術者倫理においても，同じような分類があり，狭義の公務員倫理として述べられているような，「～するな」という服務規律を典型とする倫理を「 エ 倫

理（消極的倫理）」, 広義の公務員倫理として述べられている「したほうがよいことをする」を　オ　倫理（積極的倫理）と分けて述べることがあります. 技術者が倫理的であるためには, この2つの側面を認識し, 行動することが必要です.

| | ア | イ | ウ | エ | オ |
|---|---|---|---|---|---|
| ① | 利害関係者 | 狭義 | 広義 | 規律 | 自律 |
| ② | 知人 | 狭義 | 広義 | 予防 | 自律 |
| ③ | 知人 | 広義 | 狭義 | 規律 | 志向 |
| ④ | 利害関係者 | 狭義 | 広義 | 予防 | 志向 |
| ⑤ | 利害関係者 | 広義 | 狭義 | 予防 | 自律 |

## 解　説

国家公務員倫理規定に関する設問で, この規定に関する知識がなくとも技術者倫理の知識で注意して読めば, 正答を得られる.

　ア　：利害関係者.「知人」も利害関係者になり得ることに注意.

　イ　：狭義.「やってはいけない」と行動を制限することは, 最低限守るべき規律である.

　ウ　：広義.「やった方が望ましい」と行動を奨励することは, イよりも広い意味の規律である. オの説明にも広義の公務員倫理は「したほうがよいことをする」とある.

　エ　：予防.「～するな」という服務規律を典型とする倫理は, 事故や事件を起こさない, 不正を起こさないという予防倫理である.

　オ　：志向.「したほうがよいことをする」は優れた意思決定と行動（Good Works）を促す志向倫理である.

以上から, 　　　　　に入る語句の組合せのうち, 最も適切なものは④である.

④

# 平成29年度

# 基礎・適性科目
## の問題と模範解答

# 基礎科目
## 1群 設計・計画に関するもの

（全6問題から3問題を選択解答）

**基礎科目 I -1-1**　ある銀行に1台のATMがあり，このATMの1人当たりの処理時間は平均40秒の指数分布に従う．また，このATMを利用するために到着する利用者の数は1時間当たり平均60人のポアソン分布に従う．このとき，利用者がATMに並んでから処理が終了するまでの時間の平均値はどれか．

平均系内列長＝利用率÷（1－利用率）

平均系内滞在時間＝平均系内列長÷到着率

利用率＝到着率÷サービス率

①　60秒　　②　75秒　　③　90秒　　④　105秒　　⑤　120秒

---

### 解　説

情報処理技術では基本的な問題だが，そうでない人には用語が，ややわかりにくい出題である．到着がランダムなこと（ポアソン分布），平均サービス時間が指数分布であることが算出の前提である．

　　指数分布：離散的な事柄に対し，生起期間（事柄が処理される時間）の確率

　　ポアソン分布：離散的な事柄に対し，所定時間内での生起回数（事柄が処理される回数）の確率

1時間の平均到着人数（ATMを利用するために到着する利用者の数）は，単位時間（1時間当たり）の利用者数，すなわち題意に伴い60人である．つまり，到着率は1/60［秒$^{-1}$］（＝60/3 600［秒］）である．

サービス率は，単位時間当たりの処理人数を示し，平均処理時間（このATMの1人当たりの処理時間）の逆数となるので，題意より，1/40［秒$^{-1}$］である．

$$利用率 = \frac{到着率}{サービス率} = \frac{1/60\,[秒^{-1}]}{1/40\,[秒^{-1}]} = \frac{40}{60} = \frac{2}{3}$$

$$平均系内列長 = \frac{利用率}{1-利用率} = \frac{2/3}{1-(2/3)} = \frac{2/3}{1/3} = 2$$

　系内滞在時間は，客が到着してからシステム（ATMのある銀行）を去るまでの時間，待ち時間とサービス時間の和である．つまり，平均系内滞在時間とは，まさに題意の「利用者がATMに並んでから処理が終了するまでの時間の平均値」と同じ意味である．

$$平均系内滞在時間\,[秒] = \frac{平均系内列長}{到着率} = \frac{2}{1/60\,[秒^{-1}]}$$
$$= 120\,[秒]$$

　（注）類似問題　H23-I-1-2, H27-I-1-2

 答 ⑤

---

**基礎科目　I-1-2**

　次の（ア）～（ウ）に記述された安全係数を大きい順に並べる場合，最も適切なものはどれか．

（ア）　航空機やロケットの構造強度の評価に用いる安全係数
（イ）　クレーンの玉掛けに用いるワイヤロープの安全係数
（ウ）　人間が摂取する薬品に対する安全係数

①　（ア）＞（イ）＞（ウ）
②　（イ）＞（ウ）＞（ア）
③　（ウ）＞（ア）＞（イ）
④　（ア）＞（ウ）＞（イ）
⑤　（ウ）＞（イ）＞（ア）

---

### 解　説

　安全係数（安全率）の定義は，あるシステムが破壊したり，正常に作動しなくなる最小負荷と，予測されるシステムへの最大負荷との比で表される．構造物や材料の場合，その極限の強さと安全に使用できる限度の許容応力との比で，薬品の場合50%が死亡する量を50%に効果が出る量の比で表す．したがって，ごく限られた事例以外，安全係数は1以下に設定しない．

　（ア）　飛翔体に関しては，安全のための設備や余裕がそのまま機体重量に直結

し，経済性の悪化のみならず，機器が成り立たないことになるため，過剰な強度をとることができない．信頼性は，日々の保全活動・予防保全の徹底等，確実な品質管理・運用管理の実施で確保する．

　　安全係数は1.5程度であり，特に設計上の必要性が生じた場合は1.3程度で選定することもある．

（イ）　玉掛けは一般的な運搬作業・機械集材作業など，荷吊り索を選定するものである．

　　かつて機械集材装置又は運材索道においてワイヤロープの安全係数の下限は，労働安全衛生規則第500条にて定められていた（平成29年現在，当該条文は削除）．なお，玉掛け作業であっても巻上げ索等，ほかの索に対しては，機械自体の設計・保全状況で定まる．

　　この条文での「玉掛け作業」は「荷吊り索」と同意であり，現在も安全係数は6.0程度と目される．

（ウ）　人間が摂取する薬品に対しては，きわめて厳しい安全係数100等が用いられる．

　　元来，安全係数は実験評価によって決定するべきものだが，この過程が人体実験となるならば倫理上実験は困難であり，動物実験の結果を人間に当てはめるからである．

　　その際，「種」による誤差が10倍程度生じると考える．また，人間の間においても，年配者・乳幼児等の弱者と健康体の人の間で10倍程度の個体差が生じるとし，この2つを乗じて安全係数は100とする．

つまり，100＞6.0＞1.5となるから，正答は⑤となる．

　数値自体は自分の業務以外ではなかなか知らないだろうが，航空機に代表される飛翔体では安全係数を小さくし，その代わりに，信頼性を品質管理・運用管理の徹底的な実施によって高めること，人間が摂取される薬品が安全係数を極めて大きく設定するという知識を得ておけば，解することができる．

**参考**

労働安全衛生規則（抜粋）（平成29年現在，当該条文は削除）
（ワイヤロープの安全係数）

　第500条　事業者は，機械集材装置又は運材索道の次の表の上欄に掲げる索については，その用途に応じて，安全係数が同表の下欄に掲げる値以上であるワイヤロープを使用しなければならない．

2　前項の安全係数は，ワイヤロープの切断荷重を，当該機械集材装置又は運材索道の組立ての状態及び当該ワイヤロープにかかる荷重に応じた最大張力で除した値とする．

| ワイヤロープの用途 | 安全係数 |
|---|---|
| 主索 | 2.7 |
| えい索 | 4.0 |
| 作業索（巻上げ索を除く．） | 4.0 |
| 巻上げ索 | 6.0 |
| 控索 | 4.0 |
| 台付け索 | 4.0 |
| 荷吊り索 | 6.0 |

（注）類似問題　H23-I-1-5

  答 ⑤

**基礎科目**
**I -1-3**

工場の災害対策として設備投資をする際に，恒久対策を行うか，状況対応的対策を行うかの最適案を判断するために，図に示すデシジョンツリーを用いる．決定ノードは□，機会ノードは○，端末ノードは△で表している．端末ノードには損失額が記載されている．また括弧書きで記載された値は，その「状態」や「結果」が生じる確率である．

状況対応的対策を選んだ場合は，災害の状態S1，S2，S3がそれぞれ記載された確率で生起することが予想される．状態S1とS2においては，対応策として代替案A1若しくはA2を選択する必要がある．代替案A1を選んだ場合には，結果R1とR2が記載された確率で起こり，それぞれ損失額が異なる．期待総損失額を小さくする判断として，最も適切なものはどれか．

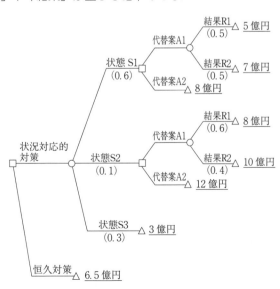

① 状況対応的対策の期待総損失額は4.5億円となり，状況対応的対策を採択する.

② 状況対応的対策の期待総損失額は5.4億円となり，状況対応的対策を採択する.

③ 状況対応的対策の期待総損失額は5.7億円となり，状況対応的対策を採択する.

④ 状況対応的対策の期待総損失額は6.6億円となり，恒久対策を採択する.

⑤ 状況対応的対策の期待総損失額は6.9億円となり，恒久対策を採択する.

**解　説**

デシジョンツリー（Decision tree）は，本例のようにリスクマネジメントなどに代表される様々な場面の経営的な意思決定行為を，数学的・統計的に確定し「最善の意思決定」を導き出す，「決定理論」分野で用いるグラフである. 計画立案・目標到達により意志決定を助けるために用いられる. 英文における Decision は決定・決断・解決を意味することから，日本語で「決定木」ともいう.

この図や用語に慣れていないと戸惑う出題であるが，説明を丁寧に落ち着いて読むと導き出すことができる.

【状態S1】

代替案A1　　結果R1と結果R2の可能性がある.

　　　　　　損失額の「期待値」

　　　　　　5億円×0.5＋7億円×0.5＝6億円

代替案A2　　損失額の「期待値」　　8億円

こうなると，状態S1ではより廉価な代替案A1を採用することになり，損失額の「期待値」は6億円になる.

【状態S2】

代替案A1　　結果R1と結果R2の可能性がある.

　　　　　　損失額の「期待値」

　　　　　　8億円×0.6＋10億円×0.4＝8.8億円

代替案A2　　損失額の「期待値」　　12億円

こうなると，状態S2ではより廉価な代替案A1を採用することになり，損失額の「期待値」は8.8億円になる.

【状態S3】

代替案　　　損失額の「期待値」　　3億円

【状況対応的対策】

状態 S 1　　　　損失額の「期待値」　　6億円　　確率　0.6

状態 S 2　　　　損失額の「期待値」　　8.8億円　　確率　0.1

状態 S 3　　　　損失額の「期待値」　　3億円　　確率　0.3

損失額の「期待値」

6億円×0.6＋8.8億円×0.1＋3億円×0.3＝5.38億円

【恒久対策】

恒久対策を実施する場合，損失額の「期待値」は6.5億円となる．

より廉価な災害代替案を選ぶので

対策手法：状況対応的対策

損失額の「期待値」すなわち「期待総損失額」：5.38億円

となる．

期待総損失額5.38億円に最も近い値は①〜⑤のうちで5.4億円である．したがって，期待総損失額を小さくする判断として最も適切なものは②である．

答 ②

**基礎科目 Ⅰ-1-4**

材料の機械的特性に関する次の記述の，　　　に入る語句の組合せとして，最も適切なものはどれか．

材料の機械的特性を調べるために引張試験を行う．特性を荷重と　ア　の線図で示す．材料に加える荷重を増加させると　ア　は一般的に増加する．荷重を取り除いたとき，完全に復元する性質を　イ　といい，き裂を生じたり分離はしないが，復元しない性質を　ウ　という．さらに荷重を増加させると，荷重は最大値をとり，材料はやがて破断する．この荷重の最大値は材料の強さを表す重要な値である．これを応力で示し　エ　と呼ぶ．

|  | ア | イ | ウ | エ |
|---|---|---|---|---|
| ① | ひずみ | 弾性 | 延性 | 疲労限 |
| ② | 伸び | 塑性 | 弾性 | 引張強さ |
| ③ | 伸び | 弾性 | 延性 | 疲労限 |
| ④ | ひずみ | 延性 | 塑性 | 破断強さ |
| ⑤ | 伸び | 弾性 | 塑性 | 引張強さ |

## 解　説

　引張試験とは，試料に対し破断するまで制御された張力を与え，試料の引張強度，降伏点，伸び，絞り等の機械的性質を測定する試験である．機械製品を設計開発する際，材料の強度計算に使用するためのヤング率（縦弾性係数），ポアソン比，降伏強さ，加工硬化特性などが測定値から算出される．

　このときにまず試験の一次データとして算出されるのは，張力（＝荷重）と伸びである（荷重－変形曲線）．

　張力を張力方向に垂直な断面積で除した値である応力，変形量を単位長さ当たりの伸び縮みで表した値であるひずみで整理した二次データを応力－ひずみ曲線と称し，幅広く活用される．

　材料に与える引張荷重を増加させると，材料の ア．伸び は増加する．そして引張荷重がその材料の弾性変形領域内にあった場合は，荷重を除くと速やかに復元する．これを イ．弾性 という．弾性域以上に荷重が与えられた場合はいわゆる永久変形が生じ，荷重を除いても元の形状には戻らず，応力とひずみの関係は非線形となる．これを ウ．塑性 という．

　さらに荷重を増加させると，均一塑性変形域を経たのち不均一塑性変形となり，ほぼ同時に応力が最大となる．そこから材料の変形が急激となり，試験片の一部で局所的な断面面積が縮小，同時に計測上の応力は下がる．このときの最大応力を エ．引張強さ と称する．厳密には材料の差異にもよるが，まもなく材料は破断してしまう．

　以上から， ア．伸び ， イ．弾性 ， ウ．塑性 ， エ．引張強さ が語句の組合せとして最も適切となり，正答は⑤である．

- 延性とは，弾性限界を超えて，破壊されずに引き伸ばされる性質と定義され，この場合は破断時の試料が破断した時点のひずみの大きさ（破断ひずみ）や，試料の断面積の最大変化量（絞り）で数値化されるが，本例の材料強度設計では破断する前の応力の最大値，すなわち引張強さが必要な指標である（塑性加工での製造過程では材料特性として「延性」の評価が必要になることも多い）．

- 疲労限とは物体が振幅一定の繰返応力を受けるとき，何回負荷を繰り返しても疲労破壊に至らないように見なされる応力値であり，動的荷重を受けて駆動する機器で材料の疲労強度特性の検討や設計応力の検討に使うが，引張試験とは異なる要素である．

　このことから疲労限という記述自体が，この文章の中には入り得ないものである．

答 ⑤

**基礎科目 I-1-5**　設計者が製作図を作成する際の基本事項を次の（ア）〜（オ）に示す．それぞれの正誤の組合せとして，最も適切なものはどれか．

（ア）　工業製品の高度化，精密化に伴い，製品の各部品にも高い精度や互換性が要求されてきた．そのため最近は，形状の幾何学的な公差の指示が不要となってきている．

（イ）　寸法記入は製作工程上に便利であるようにするとともに，作業現場で計算しなくても寸法が求められるようにする．

（ウ）　車輪と車軸のように，穴と軸とが相はまり合うような機械の部品の寸法公差を指示する際に「はめあい方式」がよく用いられる．

（エ）　図面は投影法において第二角法あるいは第三角法で描かれる．

（オ）　図面には表題欄，部品欄，あるいは図面明細表が記入される．

| | ア | イ | ウ | エ | オ |
|---|---|---|---|---|---|
| ① | 誤 | 正 | 正 | 誤 | 正 |
| ② | 誤 | 正 | 正 | 正 | 誤 |
| ③ | 正 | 誤 | 正 | 誤 | 正 |
| ④ | 正 | 正 | 誤 | 正 | 誤 |
| ⑤ | 誤 | 誤 | 誤 | 正 | 正 |

**解　説**

日頃二次元・三次元の図面作成にかかわる人には基本的な出題で，確実な知識を要求している．

（ア）　誤．工業製品の高度化・精密化に伴い，高精度や互換性が要求されている．形状自体を規定する高精度の情報伝達は CAD による電子データの活用・流通により確保されるようになった．しかし，生産性の高い設計，互換性や機能性の確保・検討，加工手法・加工機械の検討・選定に対しては設計技術者が製造者らに示す技術的内容はさらに高度化している．

例えば，製造工程を一部ないしは全部移管する場合でも，設計意図，技術的指示は細かい伝達が必要である．このように，幾何公差はさらに重要な図面記載内容となっている．

（イ）　正．寸法記入は製作工程上でも，製品検査でも便利なように作業工程や品質確保を考慮した作図を心がけること．

2010年の JIS の改定により，従来できれば使用しないといわれてきた「重

複寸法の宣言」や「参考寸法の記載」が積極的に認められるようになった．その目的は

- 重複寸法の宣言で，第三者への注意促進
- 参考寸法の記入で，加工作業や計測作業の効率向上

である．寸法を作業現場で換算する図面運用では，加工時のミス防止や製品検査の迅速さ・確実さを確保するには不合理であり，「参考寸法の記載」は有効に適用するべきだが，依然として使用には留意するべきと考える．

（ウ）正．穴と軸が互いにはまりうる関係をはめあいという．「はめあい方式」は単純形状部品用の公差及び寸法差の方式であり，円形断面の円筒加工物，キー溝等の平行二平面をもつ加工物に用いられる．

（エ）誤．ここでの「図面」は，平行投影図のうち，いわゆる三面図のことである．これらの図面は正面図，平面図，側面図等三部分に分けて表す正投影図で書く．三次元の物体を二次元で表す手法の代表的なものである．複数の視点から描画された「投影法」を用いる図である．JISでは，第三角法を使用することが規定されている．

ただ，諸外国では古くから歴史的経緯で第一角法が採用された歴史があり，造船分野などでは現在も多用しているため，ISOではこの現状に鑑み，第一角法，第三角法の両方が採用されている．しかし，第二角法は用いない．

（オ）正．図面には，右下隅に表題欄を設け，図面番号，図名，企業（団体）名，責任者の署名，図面作成年月日，尺度，投影法等を記入する．組立図等に関しては，部品欄・図面明細表が必要である．

なお，（イ）は従来の設計技術者の場合，迷う表現ではある．ただし，（イ）を誤とした場合，選択肢の中からは選べない．

以上から，誤，正，正，誤，正の組合せとなり，正答は①である．

（注）過去問題　H26-Ⅰ-1-6

**基礎科目**
**Ⅰ-1-6**　構造物の耐力$R$と作用荷重$S$は材料強度のばらつきや荷重の変動などにより，確率変数として表される．いま，$R$と$S$の確率密度関数$f_R(r)$，$f_S(s)$が次のように与えられたとき，構造物の破壊確率として，最も近い値はどれか．

ただし，破壊確率は，$Pr[R < S]$で与えられるものとする．

$$f_R(r) = \begin{cases} 0.2 & (18 \le r \le 23) \\ 0 & (その他) \end{cases} , \qquad f_S(s) = \begin{cases} 0.1 & (10 \le s \le 20) \\ 0 & (その他) \end{cases}$$

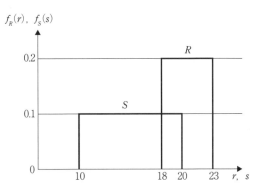

① 0.02　　② 0.04　　③ 0.08　　④ 0.1　　⑤ 0.2

**解　説**

　連続型変数とは，重さや温度・荷重・強度等のように連続した値をとるものである．この連続型変数の取りうる値に対応する確率を「連続型確率変数」と称する．この連続型確率変数が，ある値をとる事象の相対尤度（ゆうど）を記述する関数のことを確率密度関数と称する．

　確率変数がある範囲の値をとる確率は，その範囲にわたり確率密度関数を積分することにより得る．例えば，上記の $f_R(r)$ については図1のエリアの面積に該当する．

　そして確率密度関数は常に負にならず，また，取りうる範囲全体を積分すると，その値は1である．

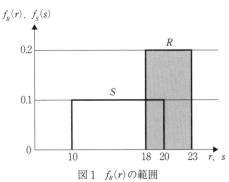

図1　$f_R(r)$ の範囲

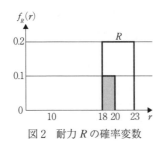

図2　耐力 $R$ の確率変数

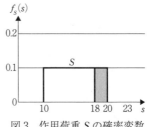

図3　作用荷重 $S$ の確率変数

$$\int_{18}^{23} f_R(r)\,dr = 1$$

出題では，$Pr[R<S]$ で破壊確率が与えられている．

該当する図上の領域は，2つの重なるエリアである．

このことから，耐力 $R$ の確率変数の構造物の破壊が生じる確率を図2に示す．数式では下記で与えられる．

$$\int_{18}^{20} \frac{f_R(r)}{2}\,dr = 0.2$$

作用荷重 $S$ の確率変数の構造物の破壊が生じる確率を図3に示す．数式では下記で与えられる．

$$\int_{18}^{20} f_s(s)\,ds = 0.2$$

上記2つの条件がともに成り立つことが構造物破壊の要件であるから，破壊確率は以下の乗算で与えられる．

$0.2 \times 0.2 = 0.04$

 答 ②

# 基礎科目

## ②群 情報・論理に関するもの

（全6問題から3問題を選択解答）

**基礎科目 I -2-1**　情報セキュリティを確保する上で，最も不適切なものはどれか．

① 添付ファイル付きのメールの場合，差出人のメールアドレスが知り合いのものであれば，直ちに添付ファイルを開いてもよい．

② 各クライアントとサーバにウィルス対策ソフトを導入する．

③ OSやアプリケーションの脆弱性に対するセキュリティ更新情報を定期的に確認し，最新のセキュリティパッチをあてる．

④ パスワードは定期的に変更し，過去に使用したものは流用しない．

⑤ 出所の不明なプログラムやUSBメモリを使用しない．

### 解説

① 最も不適切．知り合いのPCがウイルスに汚染されていて添付ファイルにもウイルスが混入している場合や，悪意ある第三者が知り合いのメールアドレスを偽って使用してウイルスを混入させた添付ファイルを送り付けている可能性もある．したがって，知り合いからのメールでも注意する必要がある．

② 適切．通常PCは，サーバとクライアントとを組み合わせて使用するので，どちらにウイルスが混入していても，ウイルスがPCに侵入して誤動作する．したがって，各々にウイルス対策ソフトを導入する必要がある．

③ 適切．毎日新しいウイルスが作成され，ネットワーク上に拡散している．それに対応するためにセキュリティパッチも頻繁に更新されている．したがって，セキュリティ更新情報を定期的に確認し，最新のセキュリティパッチをあてる必要がある．

④ 適切．パスワードは悪意ある第三者に漏洩し，それが記録されているおそれがある．したがって，悪意ある第三者に情報を盗み読みされないためには，パスワードを定期的に更新するのみでなく，第三者が記録しているおそれが

ある過去のパスワードも使うべきではない.

⑤　適切. 出所の不明なプログラムや USB メモリには，ウイルスが混入しているおそれがあるので，それを使うと PC にウイルスが侵入する可能性がある. したがってこれらは使用すべきではない.

以上から，最も不適切なものは①である.

 答 ①

**基礎科目 I-2-2**

計算機内部では，数は 0 と 1 の組合せで表される. 絶対値が $2^{-126}$ 以上 $2^{128}$ 未満の実数を，符号部 1 文字，指数部 8 文字，仮数部23文字の合計32文字の 0，1 からなる単精度浮動小数表現として，次の手続き 1〜4 によって変換する.

1. 実数を $\pm 2^a \times (1+x)$, $0 \leq x < 1$ 形に変形する.

2. 符号部 1 文字は符号が正（＋）のとき 0，負（－）のとき 1 とする.

3. 指数部 8 文字は $a+127$ の値を 2 進数に直した文字列とする.

4. 仮数部23文字は $x$ の値を 2 進数に直したとき，小数点以下に表れる23文字分の 0，1 からなる文字列とする.

例えば，$-6.5 = -2^2 \times (1+0.625)$ なので，符号部は符号が負（－）より 1，

指数部は $2+127 = 129 = (10000001)_2$ より10000001，

仮数部は $0.625 = \dfrac{1}{2} + \dfrac{1}{2^3} = (0.101)_2$ より

10100000000000000000000である.

したがって，実数 −6.5 は，

符号部 1，指数部10000001，

仮数部10100000000000000000000

と表現される.

実数13.0をこの方式で表現したとき，最も適切なものはどれか.

| | 符号部 | 指数部 | 仮数部 |
|---|---|---|---|
| ① | 1 | 10000001 | 10010000000000000000000 |
| ② | 1 | 10000010 | 10100000000000000000000 |
| ③ | 0 | 10000001 | 10010000000000000000000 |
| ④ | 0 | 10000010 | 10100000000000000000000 |
| ⑤ | 0 | 10000001 | 10100000000000000000000 |

## 解　説

示された方式で実数13.0を表現すると，次のとおりである．

- 実数13.0は，手続き1より（1）式で表せる．

$$13.0 = 8 \times 1.625 = 2^3 \times \left(1 + \frac{1}{2^1} + \frac{1}{2^3}\right) \tag{1}$$

- 符号部は，手続き2より符号が正なので0となる． （2）

- 指数部は，手続き3より，（1）式右辺左側の$2^3$の指数3に127を加算し，2進数に変換したものなので

$$3 + 127 = 130 = (10000010)_2 \tag{3}$$

である．

- 仮数部は，手続き4より，右辺右側の$\left(1 + \frac{1}{2^1} + \frac{1}{2^3}\right)$の中の小数点以下の部分なので

$$\frac{1}{2^1} + \frac{1}{2^3} = (0.101)_2$$

である．仮数部を23文字で表すと

$$10100000000000000000000 \tag{4}$$

となる．

　問題文中の①から⑤と（2），（3），（4）式とを比較すると，最も適切なものは④である．

**答 ④**

---

**基礎科目 I -2-3**

　2以上の自然数で1とそれ自身以外に約数を持たない数を素数と呼ぶ．$N$を4以上の自然数とする．2以上$\sqrt{N}$以下の全ての自然数で$N$が割り切れないとき，$N$は素数であり，そうでないとき，$N$は素数でない．

　例えば，$N = 11$の場合，$11 \div 2 = 5$余り1，$11 \div 3 = 3$余り2となり，

　2以上$\sqrt{11} \fallingdotseq 3.317$以下の全ての自然数で割り切れないので11は素数である．

　このアルゴリズムを次のような流れ図で表した．流れ図中の（ア），（イ）に入る記述として，最も適切なものはどれか．

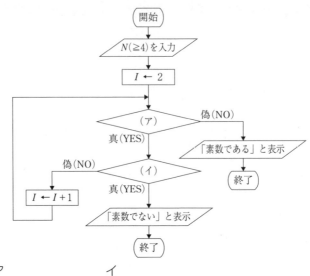

| | ア | イ |
|---|---|---|
| ① | $I \geqq \sqrt{N}$ | $I$ が $N$ で割り切れる. |
| ② | $I \geqq \sqrt{N}$ | $N$ が $I$ で割り切れない. |
| ③ | $I \geqq \sqrt{N}$ | $N$ が $I$ で割り切れる. |
| ④ | $I \leqq \sqrt{N}$ | $N$ が $I$ で割り切れない. |
| ⑤ | $I \leqq \sqrt{N}$ | $N$ が $I$ で割り切れる. |

## 解　説

　本フローチャートは，自然数 $N$ が素数か否かを判定するために，$I$ の値を $2$ から $\sqrt{N}$ まで $1$ ずつ増加し，その途中で $N$ を $I$ で割り切れれば素数でなく，割り切れなければ素数と判定するものである．

　フローチャートの判定ボックス（ア）は，$\sqrt{N}$ 以下であれば真として処理を継続し，大きければ偽として処理を完了し「素数である」と表示するものであるから，（ア）の論理式は「$I \leqq \sqrt{N}$」である．

　フローチャートの判定ボックス（イ）は，$N$ を $I$ で割り切れたときに真として「素数でない」と表示して処理を終了し，割り切れなかったときに偽として処理を継続するものであるから，（イ）の論理式は「$N$ が $I$ で割り切れる」である．

　問題文中の①から⑤と（ア），（イ）の判定式とを比較すると，最も適切なものは⑤である．

答 ⑤

**基礎科目 I -2-4**

　西暦年号がうるう年か否かの判定は次の（ア）～（ウ）の条件によって決定する．うるう年か否かの判定を表現している決定表として，最も適切なものはどれか．

（ア）　西暦年号が4で割り切れない年はうるう年でない．

（イ）　西暦年号が100で割り切れて400で割り切れない年はうるう年でない．

（ウ）　（ア），（イ）以外のとき，うるう年である．

　なお，決定表の条件部での"Y"は条件が真，"N"は条件が偽であることを表し，"－"は条件の真偽に関係ない又は論理的に起こりえないことを表す．動作部での"X"は条件が全て満たされたときその行で指定した動作の実行を表し，"－"は動作を実行しないことを表す．

① 条件部

| | N | Y | Y | Y |
|---|---|---|---|---|
| 西暦年号が4で割り切れる | N | Y | Y | Y |
| 西暦年号が100で割り切れる | － | N | Y | Y |
| 西暦年号が400で割り切れる | － | － | N | Y |

動作部

| うるう年と判定する | － | X | X | X |
|---|---|---|---|---|
| うるう年でないと判定する | X | － | － | － |

② 条件部

| 西暦年号が4で割り切れる | N | Y | Y | Y |
|---|---|---|---|---|
| 西暦年号が100で割り切れる | － | N | Y | Y |
| 西暦年号が400で割り切れる | － | － | N | Y |

動作部

| うるう年と判定する | － | － | X | X |
|---|---|---|---|---|
| うるう年でないと判定する | X | X | － | － |

③ 条件部

| 西暦年号が4で割り切れる | N | Y | Y | Y |
|---|---|---|---|---|
| 西暦年号が100で割り切れる | － | N | Y | Y |
| 西暦年号が400で割り切れる | － | － | N | Y |

動作部

| うるう年と判定する | － | X | － | X |
|---|---|---|---|---|
| うるう年でないと判定する | X | － | X | － |

④ 条件部

| 西暦年号が4で割り切れる | N | Y | Y | Y |
|---|---|---|---|---|
| 西暦年号が100で割り切れる | － | N | Y | Y |
| 西暦年号が400で割り切れる | － | － | N | Y |

動作部

| うるう年と判定する | － | X | － | － |
|---|---|---|---|---|
| うるう年でないと判定する | X | － | X | X |

⑤ 条件部

| 西暦年号が4で割り切れる | N | Y | Y | Y |
|---|---|---|---|---|
| 西暦年号が100で割り切れる | － | N | Y | Y |
| 西暦年号が400で割り切れる | － | － | N | Y |

動作部

| うるう年と判定する | － | － | － | X |
|---|---|---|---|---|
| うるう年でないと判定する | X | X | X | － |

## 解　説

　問題文（ア）から，西暦年号が4で割り切れない年はうるう年ではない．西暦年号が100や400でも割り切れるかは条件の真偽に関係ないので，条件部は，「西暦年号が4で割り切れる」はN，「西暦年号が100で割り切れる」と「西暦年号が400で割り切れる」は−となる．

　動作部は，「うるう年ではないと判定する」が動作を実行してXと記載される．
（1）

　問題文（イ）から，西暦年号が100で割り切れて，400で割り切れない年はうるう年にならない．

　このとき西暦年号が100で割り切れれば，必ず4でも割り切れるので，条件部は，「西暦年号が4で割り切れる」と「西暦年号が100で割り切れる」はYとなり，「西暦年号が400で割り切れる」はNとなる．

　動作部は，「うるう年ではないと判定する」が動作を実行してXと記載される．
（2）

　問題文（ウ）から，（ア），（イ）以外はうるう年である．（ア），（イ）以外としては以下の2通りのみがあり得る．

　1通り目は，西暦年号が4で割り切れるが，100では割り切れない年はうるう年になる．このとき西暦年号が400で割り切れるかは条件の真偽に関係ないので，条件部は，「西暦年号が4で割り切れる」がY，「西暦年号が100で割り切れる」がN，「西暦年号が400で割り切れる」が−となる．

　動作部は，「うるう年と判定する」が動作を実行してXと記載される．（3）

　2通り目は，西暦年号が4と100と400で割り切れる年もうるう年となる．

　条件部は，「西暦年号が4で割り切れる」，「西暦年号が100で割り切れる」，「西暦年号が400で割り切れる」がいずれもYとなる．

　動作部は，「うるう年と判定する」が動作を実行してXと記載される．（4）

　問題文中の①から⑤の中で（1）から（4）の条件に等しいのは③であり，最も適切である．

答 ③

**基礎科目 Ⅰ-2-5**

次の式で表現できる数値列として，最も適切なものはどれか．
＜数値列＞::＝01 | 0 ＜数値列＞ 1
ただし，上記式において，::＝は定義を表し，| は OR を示す．

① 111110　　② 111000　　③ 101010　　④ 000111　　⑤ 000001

$$\fbox{解 説}$$

題意より数値列は，01，または直前の数値列の左に 0 を右に 1 を付け加えた値となる．すなわち

・最初の数値列::＝01
・次の数値列::＝0 ＜01＞ 1＝0011
・その次の数値列::＝0 ＜0011＞ 1＝000111

となる．問題文中の①から⑤と比較すると，④がこの式で表現できる数値列となるので，最も適切である．

（注）類似問題　H20-Ⅰ-2-4

🔓 答 ④

**基礎科目 Ⅰ-2-6**

10,000命令のプログラムをクロック周波数2.0［GHz］の CPU で実行する．下表は，各命令の個数と，CPI（命令当たりの平均クロックサイクル数）を示している．このプログラムの CPU 実行時間に最も近い値はどれか．

| 命令 | 個数 | CPI |
|---|---|---|
| 転送命令 | 3 500 | 6 |
| 算術演算命令 | 5 000 | 5 |
| 条件分岐命令 | 1 500 | 4 |

① 260ナノ秒　　② 26マイクロ秒　　③ 260マイクロ秒
④ 26ミリ秒　　⑤ 260ミリ秒

$$\fbox{解 説}$$

プログラム中，3 500個の転送命令が 6 CPI で処理されるので，転送命令の処理 CPI は総計で

$$3\,500 \times 6\,\mathrm{CPI} = 21\,000\mathrm{CPI} \tag{1}$$

となる．同様にプログラム中，5 000個の算術演算命令が 5 CPI で処理されるので，

算術演算命令の処理 CPI は総計で

$\quad$ 5 000×5 CPI＝25 000CPI $\hfill$ （2）

となる．さらにプログラム中，1500個の条件分岐命令が 4 CPI で処理されるので，条件分岐命令の処理 CPI は総計で

$\quad$ 1 500×4 CPI＝6 000CPI $\hfill$ （3）

となる．

$\quad$ プログラム中の CPI の総計は，上記（1），（2），（3）の和なので

$\quad$ 21 000＋25 000＋6 000＝52 000CPI

となる．ここで，CPU のクロック速度は2.0GHz なので，CPU 実行時間は次式となる．

$\quad$ 52 000CPI/2.0GHz＝26 000ナノ秒

$\qquad\qquad\qquad$ ＝26マイクロ秒 $\hfill$ （4）

$\quad$ 問題文中の①から⑤と（4）とを比較すると，②が最も近い値である．

$\quad$ （注）過去問題　H25-Ⅰ-2-6  答 ②

（全6問題から3問題を選択解答）

基礎科目
Ⅰ-3-1

導関数 $\dfrac{d^2u}{dx^2}$ の点 $x_i$ における差分表現として，最も適切なものは

どれか．ただし，添え字 $i$ は格子点を表すインデックス，格子幅を

$h$ とする．

① $\dfrac{u_{i+1}-u_i}{h}$

② $\dfrac{u_{i+1}+u_i}{h}$

③ $\dfrac{u_{i+1}-2u_i+u_{i-1}}{2h}$

④ $\dfrac{u_{i+1}+2u_i+u_{i-1}}{h^2}$

⑤ $\dfrac{u_{i+1}-2u_i+u_{i-1}}{h^2}$

---

解　説

---

二次導関数 $\dfrac{d^2u}{dx^2}$ は

$$\frac{d^2u}{dx^2}=\left(\frac{d}{dx}\right)\left(\frac{du}{dx}\right)$$

である．

まず，右隣の分点 $x_{i+1}$ における導関数 $\dfrac{du}{dx}$ は，差分商

$$\frac{u_{i+2}-u_i}{2h}$$

で近似する．同時に分点 $x_{i-1}$ での $\dfrac{du}{dx}$ は

$$\frac{u_i - u_{i-2}}{2h}$$

で近似する．

次に，この2つの式の差をとり，2分点 $x_{i+1}$，$x_{i-1}$ 間の距離 $2h$ で割れば，中間点 $x_i$ での $\dfrac{d^2 u}{dx^2}$ の差分式が得られることになる．すなわち

$$\left(\frac{1}{2h}\right)\left\{\frac{(u_{i+2} - u_i)}{2h} - \frac{(u_i - u_{i-2})}{2h}\right\}$$
$$= \left(\frac{1}{2h}\right)^2 (u_{i+2} - 2u_i + u_{i-2})$$

となる．

この式は，$x_{i+2}$，$x_i$，$x_{i-2}$ という1つ飛びの分点における関数値の近似値である．

したがって，隣接する3点での値を使って $x_i$ における $\dfrac{d^2 u}{dx^2}$ の差分式は

$$\frac{u_{i+1} - 2u_i + u_{i-1}}{h^2}$$

をとるのが適切で，正答は⑤である．

## 別 解

導関数 $\dfrac{du}{dx}$ の点 $x_i$ における差分表現は，格子幅を $h$ とすると

$$\frac{du}{dx} = \frac{u_{i+1} - u_i}{h} = \frac{u_{i+1}}{h} - \frac{u_i}{h} \tag{1}$$

次に，二次導関数 $\dfrac{d^2 u}{dx^2}$ の差分表現は，（1）式から

$$\frac{d^2 u}{dx^2} = \frac{d}{dx}\left(\frac{du}{dx}\right) = \frac{d}{dx}\left(\frac{u_{i+1}}{h} - \frac{u_i}{h}\right)$$
$$= \frac{u_{i+2} - u_{i+1}}{h^2} - \frac{u_{i+1} - u_i}{h^2}$$

$$= \frac{u_{i+2} - 2u_{i+1} + u_i}{h^2} \qquad (2)$$

（2）式において，$i = i - 1$とおけば

$$\frac{d^2 u}{dx^2} = \frac{u_{i+1} - 2u_i + u_{i-1}}{h^2} \qquad (3)$$

となり，正答は⑤である.

答 ⑤

---

**基礎科目**
**I -3-2**

ベクトル $A$ とベクトル $B$ がある. $A$ を $B$ に平行なベクトル $P$ と $B$ に垂直なベクトル $Q$ に分解する. すなわち $A = P + Q$ と分解する. $A = (6, 5, 4)$, $B = (1, 2, -1)$ とするとき，$Q$ として，最も適切なものはどれか.

① $(1, 1, 3)$ ② $(2, 1, 4)$ ③ $(3, 2, 7)$
④ $(4, 1, 6)$ ⑤ $(5, -1, 3)$

平成29年度　基礎科目

---

### 解　説

ベクトル $A$ をベクトル $P$ と $Q$ に分解するので，題意により

$$A = P + Q \qquad (1)$$

ここで，$B$ に平行なベクトル $P$ は，$B$ を実数倍すればよいから，$P /\!/ B$ の条件は

$$P = \lambda B \quad （\lambda は任意の実数） \qquad (2)$$

$B$ に垂直なベクトル $Q$ は，なす角が $\theta = \pi/2$, $\cos\theta = 0$ であるので，$BQ\cos(\pi/2) = 0$ となり，$B \perp Q$ の条件は

$$B \cdot Q = 0 \qquad (3)$$

である.

（1），（2）式から

$$P = A - Q = \lambda B \quad （\lambda は任意の実数） \qquad (4)$$

（4）式の条件に基づき，問題選択肢①〜⑤に $A$, $B$, $Q$ の値を代入して（4）式が成立するかを検討する.

① 不成立.

$$P = A - Q = (6, 5, 4) - (1, 1, 3) = (5, 4, 1) \neq \lambda(1, 2, -1)$$

② 不成立.

$$P = A - Q = (6, 5, 4) - (2, 1, 4) = (4, 4, 0) \neq \lambda(1, 2, -1)$$

③ 不成立.

$P = A - Q = (6, 5, 4) - (3, 2, 7) = (3, 3, -3) \neq \lambda(1, 2, -1)$

④　成立.

$P = A - Q = (6, 5, 4) - (4, 1, 6) = (2, 4, -2) = 2(1, 2, -1)$

$\lambda = 2$ であり，ベクトル $P$ はベクトル $B$ に平行である.

⑤　不成立.

$P = A - Q = (6, 5, 4) - (5, -1, 3) = (1, 6, 1) \neq \lambda(1, 2, -1)$

念のため，「$Q$ が $B$ と垂直となるか」を④について，（3）式で確認すると

$B \cdot Q = (1, 2, -1) \cdot (4, 1, 6) = 4 + 2 - 6 = 0$

したがって，ベクトル $Q$ はベクトル $B$ に垂直である.

以上から，④が正答である.

 　④

---

**基礎科目 I-3-3**　材料が線形弾性体であることを仮定した構造物の応力分布を，有限要素法により解析するときの要素分割に関する次の記述のうち，最も不適切なものはどれか.

①　応力の変化が大きい部分に対しては，要素分割を細かくするべきである.

②　応力の変化が小さい部分に対しては，応力自体の大小にかかわらず要素分割の影響は小さい.

③　要素分割の影響を見るため，複数の要素分割によって解析を行い，結果を比較することが望ましい.

④　粗い要素分割で解析した場合には常に変形は小さくなり応力は高めになるので，応力評価に関しては安全側である.

⑤　ある荷重に対して有効性が確認された要素分割でも，他の荷重に対しては有効とは限らない.

---

**解　説**

本問は，構造物の応力分布を有限要素法で解析するときの要素分割に関して，注意すべき事項を問うている.

①　適切. 応力の変化が大きい部分は細かくする.

②　適切. 応力の変化が小さい部分は粗くできる.

③　適切. 要素分割は1つの方法だけでなく，複数の方法で解析して比較することが望ましい.

④　最も不適切. 粗さの急変は避けるべきであり，応力評価は安全側にはなら

ない.

⑤ 適切. それぞれの荷重については, それぞれに有効な要素分割があり, ある荷重に対して有効であっても, 他の荷重に有効とは限らない.

（注）過去問題　H24-Ⅰ-3-1

答 ④

---

**基礎科目 Ⅰ-3-4**

長さが $L$, 抵抗が $r$ の導線を複数本接続して, 下図に示すような3種類の回路 (a), (b), (c) を作製した. (a), (b), (c) の各回路における AB 間の合成抵抗の大きさをそれぞれ $R_a$, $R_b$, $R_c$ とするとき, $R_a$, $R_b$, $R_c$ の大小関係として, 最も適切なものはどれか. ただし, 導線の接合点で付加的な抵抗は存在しないものとする.

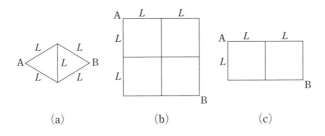

| (a) | (b) | (c) |

① $R_a < R_b < R_c$ ② $R_a < R_c < R_b$

③ $R_c < R_a < R_b$ ④ $R_c < R_b < R_a$

⑤ $R_b < R_a < R_c$

---

**解　説**

(a) 次の図のように, 回路網 ACBD はブリッジ回路を構成し, C 点と D 点は同電位となり, $\overline{CD}$ 間には電流が流れない. よって, 図のように変換していくと, この回路網の合成抵抗 $R_a$ は,

$$R_a = r \tag{1}$$

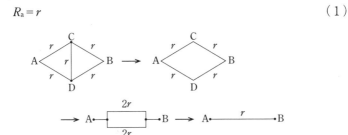

(b) 回路網には下図のように電流が流れるので，AB 間の電圧を $V$，抵抗を $R_b$ とすると

$$V = \left( \frac{i}{2} + \frac{i}{4} + \frac{i}{4} + \frac{i}{2} \right) r = \frac{3}{2} ri = R_b i$$

$$\therefore \quad R_b = \frac{3}{2} r = 1.5\, r \tag{2}$$

(c) 下図のように回路△ACD を △−Y 変換すると

$$R_{AO} = R_{DO} = \frac{r \cdot 2r}{r + r + 2r} = \frac{r}{2}$$

$$R_{CO} = \frac{r \cdot r}{r + r + 2r} = \frac{r}{4}$$

となる．以降，図上で合成抵抗を集約していくと，AB 間の合成抵抗 $R_c$ は

$$R_c = \frac{14}{10} r = 1.4\, r \tag{3}$$

上記の（1），（2），（3）式から

$$R_a < R_c < R_b$$

となり，正答は②である．

なお，本問は電気回路に関する問題であるが，基礎科目（3群）の試験内容は，「解析に関するもの（力学，電磁気学等）」であり，平成13年度（第1回）の試験以来，電気関係の最初の出題で，注目すべき問題である．

今後，電気関係の出題が増加する可能性が大きい．　　　🔓答 ②

**基礎科目 I-3-5**

両端にヒンジを有する2つの棒部材 AC と BC があり，点 C において鉛直下向きの荷重 $P$ を受けている．棒部材 AC の長さは $L$ である．棒部材 AC と BC の断面積はそれぞれ $A_1$ と $A_2$ であり，縦弾性係数（ヤング係数）はともに $E$ である．棒部材 AC と BC に生じる部材軸方向の伸びをそれぞれ $\delta_1$ と $\delta_2$ とするとき，その比（$\delta_1/\delta_2$）として，最も適切なものはどれか．なお，棒部材の伸びは微小とみなしてよい．

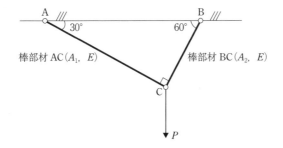

① $\dfrac{\delta_1}{\delta_2} = \dfrac{A_1}{A_2}$

② $\dfrac{\delta_1}{\delta_2} = \dfrac{\sqrt{3}\,A_1}{2A_2}$

③ $\dfrac{\delta_1}{\delta_2} = \dfrac{A_2}{A_1}$

④ $\dfrac{\delta_1}{\delta_2} = \dfrac{\sqrt{3}\,A_2}{2A_1}$

⑤ $\dfrac{\delta_1}{\delta_2} = \dfrac{\sqrt{3}\,A_2}{A_1}$

### 解　説

　棒部材の伸び $\delta$ は $PL/AE$ で求められる．ここで，$P$ は荷重，$L$ は棒部材の長さ，$A$ は棒部材の断面積，$E$ はヤング係数である．

　下図のように棒部材 AC の長さは $L$，BC の長さは $L/\sqrt{3}$ であるから，棒部材 AC，BC の伸びを $\delta_1$，$\delta_2$ とする．

$$\delta_1 = \frac{P\cos 60° \cdot L}{A_1 E} = \frac{PL}{2\,A_1 E} \tag{1}$$

$$\delta_2 = \frac{P\cos 30°}{A_2 E} \cdot \frac{L}{\sqrt{3}}$$

$$= \frac{P}{A_2 E} \cdot \frac{\sqrt{3}}{2} \cdot \frac{L}{\sqrt{3}} = \frac{PL}{2\,A_2 E} \tag{2}$$

　棒部材の伸びの比 $(\delta_1/\delta_2)$ は，（1），（2）式から

$$\frac{\delta_1}{\delta_2} = \frac{A_2}{A_1}$$

となり，正答は③である．

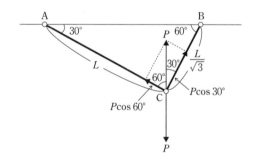

答 ③

基礎科目
I -3-6

　下図に示す，長さが同じで同一の断面積 $4d^2$ を有し，断面形状が異なる3つの単純支持のはり（a），（b），（c）の $xy$ 平面内の曲げ振動について考える．これらのはりのうち，最も小さい1次固有振動数を有するものとして，最も適切なものはどれか．ただし，はりは同一の等方性線形弾性体からなり，はりの断面は平面を保ち，断面形状は変わらず，また，はりに生じるせん断変形は無視する．

(a)

(b)

(c)

① 　(a) と (b)

② 　(b) と (c)

③ 　(a) のみ

④ 　(b) のみ

⑤ 　(c) のみ

平成29年度　基礎科目

## 解　説

まっすぐなはりの横振動の固有振動数 $f$ [Hz] は

$$f = \frac{\lambda^2}{2\pi L^2} \sqrt{\frac{EI}{A\rho}}$$

ここで

　　$\lambda$：境界条件および振動モードによって定まる無次元の係数（振動数係数）

　　$L$：はりの長さ [m]

　　$E$：はりの材料の縦弾性係数 [N/m²]

　　$I$：はりの断面二次モーメント [m⁴]

　　$A$：はりの断面積 [m²]

　　$\rho$：はりの材料の密度 [kg/m³]

また，両端支持のはりについて，一次の振動係数は $\pi$ である．

上記の固有振動数の式で，はり (a)，(b)，(c) について異なる物理量は断面二次モーメント $I$ だけである．そこで各はりについて，$I$ の値を比較する．

断面が矩形のはりの場合

$$I = \frac{1}{12} bh^3$$

ここで

   $b$：$z$ 方向の長さ〔m〕

   $h$：$y$ 方向の長さ〔m〕

(a) の場合，$I = \frac{1}{12} \cdot d (4d)^3 = 5.33 d^4 [\mathrm{m}^4]$

(b) の場合，$I = \frac{1}{12} \cdot 2 d (2d)^3 = 1.33 d^4 [\mathrm{m}^4]$

(c) の場合，$I = \frac{1}{12} \cdot 4 d d^3 = 0.33 d^4 [\mathrm{m}^4]$

となり，最も小さい 1 次固有振動数は（c）のみで，正答は⑤である．

  （注）過去問題　H25-Ⅰ-3-2

答 ⑤

# 基礎科目
## 4群 材料・化学・バイオに関するもの

（全6問題から3問題を選択解答）

基礎科目
I-4-1

ある金属イオン水溶液に水酸化ナトリウム水溶液を添加すると沈殿物を生じ，さらに水酸化ナトリウム水溶液を添加すると溶解した．この金属イオン種として，最も適切なものはどれか．

① $Ag^+$イオン
② $Fe^{3+}$イオン
③ $Mg^{2+}$イオン
④ $Al^{3+}$イオン
⑤ $Cu^{2+}$イオン

---

### 解　説

　本問は，塩基性水溶液と金属イオンの反応を扱い，塩基性水溶液として水酸化ナトリウム水溶液と金属イオンとの反応を考える．多くの金属イオンは水酸化ナトリウム水溶液と反応して水酸化物として沈殿する．その後，さらに水酸化ナトリウム水溶液を添加すると沈殿が溶解したと問題文に記載がある．これは，過剰な水酸化ナトリウム水溶液の添加により可溶性になることを示している．水酸化ナトリウム水溶液と反応してこのような性質を示す金属イオンは両性金属イオンである．両性金属イオンは酸溶液にも塩基性溶液にも溶解する金属である．この他に，塩基性水溶液としてアンモニア水を加えたときの挙動との差をみていくことも必要である．このような視点から各項目の金属イオンをみていく．

① 不適切．$Ag^+$は水酸化ナトリウム水溶液と反応して褐色の $Ag_2O$ が沈殿する．通常は水酸化物が沈殿するが $Ag^+$ の場合は酸化銀である．過剰の水酸化ナトリウム水溶液を添加しても溶解はしない．しかし，塩基性水溶液がアンモニア水を用いると酸化銀の沈殿が生じるまでは同じであるが，過剰量のアンモニア水の添加により銀アンモニア錯イオンを生成して溶解する．同じ塩基性水溶液でも反応が異なる点に注意する必要がある．このイオンは不適切である．

② 不適切. $Fe^{3+}$ は水酸化ナトリウム水溶液と反応して $Fe(OH)_3$ の赤褐色の沈殿が生じる. この水酸化物は過剰の水酸化ナトリウム水溶液を加えても溶解しない. この反応は 2 価の Fe でも同様である. このイオンは不適切である.

③ 不適切. $Mg^{2+}$ は水酸化ナトリウム水溶液と反応して白色の $Mg(OH)_2$ を生じる. 過剰の水酸化ナトリウム水溶液を加えても沈殿が再溶解することはない. このイオンは不適切である.

④ 適切. $Al^{3+}$ は水酸化ナトリウム水溶液と反応して白色の $Al(OH)_3$ を生じる. さらに過剰の水酸化ナトリウム水溶液を加えると, $Al(OH)_4^-$ となり溶解する. アンモニア水に対しては $Al(OH)_3$ を生じる点は水酸化ナトリウムと同じであるが, アンモニアイオンとの錯体や $Al(OH)_4^-$ などは生じない. ここで, アルミニウムは酸にも塩基にも溶解するので両性金属である. 両性金属はこのほかに, Zn, Sn, Pb がある. よって, 本問の正答である.

⑤ 不適切. $Cu^{2+}$ は水酸化ナトリウム水溶液と反応して青から生白色のゲル状の $Cu(OH)_2$ の沈殿を生じる. さらに, 過剰の水酸化ナトリウム水溶液を加えても沈殿が再溶解することはない. しかし, 塩基性水溶液がアンモニア水を用いると水酸化銅の沈殿が生じるまでは同じであるが, 過剰量のアンモニア水の添加により濃青色の銅アンモニア錯イオンを生成して溶解する. また, 銅イオンが青いのは水が 4 配位して錯体を生成しているからである. このイオンは不適切である.

以上から, 正答は④である.

（注）過去問題 H24-Ⅰ-4-2

---

**基礎科目**
**Ⅰ-4-2**

　0.10 [mol] の NaCl, $C_6H_{12}O_6$（ブドウ糖）, $CaCl_2$ をそれぞれ1.0 [kg] の純水に溶かし, 3 種類の0.10 [mol/kg] 水溶液を作製した. これらの水溶液の沸点に関する次の記述のうち, 最も適切なものはどれか.

① 3 種類の水溶液の沸点はいずれも100 [℃] よりも低い.

② 3 種類の水溶液の沸点はいずれも100 [℃] よりも高く, 同じ値である.

③ 0.10 [mol/kg] の NaCl 水溶液の沸点が最も低い.

④ 0.10 [mol/kg] の $C_6H_{12}O_6$（ブドウ糖）水溶液の沸点が最も高い.

⑤ 0.10 [mol/kg] の $CaCl_2$ 水溶液の沸点が最も高い.

## 解　説

　本問は，溶液の沸点上昇に関する問題である．不揮発性の物質を溶媒に溶かすと溶液が希薄である限り同一溶媒であれば溶質の種類によらず沸点がモル濃度に比例して上昇する現象が沸点上昇で，これはラウールの法則として知られている．

　ここで，注意しなければならないのは，溶質が電解質か非電解質かである．電解質は陽イオンと陰イオンに電離する．電離により生じたイオンの合計のモル濃度が沸点上昇に関わってくるからである．本問を解くには，溶質が電解質か非電解質かを見極め，さらに，電離により生じる陽陰合計のモル濃度を求めなければならない．この視点からこの問題を見ていく．

　溶液は水溶液で，すべて0.1mol/kg である．まず，NaCl は電解質であり，電離して $Na^+$ と $Cl^-$ に解離するのでイオンを合計したモル濃度は0.2mol/kg である．ブドウ糖は非電解質であるので電離しないで分子として存在するのでモル濃度は0.1mol/kg である．最後の $CaCl_2$ は電解質であり，電離して0.1mol/kg の $Ca^+$ と，0.20mol/kg の $Cl^-$ となり，イオンを合計したモル濃度は0.3mol/kg である．このことから，沸点上昇が最も高いのは $CaCl_2$ であり，NaCl がこれに続き，ブドウ糖がこの３つの中では最も小さい．このことから，①〜⑤のなかで正しい記述は⑤である．

　特に，沸点上昇は溶液の沸点を求めることにより分子量を知るために用いられることが多い．すなわち，溶媒 $W$ [g] に分子量が $M_w$ の溶質を $w$ [g] 溶解した溶液の沸点上昇を $\Delta T$ [℃]，そして，溶媒 1 kg に溶質 1 g 分子（mol）を溶解させた溶液の沸点上昇が $K_b$（モル沸点上昇率）であったとする．ラウールの法則より，以下の（1）式が成り立つ．

$$1 : 1\,000w/(W \cdot M_w) = K_b : \Delta T \tag{1}$$

これを書き換え，$M_w$ を求める式に変形すると（2）式になる．

$$M_w = K_b \frac{1\,000 \cdot w}{W \cdot \Delta T} \tag{2}$$

この式により分子量を求めることができる．ただし，この式が成り立つのは希薄溶液の場合である．

　以上から，正答は⑤となる．

答 ⑤

**基礎科目 Ⅰ-4-3**

材料の結晶構造に関する次の記述の，□□□に入る語句の組合せとして，最も適切なものはどれか．

結晶は，単位構造の並進操作によって空間全体を埋めつくした構造を持っている．室温・大気圧下において，単体物質の結晶構造は，Fe や Na では　ア　構造，Al や Cu では　イ　構造，Ti や Zn では　ウ　構造である．単位構造の中に属している原子の数は，　ア　構造では　エ　個，　イ　構造では 4 個，　ウ　構造では 2 個である．

| | ア | イ | ウ | エ |
|---|---|---|---|---|
| ① | 六方最密充填 | 面心立方 | 体心立方 | 3 |
| ② | 面心立方 | 六方最密充填 | 体心立方 | 4 |
| ③ | 面心立方 | 体心立方 | 六方最密充填 | 2 |
| ④ | 体心立方 | 面心立方 | 六方最密充填 | 2 |
| ⑤ | 体心立方 | 六方最密充填 | 面心立方 | 4 |

**解　説**

本問は，単体物質である純金属の結晶構造について，常識的な知識を問うものである．金属材料を扱う者にとっては基本的な内容なので，できれば頭に入れておきたい．

| 結晶構造 | 金属の例 | 単位構造中の原子数 |
|---|---|---|
| 体心立方 | Cr, Fe, Na, W | 2 |
| 面心立方 | Al, Au, Cu, Ni | 4 |
| 稠密六方 | Mg, Ti, Zn, Zr | 2 |

上表において，稠密六方は六方最密充填の別称である．単位構造中の原子数は，単位構造の決め方に依存し，空間充填率を示さないことを理解しておくこと．ちなみに，体心立方の空間充填率は約68%，他の二者は同じで約74%と純金属の結晶構造の中では最も高い充填率である．

表から，（ア）は体心立方であり，（イ）は面心立方，（ウ）は六方最密充填，（エ）は 2 となる．したがって，組合せとして最も適切なものは④である．

**答 ④**

**基礎科目**
**I-4-4**

下記の部品及び材料とそれらに含まれる主な元素の組合せとして，最も適切なものはどれか．

|  | 乾電池負極材 | 光ファイバー | ジュラルミン | 永久磁石 |
|---|---|---|---|---|
| ① | Zn | Si | Cu | Fe |
| ② | Zn | Cu | Si | Fe |
| ③ | Fe | Si | Cu | Zn |
| ④ | Si | Zn | Fe | Cu |
| ⑤ | Si | Zn | Fe | Si |

**解　説**

民生用，産業用を問わず広く使われている部品と材料に関する基礎知識を問うものである．下表に主成分と重要な添加物（副成分）をまとめておいたので，記憶しておくことをおすすめしたい．

| 部品又は材料 | 材　質 | 主成分 | 添加物 |
|---|---|---|---|
| 乾電池負極材 | 高純度亜鉛 | Zn | なし |
| 光ファイバー | 石英ガラス | Si, O | なし |
| ジュラルミン | アルミニウム合金 | Al | Cu, Mg, Mn |
| 永久磁石 | 遷移元素（金属） | Fe | Co, Ni, Ba |

乾電池にはマンガン，アルカリ，リチウム乾電池等，各種あり，正極材には種々の材料が利用されているが，負極材としてはごく一部の例外を除いて純亜鉛が採用されている．

光ファイバーには石英ガラス系とプラスチック系があるが，遠距離通信用には低損失のガラス系が使用されている．

ジュラルミンがアルミニウム合金であることは周知なので，添加物についての設問である．ジュラルミン及び超ジュラルミンはCuが約4％で最多である．超々ジュラルミンはZnが最も多い添加物となるので，注意を要する．

永久磁石の材料としては，強磁性体のFe，Ni，Coに添加元素を加えた材料が最も広く使用されているが，安価で使いやすいことから，ネオジム系等，希土類磁石を含めてFeを主成分とするものが圧倒的に多い．

表から乾電池負極材はZn，光ファイバーはSi，ジュラルミンはCu，永久磁石はFeを選択すべきことがわかる．すなわち，Zn－Si－Cu－Feの順となる．

以上から，組合せとして最も適切なものは①である．

（注）過去問題　H18-Ⅰ-4-3

答　①

**基礎科目**
**Ⅰ-4-5**

アミノ酸に関する次の記述の，[　　]に入る語句の組合せとして，最も適切なものはどれか．

一部の特殊なものを除き，天然のタンパク質を加水分解して得られるアミノ酸は[　ア　]種類である．アミノ酸の $\alpha$ −炭素原子には，アミノ基と[　イ　]，そしてアミノ酸の種類によって異なる側鎖（R基）が結合している．R基に脂肪族炭化水素鎖や芳香族炭化水素鎖を持つロイシンやフェニルアラニンは[　ウ　]性アミノ酸である．グリシン以外のアミノ酸には光学異性体が存在するが，天然に主に存在するものは[　エ　]である．

|   | ア | イ | ウ | エ |
|---|----|-----|------|-----|
| ① | 20 | カルボキシ基 | 疎水 | L体 |
| ② | 20 | ヒドロキシ基 | 疎水 | D体 |
| ③ | 30 | カルボキシ基 | 親水 | L体 |
| ④ | 30 | カルボキシ基 | 疎水 | D体 |
| ⑤ | 30 | ヒドロキシ基 | 親水 | L体 |

**━━━━━ 解　説 ━━━━━**

本問は，タンパク質及びそれを構成するアミノ酸の性質に関する設問である．タンパク質はアミノ酸が鎖状に重合してできた生体高分子であり，構成するアミノ酸の数や種類，配列等によってタンパク質の構造や性質，機能等が決まる．アミノ酸の構造は，中心となる $\alpha$ −炭素原子の4本の共有結合に水素原子・カルボキシ基・アミノ基・側鎖（R基）が結合したもので，隣り合うアミノ酸のカルボキシ基とアミノ基のペプチド結合によって重合する．

タンパク質を構成するアミノ酸は20種類あり，それぞれ異なる側鎖を有している．各アミノ酸の性質は側鎖によって決まり，親水性・疎水性，塩基性・酸性等の性質に分類される．側鎖が脂肪族炭化水素鎖のロイシンや芳香族炭化水素鎖のフェニルアラニンは疎水性アミノ酸である．

アミノ酸にはL体とD体の2つの光学異性体が存在するが，天然のタンパク質を構成するアミノ酸は通常L体である．なお，グリシンは側鎖も水素原子なので，光学異性体は存在しない．以上から，最も適切な選択は，[ア．20]，

イ．カルボキシ基，ウ．疎水，エ．L体 であり，正答は①となる．
（注）過去問題　H25-Ⅰ-4-5

**基礎科目　Ⅰ-4-6**　遺伝子組換え技術の開発はバイオテクノロジーを革命的に変化させ，ゲノムから目的の遺伝子を取り出して，直接DNA分子の構造を解析することを可能にした．遺伝子組換え技術に関する次の記述のうち，最も適切なものはどれか．

①　ポリメラーゼ連鎖反応（PCR）では，一連の反応を繰り返すたびに二本鎖DNAを熱によって変性させなければならないので，熱に安定なDNAポリメラーゼを利用する．

②　遺伝子組換え技術により，大腸菌によるインスリン合成に成功したのは1990年代後半である．

③　DNAの断片はゲル電気泳動によって陰極に向かって移動し，大きさにしたがって分離される．

④　6塩基の配列を識別する制限酵素EcoRIでゲノムDNAを切断すると，生じるDNA断片は正確に$4^6$塩基対の長さになる．

⑤　ヒトのゲノムライブラリーの全てのクローンは，肝臓のRNAから作製したcDNAライブラリーの中に見いだされる．

**解　説**

本問は，遺伝子組換え技術に関する設問である．

①　最も適切．PCRは，1) 二本鎖DNAの熱変性による一本鎖化，2) プライマーの結合，3) DNAポリメラーゼによるDNA合成，という3つのステップの繰り返しによってDNA断片の増幅を行う反応である．1) の熱変性の際に温度が90℃以上になるので，高温でも活性を失わない耐熱性のDNAポリメラーゼが使用される．

②　不適切．ヒト型インスリンの大腸菌による合成は1978年に成功した．ジェネンテック社（米国）によるもので，これが遺伝子組換え技術によって生産された初めての医薬品である．

③　不適切．DNA分子のリン酸基は負の電荷をもっているため，電気泳動を行うとDNAは陰極ではなく陽極に向かって移動する．その際に，DNA分子の長さによってゲル中での移動速度が異なるので，長さによって分離する

ことが可能である.

④ 不適切. 制限酵素は, 特定の塩基配列を識別して DNA を切断する酵素で, 遺伝子組換えに用いられる. EcoRI の場合, 5′-GAATTC-3′ という 6 塩基からなる配列を認識して, G と A の間で切断する. この配列が出現する頻度は, 仮に A・C・G・T 各塩基の出現頻度が均等でランダムであるなら $4^6$ 分の 1, すなわち4096塩基に 1 回となる. しかし, 実際にはそうではないので, 切断後の断片の長さは様々になる.

⑤ 不適切. ゲノムの一部が転写されて RNA になる. したがって, RNA を元に作製される cDNA ライブラリーにはゲノムの一部分の配列しか含まれない. ちなみに, ゲノムのどの領域が RNA に転写されるかは, 臓器や発生過程等によって異なる.

以上から, 最も適切なものは①である. 答 ①

（全6問題から3問題を選択解答）

環境管理に関する次のA～Dの記述について，それぞれの正誤の組合せとして，最も適切なものはどれか．

（A）　ある製品に関する資源の採取から製造，使用，廃棄，輸送など全ての段階を通して環境影響を定量的かつ客観的に評価する手法をライフサイクルアセスメントという．

（B）　公害防止のために必要な対策をとったり，汚された環境を元に戻したりするための費用は，汚染物質を出している者が負担すべきという考え方を汚染者負担原則という．

（C）　生産者が製品の生産・使用段階だけでなく，廃棄・リサイクル段階まで責任を負うという考え方を拡大生産者責任という．

（D）　事業活動において環境保全のために投資した経費が，税法上適切に処理されているかどうかについて，公認会計士が監査することを環境監査という．

|   | A | B | C | D |
|---|---|---|---|---|
| ① | 正 | 正 | 正 | 誤 |
| ② | 誤 | 誤 | 誤 | 正 |
| ③ | 誤 | 正 | 正 | 誤 |
| ④ | 正 | 正 | 誤 | 正 |
| ⑤ | 正 | 誤 | 誤 | 誤 |

## 解　説

（A）　正しい．ライフサイクルアセスメントについての記述であり，正しい．

（B）　正しい．汚染者負担原則についての記述であり，正しい．

（C）　正しい．拡大生産者責任についての記述であり，正しい．

（D）　誤り．環境監査とは，企業が独自に，または第三者等に，その企業の環

境管理体制を点検・審査をさせることを指し，記述にある投資経費の適切
処理を会計士が監査するものではない．記述は，環境会計についての記述
と考えられ，誤りである．

以上から，正誤の組合せとして，最も適切なものは，正，正，正，誤で，正答
は①である．

（注）過去問題　H20- I -5-4

答 ①

基礎科目
I -5-2

　　　国連気候変動枠組条約第21回締約国会議（COP21）で採択され
たパリ協定についての次の記述のうち，最も不適切なものはどれか．

① 温室効果ガスの排出削減目標を5年ごとに提出・更新することを義務付け
ることで，気候変動に対する適応策を積極的に推し進めることとした．

② 産業革命前からの地球の平均気温上昇を2［℃］より十分下方に抑えると
ともに，1.5［℃］に抑える努力を追求することとした．

③ 各国より提供された温室効果ガスの排出削減目標の実施・達成に関する情
報について，専門家レビューを実施することとした．

④ 我が国が提案した二国間オフセット・クレジット制度（JCM）を含む市場
メカニズムの活用が位置づけられた．

⑤ 途上国における森林減少及び森林劣化による温室効果ガス排出量を減少さ
せる取組等について，実施及び支援するための行動をとることが奨励された．

解　説

① 最も不適切．設問の記述は，第4条（協定の概要）での各国の温室効果ガ
スに関する，削減目標を5年ごとに提出・更新することを義務付ける内容で
あるが，記述の後半，義務付けることで，気候変動に対する適応策を推し進
めることとしたとの記述は不適切である．協定では，各国は，義務付けられ
た目標達成のため，それぞれの国内対策を追求し，長期の低排出戦略を策定
するものとしている．

② 適切．第2条 協定の目的に関する，世界共通の長期目標値についての記
述であり，適切である．

③ 適切．第13条 行動と支援の透明性に関する，枠組みについての記述であり，
適切である．

④　適切．第6条 市場メカニズムについての記述であり，適切である．

⑤　適切．第5条 森林等吸収源に関する，国際協力・支援についての記述であり，適切である．

以上から，正答は①である．　　①

---

**基礎科目　I-5-3**

天然ガスは，日本まで輸送する際に容積を少なくするため，液化天然ガス（LNG, Liquefied Natural Gas）の形で運ばれている．0［℃］，1気圧の天然ガスを液化すると体積は何分の1になるか，次のうち最も近い値はどれか．なお，天然ガスは全てメタン（CH₄）で構成される理想気体とし，LNGの密度は温度によらず425［kg/m³］で一定とする．

① 1/1200　　② 1/1000　　③ 1/800　　④ 1/600　　⑤ 1/400

**解　説**

天然ガス（気体）1［g］の体積 $V$：気体の状態方程式 $PV = \left(\dfrac{w}{m}\right)RT$ を用い，以下の数値を代入し算出する．$P=1$，メタンの分子量 $m=16$，質量 $w=1$［g］，気体定数 $R=0.082$，$T=273$［K］（$=0$［℃］）

$$V = \left(\frac{1}{16}\right) \times 0.082 \times 273/1 \fallingdotseq 1.399 \ [\mathrm{L}] \tag{1}$$

LNG（液体メタン）1［g］の体積 $=1/425$［L］　　　　　　　　　　　　　(2)

上記より，体積比は，（1）式／（2）式 $\fallingdotseq$ 595倍となり，逆数は約1/600となる．

以上から，正答は④である．

（注）過去問題　H23-I-5-3　　④

---

**基礎科目　I-5-4**

我が国の近年の家庭のエネルギー消費に関する次の記述のうち，最も不適切なものはどれか．

①　全国総和の年間エネルギー消費量を用途別に見ると，約3割が給湯用のエネルギーである．

②　全国総和の年間エネルギー消費量を用途別に見ると，冷房のエネルギー消費量は暖房のエネルギー消費量の約10倍である．

③ 全国総和の年間エネルギー消費量をエネルギー種別に見ると，約5割が電気である．

④ 電気冷蔵庫，テレビ，エアコンなどの電気製品は，エネルギーの使用の合理化等に関する法律（省エネ法）に基づく「トップランナー制度」の対象になっており，エネルギー消費効率の基準値が設定されている．

⑤ 全国総和の年間電力消費量のうち，約5％が待機時消費電力として失われている．

**解　説**

① 適切．家庭における用途別年間エネルギー消費量の統計（2015年度）によると，給湯用のエネルギー消費割合は，28.9％であり，約3割との記述は，適切である．

② 最も不適切．上記統計によると，暖房のエネルギー消費22.4％に対し，冷房は2.2％となっており，冷房のエネルギー消費量は暖房の約1/10である．設問では，約10倍と記述しており，不適切である．

③ 適切．同時期の統計によると，電気の占める年間用途別エネルギー消費量は，51.4％であり，約5割との記述は，適切である．

④ 適切．省エネ法に基づく「トップランナー制度」の記述であり，適切である．

⑤ 適切．同時期の統計によると，待機時消費電力量は年間電力消費量の5.1％であり，約5％との記述は，適切である．

以上から，正答は②である．

🔓 **答 ②**

**基礎科目**
**I-5-5**
18世紀後半からイギリスで産業革命を引き起こす原動力となり，現代工業化社会の基盤を形成したのは，自動織機や蒸気機関などの新技術だった．これらの技術発展に関する次の記述のうち，最も不適切なものはどれか．

① 一見革命的に見える新技術も，多くは既存の技術をもとにして改良を積み重ねることで達成されたものである．

② 新技術の開発は，ヨーロッパ各地の大学研究者が主導したものが多く，産学協同の格好の例といえる．

③ 新技術の発展により，手工業的な作業場は機械で重装備された大工場に置き換えられていった．

④　新技術のアイデアには，からくり人形や自動人形などの娯楽製品から転用されたものもある．

⑤　新技術は生産効率を高めたが，反面で安い労働力を求める産業資本が成長し，長時間労働や児童労働などが社会問題化した．

## 解　説

①　適切．自動織機や蒸気機関の新技術も，多くの既存技術を基にした試行錯誤の結果であり，記述は適切である．

②　最も不適切．イギリスの産業革命のきっかけとなった技術上の改革に関わった人達には，ジェームス・ワットをはじめとして，工学の専門教育を受けた人物はほとんどいなかった．したがって，設問にある大学研究者が主導したとか，産学協同の例とかの記述は誤りであり，最も不適切である．

③　適切．産業革命が早い時期に起こったイギリスでは，作業場から大工場への切り替えも早かったとされ，記述は適切である．

④　適切．産業革命時のアイデアの出所についての記述であり，適切である．

⑤　適切．早期の産業革命は，大工場に労働者が雇用されるという社会形態の普及も早く，若年層や女子等からの搾取や長い労働時間等の社会問題を起こした．したがって，設問の記述は，適切である．

以上から，正答は②である．

（注）過去問題　H24-Ⅰ-5-5

 答 ②

科学史・技術史上著名な業績に関する次の記述のうち，最も不適切なものはどれか．

①　アレッサンドロ・ボルタは，異種の金属と湿った紙で電堆（電池）を作り定常電流を実現した．

②　アレクサンダー・フレミングは，溶菌酵素のリゾチームと抗生物質のペニシリンを発見した．

③　ヴィルヘルム・レントゲンは，陰極線の実験を行う過程で未知の放射線を発見しX線と名付けた．

④　グレゴール・メンデルは，エンドウマメの種子の色などの性質に注目し植物の遺伝の法則性を発見した．

⑤ トマス・エジソンは，交流電圧を用いて荷電粒子を加速するサイクロトロンを発明した．

## 解　説

① 適切．（伊）の物理学者，アレッサンドロ・ボルタの電池作りの記述であり，適切である．

② 適切．（英）の医者，アレクサンダー・フレミングのリゾチーム，ペニシリン発見の記述であり，適切である．

③ 適切．（独）の物理学者，ヴィルヘルム・レントゲンのX線命名の記述であり，適切である．

④ 適切．（墺）の修道士，植物学者，グレゴール・メンデルの植物に関する，遺伝法則発見の記述であり，適切である．

⑤ 最も不適切．（米）の発明家，トマス・エジソンは，サイクロトロンの発明者ではない．設問の記述にあるサイクロトロンの発明は，(米)の物理学者，アーネスト・ローレンスであり，記述は最も不適切である．

以上から，正答は⑤である．

**答 ⑤**

## 適 性 科 目

Ⅱ　次の15問題を解答せよ．（解答欄に１つだけマークすること．）

**適性科目 Ⅱ-1**　　技術士法第４章に関する次の記述の，[　　　]に入る語句の組合せとして，最も適切なものはどれか．

《技術士法第４章　技術士等の義務》

（信用失墜行為の禁止）

第44条　技術士又は技術士補は，技術士若しくは技術士補の信用を傷つけ，又は技術士及び技術士補全体の[　ア　]となるような行為をしてはならない．

（技術士等の秘密保持[　イ　]）

第45条　技術士又は技術士補は，正当の理由がなく，その業務に関して知り得た秘密を漏らし，又は[　ウ　]してはならない．技術士又は技術士補でなくなった後においても，同様とする．

（技術士等の[　エ　]確保の[　オ　]）

第45条の２　技術士又は技術士補は，その業務を行うに当たっては，公共の安全，環境の保全その他の[　エ　]を害することのないよう努めなければならない．

（技術士の名称表示の場合の[　イ　]）

第46条　技術士は，その業務に関して技術士の名称を表示するときは，その登録を受けた[　カ　]を明示してするものとし，登録を受けていない[　カ　]を表示してはならない．

（技術士補の業務の制限等）

第47条　技術士補は，第２条第１項に規定する業務について技術士を補助する場合を除くほか，技術士補の名称を表示して当該業務を行ってはならない．

２　前条の規定は，技術士補がその補助する技術士の業務に関してする技術士補の名称の表示について準用する．

（技術士の[　キ　]向上の[　オ　]）

第47条の２　技術士は，常に，その業務に関して有する知識及び技能の水準を向上させ，その他その[　キ　]の向上を図るよう努めなければならない．

|  | ア | イ | ウ | エ | オ | カ | キ |
|---|---|---|---|---|---|---|---|
| ① | 不名誉 | 義務 | 盗用 | 安全 | 責務 | 技術部門 | 能力 |
| ② | 信用失墜 | 責務 | 盗作 | 公益 | 義務 | 技術部門 | 資質 |
| ③ | 不名誉 | 義務 | 盗用 | 公益 | 責務 | 技術部門 | 資質 |
| ④ | 不名誉 | 責務 | 盗作 | 公益 | 義務 | 専門部門 | 資質 |
| ⑤ | 信用失墜 | 義務 | 盗作 | 安全 | 責務 | 専門部門 | 能力 |

## 解　説

　本問は,「技術士法第4章　技術士等の義務」の条文に関する設問である．特に,技術士法第4章には,「3つの義務」,「2つの責務」,「1つの制限」が定められている．その内容については,確実に理解,記憶していることが必要である．

　技術士法第4章の条文に基づき, ア. 不名誉, イ. 義務, ウ. 盗用, エ. 公益, オ. 責務, カ. 技術部門, キ. 資質 となり, □ に入る語句の組合せとして最も適切なものは③である．

　(注)　過去問題　H21-Ⅱ-2, 類似問題　H26-Ⅱ-1

**答 ③**

---

**適性科目 Ⅱ-2**

　技術士及び技術士補（以下「技術士等」という）は,技術士法第4章　技術士等の義務の規定の遵守を求められている．次の記述のうち,第4章の規定に照らして適切でないものの数はどれか.

（ア）　技術士等は,関与する業務が社会や環境に及ぼす影響を予測評価する努力を怠らず,公衆の安全,健康,福祉を損なう,又は環境を破壊する可能性がある場合には,自己の良心と信念に従って行動する.

（イ）　業務遂行の過程で与えられる情報や知見は,依頼者や雇用主の財産であり,技術士等は守秘の義務を負っているが,依頼者からの情報を基に独自で調査して得られた情報はその限りではない.

（ウ）　技術士は,部下が作成した企画書を承認する前に,設計,製品,システムの安全性と信頼度について,技術士として責任を持つために自らも検討しなければならない.

（エ）　依頼者の意向が技術士等の判断と異なった場合,依頼者の主張が安全性に対し懸念を生じる可能性があるときでも,技術士等は予想される可能性について指摘する必要はない.

（オ）　技術士等は,その業務において,利益相反の可能性がある場合には,説

明責任を重視して，雇用者や依頼者に対し，利益相反に関連する情報を開示する．

（カ）　技術士は，自分の持つ専門分野の能力を最大限に発揮して業務を行わなくてはならない．また，専門分野外であっても，自分の判断で業務を進めることが求められている．

（キ）　技術士補は，顧客がその専門分野能力を認めた場合は，技術士に代わって主体的に業務を行い，成果を納めてよい．

① 0　　② 1　　③ 2　　④ 3　　⑤ 4

解　説

（ア）　適切．技術士法第45条の2に基づく適切な行動である．

（イ）　不適切．技術士等は，依頼者からの情報を基に独自で調査して得られた情報は，正当な理由がなく，漏らしたり，盗用してはならない（技術士法第45条）．

（ウ）　適切．技術士は，部下が作成した企画書を自ら責任をもって検討して承認しなければならない．

（エ）　不適切．依頼者の主張が安全性に対して懸念を生じる可能性があるときは，技術士等は予想される可能性について指摘する必要がある．

（オ）　適切．利益相反の可能性がある場合には，関係者に対して必要な情報を開示することは適切である．

（カ）　不適切．技術士は専門分野外のものについては，当該分野の専門家の意見や指導を受ける必要があり，自分の判断で業務を進めてはならない．

（キ）　不適切．技術士補は，技術士法第47条に基づき，たとえ顧客がその専門能力を認めた場合でも，技術士に代わって主体的に業務を行ってはならない．

以上から，適切でないものは，（イ），（エ），（カ），（キ）の4つで正答は⑤である．

（注）　類似問題　H25-Ⅱ-1

 答⑤

**Ⅱ-3**　あなたは，会社で材料発注の責任者をしている．作られている製品の売り上げが好調で，あなた自身もうれしく思っていた．しかしながら，予想を上回る売れ行きの結果，材料の納入が追いつかず，

納期に遅れが出てしまう状況が発生した．こうした状況の中，納入業者の一人が，「一部の工程を変えることを許可してもらえるなら，材料をより早くかつ安く納入することができる」との提案をしてきた．この問題を考える上で重要な事項4つをどのような優先順位で考えるべきか．次の優先順位の組合せの中で最も適切なものはどれか．

優先順位

| | 1番 | 2番 | 3番 | 4番 |
|---|---|---|---|---|
| ① | 納期 | 原価 | 品質 | 安全 |
| ② | 安全 | 原価 | 品質 | 納期 |
| ③ | 安全 | 品質 | 納期 | 原価 |
| ④ | 品質 | 納期 | 安全 | 原価 |
| ⑤ | 品質 | 安全 | 原価 | 納期 |

## 解　説

製品の売上げが好調で，材料の納期遅れの対策として「材料の生産工程の一部を変更許可」の提案が行われている．

この場合，4つの重要な事項の優先順位としては，まず，公衆の「安全」確保が最重要であり，次いで一部の工程の変更による材料の「品質」が従前と同一レベルに維持できるかである．そして，材料の「納期」をできるだけ早くして，できれば「原価」の低減を図るべきである．

以上から，優先順位の組合せとして最も適切なものは，「1番 安全」，「2番 品質」，「3番 納期」，「4番 原価」で正答は③である．

**答 ③**

適性科目 II-4　職場におけるハラスメントは，労働者の個人としての尊厳を不当に傷つけるとともに，労働者の就業環境を悪化させ，能力の発揮を妨げ，また，企業にとっても，職場秩序や業務の遂行を阻害し，社会的評価に影響を与える問題である．職場のハラスメントに関する次の記述のうち，適切なものの数はどれか．

（ア）　ハラスメントであるか否かについては，相手から意思表示がある場合に限る．

（イ）　職場の同僚の前で，上司が部下の失敗に対し，「ばか」，「のろま」など

の言葉を用いて大声で叱責する行為は，本人はもとより職場全体のハラスメントとなり得る．

（ウ）職場で，受け止め方によっては不満を感じたりする指示や注意・指導があったとしても，これらが業務の適正な範囲で行われている場合には，ハラスメントには当たらない．

（エ）ハラスメントの行為者となり得るのは，事業主，上司，同僚に限らず，取引先，顧客，患者及び教育機関における教員・学生等である．

（オ）上司が，長時間労働をしている妊婦に対して，「妊婦には長時間労働は負担が大きいだろうから，業務分担の見直しを行い，あなたの業務量を減らそうと思うがどうか」と相談する行為はハラスメントには該当しない．

（カ）職場のハラスメントにおいて，「職場内の優位性」とは職務上の地位などの「人間関係による優位性」を対象とし，「専門知識による優位性」は含まれない．

（キ）部下の性的指向（人の恋愛・性愛がいずれの性別を対象にするかをいう）又は性自認（性別に関する自己意識）を話題に挙げて上司が指導する行為は，ハラスメントになり得る．

① 1 　② 2 　③ 3 　④ 4 　⑤ 5

**解　説**

（ア）不適切．相手から意志表示がない場合でもハラスメントになり得る．

（イ）適切．記述のとおりである．

（ウ）適切．業務の適切な範囲内で行われている場合は，ハラスメントに当たらない．

（エ）適切．記述のとおりである．

（オ）適切．妊婦に対する相談行為はハラスメントに該当しない．

（カ）不適切．「職場内の優先性」の中には，「専門知識による優位性」が含まれている．

（キ）適切．記述のとおりである．

以上から，適切なものは（イ），（ウ），（エ），（オ），（キ）の5つで正答は⑤である．

（注）類似問題　H27-Ⅱ-11　　　　　　　　　　　　 ⑤

**適性科目 II-5**

　我が国では平成26年11月に過労死等防止対策推進法が施行され，長時間労働対策の強化が喫緊の課題となっている．政府はこれに取組むため，「働き方の見直し」に向けた企業への働きかけ等の監督指導を推進している．労働時間，働き方に関する次の（ア）～（オ）の記述について，正しいものは○，誤っているものは×として，最も適切な組合せはどれか．

（ア）　「労働時間」とは，労働者が使用者の指揮命令下に置かれている時間のことをいう．使用者の指示であっても，業務に必要な学習等を行っていた時間は含まれない．

（イ）　「管理監督者」の立場にある労働者は，労働基準法で定める労働時間，休憩，休日の規定が適用されないことから，「管理監督者」として取り扱うことで，深夜労働や有給休暇の適用も一律に除外することができる．

（ウ）　フレックスタイム制は，一定期間内の総労働時間を定めておき，労働者がその範囲内で各日の始業，終業の時刻を自らの意思で決めて働く制度をいう．

（エ）　長時間労働が発生してしまった従業員に対して適切なメンタルヘルス対策，ケアを行う体制を整えることも事業者が講ずべき措置として重要である．

（オ）　働き方改革の実施には，労働基準法の遵守にとどまらず働き方そのものの見直しが必要で，朝型勤務やテレワークの活用，年次有給休暇の取得推進の導入など，経営トップの強いリーダーシップが有効となる．

|     | ア | イ | ウ | エ | オ |
|-----|----|----|----|----|----|
| ① | ○ | ○ | ○ | × | ○ |
| ② | ○ | × | × | ○ | ○ |
| ③ | × | × | ○ | ○ | ○ |
| ④ | × | × | ○ | ○ | × |
| ⑤ | × | ○ | × | ○ | ○ |

---

**解　説**

（ア）　×　使用者の指示がある場合には，業務に必要な学習の時間は労働時間に含まれる．

（イ）　×　「管理監督者」として取り扱う場合においても労働基準法により保護される労働者に変わりなく，労働時間の規定が適用されないからといって，深夜労働や有給休暇の適用を一律に除外することはできない．

（ウ）　○　記述のとおりである．

適性科目

（エ）　○　適切なメンタルヘルス対策，ケアを行う体制を整えることは，事業者の講ずべき措置として重要である.

（オ）　○　記述のとおりである.

以上から，×，×，○，○，○が最も適切な組合せで正答は③である.

答 ③

適性科目
Ⅱ-6

あなたの職場では，情報セキュリティーについて最大限の注意を払ったシステムを構築し，専門の担当部署を設け，日々，社内全体への教育も行っている．5月のある日，あなたに倫理に関するアンケート調査票が添付された回答依頼のメールが届いた．送信者は職場倫理を担当している外部組織名であった．メール本文によると，回答者は職員からランダムに選ばれているとのことである．だが，このアンケートは，企業倫理月間（10月）にあわせて毎年行われており，あなたは軽い違和感を持った．対応として次の記述のうち，最も適切なものはどれか.

① 社内の担当部署に報告する.
② メールに書かれているアンケート担当者に連絡する.
③ しばらく様子をみて，再度違和感を持つことがあれば社内の担当部署に報告する.
④ アンケートに回答する.
⑤ 自分の所属している部署内のメンバーに違和感を伝え様子をみる.

平成29年度 適性科目

### 解　説

① 最も適切．軽い違和感をもった場合には，直ちに社内の担当部署に報告することは適切な措置である.
② 不適切．メールのアンケート担当者に連絡すべきではない.
③ 不適切．しばらく様子をみることは，時機を失するおそれがある.
④ 不適切．軽い違和感をもつ場合は，アンケートに回答してはならない.
⑤ 不適切．自分が所属部署内のメンバーに伝え，様子をみるうちに時機を失する恐れが大きい.

以上から，最も適切なものは①である.

答 ①

**適性科目 Ⅱ-7**

昨今，公共性の高い施設や設備の建設においてデータの虚偽報告など技術者倫理違反の事例が後を絶たない．特にそれが新技術・新工法である場合，技術やその検査・確認方法が複雑化し，実用に当たっては開発担当技術者だけでなく，組織内の関係者の連携はもちろん，社外の技術評価機関や発注者，関連団体にもある一定の専門能力や共通の課題認識が必要となる．関係者の対応として次の記述のうち，最も適切なものはどれか．

① 現場の技術責任者は，計画と異なる事象が繰り返し生じていることを認識し，技術開発部署の担当者に電話相談した．新技術・新工法が現場に適用された場合によくあることだと説明を受け，担当者から指示された方法でデータを日常的に修正し，発注者に提出した．

② 支店の技術責任者は，現場責任者から品質トラブルの報告があったため，社内ルールに則り対策会議を開催した．高度な専門的知識を要する内容であったため，会社の当該技術に対する高い期待感を伝え，事情を知る現場サイドで対策を考え，解決後に支店へ報告するよう指示した．

③ 対策会議に出席予定の品質担当者は，過去の経験から社内ガバナンスの甘さを問題視しており，トラブル発生時の対策フローは社内に存在するが，倫理観の欠如が組織内にあることを懸念して会議前日にトラブルを内部告発としてマスコミに伝えた．

④ 技術評価機関や関連団体は，社会からの厳しい目が関係業界全体に向けられていることを強く認識し，再発防止策として横断的に連携して類似技術のトラブル事例やノウハウの共有，研修実施等の取組みを推進した．

⑤ 公共工事の発注者は，社会的影響が大きいとしてすべての民間開発の新技術・新工法の採用を中止する決断をした．関連のすべての従来工法に対しても悪意ある巧妙な偽装の発生を前提として，抜き打ち検査などの立会検査を標準的に導入し，不正に対する抑止力を強化した．

---

**解　説**

① 不適切．担当者から指示された方法でデータを日常的に修正することは，データの改ざんに当たり，不適切な行為である．

② 不適切．現場責任者から品質トラブルの報告を受けた支店の技術責任者は，現場サイドに対策を任せるのではなく，自ら考えて対応すべきである．

③ 不適切．対策会議前日にトラブルを内部告発して過早にマスコミに伝えることは，不適切な行為である．会議の結果を待って，その対策を考えるべき

である.

④　最も適切.　記述の内容は最も適切である.

⑤　不適切.　公共工事の発注者は,　社会的影響が大きいとしてすべての新技術の新工法の採用を中止することは不適切であり,　それぞれの内容をしっかり調査してその適否を検討すべきである.

以上から,　最も適切なものは④である.　　🔓 答 ④

---

適性科目 Ⅱ-8　製造物責任法（平成7年7月1日施行）は,　安全で安心できる社会を築く上で大きな意義を有するものである.　製造物責任法に関する次の記述のうち,　最も不適切なものはどれか.

①　製造物責任法は,　製造物の欠陥により人の命,　身体又は財産に関わる被害が生じた場合,　その製造業者などが損害賠償の責任を負うと定めた法律である.

②　製造物責任法では,　損害が製品の欠陥によるものであることを被害者（消費者）が立証すればよい.　なお,製造物責任法の施行以前は,民法709条によって,　損害と加害の故意又は過失との因果関係を被害者（消費者）が立証する必要があった.

③　製造物責任法では,　製造物とは製造又は加工された動産をいう.

④　製造物責任法では,　製品自体が有している品質上の欠陥のほかに,　通常予見される使用形態での欠陥も含まれる.　このため製品メーカーは,　メーカーが意図した正常使用条件と予見可能な誤使用における安全性の確保が必要である.

⑤　製造物責任法では,　製造業者が引渡したときの科学又は技術に関する知見によっては,　当該製造物に欠陥があることを認識できなかった場合でも製造物責任者として責任がある.

---

**解　説**

①　適切.　第1条（目的）のとおりで適切である.

②　適切.　記述のとおりである.

③　適切.　第2条（定義）第1項のとおりで適切である.

④　適切.　第2条（定義）第2項に基づく適切な内容である.

⑤　最も不適切.　第4条（免責事由）に基づき,　製造業者が引渡したときの科

学又は技術に関する知見によっては，当該製造物の欠陥があることを認識できなかった場合には，製造物責任者としての免責事由が成立する．

以上から，最も不適切なものは⑤である．

 **答** ⑤

---

**適性科目 Ⅱ-9**　消費生活用製品安全法（以下，消安法）は，消費者が日常使用する製品によって起きるやけど等のケガ，死亡などの人身事故の発生を防ぎ，消費者の安全と利益を保護することを目的として制定された法律であり，製品事業者・輸入事業者からの「重大な製品事故の報告義務」，「消費者庁による事故情報の公表」，「特定の長期使用製品に対する安全点検制度」などが規定されている．消安法に関する次の記述のうち，最も不適切なものはどれか．

① 製品事故情報の収集や公表は，平成18年以前，事業者の協力に基づく「任意の制度」として実施されてきたが，類似事故の迅速な再発防止措置の難しさや行政による対応の遅れなどが指摘され，事故情報の報告・公表が義務化された．

② 消費生活用製品とは，消費者の生活の用に供する製品のうち，他の法律（例えば消防法の消火器など）により安全性が担保されている製品のみを除いたすべての製品を対象としており，対象製品を限定的に列記していない．

③ 製造事業者又は輸入事業者は，重大事故の範疇かどうか不明確な場合，内容と原因の分析を最優先して整理収集すれば，法定期限を超えて報告してもよい．

④ 重大事故が報告される中，長期間の使用に伴い生ずる劣化（いわゆる経年劣化）が事故原因と判断されるものが確認され，新たに「長期使用製品安全点検制度」が創設され，屋内式ガス瞬間湯沸器など計9品目が「特定保守製品」として指定されている．

⑤ 「特定保守製品」の製造又は輸入を行う事業者は，保守情報の1つとして，特定保守製品への設計標準使用期間及び点検期間の設定義務がある．

---

**解　説**

消費生活用製品安全法に関する設問である．適性試験は技術士の20部門すべての受験者が受けるため，特定の部門に偏らないようこのような「消費者」を対象

として問題を作っていることに留意されたい.

① 適切. 平成18年に消費生活用製品安全法を改定し, 第34条に「消費生活用製品の製造, 輸入又は小売販売の事業を行う者は, その製造, 輸入又は小売販売に係る消費生活用製品について生じた製品事故に関する情報を収集し, 当該情報を一般消費者に対し適切に提供するよう努めなければならない」と定めた. この法律改定は平成19年2月から施行されたため, 問題文の「平成18年以前, …」は正しい. このように数値を問題文に入れると数値が正確かをも問うことになり, 受験者の負担が大きくなる. しかし, 過去の出題では数値そのものを問う問題でない限り, 数値を変えて正誤を問うことはなかったので安心されたい.

② 適切. 第2条に「この法律において「消費生活用製品」とは, 主として一般消費者の生活の用に供される製品（別表に掲げるものを除く.）をいう」とあり, 非対象製品は列記してあるが, 対象製品は限定的に列記していない.

③ 最も不適切. 文面からも不適切と感じられると思うが, 第35条に「消費生活用製品の製造又は輸入の事業を行う者は, その製造又は輸入に係る消費生活用製品について重大製品事故が生じたことを知ったときは, 当該消費生活用製品の名称及び型式, 事故の内容並びに当該消費生活用製品を製造し, 又は輸入した数量及び販売した数量を内閣総理大臣に報告しなければならない」とあり同条2項に「前項の規定による報告の期限及び様式は, 内閣府令で定める」とあり, 10日と定められている. 第37条に製造事業者又は輸入事業者が第35条に反したときは内閣総理大臣が体制整備命令を発するとある. そして, この体制整備命令に違反したときは第58条に「次の各号のいずれかに該当する者は, 一年以下の懲役若しくは百万円以下の罰金に処し, 又はこれを併科する」とあり, この中に第37条も列記してある. したがって, 法定期限を超えて報告すると, 体制整備命令が発せられ, これに従わないと一年以下の懲役若しくは百万円以下の罰金に処せられることになる.

④ 適切. 第2条4項に「この法律において「特定保守製品」とは, 消費生活用製品のうち, 長期間の使用に伴い生ずる劣化（以下「経年劣化」という.）により安全上支障が生じ, 一般消費者の生命又は身体に対して特に重大な危害を及ぼすおそれが多いと認められる製品であって, 使用状況等からみてその適切な保守を促進することが適当なものとして政令で定めるものをいう」とあり, 消費生活用製品安全法施行令別表第3に, 屋内式ガス瞬間湯沸器（都市ガス用, LPガス用), 屋内式ガスふろがま（都市ガス用, LPガス用), 石

油給湯機，石油ふろがま，密閉燃焼式石油温風暖房機，ビルトイン式電気食器洗機，浴室用電気乾燥機の9つが列記されている．

⑤　適切．第32条の3に「標準的な使用条件の下で使用した場合に安全上支障がなく使用することができる標準的な期間として設計上設定される期間」を「設計標準使用期間」として，また，「設計標準使用期間の経過に伴い必要となる経年劣化による危害の発生を防止するための点検を行うべき期間」を「点検期間」として設定するよう定められている．

以上から，最も不適切なものは③である．

（注）類似問題　H19-Ⅱ-4

  ③

**Ⅱ-10** 適性科目

ものづくりに携わる技術者にとって，知的財産を理解することは非常に大事なことである．知的財産の特徴の1つとして，「もの」とは異なり「財産的価値を有する情報」であることが挙げられる．情報は，容易に模倣されるという特質を持っており，しかも利用されることにより消費されるということがないため，多くの者が同時に利用することができる．こうしたことから知的財産権制度は，創作者の権利を保護するため，元来自由利用できる情報を，社会が必要とする限度で自由を制限する制度ということができる．

次の（ア）〜（オ）のうち，知的財産権に含まれるものを○，含まれないものを×として，最も適切な組合せはどれか．

（ア）　特許権（発明の保護）

（イ）　実用新案権（物品の形状等の考案の保護）

（ウ）　意匠権（物品のデザインの保護）

（エ）　著作権（文芸，学術等の作品の保護）

（オ）　営業秘密（ノウハウや顧客リストの盗用など不正競争行為の規制）

|   | ア | イ | ウ | エ | オ |
|---|---|---|---|---|---|
| ① | ○ | ○ | ○ | ○ | ○ |
| ② | ○ | ○ | ○ | ○ | × |
| ③ | ○ | ○ | ○ | × | ○ |
| ④ | ○ | ○ | × | ○ | ○ |
| ⑤ | ○ | × | ○ | ○ | ○ |

╒══════════════ 解　説 ══════════════╕

　出題頻度の高い知的財産権に関する設問で，これも技術士の20部門に共通であ
ることを留意されたい．知的財産基本法第2条に「この法律で「知的財産」とは，
発明，考案，植物の新品種，意匠，著作物その他の人間の創造的活動により生み
出されるもの（発見又は解明がされた自然の法則又は現象であって，産業上の利
用可能性があるものを含む），商標，商号その他事業活動に用いられる商品又は
役務を表示するもの及び営業秘密その他の事業活動に有用な技術上又は営業上の
情報をいう」とある．

　（ア）　○　知的財産基本法第2条に発明とあり，特許権も含まれる．
　（イ）　○　知的財産基本法第2条に考案とあり，実用新案権も含まれる．
　（ウ）　○　知的財産基本法第2条に意匠と明記してあり，意匠権も含まれる．
　（エ）　○　知的財産基本法第2条に著作物と明記してあり，著作権も含まれる．
　（エ）　○　知的財産基本法第2条に営業秘密と明記してある．
　以上から，○，○，○，○，○となり，最も適切な組合せは①である．

　（注）類似問題　H22-Ⅱ-7

  答 ①

**適性科目 Ⅱ-11**

　　　近年，世界中で環境破壊，貧困など様々な社会的問題が深刻化し
ている．また，情報ネットワークの発達によって，個々の組織の活
動が社会に与える影響はますます大きく，そして広がるようになっ
てきている．このため社会を構成するあらゆる組織に対して，社会的に責任ある
行動がより強く求められている．ISO26000には社会的責任の原則として「説明
責任」，「透明性」，「倫理的な行動」などが記載されているが，社会的責任の原則
として次の項目のうち，最も不適切なものはどれか．

　①　ステークホルダーの利害の尊重
　②　法の支配の尊重
　③　国際行動規範の尊重
　④　人権の尊重
　⑤　技術ノウハウの尊重

## 解　説

　組織の社会的責任に関する国際規程 ISO26000 に関する設問である．ISO26000 をまったく知らなければ解答は難しいので，受験者は新聞等マスコミで見聞きすることの多い ISO 規格は，一番薄い本でよいので目を通しておくことをおすすめする．ISO26000 を JIS 化した JIS Z 26000：2012 に「4 社会的責任の原則」があり，「説明責任，透明性，倫理的な行動，ステークホルダーの利害の尊重，法の支配の尊重，国際行動規範の尊重，人権の尊重」の 7 つが記載されている．

① 　適切．7 つの原則に明記してある．
② 　適切．7 つの原則に明記してある．
③ 　適切．7 つの原則に明記してある．
④ 　適切．7 つの原則に明記してある．
⑤ 　最も不適切．7 つの原則に明記してない．

以上から，最も不適切なものは⑤である． 　答 ⑤

**適性科目 Ⅱ-12**　　技術者にとって安全確保は重要な使命の 1 つである．2014年に国際安全規格「ISO/IEC ガイド51」が改訂された．日本においても平成28年 6 月に労働安全衛生法が改正され施行された．リスクアセスメントとは，事業者自らが潜在的な危険性又は有害性を未然に除去・低減する先取り型の安全対策である．安全に関する次の記述のうち，最も不適切なものはどれか．

① 　「ISO/IEC ガイド51（2014年改訂）」は安全の基本概念を示しており，安全は「許容されないリスクのないこと（受容できないリスクのないこと）」と定義されている．

② 　リスクアセスメントは事故の未然防止のための科学的・体系的手法のことである．リスクアセスメントを実施することによってリスクは軽減されるが，すべてのリスクが解消できるわけではない．この残っているリスクを「残留リスク」といい，残留リスクは妥当性を確認し文書化する．

③ 　どこまでのリスクを許容するかは，時代や社会情勢によって変わるものではない．

④ 　リスク低減対策は，設計段階で可能な限り対策を講じ，人間の注意の前に機械設備側の安全化を優先する．リスク低減方策の実施は，本質安全設計，安全防護策及び付加防護方策，使用上の情報の順に優先順位がつけられて

いる.

⑤　人は間違えるものであり，人が間違っても安全であるように対策を施すことが求められ，どうしてもハード対策ができない場合に作業者の訓練などの人による対策を考える.

---

**解　説**

安全とリスクに関する設問である.

①　適切. ISO/IEC ガイド51：2014には safety を「freedom from risk which is not tolerable」とあり，ISO/IEC ガイド51：2014を JIS 化した JIS Z 8051の3.14項にも「安全（safety）：許容不可能なリスクがないこと」とある. 問題文にある「許容されないリスクのないこと」は英文の和訳として適切である.

②　適切. リスクアセスメントと残留リスクに関する正しい記述である.

③　最も不適切. どこまでのリスクを許容するかは時代や社会情勢によって，変わっている. 無人航空機のドローンは従来，規制がなかったが，総理大臣官邸への進入等に鑑みて航空法の一部を改正し，無人航空機の飛行に関する基本的なルールが定められた. これは科学技術の進歩により無人航空機によるリスクが現代の社会情勢において無視できないほど変化したためである.

④　適切. リスク低減に関する正しい記述である. 受験者は「本質安全設計」など，単語の意味を正しく理解しておくこと.

⑤　適切. 安全に関する正しい記述である.

以上から，最も不適切なものは③である.  答 ③

---

**適性科目**
**Ⅱ-13**

倫理問題への対処法としての功利主義と個人尊重主義は，ときに対立することがある. 次の記述の，□□□□に入る語句の組合せとして，最も適切なものはどれか.

倫理問題への対処法としての「功利主義」とは，19世紀のイギリスの哲学者であるベンサムやミルらが主張した倫理学説で，「最大多数の最大幸福」を原理とする. 倫理問題で選択肢がいくつかあるときそのどれが最大多数の最大幸福につながるかで，優劣を判断する. しかしこの種の功利主義のもとでは，特定個人への　ア　が生じたり，個人の権利が制限されたりすることがある. 一方，「個人尊重主義」の立場からは，個々人の権利はできる限り尊重すべきである. 功利主義においては，特定の個人に犠牲を強いることになった場合には，個人尊重主義

と対立することになる．功利主義のもとでの犠牲が個人にとって　イ　できる
ものかどうか．その確認の方法として，「黄金律」テストがある．黄金律とは，「自
分の望むことを人にせよ」あるいは「自分の望まないことを人にするな」という
教えである．自分がされた場合には憤慨するようなことを，他人にはしていない
かチェックする「黄金律」テストの結果，自分としては損害を　イ　できない
との結論に達したならば，他の行動を考える倫理的必要性が高いとされる．また，
重要なのは，たとえ「黄金律」テストで自分でも　イ　できる範囲であると判
断された場合でも，次のステップとして「相手の価値観においてはどうだろうか」
と考えることである．

　以上のように功利主義と個人尊重主義とでは対立しうるが，権利にもレベルが
あり，生活を維持する権利は生活を改善する権利に優先する．この場合の生活の
維持とは，盗まれない権利，だまされない権利などまでを含むものである．また，
　ウ　，　エ　に関する権利は最優先されなければならない．

|  | ア | イ | ウ | エ |
|---|---|---|---|---|
| ① | 不利益 | 無視 | 安全 | 人格 |
| ② | 不道徳 | 許容 | 環境 | 人格 |
| ③ | 不利益 | 許容 | 安全 | 健康 |
| ④ | 不道徳 | 無視 | 環境 | 健康 |
| ⑤ | 不利益 | 許容 | 環境 | 人格 |

---

**解　説**

　功利主義と個人主義をテーマにした設問であるが，（ア）～（エ）の解答の選
択肢で数の一番多いものから順に選んで文意が通るか判断すればよい．複数個所
に（イ）が存在することも手助けとなる．③か⑤か迷うところであるが，問題文
中に「生活を維持する権利は生活を改善する権利に優先する」とある．「安全」と「健
康」は生活を維持する事項であるが，「環境」と「人格」は生活を改善する事項
である．

　（ア）　不利益．「不道徳が生じる」という日本語の使い方はない．

　（イ）　許容．「無視」よりも文意が通る．

　（ウ）　安全

　（エ）　健康

　以上から，最も適切なものは③である．

 **答　③**

**適性科目 Ⅱ-14**

「STAP 細胞」論文が大きな社会問題になり，科学技術に携わる専門家の研究や学術論文投稿に対する倫理が問われた．科学技術は倫理という暗黙の約束を守ることによって，社会からの信頼を得て進めることができる．研究や研究発表・投稿に関する研究倫理に関する次の記述のうち，不適切なものの数はどれか．

（ア）　研究の自由は，科学や技術の研究者に社会から与えられた大きな権利であり，真理追究あるいは公益を目指して行われ，研究は，オリジナリティ（独創性）と正確さを追求し，結果への責任を伴う．

（イ）　研究が科学的であるためには，研究結果の客観的な確認・検証が必要である．取得データなどに関する記録は保存しておかねばならない．データの捏造（ねつぞう），改ざん，盗用は許されない．

（ウ）　研究費は，正しく善良な意図の研究に使用するもので，その使い方は公正で社会に説明できるものでなければならない．研究費は計画や申請に基づいた適正な使い方を求められ，目的外の利用や不正な操作があってはならない．

（エ）　論文の著者は，研究論文の内容について応分の貢献をした人は共著者にする必要がある．論文の著者は，論文内容の正確さや有用性，先進性などに責任を負う．共著者は，論文中の自分に関係した内容に関して責任を持てばよい．

（オ）　実験上多大な貢献をした人は，研究論文や報告書の内容や正確さを説明することが可能ではなくとも共著者になれる．

（カ）　学術研究論文では先発表優先の原則がある．著者のオリジナルな内容であることが求められる．先人の研究への敬意を払うと同時に，自分のオリジナリティを確認し主張する必要がある．そのためには新しい成果の記述だけではなく，その課題の歴史・経緯，先行研究でどこまでわかっていたのか，自分の寄与は何であるのかを明確に記述する必要がある．

（キ）　論文を含むあらゆる著作物は著作権法で保護されている．引用には，引用箇所を明示し，原著作者の名を参考文献などとして明記する．図表のコピーや引用の範囲を超えるような文章のコピーには著者の許諾を得ることが原則である．

①　0　　②　1　　③　2　　④　3　　⑤　4

## 解　説

　研究者の倫理に関する設問であるが，不適切なものの数を問うている．すべての適切．不適切がわからないと正確に答えられない問題であるが，問題文中にある「社会からの信頼」を得る行動か否かを考えれば解答可能である．

- （ア）　適切．研究に関する正しい記述である．「研究の自由」は社会から与えられていることに留意すること．失敗も研究の成果であるので，社会に失敗を含む成果を報告しなければならない．
- （イ）　適切．研究に関する正しい記述である．
- （ウ）　適切．研究費に関する正しい記述である．
- （エ）　不適切．共著者も論文全体に責任をもっている．共著者になった場合，必要ならば他の共著者と意見を交換するなどして自分が記述しない部分についても論文の正確さや有用性，先進性について確認をするべきである．
- （オ）　不適切．（エ）と同じ理由で実験だけ行い論文や報告書の内容を説明できない人は共著者となるべきではない．論文の謝辞に名前を載せるとよい．
- （カ）　適切．研究論文に関する正しい記述である．
- （キ）　適切．論文で引用する著作物に関する正しい記述である．引用の範囲を超えるような長文のコピーのみならず，写真及び図表は１図，１表でもコピーには著作者の許諾を必要とすることに注意されたい．

　以上から，不適切なものは（エ），（オ）の２つで，正答は③である．

　（注）類似問題　H28-Ⅱ-4

 答 ③

---

**適性科目　Ⅱ-15**

　倫理的な意思決定を行うためのステップを明確に認識していることは，技術者としての道徳的自律性を保持し，よりよい解決策を見いだすためには重要である．同時に，非倫理的な行動を取るという過ちを避けるために，倫理的意思決定を妨げる要因について理解を深め，人はそのような倫理の落とし穴に陥りやすいという現実を自覚する必要がある．次の（ア）〜（キ）に示す，倫理的意思決定に関る促進要因と阻害要因の対比のうち，不適切なものの数はどれか．

| | 促進要因 | 阻害要因 |
|---|---|---|
| （ア） | 利他主義 | 利己主義 |
| （イ） | 希望・勇気 | 失望・おそれ |
| （ウ） | 正直・誠実 | 自己ぎまん |
| （エ） | 知識・専門能力 | 無知 |
| （オ） | 公共的志向 | 自己中心的志向 |
| （カ） | 指示・命令に対する批判精神 | 指示・命令への無批判な受入れ |
| （キ） | 依存的思考 | 自律的思考 |

① 0　　② 1　　③ 2　　④ 3　　⑤ 4

### 解　説

　倫理的な意思決定を行うときの考え方の用語に関する設問である．前問と同じく不適切なものの数を問う問題で，すべて適切．不適切がわからないと正確に答えられない問題である．

（ア）　適切.「利他主義」は促進要因であり，「利己主義」は阻害要因である．また，「利他主義」の反語は「利己主義」でもある．

（イ）　適切.「希望・勇気」は促進要因であり，「失望・おそれ」は阻害要因である．

（ウ）　適切.「正直・誠実」は促進要因であり，「自己ぎまん」は阻害要因である．

（エ）　適切.「知識・専門能力」は促進要因であり，「無知」は阻害要因である．このとき，「無知」はある専門分野の「知識・専門能力」に対する「無知」であることに注意．すべての分野に対する「無知」ではない．

（オ）　適切.「公共的志向」は促進要因であり，「自己中心的志向」は阻害要因である．

（カ）　適切．指示・命令に倫理的に問題がある場合を考えると，「指示・命令に対する批判的精神」は促進要因であり，「指示・命令に対する無批判な受入れ」は阻害要因である．

（キ）　不適切.「依存的志向」は阻害要因であり，「自律的志向」は促進要因である．技術者は自己の技術的判断において，他人の意見を聞いても判断は自律的にすることを心がけなければならない．

以上から，不適切なものは（キ）の1つで，正答は②である．　🔓答 ②

## 適性科目 合格のポイント（まとめ）

**1．過去問題を学習する.**
　① 令和４年度の試験では，過去の類似問題が15問中14問（94％）出題された.
　② 過去問題の学習で，合格点（８問以上正解，正答率50％以上）を目指す.
**2．毎年出題される技術士法「第４章　技術士等の義務」を確実に理解する.＜付録に収録＞**
　① ３つの義務（信用失墜行為の禁止，秘密保持，名称表示の場合の義務）
　② ２つの責務（公益確保の責務，資質向上責務）
　③ １つの制限（技術士補の業務の制限）
**3．技術士が求められる倫理・行動原則・資質能力を理解する.**
　① 技術士倫理綱領（平成23年３月17日制定）を理解する.＜付録に収録＞
　② 技術士に求められる資質能力（コンピテンシー，平成26年３月７日）＜付録に収録＞
　③ 技術士プロフェッション宣言・技術士の行動原則（平成19年１月１日制定）＜付録に収録＞
**4．受験者が関連する学協会等の倫理綱領等（一部を以下に例示）を一読し理解する.**
　① 電気学会倫理綱領（令和３年７月14日改正）
　② 人工知能学会倫理指針（平成29年２月28日公開）
　③ 土木技術者の倫理規定（平成26年５月９日改定）
　④ 情報処理学会倫理綱領（令和２年６月27日改定）
**5．公益確保に関連する関係法令等（一部を以下に例示）の内容を理解する.**
　① 個人情報保護法＜付録に収録＞
　② 公益通報者保護法＜付録に収録＞
　③ 特許法＜令和４年６月17日改正，付録に収録＞
　④ 製造物責任法（PL法）＜付録に収録＞
　⑤ その他，本書pp.30-31の表2-9「適性科目の出題分析」に登場する法令等
**6．時事問題や国際的課題に関心をもつ.**
　報道や専門誌等によって，重大事故，検査不正，データ改ざん事例等を理解する.またグローバルな視点から，持続可能な開発目標（SDGs：Sustainable Development Goals）等の国際的取組みを理解する.

# 付録：参考資料

## 技　術　士　法　（抄）

昭和58年4月27日法律第25号
最終改正　令和元年6月14日法律第37号

### 第1章　総　則

第1条（目　的）　この法律は，技術士等の資格を定め，その業務の適正を図り，もって科学技術の向上と国民経済の発展に資することを目的とする．

第2条（定　義）　この法律において「技術士」とは，第32条第1項の登録を受け，技術士の名称を用いて，科学技術（人文科学のみに係るものを除く．以下同じ）に関する高等の専門的応用能力を必要とする事項についての計画，研究，設計，分析，試験，評価又はこれらに関する指導の業務（他の法律においてその業務を行うことが制限されている業務を除く）を行う者をいう．

2　この法律において「技術士補」とは，技術士となるのに必要な技能を修習するため，第32条第2項の登録を受け，技術士補の名称を用いて，前項に規定する業務について技術士を補助する者をいう．

第3条（欠格条項）　次の各号のいずれかに該当する者は，技術士又は技術士補となることができない．

1　心身の故障により技術士又は技術士補の業務を適正に行うことができない者として文部科学省令で定めるもの

2　禁錮以上の刑に処せられ，その執行を終わり，又は執行を受けることがなくなった日から起算して2年を経過しない者

3　公務員で，懲戒免職の処分を受け，その処分を受けた日から起算して2年を経過しない者

4　第57条第1項又は第2項の規定に違反して，罰金の刑に処せられ，その執行を終わり，又は執行を受けることがなくなった日から起算して2年を経過しない者

5　第36条第1項第二号又は第2項の規定により登録を取り消され，その取消しの日から起算して2年を経過しない者

6　弁理士法（平成12年法律第49号）第32条第三号の規定により業務の禁止の

処分を受けた者，測量法（昭和24年法律第188号）第52条第二号の規定により登録を削除された者，建築士法（昭和25年法律第202号）第10条第1項の規定により免許を取り消された者又は土地家屋調査士法（昭和25年法律第228号）第42条第三号の規定により業務の禁止の処分を受けた者で，これらの処分を受けた日から起算して2年を経過しないもの

## 第2章の2　技術士等の資格に関する特例

第31条の2　技術士と同等以上の科学技術に関する外国の資格のうち文部科学省令で定めるものを有する者であって，我が国においていずれかの技術部門について我が国の法令に基づき技術士の業務を行うのに必要な相当の知識及び能力を有すると文部科学大臣が認めたものは，第4条第3項の規定にかかわらず，技術士となる資格を有する．

2　大学その他の教育機関における課程であって科学技術に関するもののうちその修了が第1次試験の合格と同等であるものとして文部科学大臣が指定したものを修了した者は，第4条第2項の規定にかかわらず，技術士補となる資格を有する．

## 第4章　技術士等の義務

第44条（信用失墜行為の禁止）　技術士又は技術士補は，技術士若しくは技術士補の信用を傷つけ，又は技術士及び技術士補全体の不名誉となるような行為をしてはならない．

第45条（技術士等の秘密保持義務）　技術士又は技術士補は，正当の理由がなく，その業務に関して知り得た秘密を漏らし，又は盗用してはならない．技術士又は技術士補でなくなった後においても，同様とする．

第45条の2（技術士等の公益確保の責務）　技術士又は技術士補は，その業務を行うに当たっては，公共の安全，環境の保全その他の公益を害することのないよう努めなければならない．

第46条（技術士の名称表示の場合の義務）　技術士は，その業務に関して技術士の名称を表示するときは，その登録を受けた技術部門を明示してするものとし，登録を受けていない技術部門を表示してはならない．

第47条（技術士補の業務の制限等）　技術士補は，第2条第1項に規定する業務について技術士を補助する場合を除くほか，技術士補の名称を表示して当該業務を行ってはならない．

2　前条の規定は，技術士補がその補助する技術士の業務に関してする技術士

補の名称の表示について準用する．

第47条の2（技術士の資質向上の責務） 技術士は，常に，その業務に関して有する知識及び技能の水準を向上させ，その他その資質の向上を図るよう努めなければならない．

## 第8章 罰 則

第59条 第45条の規定に違反した者は，1年以下の懲役又は50万円以下の罰金に処する．

2 前項の罪は，告訴がなければ公訴を提起することができない．

第60条 第18条第1項（第42条において準用する場合を含む）の規定に違反した者は，1年以下の懲役又は30万円以下の罰金に処する．

第61条 第24条第2項（第42条において準用する場合を含む）の規定による試験事務又は登録事務の停止の命令に違反したときは，その違反行為をした指定試験機関又は指定登録機関の役員又は職員は，1年以下の懲役又は30万円以下の罰金に処する．

第62条 次の各号の一に該当する者は，30万円以下の罰金に処する．

1 第16条（第29条第5項において準用する場合を含む）の規定に違反して，不正の採点をした者

2 第36条第2項の規定により技術士又は技術士補の名称の使用の停止を命ぜられた者で，当該停止を命ぜられた期間中に，技術士又は技術士補の名称を使用したもの

3 第57条第1項又は第2項の規定に違反した者

## 附 則（令和元年六月一四日法律第三七号）抄

第1条（施行期日） この法律は，公布の日から起算して三月を経過した日から施行する．ただし，次の各号に掲げる規定は，当該各号に定める日から施行する．

第2条（行政庁の行為等に関する経過措置） この法律（前条各号に掲げる規定にあっては，当該規定．以下この条及び次条において同じ．）の施行の日前に，この法律による改正前の法律又はこれに基づく命令の規定（欠格条項その他の権利の制限に係る措置を定めるものに限る．）に基づき行われた行政庁の処分その他の行為及び当該規定により生じた失職の効力については，なお従前の例による．

第3条（罰則に関する経過措置） この法律の施行前にした行為に対する罰則の適用については，なお従前の例による．

# 技術士倫理綱領

昭和36年 3 月14日理事会制定
平成11年 3 月 9 日理事会変更承認
平成23年 3 月17日理事会変更承認

## 【前文】

　技術士は，科学技術が社会や環境に重大な影響を与えることを十分に認識し，業務の履行を通して持続可能な社会の実現に貢献する．

　技術士は，その使命を全うするため，技術士としての品位の向上に努め，技術の研鑽に励み，国際的な視野に立ってこの倫理綱領を遵守し，公正・誠実に行動する．

## 【基本綱領】

### （公衆の利益の優先）

　1．技術士は，公衆の安全，健康及び福利を最優先に考慮する．

### （持続可能性の確保）

　2．技術士は，地球環境の保全等，将来世代にわたる社会の持続可能性の確保に努める．

### （有能性の重視）

　3．技術士は，自分の力量が及ぶ範囲の業務を行い，確信のない業務には携わらない．

### （真実性の確保）

　4．技術士は，報告，説明又は発表を，客観的でかつ事実に基づいた情報を用いて行う．

### （公正かつ誠実な履行）

　5．技術士は，公正な分析と判断に基づき，託された業務を誠実に履行する．

### （秘密の保持）

　6．技術士は，業務上知り得た秘密を，正当な理由がなく他に漏らしたり，転用したりしない．

### （信用の保持）

　7．技術士は，品位を保持し，欺瞞的な行為，不当な報酬の授受等，信用を失うような行為をしない．

**（相互の協力）**

　8．技術士は，相互に信頼し，相手の立場を尊重して協力するように努める．

**（法規の遵守等）**

　9．技術士は，業務の対象となる地域の法規を遵守し，文化的価値を尊重する．

**（継続研鑽）**

　10．技術士は，常に専門技術の力量並びに技術と社会が接する領域の知識を高めるとともに，人材育成に努める．

（公益社団法人日本技術士会　技術士倫理綱領より転載）

## 《技術士プロフェッション宣言》

　われわれ技術士は，国家資格を有するプロフェッションにふさわしい者として，一人ひとりがここに定めた行動原則を守るとともに，公益社団法人日本技術士会に所属し，互いに協力して資質の保持・向上を図り，自律的な規範に従う．

　これにより，社会からの信頼を高め，産業の健全な発展ならびに人々の幸せな生活の実現のために，貢献することを宣言する．

### 【技術士の行動原則】

1．高度な専門技術者にふさわしい知識と能力を持ち，技術進歩に応じてたえずこれを向上させ，自らの技術に対して責任を持つ．

2．顧客の業務内容，品質などに関する要求内容について，課せられた守秘義務を順守しつつ，業務に誠実に取り組み，顧客に対して責任を持つ．

3．業務履行にあたりそれが社会や環境に与える影響を十分に考慮し，これに適切に対処し，人々の安全,福祉などの公益をそこなうことのないよう，社会に対して責任を持つ．

公益社団法人　日本技術士会

**【プロフェッションの概念】**

1．教育と経験により培われた高度の専門知識及びその応用能力を持つ．

2．厳格な職業倫理を備える．

3．広い視野で公益を確保する．

4．職業資格を持ち，その職能を発揮できる専門職団体に所属する．

# 技術士に求められる資質能力(コンピテンシー)

平成26年3月7日
科学技術・学術審議会
技術士分科会

　技術の高度化，統合化等に伴い，技術者に求められる資質能力はますます高度化，多様化している．

　これらの者が業務を履行するために，技術ごとの専門的な業務の性格・内容，業務上の立場は様々であるものの，（遅くとも）35歳程度の技術者が，技術士資格の取得を通じて，実務経験に基づく専門的学識及び高等の専門的応用能力を有し，かつ，豊かな創造性を持って複合的な問題を明確にして解決できる技術者(技術士）として活躍することが期待される．

　このたび，技術士に求められる資質能力（コンピテンシー）について，国際エンジニアリング連合（IEA）の「専門職としての知識・能力」（プロフェッショナル・コンピテンシー，PC）を踏まえながら，以下の通り，キーワードを挙げて示す．これらは，別の表現で言えば，技術士であれば最低限備えるべき資質能力である．

　技術士はこれらの資質能力をもとに，今後，業務履行上必要な知見を深め，技術を修得し資質向上を図るように，十分な継続研さん（CPD）を行うことが求められる．

【専門的学識】
・技術士が専門とする技術分野（技術部門）の業務に必要な，技術部門全般にわたる専門知識及び選択科目に関する専門知識を理解し応用すること．
・技術士の業務に必要な，我が国固有の法令等の制度及び社会・自然条件等に関する専門知識を理解し応用すること．

【問題解決】
・業務遂行上直面する複合的な問題に対して，これらの内容を明確にし，調査し，これらの背景に潜在する問題発生要因や制約要因を抽出し分析すること．
・複合的な問題に関して，相反する要求事項（必要性，機能性，技術的実現性，安全性，経済性等），それらによって及ぼされる影響の重要度を考慮した上で，複数の選択肢を提起し，これらを踏まえた解決策を合理的に提案し，又は改善

すること．
【マネジメント】
・業務の計画・実行・検証・是正（変更）等の過程において，品質，コスト，納期及び生産性とリスク対応に関する要求事項，又は成果物（製品，システム，施設，プロジェクト，サービス等）に係る要求事項の特性（必要性，機能性，技術的実現性，安全性，経済性等）を満たすことを目的として，人員・設備・金銭・情報等の資源を配分すること．

【評価】
・業務遂行上の各段階における結果，最終的に得られる成果やその波及効果を評価し，次段階や別の業務の改善に資すること．

【コミュニケーション】
・業務履行上，口頭や文書等の方法を通じて，雇用者，上司や同僚，クライアントやユーザー等多様な関係者との間で，明確かつ効果的な意思疎通を行うこと．
・海外における業務に携わる際は，一定の語学力による業務上必要な意思疎通に加え，現地の社会的文化的多様性を理解し関係者との間で可能な限り協調すること．

【リーダーシップ】
・業務遂行にあたり，明確なデザインと現場感覚を持ち，多様な関係者の利害等を調整し取りまとめることに努めること．
・海外における業務に携わる際は，多様な価値観や能力を有する現地関係者とともに，プロジェクト等の事業や業務の遂行に努めること．

【技術者倫理】
・業務遂行にあたり，公衆の安全，健康及び福利を最優先に考慮した上で，社会，文化及び環境に対する影響を予見し，地球環境の保全等，次世代に渡る社会の持続性の確保に努め，技術士としての使命，社会的地位及び職責を自覚し，倫理的に行動すること．
・業務履行上，関係法令等の制度が求めている事項を遵守すること．
・業務履行上行う決定に際して，自らの業務及び責任の範囲を明確にし，これらの責任を負うこと．

付

録

# 個人情報保護法（抄）

平成15年5月30日法律第57号
最終改正　令和3年5月19日法律第37号

## 第1章　総　則

第1条（目的）

　この法律は，デジタル社会の進展に伴い個人情報の利用が著しく拡大していることに鑑み，個人情報の適正な取扱いに関し，基本理念及び政府による基本方針の作成その他の個人情報の保護に関する施策の基本となる事項を定め，国及び地方公共団体の責務等を明らかにし，個人情報を取り扱う事業者及び行政機関等についてこれらの特性に応じて遵守すべき義務等を定めるとともに，個人情報保護委員会を設置することにより，行政機関等の事務及び事業の適正かつ円滑な運営を図り，並びに個人情報の適正かつ効果的な活用が新たな産業の創出並びに活力ある経済社会及び豊かな国民生活の実現に資するものであることその他の個人情報の有用性に配慮しつつ，個人の権利利益を保護することを目的とする．

第2条（定義）

　この法律において「個人情報」とは，生存する個人に関する情報であって，次の各号のいずれかに該当するものをいう．

　一　当該情報に含まれる氏名，生年月日その他の記述等（文書，図画若しくは電磁的記録（電磁的方式（電子的方式，磁気的方式その他人の知覚によっては認識することができない方式をいう．次項第二号において同じ．）で作られる記録をいう．以下同じ．）に記載され，若しくは記録され，又は音声，動作その他の方法を用いて表された一切の事項（個人識別符号を除く．）をいう．以下同じ．）により特定の個人を識別することができるもの（他の情報と容易に照合することができ，それにより特定の個人を識別することができることとなるものを含む．）

　二　個人識別符号が含まれるもの

　2　この法律において「個人識別符号」とは，次の各号のいずれかに該当する文字，番号，記号その他の符号のうち，政令で定めるものをいう．

　一　特定の個人の身体の一部の特徴を電子計算機の用に供するために変換した文字，番号，記号その他の符号であって，当該特定の個人を識別することができるもの

　二　個人に提供される役務の利用若しくは個人に販売される商品の購入に関し割り当てられ，又は個人に発行されるカードその他の書類に記載され，若しくは電磁的方式により記録された文字，番号，記号その他の符号であって，その利用

者若しくは購入者又は発行を受ける者ごとに異なるものとなるように割り当てられ，又は記載され，若しくは記録されることにより，特定の利用者若しくは購入者又は発行を受ける者を識別することができるもの

3　この法律において「要配慮個人情報」とは，本人の人種，信条，社会的身分，病歴，犯罪の経歴，犯罪により害を被った事実その他本人に対する不当な差別，偏見その他の不利益が生じないようにその取扱いに特に配慮を要するものとして政令で定める記述等が含まれる個人情報をいう．

4　この法律において個人情報について「本人」とは，個人情報によって識別される特定の個人をいう．

5　この法律において「仮名加工情報」とは，次の各号に掲げる個人情報の区分に応じて当該各号に定める措置を講じて他の情報と照合しない限り特定の個人を識別することができないように個人情報を加工して得られる個人に関する情報をいう．

一　第1項第一号に該当する個人情報　当該個人情報に含まれる記述等の一部を削除すること（当該一部の記述等を復元することのできる規則性を有しない方法により他の記述等に置き換えることを含む．）．

二　第1項第二号に該当する個人情報　当該個人情報に含まれる個人識別符号の全部を削除すること（当該個人識別符号を復元することのできる規則性を有しない方法により他の記述等に置き換えることを含む．）．

6　この法律において「匿名加工情報」とは，次の各号に掲げる個人情報の区分に応じて当該各号に定める措置を講じて特定の個人を識別することができないように個人情報を加工して得られる個人に関する情報であって，当該個人情報を復元することができないようにしたものをいう．

一　第1項第一号に該当する個人情報　当該個人情報に含まれる記述等の一部を削除すること（当該一部の記述等を復元することのできる規則性を有しない方法により他の記述等に置き換えることを含む．）．

二　第1項第二号に該当する個人情報　当該個人情報に含まれる個人識別符号の全部を削除すること（当該個人識別符号を復元することのできる規則性を有しない方法により他の記述等に置き換えることを含む．）．

7　この法律において「個人関連情報」とは、生存する個人に関する情報であって、個人情報、仮名加工情報及び匿名加工情報のいずれにも該当しないものをいう。

8　この法律において「行政機関」とは、次に掲げる機関をいう。

一　法律の規定に基づき内閣に置かれる機関（内閣府を除く。）及び内閣の所轄の下に置かれる機関

二　内閣府、宮内庁並びに内閣府設置法（平成11年法律第89号）第49条第1項及び第2項に規定する機関（これらの機関のうち第四号の政令で定める機関が置

かれる機関にあっては、当該政令で定める機関を除く。)

　　三　国家行政組織法(昭和23年法律第120号)第3条第2項に規定する機関(第五号の政令で定める機関が置かれる機関にあっては、当該政令で定める機関を除く。)

　　四　内閣府設置法第39条及び第55条並びに宮内庁法(昭和22年法律第70号)第16条第21項の機関並びに内閣府設置法第40条及び第56条(宮内庁法第18条第1項において準用する場合を含む。)の特別の機関で、政令で定めるもの

　　五　国家行政組織法第8条の二の施設等機関及び同法第8条の三の特別の機関で、政令で定めるもの

　　六　会計検査院

　9　この法律において「独立行政法人等」とは、独立行政法人通則法(平成11年法律第103号)第2条第1項に規定する独立行政法人及び別表第一に掲げる法人をいう。

　10　この法律において「地方独立行政法人」とは、地方独立行政法人法(平成15年法律第118号)第2条第1項に規定する地方独立行政法人をいう。

　11　この法律において「行政機関等」とは、次に掲げる機関をいう。

　　一　行政機関

　　二　独立行政法人等(別表第二に掲げる法人を除く。第16条第2項第三号、第63条、第78条第七号イ及びロ、第89条第3項から第5項まで、第117条第3項から第5項まで並びに第123条第2項において同じ。)

　第3条(基本理念)

　個人情報は，個人の人格尊重の理念の下に慎重に取り扱われるべきものであることに鑑み，その適正な取扱いが図られなければならない.

(以下，略)

　　第2章　国及び地方公共団体の責務等(第4条―第6条)

　　第3章　個人情報の保護に関する施策等(第7条―第15条)

　　第4章　個人情報取扱事業者の義務等(第16条―第59条)

　　第5章　行政機関等の義務等(第60条―第126条)

　　第6章　個人情報保護委員会(第127条―第165条)

　　第7章　雑則(第166条―第170条)

　　第8章　罰則(第171条―第180条)

　　附則

## 公益通報者保護法（抄）

平成16年6月18日法律第122号

最終改正　令和2年6月12日法律第51号

### 第1章　総　則

第1条（目的）

　この法律は，公益通報をしたことを理由とする公益通報者の解雇の無効及び不利益な取扱いの禁止等並びに公益通報に関し事業者及び行政機関がとるべき措置等を定めることにより，公益通報者の保護を図るとともに，国民の生命，身体，財産その他の利益の保護に関わる法令の規定の遵守を図り，もって国民生活の安定及び社会経済の健全な発展に資することを目的とする．

第2条（定義）

　この法律において「公益通報」とは，次の各号に掲げる者が，不正の利益を得る目的，他人に損害を加える目的その他の不正の目的でなく，当該各号に定める事業者（法人その他の団体及び事業を行う個人をいう．以下同じ．）（以下「役務提供先」という．）又は当該役務提供先の事業に従事する場合におけるその役員（法人の取締役，執行役，会計参与，監査役，理事，監事及び清算人並びにこれら以外の者で法令（法律及び法律に基づく命令をいう．以下同じ．）の規定に基づき法人の経営に従事している者（会計監査人を除く．）をいう．以下同じ．），従業員，代理人その他の者について通報対象事実が生じ，又はまさに生じようとしている旨を，当該役務提供先若しくは当該役務提供先があらかじめ定めた者(以下「役務提供先等」という．)，当該通報対象事実について処分（命令，取消しその他公権力の行使に当たる行為をいう．以下同じ．）若しくは勧告等（勧告その他処分に当たらない行為をいう．以下同じ．）をする権限を有する行政機関若しくは当該行政機関があらかじめ定めた者（次条第二号及び第6条第二号において「行政機関等」という．）又はその者に対し当該通報対象事実を通報することがその発生若しくはこれによる被害の拡大を防止するために必要であると認められる者（当該通報対象事実により被害を受け又は受けるおそれがある者を含み，当該役務提供先の競争上の地位その他正当な利益を害するおそれがある者を除く．次条第三号及び第6条第三号において同じ．）に通報することをいう．

　一　労働者（労働基準法（昭和22年法律第49号）第九条に規定する労働者をい

う．以下同じ．）又は労働者であった者　当該労働者又は労働者であった者を自ら使用し，又は当該通報の日前１年以内に自ら使用していた事業者（次号に定める事業者を除く．）

　　二　派遣労働者（労働者派遣事業の適正な運営の確保及び派遣労働者の保護等に関する法律（昭和60年法律第88号．第４条において「労働者派遣法」という．）第２条第二号に規定する派遣労働者をいう．以下同じ．）又は派遣労働者であった者　当該派遣労働者又は派遣労働者であった者に係る労働者派遣（同条第一号に規定する労働者派遣をいう．第４条及び第５条第二項において同じ．）の役務の提供を受け，又は当該通報の日前１年以内に受けていた事業者

　　三　前二号に定める事業者が他の事業者との請負契約その他の契約に基づいて事業を行い，又は行っていた場合において，当該事業に従事し，又は当該通報の日前１年以内に従事していた労働者若しくは労働者であった者又は派遣労働者若しくは派遣労働者であった者　当該他の事業者

　　四　役員　次に掲げる事業者

　　イ　当該役員に職務を行わせる事業者

　　ロ　イに掲げる事業者が他の事業者との請負契約その他の契約に基づいて事業を行う場合において，当該役員が当該事業に従事するときにおける当該他の事業者

　　2　この法律において「公益通報者」とは，公益通報をした者をいう．

　　3　この法律において「通報対象事実」とは，次の各号のいずれかの事実をいう．

　　一　この法律及び個人の生命又は身体の保護，消費者の利益の擁護，環境の保全，公正な競争の確保その他の国民の生命，身体，財産その他の利益の保護に関わる法律として別表に掲げるもの（これらの法律に基づく命令を含む．以下この項において同じ．）に規定する罪の犯罪行為の事実又はこの法律及び同表に掲げる法律に規定する過料の理由とされている事実

　　二　別表に掲げる法律の規定に基づく処分に違反することが前号に掲げる事実となる場合における当該処分の理由とされている事実（当該処分の理由とされている事実が同表に掲げる法律の規定に基づく他の処分に違反し，又は勧告等に従わない事実である場合における当該他の処分又は勧告等の理由とされている事実を含む．）

　　4　この法律において「行政機関」とは，次に掲げる機関をいう．

　　一　内閣府，宮内庁，内閣府設置法（平成11年法律第89号）第49条第一項若し

くは第二項に規定する機関，デジタル庁，国家行政組織法（昭和23年法律第120号）第3条第二項に規定する機関，法律の規定に基づき内閣の所轄の下に置かれる機関若しくはこれらに置かれる機関又はこれらの機関の職員であって法律上独立に権限を行使することを認められた職員

二　地方公共団体の機関（議会を除く.）

## 第2章　公益通報をしたことを理由とする公益通報者の解雇の無効及び不利益な取扱いの禁止等

第3条（解雇の無効）

労働者である公益通報者が次の各号に掲げる場合においてそれぞれ当該各号に定める公益通報をしたことを理由として前条第一項第一号に定める事業者（当該労働者を自ら使用するものに限る.第9条において同じ.）が行った解雇は，無効とする.

一　通報対象事実が生じ，又はまさに生じようとしていると思料する場合　当該役務提供先等に対する公益通報

二　通報対象事実が生じ，若しくはまさに生じようとしていると信ずるに足りる相当の理由がある場合又は通報対象事実が生じ，若しくはまさに生じようとしていると思料し，かつ，次に掲げる事項を記載した書面（電子的方式，磁気的方式その他人の知覚によっては認識することができない方式で作られる記録を含む.次号ホにおいて同じ.）を提出する場合　当該通報対象事実について処分又は勧告等をする権限を有する行政機関等に対する公益通報

イ　公益通報者の氏名又は名称及び住所又は居所

ロ　当該通報対象事実の内容

ハ　当該通報対象事実が生じ，又はまさに生じようとしていると思料する理由

ニ　当該通報対象事実について法令に基づく措置その他適当な措置がとられるべきと思料する理由

三　通報対象事実が生じ，又はまさに生じようとしていると信ずるに足りる相当の理由があり，かつ，次のいずれかに該当する場合　その者に対し当該通報対象事実を通報することがその発生又はこれによる被害の拡大を防止するために必要であると認められる者に対する公益通報

イ　前二号に定める公益通報をすれば解雇その他不利益な取扱いを受けると信ずるに足りる相当の理由がある場合

ロ　第一号に定める公益通報をすれば当該通報対象事実に係る証拠が隠滅さ

付
録

れ，偽造され，又は変造されるおそれがあると信ずるに足りる相当の理由がある場合

　　ハ　第一号に定める公益通報をすれば，役務提供先が，当該公益通報者について知り得た事項を，当該公益通報者を特定させるものであることを知りながら，正当な理由がなくて漏らすと信ずるに足りる相当の理由がある場合

　　ニ　役務提供先から前二号に定める公益通報をしないことを正当な理由がなくて要求された場合

　　ホ　書面により第一号に定める公益通報をした日から20日を経過しても，当該通報対象事実について，当該役務提供先等から調査を行う旨の通知がない場合又は当該役務提供先等が正当な理由がなくて調査を行わない場合

　　ヘ　個人の生命若しくは身体に対する危害又は個人（事業を行う場合におけるものを除く．以下このヘにおいて同じ．）の財産に対する損害（回復することができない損害又は著しく多数の個人における多額の損害であって，通報対象事実を直接の原因とするものに限る．第6条第二号ロ及び第三号ロにおいて同じ．）が発生し，又は発生する急迫した危険があると信ずるに足りる相当の理由がある場合

　第4条（労働者派遣契約の解除の無効）

　第2条第1項第二号に定める事業者（当該派遣労働者に係る労働者派遣の役務の提供を受けるものに限る．以下この条及び次条第2項において同じ．）の指揮命令の下に労働する派遣労働者である公益通報者が前条各号に定める公益通報をしたことを理由として第2条第1項第二号に定める事業者が行った労働者派遣契約（労働者派遣法第26条第1項に規定する労働者派遣契約をいう．）の解除は，無効とする．

　第5条（不利益取扱いの禁止）　第3条に規定するもののほか，第2条第1項第一号に定める事業者は，その使用し，又は使用していた公益通報者が第3条各号に定める公益通報をしたことを理由として，当該公益通報者に対して，降格，減給，退職金の不支給その他不利益な取扱いをしてはならない．

　2　前条に規定するもののほか，第2条第1項第二号に定める事業者は，その指揮命令の下に労働する派遣労働者である公益通報者が第3条各号に定める公益通報をしたことを理由として，当該公益通報者に対して，当該公益通報者に係る労働者派遣をする事業者に派遣労働者の交代を求めることその他不利益な取扱いをしてはならない．

　3　第2条第1項第四号に定める事業者（同号イに掲げる事業者に限る．次条

及び第8条第4項において同じ.）は，その職務を行わせ，又は行わせていた公益通報者が次条各号に定める公益通報をしたことを理由として，当該公益通報者に対して，報酬の減額その他不利益な取扱い（解任を除く.）をしてはならない.

## 第3章　事業者がとるべき措置等

第11条（事業者がとるべき措置）

事業者は，第3条第一号及び第6条第一号に定める公益通報を受け，並びに当該公益通報に係る通報対象事実の調査をし，及びその是正に必要な措置をとる業務（次条において「公益通報対応業務」という.）に従事する者（次条において「公益通報対応業務従事者」という.）を定めなければならない.

2　事業者は，前項に定めるもののほか，公益通報者の保護を図るとともに，公益通報の内容の活用により国民の生命，身体，財産その他の利益の保護に関わる法令の規定の遵守を図るため，第3条第一号及び第6条第一号に定める公益通報に応じ，適切に対応するために必要な体制の整備その他の必要な措置をとらなければならない.

3　常時使用する労働者の数が300人以下の事業者については，第1項中「定めなければ」とあるのは「定めるように努めなければ」と，前項中「とらなければ」とあるのは「とるように努めなければ」とする.

4　内閣総理大臣は，第1項及び第2項（これらの規定を前項の規定により読み替えて適用する場合を含む.）の規定に基づき事業者がとるべき措置に関して，その適切かつ有効な実施を図るために必要な指針（以下この条において単に「指針」という.）を定めるものとする.

5　内閣総理大臣は，指針を定めようとするときは，あらかじめ，消費者委員会の意見を聴かなければならない.

6　内閣総理大臣は，指針を定めたときは，遅滞なく，これを公表するものとする.

7　前2項の規定は，指針の変更について準用する.

# 特　許　法（抄）

昭和34年 4 月13日法律第121号
最終改正　令和 4 年 6 月17日法律第 68 号

第 1 条（目　的）

　この法律は，発明の保護及び利用を図ることにより，発明を奨励し，もって産業の発達に寄与することを目的とする．

第 2 条（定　義）

　この法律で「発明」とは，自然法則を利用した技術的思想の創作のうち高度のものをいう．

　2　この法律で「特許発明」とは，特許を受けている発明をいう．

　3　この法律で発明について「実施」とは，次に掲げる行為をいう．

　一　物（プログラム等を含む．以下同じ）の発明にあっては，その物の生産，使用，譲渡等（譲渡及び貸渡しをいい，その物がプログラム等である場合には，電気通信回線を通じた提供を含む．以下同じ），輸出若しくは輸入又は譲渡等の申出（譲渡等のための展示を含む．以下同じ）をする行為

　二　方法の発明にあっては，その方法の使用をする行為

　三　物を生産する方法の発明にあっては，前号に掲げるもののほか，その方法により生産した物の使用，譲渡等，輸出若しくは輸入又は譲渡等の申出をする行為

　4　この法律で「プログラム等」とは，プログラム（電子計算機に対する指令であって，一の結果を得ることができるように組み合わされたものをいう．以下この項において同じ）その他電子計算機による処理の用に供する情報であってプログラムに準ずるものをいう．

第29条（特許の要件）

　産業上利用することができる発明をした者は，次に掲げる発明を除き，その発明について特許を受けることができる．

　一　特許出願前に日本国内又は外国において公然知られた発明

　二　特許出願前に日本国内又は外国において公然実施をされた発明

　三　特許出願前に日本国内又は外国において，頒布された刊行物に記載された発明又は電気通信回線を通じて公衆に利用可能となった発明

　2　特許出願前にその発明の属する技術の分野における通常の知識を有する者が前項各号に掲げる発明に基いて容易に発明をすることができたときは，その発明については，同項の規定にかかわらず，特許を受けることができない．

# 製造物責任法（PL法）

平成6年7月1日法律第85号
最終改正　平成29年6月2日法律第45号

　第1条（目　的）　この法律は，製造物の欠陥により人の生命，身体又は財産に係る被害が生じた場合における製造業者等の損害賠償の責任について定めることにより，被害者の保護を図り，もって国民生活の安定向上と国民経済の健全な発展に寄与することを目的とする．

　第2条（定　義）　この法律において「製造物」とは，製造又は加工された動産をいう．

　2　この法律において「欠陥」とは，当該製造物の特性，その通常予見される使用形態，その製造業者等が当該製造物を引き渡した時期その他の当該製造物に係る事情を考慮して，当該製造物が通常有すべき安全性を欠いていることをいう．

　3　この法律において「製造業者等」とは，次のいずれかに該当する者をいう．

　一　当該製造物を業として製造，加工又は輸入した者（以下単に「製造業者」という．）

　二　自ら当該製造物の製造業者として当該製造物にその氏名，商号，商標その他の表示（以下「氏名等の表示」という．）をした者又は当該製造物にその製造業者と誤認させるような氏名等の表示をした者

　三　前号に掲げる者のほか，当該製造物の製造，加工，輸入又は販売に係る形態その他の事情からみて，当該製造物にその実質的な製造業者と認めることができる氏名等の表示をした者

　第3条（製造物責任）　製造業者等は，その製造，加工，輸入又は前条第3項第二号若しくは第三号の氏名等の表示をした製造物であって，その引き渡したものの欠陥により他人の生命，身体又は財産を侵害したときは，これによって生じた損害を賠償する責めに任ずる．ただし，その損害が当該製造物についてのみ生じたときは，この限りでない．

　第4条（免責事由）　前条の場合において，製造業者等は，次の各号に掲げる事項を証明したときは，同条に規定する賠償の責めに任じない．

　一　当該製造物をその製造業者等が引き渡した時における科学又は技術に関す

る知見によっては，当該製造物にその欠陥があることを認識することができなかったこと．

二　当該製造物が他の製造物の部品又は原材料として使用された場合において，その欠陥が専ら当該他の製造物の製造業者が行った設計に関する指示に従ったことにより生じ，かつ，その欠陥が生じたことにつき過失がないこと．

第5条（消滅時効）　第3条に規定する損害賠償の請求権は，次に掲げる場合には，時効によって消滅する．

一　被害者又はその法定代理人が損害及び賠償義務者を知った時から3年間行使しないとき．

二　その製造業者等が当該製造物を引き渡した時から10年を経過したとき．

2　人の生命又は身体を侵害した場合における損害賠償の請求権の消滅時効についての前項第一号の規定の適用については，同号中「3年間」とあるのは，「5年間」とする．

3　第1項第二号の期間は，身体に蓄積した場合に人の健康を害することとなる物質による損害又は一定の潜伏期間が経過した後に症状が現れる損害については，その損害が生じた時から起算する．

第6条（民法の適用）　製造物の欠陥による製造業者等の損害賠償の責任については，この法律の規定によるほか，民法（明治29年法律第89号）の規定による．

**附則抄**　（施行期日等）

1　この法律は，公布の日から起算して1年を経過した日から施行し，この法律の施行後にその製造業者等が引き渡した製造物について適用する．

**附　則**　（平成29年6月2日法律第45号）

この法律は，民法改正法の施行の日から施行する．ただし，第103条の2，第103条の3，第267条の2，第267条の3及び第362条の規定は，公布の日から施行する．

2023年版
技術士第一次試験 基礎・適性科目　完全解答

2023年3月24日　　第1版第1刷発行

編　者　オ ー ム 社
発行者　村 上 和 夫
発行所　株式会社 オ ー ム 社
　　　　郵便番号　101-8460
　　　　東京都千代田区神田錦町3-1
　　　　電話　03(3233)0641(代表)
　　　　URL https://www.ohmsha.co.jp/

© オーム社 2023

印刷・製本　報 光 社
ISBN978-4-274-23029-5　Printed in Japan

**本書の感想募集** https://www.ohmsha.co.jp/kansou/
本書をお読みになった感想を上記サイトまでお寄せください。
お寄せいただいた方には、抽選でプレゼントを差し上げます。